AF402498

LA LUTTE POUR LA VIE

LA
LUTTE POUR LA VIE

LOIS D'AGRÉGATION

DE DÉVELOPPEMENT ET DE DÉSAGRÉGATION

DANS L'UNIVERS CONNU

Études de Sciences Physiques et Naturelles, Morales et Politiques

PAR

L.-J. MARCELIN

LICENCIÉ EN DROIT DE L'ÉCOLE DE PARIS
MEMBRE DE LA SOCIÉTÉ DE LÉGISLATION COMPARÉE
ANCIEN SECRÉTAIRE DE LA LÉGATION D'HAÏTI EN FRANCE

> Toutes ces choses font cors avec l'Univers dont
> elles subissent les lois immuables et inéluctables
> qui, d'une manière absolue, président également
> aux actions humaines.
>
> Prenez, lisez, méditez et jugez.

Vᵛᵉ Ch. DUNOD et P. VICQ
ÉDITEURS DE L'UNIVERSITÉ HAÏTIENNE
49, QUAI DES GRANDS-AUGUSTINS, 49
PARIS

A Monsieur Vicq,

J'ai eu l'avantage, cher Monsieur Vicq, de vous entendre plus d'une fois parler de la petite République d'Haïti, et il m'a été donné d'apprécier vos intentions à son égard. Elles sont si bienveillantes !

Certes, à mon entendement, aussi en mon absence, je le sais, vous avez souvent exprimé pour la Perle des Antilles, trop éprouvée, hélas ! des sentiments à généreusement reconforter l'Haïtien vibrant de patriotisme et de foi.

Mon pays aurait-il l'heur de s'être concilié votre sympathie ? Son avenir aurait-il captivé votre âme vraiment française, chevaleresque, veux-je dire ?

Je me complais en celte douce persuasion, vous ayant vu à l'œuvre.

Cette sympathie et ce désir du bien de ma Patrie m'honorent.

Afin de vous les revaloir, je voudrais former des vœux pour votre belle France.

Mais que peut-on encore souhaiter à la fière Nation dont les Lamartine, les Michelet, les Hugo, les Schœlcher, puis combien d'autres, tous augustes prophètes qui vont parcourant le monde et partout conquérant l'Humanité, du moins qu'on voit l'Humanité, triomphante, élever à l'immortalité !

*Je reste donc toujours votre redevable, cher Monsieur Vicq.
Eh bien, laissez-moi, à titre de retour, vous faire hommage
de ce livre que je vais, oh ! timidement ! présenter au public,
m'assurant par avance en son extrême indulgence.*

*Quel destin l'attend auprès de ceux qui voudront bien
m'accorder la faveur de lui consacrer quelques moments de
leur temps précieux ?*

Je l'ignore.

*S'il en était toutefois de l'accueil comme de l'inspiration,
toute du cœur, qui m'a dicté cette épitre, j'estimerais avoir
amplement obtenu le modeste résultat auquel j'ose aspirer.*

Je suis, cher Monsieur Vicq, votre très honoré serviteur.

L.-J. MARCELIN,

48, rue Monsieur-le-Prince.

Paris, 16 janvier 1896.

PRÉFACE

Toutes ces choses font corps avec l'Univers dont elles subissent les lois immuables et inéluctables qui, d'une manière absolue, président également aux actions humaines.

La plupart ont volontiers révélé le mobile de leur existence aux esprits pénétrants qui ont eu le haut privilège de s'initier dans leurs particularités les moins manifestes.

Tant il y a que, chaque jour, elles s'accomplissent naturellement sous les yeux du profane, ou indifférents ou obscurcis par le voile de l'ignorance, attirant d'aventure son regard pour lui procurer le simple sujet de rire, sinon d'une funeste superstition.

Je voudrais cependant, m'occupant de ces choses, pouvoir montrer que toutes ont droit à une interprétation bien autrement étendue, en comparaison de celle qu'elles reçoivent d'ordinaire, du commun des mortels.

Les conséquences découlant de leur jeu continuel se repercutent parfois, intenses, et nous avons tôt fait de ressentir des contre-coups souvent fatals, hélas !

Vous qui les avez dans les mains, lisez donc attentivement ces pages où se voient toutes ces choses. — Rendez-vous conscient de leur rôle respectif dans la belle harmonie de la nature, puis tirez-en tels enseignements profitables à vous-même et à ceux qui vous touchent de près ou de loin.

Quant à moi, mon vœu le plus fervent est que mon pays soit le premier à bénéficier des efforts persévérants, des veilles bien accablantes d'où est sorti cet ouvrage, imparfait, j'en conviens, mais dans l'exécution duquel j'ai apporté pleinement ma noble passion des profondes recherches de l'esprit.

Désirant ardemment que cette publication soit accessible à toutes les intelligences, j'ai fait de la simplicité le caractère essentiel de mon style, après m'être appliqué à présenter sous une forme purement littéraire les points scientifiques et techniques qui se rendent en formules chiffrées, comme celles des combinaisons chimiques, des phénomènes célestes et des rapports existant entre les corps des divers systèmes planétaires. — Parviendrai-je ainsi, je l'espère du moins, à être intelligible pour ceux dont l'intellect n'est pas assoupli aux équations algébriques et autres, que le cerveau éprouve quelquefois tant de peine à digérer.

En vue de la facilité de la lecture et de la clarté de la DEUXIÈME PARTIE de ces études, je ne saurais trop recommander de lire d'un bout à l'autre le présent volume qui est, en quelque sorte, le *Code* des lois réglant le combat pour la vie, d'une manière générale, m'étant proposé de montrer, dans cette DEUXIÈME PARTIE, leur application, d'une façon spéciale, aux luttes violentes et pacifiques qui se produisent, d'une part, au sein des sociétés humaines; d'autre part, entre des groupes ethniques, entre des peuples, des nations et des races humaines.

**
* **

Haïti, tu as été ici, je le jure, ma seule inspiratrice!

Merci, avec ce respect, ce saint amour qu'on met toujours à remercier une mère adorée, à lui donner le témoignage vivant de notre gratitude, pour ses inappréciables bienfaits.

Si ce livre a quelque valeur, tout le mérite t'en revient. Et, dut-on n'en rien espérer, mes labeurs recueilleront encore un dédommagement assez large de ma pensée intime de l'avoir écrit sous l'influence de l'unique ambition d'aider à la réalisation de ton bonheur et de ta gloire à venir.

Je dois aussi traduire le sentiment de ma vive reconnaissance aux penseurs dont les études m'ont été des sources abondantes de preuves, particulièrement à ceux de la Nation savante et généreuse qu'est la France, cette mamelle vigoureuse du monde pensant.

C'est en leurs travaux que j'ai su trouver les flambeaux de mes idées.

L'œuvre des devanciers n'est qu'une substruction de la tâche incombant à ceux qui viennent après eux. — Ainsi fonctionne le mécanisme merveilleux où, par le véhicule de la Science en progrès continu, s'exécute la grande œuvre du perfectionnement social et se parfait l'évolution grandiose de l'Humanité convergente.

Au nom de ma Patrie, qu'ils m'apprennent à servir et à honorer, je leur dis toutes mes grâces en leur offrant respectueusement, avec mes hommages, l'expression de mon entière admiration.

L.-J. M.

PREMIÈRE PARTIE

LES ATOMES, LES MOLÉCULES, LES NÉBULEUSES, LE RÈGNE MINÉRAL

LES CORPS CÉLESTES

LES RÈGNES VÉGÉTAL ET ANIMAL. — L'HOMME

CHAPITRE I

LES DOCTRINES NOUVELLES

Consultez des savants dans une branche quelconque des connaissances acquises, plus d'une fois il vous arrivera de vous heurter à des réponses contradictoires, même alors qu'on se trouve en présence d'une de ces questions où la science pure, dans son inflexible rigidité, se refuse à toute concession, si minime soit-elle.

La contradiction tranche surtout quand les opinions portent sur un principe longtemps élaboré, mûri, qui cherche à se frayer une place au splendide soleil des éternelles conquêtes de l'esprit humain, mais au désavantage d'un autre principe déjà dans l'apogée de la gloire et admis par tous, depuis un laps de temps, comme dogme.

Le nouveau venu se voit contester la position enviée avec d'autant plus de vigueur que la scrupuleuse fidélité due à la vérité, que l'impartialité nécessaire à l'étude des arguments et à la pondération des jugements semblent importer peu aux adversaires.

Il en fut ainsi de la fameuse doctrine du TRANSFORMISME, qui fit sa première apparition en France, vers 1809, à la suite des savantes recherches de Lamarck.

Jusqu'à cette époque, la doctrine la plus récente, relativement à la grande affaire de la classification des races humaines, était la suivante, formulée par Cuvier, à l'encontre de celles de Bernier, de Linné et de Blumenbach : Il existe dans le monde trois races distinctes : la blanche ou caucasienne, la jaune ou mongolique, la noire ou nigritique, comportant, les deux premières, des subdivisions qui font absolument défaut dans la troisième.

Sans s'aventurer dans une profanation des Saintes Écritures, Cuvier ajoute que la race blanche a pour rameaux l'indo-pélasgien, l'araméen ou sémite, et le scytho-tartare ; et qu'à la jaune appartiennent les Kalmoucks, les Mandchoux, les Chinois, les Japonais, les Coréens et les Micronésiens.

Mais — demande le Dʳ Topinard, professeur à l'Ecole d'Anthropologie de Paris — où classer les Malais, les Papous, les Lapons, les Esquimaux et les Américains (les Indiens), que le savant naturaliste ne rattache à aucune des trois souches préétablies?

Cuvier s'est abstenu ici de se prononcer et s'est trouvé satisfait de les mettre hors de cause, tout en déclarant que la coloration rouge des Américains ne suffit pas pour qu'on en fasse une race distincte.

Ce qu'on doit noter ici, c'est que d'après Cuvier ces trois races-souches constituent une seule *espèce* qui est maintenant, physiologiquement parlant, ce qu'elle a été à l'origine, en sortant des mains du Créateur, l'espèce en général étant cantonnée dans une fixité absolue, infranchissable.

Telle est la classification humaine du célèbre anthropologiste qui n'eut pas de peine — étant alors, en France, et quant au point qui nous occupe, le *primus inter pares* — qui n'eut pas de peine à imposer silence au Transformisme que Lamarck entendait élever au rang des théories scientifiques.

Et quelle greffe le philosophe-zoologue voulait-il donc faire à l'arbre de la science déjà gigantesque?

Il faut à l'arbre, pensait hautement Lamarck, enter une branche nouvelle.

« L'espèce, disait-il, varie à l'infini et, considérée dans le temps, n'existe pas. Les espèces passent de l'une à l'autre par une infinité de transitions dans le règne animal aussi bien que dans le règne végétal. Elles naissent par voie de transformation ou de divergence. En remontant la suite des êtres, on arrive ainsi à un petit nombre de germes primordiaux ou monades, venus par *génération spontanée* [1]. L'homme ne fait pas exception, il est le résultat de la transformation lente de certains singes. »

A l'égard de la génération spontanée, il importe d'observer que c'est une hypothèse aujourd'hui puissamment combattue par des sommités médicales, pour ne pas dire qu'elle n'est plus soutenable, depuis que se sont répandues dans le monde les inappréciables lumières des découvertes de Pasteur, celle, par exemple, se rapportant à la vertu des ferments sur les êtres microscopiques.

---

[1] Mode de naissance dans lequel l'être nouveau serait dénué de parents l'ayant conçu et lui ayant donné le jour, ou apparaît sans la préexistence même d'un germe antérieur.

M. Edmond Perrier — professeur-administrateur du Muséum d'Histoire naturelle de Paris — est un des contradicteurs de Lamarck. Pour réfuter l'homme « dont le grand nom a illustré la chaire » qu'occupe en ce moment M. Perrier, celui-ci s'exprime en ces termes : « Tout phénomène, toute substance a une cause et devient cause à son tour; aucun phénomène, aucune substance n'apparaît dans le monde subitement, isolément. Les physiciens et les chimistes disent depuis longtemps, en parlant de la matière : « Rien ne se perd, rien ne se crée. » Cette proposition s'applique tout aussi bien aux phénomènes, combinaisons diverses, étroitement enchaînées l'une à l'autre, de deux essences également indestructibles : le mouvement et la matière. Il ne saurait y avoir de génération spontanée pour les phénomènes, pas plus qu'il n'y en a pour les substances..... Tout le monde sait les efforts infructueux tentés par Pouchet, Joly, Musset, Charlton, Bastian et bien d'autres pour obtenir la génération spontanée des êtres les plus simples; tout le monde sait avec quelle incomparable précision M. Pasteur a démontré, pour les organismes microscopiques, l'impossibilité d'admettre une telle origine. Qui donc serait disposé à y croire pour des organismes plus élevés? »

Nonobstant son erreur — qu'excuse, d'ailleurs, l'état pas très avancé de la plupart des sciences naturelles, surtout de la chimie organique — Lamarck venait de proclamer le principe d'une théorie nouvelle, renfermant la négation de l'ancienne, alors seule en honneur dans la personne de Cuvier. Démolir la vieille doctrine serait donc, du même coup, abattre la haute personnalité de l'immortel naturaliste. Aussi, le créateur de l'Anatomie comparée organisa en règle la défense de l'orthodoxie à la fois scientifique et religieuse, contre la petite légion des transformistes, qui comptait à ce moment, comme noms marquants, Bory de Saint-Vincent, Geoffroy Saint-Hilaire, Poiret et autres. A tous, il opposa les terribles forteresses des révolutions périodiques de la nature, du renouvellement chaque fois de la flore et de la faune qui jamais *n'ont apporté* la confirmation qu'attendaient ses adversaires, enfin, de l'intervention incessante et miraculeuse d'une volonté mystérieuse dans l'œuvre de la création.

Le monde de la science ignorait encore les secrets les plus profonds de ce que les générations subséquentes, et la nôtre particulièrement, ont nommé *embryologie* ou science des êtres organisés, de leur conception à leur naissance; et la *paléontologie* — qui traite de ces mêmes êtres, mais à l'état de fossiles, et que nous devons à Cuvier lui-même — était à peine sortie des langes [1].

Grâce au développement que prirent plus tard ces deux branches et aux connaissances acquises postérieurement en histoire naturelle, les successeurs de Lamarck se virent armés de puissants leviers qui leur permirent d'ouvrir la voie que le maître n'avait fait qu'indiquer.

Quoi qu'il en soit, le Transformisme fut malmené par Cuvier; et ses adeptes, qui avaient alors pour chef G. Saint-Hilaire, durent capituler, après le triomphe du grand mouvement populaire qui agita la France de 1830, et auquel les deux génies, au détriment des progrès de la science, s'étaient trop directement intéressés. Avec le légitimisme, le Transformisme était vaincu.

La doctrine nouvelle avait cependant franchi des fleuves et l'océan. En Allemagne, elle avait pris un plus bel essor sous l'impulsion de Gœthe qui, dans l'*Histoire de mes Etudes botaniques* (1818-1831), lui consacra une large part de ses dernières années vouées aux spéculations des choses naturelles. Déjà, en Angleterre, H. Spencer et Lyell avaient proclamé la haute valeur de l'esprit novateur de Lamarck, lorsque parut, en 1859, Charles Darwin qui, dès 1836, rentrait à Londres, de retour d'un voyage scientifique accompli, disait-il, autour du monde.

Sans désemparer, il s'était mis à étudier, à approfondir les résultats obtenus par les éleveurs sur les animaux de toute espèce, et à faire en personne des expériences sur des plantes, spécialement sur les pigeons, à ce qu'on rapporte.

Le but de Darwin était de prouver, en suivant, il est vrai, une route différente, ce que Lamarck soutenait, à savoir que les êtres, dans le règne organisé, proviennent tous d'un ancêtre commun et ont constitué des espèces en se transformant.

Le Dr Topinard dit de Darwin : « La sélection artificielle le préoccupait beaucoup, lorsqu'un jour il tomba sur le livre de *La Population*, de Malthus. Ce fut un trait de lumière, le mot qui devait faire la fortune de sa théorie était trouvé: « le *struggle for life*, ou la lutte pour l'existence ».

Sur ces trois termes de sa langue, l'éminent naturaliste anglais construisit effectivement toute une théorie qui, d'après le savant professeur français, se doit définir ainsi : « La sélection naturelle par la lutte pour l'existence, appliquée au Transformisme de Lamarck. »

[1] Voir le Dr Topinard, *L'Anthropologie*, p. 533-34.

CHAPITRE II

DÉFINITION DE LA LUTTE POUR LA VIE

Lutte pour l'existence !

Que faut-il entendre par là ?

Toutes les fois qu'une individualité déploie un effort, phy-sique ou moral, pour atteindre un but, on dit qu'il y a lutte.

La lutte pour l'existence ne peut donc être autre chose que la résultante des efforts déployés par l'individualité qui les fait, en vue de se conserver la vie sous l'impulsion de laquelle ces efforts se sont accomplis.

Le mot vie est à prendre ici dans son acception la plus étendue ; l'idée qu'il renferme a un sens abstrait, c'est celle qui permet de considérer comme vivante toute matière possédant un certain degré d'instabilité.

Or, l'instabilité se rencontre dans la matière organique, comme dans celle inorganique, dans l'être organisé aussi bien que dans celui chez lequel n'existe nul organe.

Cette donnée étant exacte, on peut oser dire que la vie est partout répandue au sein de l'univers, champ incommensurable où cons-tamment se déploient des efforts contraires, tendant tous à la conservation d'une existence quelconque.

Il y a là une de ces lois immuables et universelles sur lesquelles reposent les destinées des êtres et dont l'observation remonte à la plus haute antiquité.

Sans aller jusqu'à l'Inde brahmanique, où l'on trouve la racine de presque toutes les conceptions de l'esprit humain, interro-geons, par exemple, Héraclite.

L'idée qui semble avoir présidé aux recherches philosophiques du disciple de Thalès, dans le développement qu'il donne à la doctrine du maître, du fondateur de la philosophie ionienne, est celle de l'opposition, de la contrariété, de la *lutte* qui a lieu entre les diverses manifestations de l'univers.

Toutefois, le philosophe grec n'a pas induit de ce postulat des conséquences irréfutables, surtout en harmonie avec ce qu'on nomme le perpétuel devenir.

En effet, partant de ce principe qu'un ordre parfait doit régner dans la création, Héraclite ne voit que des contradictions apparentes, partout où l'on est fondé à reconnaître des antinomies profondes.

« Les choses opposées, pense-t-il, concourent à l'harmonie générale, la lutte étant essentielle à l'harmonie. »

D'où cette proposition : « La même chose est tout ensemble un bien et un mal. *L'homme doit, par conséquent, accepter les maux de la vie comme un bien, parce qu'ils sont dans l'ordre. Il n'a pas à s'en plaindre, parce que le mal est un élément de ce qu'il regarde comme son bonheur* [1]. »

A quoi servent alors toutes les peines de l'humanité naissante, pour se déprendre des entraves qui la retiennent dans l'insondable abime de l'adversité? A quoi servent ses incessantes contentions, pour abattre l'insurmontable barrière qui cache le splendide destin auquel elle se croit appelée? Enfin que deviennent les progrès matériels et moraux du passé, du présent et de l'avenir de ce qu'un savant, Isodore-Geoffroy Saint-Hilaire, appelle le *Règne humain*?

Tel est donc l'aspect que revêt l'univers dans la vaste pensée d'Héraclite dont les conclusions ont été, du temps même du philosophe, qualifiées de paradoxales, et à bon droit.

Néanmoins, son point de départ est une vérité incontestable; elle a reçu sa consécration de millions d'années d'expérience.

Aussi, La Fontaine a pu dire, des siècles après Héraclite :

> La discorde a toujours régné dans l'univers ;
> Notre monde en fournit mille exemples divers ;
> Chez nous cette déesse a plus d'un tributaire.
> Commençons par les éléments :
> Vous serez étonné de voir qu'à tous moments
> Ils seront appointés contraire [2].

[1] Voir *Aristote*, Top., VIII, 5.
[2] Fable VIII. — Liv. XII.

CHAPITRE III

LUTTES

I

ATOMES. — MOLÉCULES. — NÉBULEUSES. — CORPS CÉLESTES

Hélas ! oui, la lutte entre les éléments de l'univers constitue, à partir du plus infime, un principe dont l'application se révèle dans tout ce qui n'échappe pas aux investigations de l'homme.

Envisageons l'univers d'abord dans son élément fondamental.

Un des vulgarisateurs les plus distingués de ce siècle, M. Camille Flammarion, a écrit les lignes suivantes qui peuvent servir de frontispice à toute théorie scientifique basée sur les conquêtes astronomiques.

« Les étoiles, dit ce savant, ont révélé leur constitution aux investigations hardies et infatigables du spectroscope. La comparaison de toutes les observations faites sur les étoiles doubles a fait connaître la vraie nature de ces systèmes et l'importance de leur rôle dans l'univers ; les soleils, qui brillent dans les profondeurs de l'infini, se montrent animés de vitesses rapides les emportant à travers toutes les directions de l'immensité. Les nébuleuses nous font admirer aujourd'hui, dans les champs télescopiques, des puissants instruments récemment construits, d'immenses et inénarrables agglomérations de soleils ; les comètes vagabondes ont laissé surprendre les secrets de leur formation chimique et leur parenté avec les étoiles filantes ; les planètes sont descendues jusqu'à notre portée et déjà, les rapprochant de nous à une proximité étonnante, nous avons pu découvrir leur météorologie, leur climatologie et même dessiner des cartes géographiques qui représentent leurs continents et leurs mers. Le soleil a dévoilé sa constitution physique et projette sous nos yeux ses tempêtes et ses éruptions fantastiques, palpitations formidables du cœur de l'organisme planétaire. La lune laisse photographier ses paysages, descend à quelques lieues de notre vision stupéfaite. Tant d'admirables progrès renouvellent entièrement l'ensemble déjà si imposant de nos connaissances astronomiques[1]. »

On peut lire un tableau analogue dans *Les Colonies animales et la Formation des Organismes*, pages 7 et suivantes, ouvrage de la plus haute portée, dû au savoir aussi étendu que profond de M. Ed. Perrier.

Ainsi, nous sommes fort éloignés aujourd'hui de l'âge de ces fables inventées par l'imagination contemplative, en quête d'inventions sublimes propres à capter, à entretenir, à éterniser l'ignorance au seul profit de la domination égoïste et tyrannique. — La science, dans sa grandiose et souveraine puissance, veut déchirer le voile épais de l'inconnu. Et en fait d'inconnu y en a-t-il un plus grand que celui qui trône au-dessus de nos têtes? Cependant, si dure que soit l'écorce sous laquelle il s'est dérobé, la science, en sa patience, en son inébranlable ténacité, a fouillé et est parvenue à faire, quant aux choses obscures d'en haut, des écouvertes qui l'ont conduite aux inductions les plus importantes sur le principe même de l'univers.

Au premier rang de celles-ci est à placer la célèbre théorie atomistique.

Que nous enseigne-t-elle? Que le vide, dans l'immensité de l'univers, n'existe pas, tout l'espace étant occupé par une impalpable poussière cosmique[2].

A chaque grain de cette poussière on a donné le nom d'atome; c'est le volume le plus petit sous lequel un corps puisse se concevoir.

En nombre infini, les atomes sont animés de mouvements incessants dans lesquels ils décrivent des trajectoires variées[3].

Occupant l'espace sans bornes, ces indivisibles s'entrechoquent dans tous les sens imaginables. — Perpétuelles sont leurs agitations; perpétuels aussi leurs chocs.

---

[1] *Astronomie populaire*, p. 3.

[2] Voir Louis JACOLLIOT, *Histoire naturelle et sociale de l'Humanité. — La Genèse de la Terre et de l'Homme*, p. 36.

[3] La trajectoire est la courbe *quelconque* que décrit un corps en mouvement. Ainsi, une pierre, lancée obliquement, décrit, comme trajectoire, la courbe appelée parabole.

Des chocs atomistiques sortent les molécules qui sont des composés d'atomes [1].

Si nous observons cet ordre d'individualités complexes, nous constaterons que celles-ci soutiennent aussi entre elles une lutte sans trêve, quand elles avoisinent les unes les autres, parce qu'elles sont incessamment en mouvement.

Qui concevrait la molécule immobile aurait forgé une entité non moins inconcevable que la vision fonctionnelle sans la préexistence de la rétine et de tout ce qui s'y rapporte.

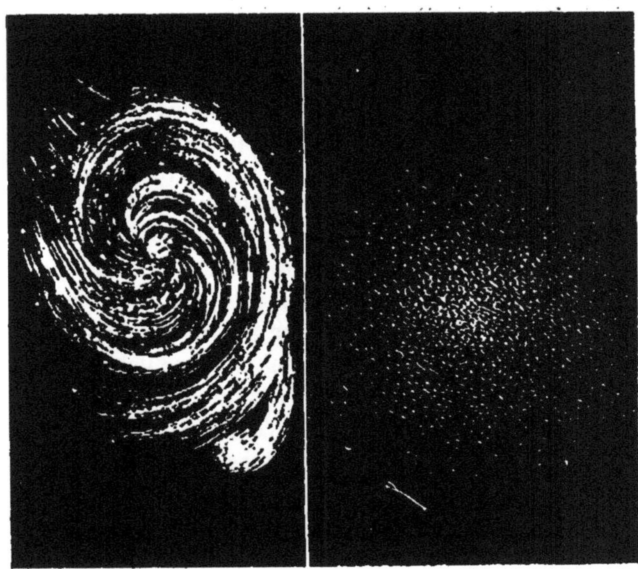

Fig. 1. — Nébuleuses en spirale. — Amas stellaire.

D'après Clausius, Krœnig, Meyer, Maxwell et autres, les molécules, animées de mouvements rectilignes de translation et de mouvements intérieurs de rotation et de vibration, se meuvent dans tous les sens, se heurtent, se choquent, même à l'état d'équilibre des gaz qu'elles forment.

C'est ce mouvement perpétuel des molécules qui engendre les

---

[1] « Les particules ou molécules sont un assemblage d'un nombre déterminé d'atomes dans une situation déterminée, renfermant entre elles un espace incomparablement plus grand que celui des atomes. » AMPÈRE.

nébuleuses proprement dites ou irrésolubles, — agglomérations de particules moléculaires en quantité variable.

L'opposition n'existe pas avec plus de certitude parmi les atomes et les molécules qu'entre les nébuleuses, masses gazeuses comme ces molécules, mais plus denses et plus volumineuses, vouées pareillement à une incessante mobilité. La figure 1, ci-dessus, nous montre deux nébuleuses en spirale et une de ces agglomérations de corpuscules appelées amas stellaires[1].

Tout ce qui précède s'applique à chaque corps céleste en voie de se former, partant, au début de notre planète, qui désormais nous servira de base dans tout ce qui sera dit dans la suite.

Tandis que les nébuleuses luttent entre elles, des conflits inévitables éclatent dans leur sein.

En effet, parvenue à ce point, la masse des matières cosmiques se met en relation avec un agent extérieur : c'est la chaleur de l'ardent et immense foyer pivotant dans l'espace, chaleur intense sous l'action de laquelle les matières contenues en la nébuleuse entrent bientôt en fusion et livrent des combats aux gaz internes. De l'état gazeux, cette masse alors va passer à l'état liquide, mais la lutte se poursuit toujours. — D'une tension prodigieuse, les gaz tendent à rejeter les matières au dehors.

C'est à la suite de leur action et réaction que se formeront les minéraux : gneiss, micaschistes, schistes talqueux et chlorités, etc.

Mais les gaz, loin de fusionner, de centraliser leur force pour réagir plus sûrement contre les matières en fusion, s'entrechoquent, s'élancent au dehors en chassant l'ennemi devant eux ; et du choc de l'hydrogène avec l'oxygène jaillit l'eau qui formera dans la suite les vastes mers.

Et que deviennent les matières ainsi expulsées du sein de la fournaise, répandues en larges nappes de laves incandescentes ? — Se tiennent-elles maintenant dans une complète immobilité ? — Non, elles guerroient toujours, mais les assaillants, cette fois, s'appellent air et eau, et des efforts déployés de part et d'autre résultent le granit, le porphyre, la diorite ou diabase, la serpentine, puis la plupart des roches qui couvrent aujourd'hui notre sol.

Déjà, une croûte superficielle commence à se constituer.

[1] On connaît de nos jours plus de 4.000 nébuleuses, entre autres celles d'Orion, du Renard, du Taureau, du Navire, des Chiens de chasse, de la Vierge, etc. Les deux dernières sont en spirale. On peut les voir sur les belles cartes dressées à l'Observatoire central de Paris.

Vient le tour des métaux, qui s'agitent de concert avec les autres minéraux précités, et qui sont appelés à jouer plus tard un rôle considérable à la surface du globe terrestre.

En attendant, se trouvant à l'état libre à l'intérieur du noyau en fusion et rencontrant sur leur passage l'oxygène qu'y apportent l'air et l'eau, ils lui livrent bataille, et le résultat des combats est l'apparition des oxydes qui, de leur côté, entrent en hostilité pour engendrer la première matière pierreuse, dont l'existence, comme celle de toute chose, a sa raison d'être.

Nous venons de parler de la constitution d'une croûte superficielle. En effet, « dans les premiers temps, dit M. Jacolliot, le peu de solidité de la surface du globe a dû donner naissance à un autre mode de *formation* : la mince croûte terrestre, au moindre mouvement intérieur, devait se couvrir de fissures par lesquelles les liquides en fusion se répandaient au dehors avec violence et faisaient l'effet que nous voyons la lave produire de nos jours ».

Et de cette façon s'est constituée une première couche dont l'épaisseur a été sans cesse augmentant. C'est cette couche de notre planète que la géologie nomme couche de l'époque azoïque ou primitive, composée de matières encore imparfaitement connues [1]. Rappelons ici que la chaleur, ce fluide subtil et invisible, tend constamment à se mettre en équilibre.

Ainsi, « rapprochez deux corps de même nature, c'est-à-dire conducteurs de la chaleur à un égal degré, dont l'un aura été soumis un certain temps à l'action d'une forte chaleur, et l'autre laissé à la température de l'air libre, aussitôt le premier cédera à l'autre graduellement la quantité de chaleur nécessaire pour amener l'équilibre entre eux. C'est en vertu de cette propriété que l'atmosphère, au lieu de conserver la chaleur qu'elle reçoit du soleil, la transmet constamment à la terre » et qu'une quantité de cette chaleur est communiquée à la nébuleuse qui, sous l'action de cet élément et d'autres agents, a vu peu à peu sa surface se solidifier et s'est transformée en ce corps solide que nous appelons planète.

De la même manière se sont formés les nébuleuses résolubles, disent ceux-ci ; résolues disent ceux-là ; enfin les mille et mille autres corps en mouvement perpétuel dans les profondeurs de l'infini.

---

[1] Elle est à environ 12.000 mètres de profondeur.

« Le passage de l'état gazeux à l'état liquide n'a pu avoir lieu sans un extraordinaire développement de chaleur, suffisant pour mettre en ignition la masse entière de la nébuleuse. » (JACOLLIOT.)

C'est conformément à la loi d'équilibre de la chaleur que ce phénomène s'est accompli.

« Mais alors, ajoute M. Jacolliot, la masse incandescente, se trouvant portée à une température supérieure à celle du milieu où elle se mouvait, a eu une tendance immédiate au refroidissement. »

Qu'est-ce qui a pu provoquer ce refroidissement? l'apport constant d'eau que cette masse recevait de la transformation des gaz jaillissant de son sein et répandus autour d'elle dans l'espace.

A cela, il faut ajouter cette circonstance que « la croûte solide est allée toujours en augmentant, aux dépens du noyau central en fusion », par suite de l'évaporation, des éjections constantes de matières à travers les fissures de la première couche, matières qui, après s'être élevées à une certaine hauteur sous l'impulsion des gaz internes, sont retombées, en partie, sur cette croûte, tandis qu'une certaine quantité de ces matières, tenue en suspension dans l'espace, s'est localisée, combinée avec une fraction des éléments cosmiques et a constitué peu à peu, parallèlement au refroidissement et comme conséquence de celui-ci, un fluide élastique enveloppant la masse en voie de se refroidir. C'est à ce fluide qu'on a donné le nom d'atmosphère. Plus loin nous verrons le rôle qu'il joue dans les diverses modifications et transformations s'accomplissant à la surface et à l'intérieur de la masse désormais solidifiée extérieurement et, intérieurement, jusqu'à une certaine profondeur.

En attendant, franchissons rapidement des siècles pendant lesquels s'accomplit l'œuvre lente du refroidissement. Au bout de notre course, nous aurons en face de nous, non plus des nébuleuses, mais des mondes ou corps parvenus à l'état parfaitement solide, d'abord quant à leur surface extérieure.

Ce sont ces corps qui, comme l'a dit M. Flammarion, nous ont livré, pour la plupart, le secret de leur constitution, de leur nature et de leur rôle dans l'univers.

Ce rôle nous révèle-t-il une cessation de la lutte, au moins en ce qui concerne les mondes constitués? — En aucune façon.

De puissants instruments nous ont positivement appris qu'à tous les instants du jour et de la nuit, telle planète lutte contre telle autre, chacune accompagnée d'un cortège plus ou moins nombreux, dont la mission est d'apporter à sa force d'attraction une part importante de l'énergie nécessaire pour résister à toutes les influences environnantes.

Les vides considérables qui existent entre les systèmes stellaires ne sont que l'effet des efforts déployés par les groupes adverses.

Telle est la lutte dans le monde des atomes, des molécules, des nébuleuses proprement dites ; dans le premier règne qui ait paru, le règne minéral ; enfin, entre les systèmes sidéraux.

II

LE RÈGNE VÉGÉTAL

Ainsi, dès le début du globe que nous habitons, l'opposition, le choc, la lutte enfin, entre les éléments a lieu.

« Des millions ou des milliards de siècles se sont écoulés, l'humble atome est devenu une imposante nébuleuse ; sa marche s'est régularisée autour du soleil, dont elle reçoit constamment lumière, chaleur et vie; d'immenses courants électriques s'établissent entre l'astre directeur et le satellite obéissant... Encore quelques millions d'années, et la masse en ignition va se couvrir d'une croûte légère, scories de tous les corps en fusion rejetés à la surface; des masses d'hydrogène et d'oxygène se dégagent en vapeur, s'élancent au dehors et, arrivés aux limites de leur force de projection, se refroidissent et retombent en eau... Suivant les pentes naturelles, les eaux se réunissent dans les immenses vallées d'érosion créées par les bouleversements géologiques, vastes océans qui bordent déjà les terres qui doivent former les continents futurs, et l'évolution primordiale du nouveau globe est accomplie. » (JACOLLIOT.)

Alors se fait un autre travail de transformations, de combinaisons à la suite duquel apparaissent deux autres règnes: le végétal et l'animal. Quelle est la loi qui, présidant à la combinaison des matières dont ils se composent, leur a imprimé ce double mouvement de composition et de décomposition qu'on a nommé *tourbillon vital*? — Nul ne le sait. Ce qu'il est possible d'affirmer, c'est que « avec le premier fucus, la première branche de lichen, de fougère ou de mousse, les premiers mollusques et les premiers crustacés, commence la seconde évolution ; la vie organique a fait son apparition ».

Nous voilà à la deuxième étape géologique de notre planète, étape qu'on désigne sous le nom d'époque *paléozoïque* ou *primaire*. Elle embrasse cinq couches distinctes, dont la plus basse forme le *terrain cambrien*; la suivante, le *terrain silurien*; la troisième, celle de la surface extérieure d'alors, le *terrain dévonien*, au-dessus duquel s'élevèrent plus tard deux couches dont une carbonifère et l'autre houillère [1].

Après des séries de bouleversements, se sont successivement formées d'autres époques :

L'époque secondaire ou mésozoïque, qui s'ouvre avec le *terrain permien*, suivi des *terrains* de *trias*, *liasique*, *jurassique*, des *dépôts crétacés* inférieur et supérieur [2];

L'époque tertiaire, avec ses *terrains éocène*, *miocène* et *pliocène* appelé quelquefois parisien, de *molasse* et *subapennin* [3]. Ces trois terrains sont aussi désignés parfois sous le nom de *nummulitiques*, à cause des coquilles nommées *nummulites* qui y dominent.

Enfin, l'époque quaternaire, qui se compose du *diluvium* et des *alluvions modernes*, lesquels à leur tour se subdivisent [4].

L'époque quaternaire offre cette particularité que, pendant un espace de temps considérable, l'intensité du froid entretenait, d'une façon continue, des montagnes de glace sur toute la partie septentrionale de la terre, notamment en Europe et en Amérique, où l'on a pu bien étudier les traces laissées par la fonte de ces glaciers. Cet espace de temps a été dénommé *période glacière*.

La figure 2, suivante, représente une coupe verticale du globe, présentant chaque époque avec ses différents terrains et couches.

A partir de l'époque paléozoïque, le début de la vie végétale et animale est manifeste et se montre dans des fucoïdes, des zoophytes, des mollusques et des crustacés, pour ensuite s'incarner, selon les différentes couches, dans des êtres allant s'augmentant, se développant, se transformant. Finalement, la vie se fait homme, et avec l'être humain le couronnement de la transfor-

---

[1] Ces couches réunies présentent une épaisseur de 4.000 mètres environ.
[2] Environ 5.000 mètres.
[3] Environ 1.000 mètres.
[4] Environ 200 mètres.

mation progressive est accompli, car l'homme, selon le mot de
M. Perrier, est la synthèse de la création, la merveilleuse réduction de l'univers, véritable microcosme.

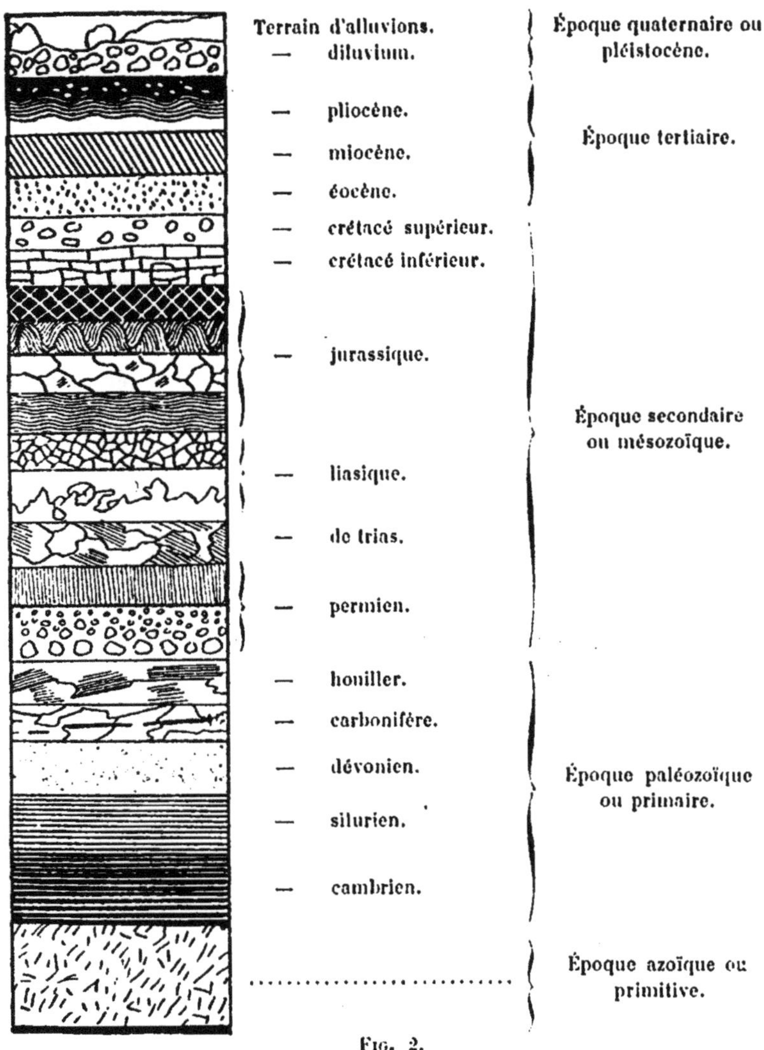

Fig. 2.

« La voilà, pouvons-nous nous écrier avec M. Jacolliot, la
voilà donc dévoilée par la science, cette création incessante de la
nature, qui n'est qu'une perpétuelle transformation de la matière,

d'après des lois fixes et inéluctables. Quelle admirable simplicité et en même temps quelle grandeur dans ce fonctionnement universel !... Et ce n'est point là mystique rêverie ou ingénieuse hypothèse, c'est la constatation d'une vérité définitivement conquise. »

Nous sommes donc au milieu de deux mondes tout différents de ceux que nous venons de voir en action. Leurs éléments ont reçu de la nature les vertus inappréciables de naître, de se développer et de se reproduire.

Vont-ils tous, à l'ombre de la paix, de l'union et de la concorde, tirer profit de leurs dons incomparables ? Nullement. Au point de vue de la lutte, le monde organique, au contraire, nous offre des faits bien plus saisissants encore, en raison de la plus grande facilité qu'a l'observateur de se rendre compte des choses et de la faculté qu'il a parfois de se porter partie dans les conflits qui surgissent ici.

Le nouveau champ de combat est, en effet, notre terre, masse relativement énorme que les champions, dans les deux nouveaux règnes, tantôt pénètrent en y enfonçant leurs racines flexibles, tantôt foulent de leurs pieds hardis, tantôt ne font qu'effleurer pour s'essorer et parcourir l'immensité des airs d'un vol rapide, tandis que d'autres ont pris possession des cours d'eau et des profondeurs de l'océan au sein desquels ne pourra vivre quiconque ne possédera pas un organisme spécial.

Les éléments sont donc ici aussi nombreux que riches en variétés.

Ne considérons d'abord que le règne végétal.

La lutte, quoique engagée entre des êtres occupant, presque toujours, une place fixe, n'a pas lieu avec une moindre intensité.

Quand ils traitent de la biologie végétale, les botanistes ne manquent jamais de faire ressortir l'état d'opposition qui empêche la fougère de vivre à côté du chêne, du hêtre et du pin.

Là où de grands arbres élèvent leurs cimes altières, les mousses n'osent montrer leur timide verdure que sous le pâle soleil de l'hiver, impuissant à maintenir l'énergie de ces géants du règne, alors plongés dans l'engourdissement ; et à ceux-ci les parasites, en tête certains champignons, font une guerre impitoyable. Une multitude d'autres plantes, comme pourchassées par leurs sœurs qui ne s'arrêtent pas à écouter cette chose que nous appelons la voix du sang, ne laissent seulement soupçonner que leurs germes se trouvent enfouis à deux pas d'une végétation plantureuse. Et souvent on a constaté qu'une modification apportée dans le régime d'un bois, d'une forêt, a suffi pour changer totalement l'aspect du sol où d'abord ne se voyaient que des arbres et des arbustes. Une fois coupés, ils font place à autant d'arbrisseaux dont les germes n'attendaient que la disparition de l'ennemi pour se développer et étaler des feuilles superbes aux rayons vivifiants du printemps.

III

LE RÈGNE ANIMAL

Les plantes, apparues, accomplissent leur part de lutte.

Est-ce de l'antagonisme de leurs ancêtres les plus éloignés qu'est sortie la matière organique qui est venue engendrer la vie animale ? Question !

Toujours est-il qu'a vécu une étoile de mer (animal) supportée par une tige (végétal) attachée au centre et attenante à la terre, indiquant en quelque sorte une transition entre la vie végétale et la vie animale. Cet être est un zoophyte de l'époque paléozoïque et du terrain cambrien[1].

De nos jours même, les naturalistes sont divisés sur la question de savoir si bon nombre d'êtres inférieurs appartiennent au règne végétal ou au règne animal, tellement étroits sont les rapports existant entre quelqu'une de leurs parties et certains traits caractéristiques des individus des deux règnes.

Des études scrupuleuses faites récemment par M. Perrier, il ressort que rien n'autorise à conclure à la nature végétale ou animale de ces individus appelés myxomycètes. Il en est de même des champignons formant l'ordre des ustilaginées, sur lesquels M. Paul Vuillemin, professeur à la Faculté de Médecine de Nancy, a fait des recherches qui ont été exposées devant l'Académie des Sciences, par M. Guignard, à la séance du 2 mars de cette année.

« Il est bien évident, dit M. Perrier, que la délimitation des deux règnes, déjà si difficile à établir au point de vue physiologique,

---

[1] Voir JACOLLIOT. *Genèse de la Terre*, etc., p. 253.

quand on ne considère que les formes supérieures, est tout à fait impossible à tracer quand on descend aux formes inférieures des deux séries. Nous arrivons des deux côtés, par les transitions les plus ménagées, à des êtres qui se ressemblent et que l'on peut à volonté regarder comme les plus simples des animaux ou comme les plus dégradés des végétaux [1]. »

Buffon paraît même admettre que la nature a tiré l'animal du végétal. Après avoir exposé les points par lesquels les deux règnes se touchent, il ajoute : « On peut donc assurer avec fondement que les animaux et les végétaux sont des êtres du même ordre, et que la nature semble avoir passé des uns aux autres par des nuances insensibles, puisqu'ils ont entre eux des ressemblances essentielles et générales, et qu'ils n'ont aucune différence qu'on puisse regarder comme telle [2]. »

Donc, après les premières plantes, « des êtres animés, doués de mouvements et de force individuelle, des animaux enfin, font leur apparition. Est-ce que la lutte va cesser ?... Non, elle va se continuer avec une force et une âpreté sans égale » (JACOLLIOT). Plus que jamais, « elle est ardente et sombre »; elle est rouge, anarchique, car le sang coule à flots.

Il convient, en effet, de remarquer d'ores et déjà que plus est élevé le règne, l'ordre, parfois même le groupe dont font partie certains animaux, plus violent est le caractère que revêtent les combats qu'ils se livrent, la force impulsive, directrice, étant alors une somme de conscience de plus en plus grande; les moyens d'attaque et de défense, des instruments de plus en plus parfaits.

Avant de nous occuper de la *personnalité* de la bête, considérons ses parties constituantes.

Au sein de l'animalité, on trouve ces éléments que M. Perrier appelle les *cellules* ou *plastides* ou encore *masse protoplasmique*, puis les *mérides*, les *zoïdes* et les *dèmes*.

Les mérides, les zoïdes et les dèmes n'étant que des produits cellulaires, nous nous contenterons de parler des cellules.

« Les seules formes simples capables, a écrit M. Pierre, d'une évolution supérieure, sont celles dans lesquelles la masse protoplasmique se divise en particules contenant chacune un noyau [3]. »

Et dans *Les Colonies animales*, etc. : « La cellule est essen-

<hr>

[1] *Les Colonies animales*, p. 135.
[2] *Histoire naturelle*, Mammifères, chap. I.
[3] Voir *Le Transformisme*, p. 151 à 160. Édition de 1888.

tiellement une petite messe de substance *vivante*, nue ou enveloppée dans une membrane d'ordinaire complètement close[1]. »

Formant des groupements sous des noms divers, les cellules sont dispersées dans toutes les parties de l'être organisé.

C'est entre les groupes cellulaires que des luttes s'engagent.

Ce point sera complété et rendu bien lucide dans le chapitre consacré aux mobiles des luttes.

Maintenant, voyons en action la bête elle-même.

Avons-nous besoin de dire que les animaux, pas plus que les plantes, ne s'épargnent pas entre eux?

Sans l'intervention de l'homme, les bêtes souvent s'entre-déchireraient impitoyablement.

En dehors du témoignage de nos propres yeux, Esope et Phèdre d'abord, ensuite La Fontaine et d'autres après lui nous en ont, dans leurs écrits, donné plus d'un exemple.

Mais quelquefois aussi l'homme, pour la honte de l'humanité, communique aux animaux toutes sortes d'excitants capables de les porter à s'entr'égorger, à seule fin de réjouir ses instincts sanguinaires ou d'apaiser sa soif insatiable de l'or.

Tout le monde sait le plaisir ineffable qu'éprouvent des individus de certains pays à mettre deux coqs aux prises. — C'est la catholique Espagne, dit-on, qui a exporté ce passe-temps barbare chez les peuples, surtout en Angleterre et aux Pays-Bas, qui en sont actuellement infestés.

Mais restons dans les généralités.

Entre les grands carnassiers habitant les forêts, la paix n'a jamais été possible. Lion, tigre, rhinocéros, éléphant, hippopotame ne sauraient se rencontrer sans se précipiter les uns sur les autres; et la girafe, le bœuf, dans l'impuissance de se défendre contre leurs plus cruels tyrans, le lion et le tigre, sont nuit et jour au guet, au milieu de la verte campagne comme sur le sable brûlant du désert.

Le léopard n'est pas moins redouté. — Agile au degré suprême, il escalade la cime des grands arbres pour donner la chasse aux singes affolés; et il n'est pas sur le sol qu'il bondit à la poursuite du daim, du cerf et du mulet. — On le nomme la terreur et le fléau des troupeaux.

Du Mexique au Paraguay, le jaguar commande de vastes plaines. Il est le tigre du Nouveau-Monde. Vingt dogues des plus

_____
[1] Page 13.

décidés ne le font point reculer. Le cerf et le cheval sont les adversaires auxquels il aime le plus à se mesurer.

Quand son *hou-hou* fait trembler la forêt et étend son formidable écho sur deux lieues à la ronde, tout se cache, gardant le plus profond silence, sauf l'intrépide taureau, fauve comme lui, et le long boa aux puissants anneaux qui, enroulé autour d'un tronc d'arbre, le guette au passage.

Les petits ne le cèdent nullement aux grands, quant à la combativité.

Le chat n'a pas pire ennemi que le chien. Il est même proverbial de dire, par comparaison et ironiquement, que deux personnes s'aiment comme chien et chat.

Mais si le chien pourchasse toujours le chat, celui-ci, en revanche, ne laisse nul répit aux rats qui élisent domicile dans les caves et les greniers.

Ouvrons La Fontaine, il nous apprendra que :

> La nation des belettes,
> Non plus que celle des chats,
> Ne veut aucun bien aux rats.

Et dans la fable du Loup et le Chien, il nous dira :

> Un loup n'avait que les os et la peau,
> Tant les chiens faisaient bonne garde.

Lisons : Le Renard et le Chat, Le Lièvre et la Perdrix, Le Loup et l'Agneau, puis nombre d'autres de ses fables, dans toutes nous voyons des combats sans trêve et sans merci.

Il n'est pas jusqu'au carabe qui ne se mette en campagne contre l'inoffensive limace ; l'araignée, contre la mouche ; la réduve, contre la punaise ; le fourmi-lion, contre la fourmi ordinaire, sans parler du fourmilier, leur plus mortel ennemi. A son tour, la fourmi partira en guerre contre le puceron ; enfin, le chélifer concroïde, contre la puce.

La surface du globe n'est pourtant pas le seul théâtre de ces conflits sanglants entre animaux.

La plaine des airs, soir et matin, retentit des coups que s'y portent, des cris qu'y poussent des adversaires redoutables ; et les grands oiseaux de proie sont à la population ailée ce que sont les grands carnassiers aux petites gens qui foulent le sol.

A commencer par le roi des oiseaux, il est l'ennemi déclaré du hibou, tout comme l'autour est celui du pauvre geai ; et les deux écumeurs des airs ne ménagent pas plus la folâtre perdrix que les congénères du monde aquatique, qu'ils s'appellent héron ou canard, cormoran ou bécasse.

Le vautour et le milan cessent-ils d'être en embuscade et de planer au-dessus de la basse-cour?

Malheur au pigeon, à l'hirondelle et autres petits oiseaux qui osent trop s'aventurer dans les régions éthérées où le faucon promène ses serres aiguisées ; et de l'ombre du bois ou des hautes futaies que fréquente l'alouette, le rapace est rarement éloigné.

Il existe un oiseau, bien petit, qui fait l'admiration de tous ceux qui le connaissent. C'est la grive, barde charmant, infatigable, qui, non content de la riche variété de son répertoire, semble se faire un jeu de toucher les cordes les plus harmonieuses qu'il entend vibrer. — Rusé comme pas un, le passereau sait se tapir derrière une large feuille, passer doucement sa fine tête pour examiner si on le guette. Mais, si maligne soit-elle, la grive n'échappe pas toujours aux coups meurtriers de la cruelle pie-grièche-écorcheur qui l'épie dans les guérets. — Comment la pie pourrait-elle redouter ce chétif oiseau, quand elle pousse l'audace jusqu'à s'attaquer au faucon qui se hasarde dans son voisinage !

Ce même faucon, la bergerette, l'hirondelle, le gobe-mouches et autres, ne veulent entendre le bruissement d'aucun insecte : criquet, hanneton, mouche, guêpe, abeille, sauterelle, sont pourchassés sans relâche.

Entend-il le cri monotone de la paresseuse cigale? vite, le moineau sonne la charge et entre en campagne.

La chouette et la chauve-souris, à la tombée du soir, ne quittent le bois que pour donner la chasse aux phalènes qui, à leur tour, en veulent aux moucherons.

En dépit de leur grosseur, les oiseaux ne sont point les plus intrépides guerriers de la lutte aérienne; ils reconnaissent même des maîtres chez plus d'un insecte.

Suivez des yeux cette guêpe au vol rapide ; elle se hâte pour atteindre cette autre, une mouche, qui fuit à tire-d'aile. Voyez ce papillon matinal qui se détourne un instant de la fleur qui lui demande un baiser, pour guerroyer contre un puceron. Mais et guêpe, et papillon, et puceron déguerpiront bientôt, sous le fouet sanglant de la pudique demoiselle. Larve ou nymphe, on la voit se traîner avec effort dans la vase, cherchant déjà un adversaire auquel se mesurer. Peu après, des ailes lui poussent. Libellule parfaite, reine vagabonde et despote, elle parcourt l'espace, guerroyant, guerroyant toujours, jusqu'à ce qu'elle rencontre le monarque, qui la force de réintégrer promptement sa retraite.

Entre les habitants de l'air et ceux qui parcourent la surface de la terre, la paix n'existe pas davantage. Chacals, antilopes, chamois, chèvres, moutons, lièvres, lapins, toute cette bande se sauve, lorsque retentit la trompette de l'aigle ou le cri strident du faucon.

L'écureuil trouve son tyran dans l'autour. Les rats, les souris, les mulots, les campagnols voient le leur dans le hibou. Le merle et l'escargot n'ont jamais fait bon ménage ensemble. Et les reptiles? peuvent-ils vivre tranquilles, quand ils pensent que le canard sauvage, la cigogne ou la buse est probablement en arrêt devant le buisson, le tronc d'arbre ou la crevasse du rocher qui leur donne asile? Quand l'ennemi effectue sa ronde, malheur au batracien : grenouille ou crapaud, malheur aussi au petit saurien : lézard ou caméléon, et à l'ophidien : couleuvre ou serpent, qui ose se promener en rase campagne! mais tout en s'astreignant à une surveillance incessante pour se garantir des attaques inattendues, la gent marécageuse et rampante fera la guerre aux mouches, aux scarabées, aux sauterelles et aux petits rats.

Lorsqu'il aperçoit un chat qui s'est glissé le long d'une souche d'arbre, dans un taillis ou dans un fourré, en quête d'une proie, le *moqueur*, en sentinelle vigilante, fond sur lui avec de hauts cris, le met en fuite et court se repercher sur la branchette où il reprend sa chanson interrompue par l'importun.

Le *secrétaire* est un petit oiseau d'Afrique, des plus pétulants; il fait payer sa mauvaise humeur aux rats, lézards, crapauds, voire aux serpents.

Les *républicains*, oiseaux de la même contrée, ont également pour antagonistes les serpents.

Nous parlons des chasses de la race emplumée contre celle qui ne l'est pas. Cette dernière pourtant ne sait pas que se défendre; elle prend l'offensive parfois, convaincue que la victoire suivra ses pas.

Ainsi, le gros matou et le matois renard de La Fontaine ne laissent pas de tendre des pièges à la poule, au coq d'Inde, en un mot à tout volatile assez malavisé pour y donner.

« La fouine, dit le Dr Courmelles, terrorise les volailles au point qu'après une de ses visites il est impossible de les faire rentrer et de les retenir sous l'abri préparé par l'homme [1]. »

Et dans une de ses fables, l'auteur de Psyché ne fait-il pas dire au Loup à qui la Cigogne, après service rendu, demande sa récompense :

> Allez, vous êtes une ingrate :
> Ne tombez jamais sous ma patte.

Le méchant quadrupède n'épargnera pas, en effet, celle qui lui a tiré du gosier l'os qui l'allait étouffer, si jamais elle tombe sous sa patte.

Et vous croyez que « la gent qui fend les airs » et celle qui foule le sol sont seules à être continuellement en guerre ? — Erreur. Si à la surface de la plaine liquide règne quelquefois un calme parfait, dans son sein se déploie constamment une exubérance de vie qui ne se voit nulle part peut-être.

Tout un monde — aussi étrange par les formes, les nuances et les dimensions qu'il présente — grouille dans tous les sens sous les flots que souvent lui-même colore.

La loi qui gouverne ce peuple est d'une simplicité à nulle autre pareille. Article unique : déchirez-vous les uns les autres ! En conséquence, maître *requin* ne se fait pas prier ; il ne se contente pas de se jeter sur les fretins, il ose même affronter le géant des mers, la *baleine*. Le *narval*, l'*espadon* et le *dauphin gladiateur*, dont la longueur n'atteint pas 3 mètres, fera capituler honteusement le mammifère-colosse, comme le plus faible des adversaires.

La *raie* ne doit faire un mouvement, sans se mettre en garde contre la voracité du requin. Mais elle trouvera un vengeur dans le hideux *crocodile*, en attendant qu'elle force le *crabe* à gagner au large.

La *baleine*, à son tour, ne laissera point souffler le *hareng*, la *sardine* et l'*infusoire* qui s'offriront sur son passage. L'*huître* se blottira en vain dans sa coquille pour échapper aux disques suceurs de l'*étoile de mer*, tandis que les décapodes : *homard*, *écrevisse* et *crevette*, seront à tout moment en éveil, prêts à se garer, au moindre signal de l'approche de la *pieuvre*.

Le homard, cependant, pourchassera le jeune crabe, quand il sera sûr que la *scie* est là pour tenir la *pieuvre* en respect.

---

[1] *Les facultés mentales des animaux*, p. 170.

Nous ne quitterons pas les poissons, sans parler d'une espèce. dont un trait de mœurs et l'usage qu'on en fait méritent une mention particulière. Il s'agit des *combattants* (*Betta pugnax*) habitant les mers de l'Indo-Chine et des îles de la Sonde. Le nom même de ces individus révèle leur inclination dominante.

Le savant naturaliste allemand, A.-E. Brehm, dans son ouvrage si connu, *Les Merveilles de la Nature*, nous donne d'amples détails sur cette espèce.

« Lorsque, dit-il, deux de ces poissons mâles se trouvent en présence, ils se combattent avec acharnement ».

Nous verrons plus loin l'usage barbare auquel les emploient les pêcheurs de l'Extrême-Orient.

Ainsi, « une guerre sans trêve ni merci, voilà en quoi consiste presque toute la vie des poissons, et certains d'entre eux n'épargnent même pas leur propre progéniture [1]. »

D'autre part, les hordes aquatiles ne manquent pas de persécuteurs parmi les aéricoles, et réciproquement.

Accroupi comme un grand chat le long des torrents, des rivières ou des lacs, le *jaguar* attend, sa grosse patte de velours prête, l'imprudent poisson qu'il fera sauter sur la rive. La *loutre* vit au bord des rivières et des étangs. La nuit, elle y plonge pour pêcher. L'*ours* polaire procède de la même manière. Le crocodile de l'Afrique est réputé pour la haine farouche qu'il nourrit contre l'antilope d'eau. Quand celle-ci viendra se désaltérer à l'onde pure, une lutte acharnée s'engagera. Malheur! alors à l'agile quadrupède, s'il ne parvient pas à entraîner son agresseur le plus loin possible du rivage.

Entre oiseaux et poissons, même antagonisme.

Les plus redoutables ennemis de ces derniers sont le milan, le pélican, le cormoran, la frégate, le goéland et le martin-pêcheur.

L'ichtyologie consacre une place remarquable à toute une série de petits êtres marins qui possèdent la singulière faculté de quitter la masse liquide et de s'élever dans l'air, comme pour montrer aux oiseaux que l'éther n'est pas le domaine exclusif des gens de leur classe, si fiers de pouvoir, de tous les êtres, contempler de plus près l'astre roi.

Le *dactyloptère* est le prince de ces *malacoptérygiens*. « Il lui est possible, dit Lacépède, de s'élever au-dessus de la mer, à une assez grande hauteur, pour que la courbe que ce poisson décrit

---

[1] BREHM, *Merveilles de la Nature. Poissons et Crustacés.*

dans l'air ne le ramène dans les flots que lorsqu'il a franchi un intervalle égal, suivant quelques observateurs, au moins à une trentaine de mètres ; et voilà pourquoi, depuis Aristote jusqu'à nous, il a porté le nom de *faucon de mer*, et surtout d'*hirondelle marine*. »

Au sujet de cette particularité, Brehm dit à son tour de ces poissons : « Lorsque leur élan a lieu dans certaines directions, on peut voir que ces animaux sont pourchassés par des poissons voraces et qu'ils cherchent leur salut dans la fuite au sein des airs ; mais le plus souvent ils ne suivent aucune direction déterminée et semblent prendre leurs ébats tout à fait au hasard. Au voisinage des côtes, les poissons volants attirent très souvent cependant l'attention des *mouettes* et des *pétrels*, qui accourent aussitôt et commencent à leur donner la chasse. »

Ainsi, abandonner les flots et parcourir l'espace d'un vol vigoureux pour échapper à un ennemi, c'est aller se livrer à un autre qui monte la garde sous le ciel azuré.

Le sort de la *grenouille* n'est pas meilleur. Fuit-elle la dent du *protoptère* qui la pourchasse au fond des eaux ? elle court se jeter sous le bec aigu du *milan*, de la *cigogne* ou de la *grue*, qui rodent, avides, sur la grève. Mais le petit batracien ne perd pas pour cela l'instant de la combativité. Chassé, il se fera à son tour chasseur et sautillera à la poursuite du ver et du limaçon.

Telle est, le plus souvent, la façon des bêtes de se traiter les unes les autres.

IV

LES BÊTES ET LES PLANTES

Jusqu'ici nous n'avons vu se combattre que des individus appartenant à un même règne. De règne à règne, les hostilités ne sont pas moins permanentes, et les combattants mettent autant d'acharnement dans l'attaque, dans la défense, autant de vigueur.

Si, contrairement à ce dicton qui veut que les semblables s'attirent, nous voyons se repousser des êtres identiques, comme deux plantes, deux oiseaux, deux quadrupèdes, se repousseront-ils à plus forte raison, lorsqu'aucune similitude n'existera entre eux. Certes, leur différence de forme, de constitution, presque toujours les portera à se combattre. Et par cela seul qu'elle a lieu entre individualités différentes, la lutte changera d'aspect et de procédés, selon la nature de chaque adversaire.

Considérons ce qui se passe entre les plantes et les bêtes. Les plantes, en grande partie, ne trouvent jamais grâce devant les animaux. Nous ne nous arrêterons pas à exposer la manière d'agir de ceux-ci à l'égard des végétaux. D'ailleurs, il en sera suffisamment question en d'autres lieux. Néanmoins, ce qui offre dès à présent quelque intérêt, c'est la vertu que possède une catégorie de plantes de livrer de véritables combats à certaines bêtes, des combats où l'on serait tenté de trouver, en ce qui concerne ces plantes, toute la souplesse, toute la vigueur, toute la ruse et toute la ténacité qu'on voit les bêtes elles-mêmes déployer parfois dans leurs rencontres sanglantes. Les végétaux, effectivement, n'ont pas de plus grands ennemis que les animaux. A leur tour, les plantes semblent avoir chargé toute une escouade de leurs congénères, prise principalement parmi les champignons et les algues, du soin de les venger, en s'attaquant aux animaux, surtout aux insectes.

Dans les rangs de ces vengeurs, on remarque la *drosère* (*drosera*) qu'en langage vulgaire on nomme rossolis (*rosée du soleil*), à cause d'une colle sous forme de gouttes de rosée qui couvre ses feuilles et qui, sous les rayons du soleil, brille du plus vif éclat. Chaque gouttelette a pour support un poil ou tentacule, d'un rouge éclatant. On en compte deux cents sur la surface supérieure d'une seule feuille.

Qu'un insecte, par exemple une fourmi, une mouche, même une libellule ou un papillon, apporté par le souffle du vent ou venu de son propre mouvement, se mette en contact avec la feuille, comme voulant se mirer dans la gouttelette rayonnante, il est aussitôt appréhendé par l'extrémité de l'un des plus longs tentacules. La bête — à n'en pas douter — tente des efforts pour s'échapper.

Alors, s'il s'agit surtout d'un papillon ou d'une libellule, une lutte opiniâtre s'engage. Se contractant sous les énergiques poussées des pattes, des ailes, des antennes ; effectuant de ces contorsions comparables à celles qu'on voit faire le robuste athlète qui sent l'adversaire glisser sous ses fortes étreintes, notre feuille plie sous le poids qui veut l'écraser, se redresse, replie, rassemble ses forces, se relève dans un suprême effort, se ferme enfin. Dès lors, le signal de l'assaut général donné, accourent toutes les autres feuilles. Chacune apportant successivement le concours de ses tentacules, l'ennemi, maîtrisé, capitule, et la victoire reste à la fière drosera (*fig.* 3).

Tel est aussi, à peu près, le procédé de la *dionée (dionæa muscipula)*, plante de l'Amérique du Nord.

Ses feuilles présentent l'aspect d'une coquille bivalve. Chaque moitié, légèrement inclinée sur la nervure centrale formant axe, garde la position de la portion d'un livre à demi ouvert.

Le bord de la feuille est environné de denticules régulières, ressemblant plutôt à une bordure de franges, tandis qu'à la surface se dressent deux ou trois petits poils déliés, hérissés, à peine visibles à l'œil nu. Dès qu'un moucheron vient frôler ces poils, les deux valves se rabattent l'une sur l'autre, les denticules s'enchevêtrent les unes dans les autres, et derrière les murs de cette étroite prison improvisée se livre un combat terrible dont l'issue sera le triomphe du champion du règne végétal.

Le procédé de la *dionée* rappelle celui de l'*utriculaire* (*utricularia*), qui est plus perfectionné.

L'utriculaire est une plante aquatique, à feuilles fuliformes.

Fig. 3. — Drosère.

Ses ramifications sont munies de petits sacs dont l'ouverture est garnie de poils ramifiés. Une sorte de trappe, étendue sur l'abîme, y adhère, tandis que le reste de la plante demeure submergé. Un de ces petits animaux qui grouillent dans l'eau vient-il s'y placer? Trottinant, fouillant, sans se douter de l'existence d'un précipice, il se porte de tout son poids sur la trappe. Celle-ci cède, livre passage à la masse qui la comprime et revient à sa

position première, par la seule élasticité de ses tissus, pendant
que le petit maladroit se débat convulsivement au fond du sac.
— Qu'en advient-il? — Nous le saurons plus tard.

Quant aux *népenthès*, dont les méthodes changent plus ou
moins avec les variétés de la plante, ils portent ordinairement au
bout de leurs feuilles un filament supportant une sorte d'urne de
forme allongée, munie d'un couvercle à axe qui sait retomber
brusquement sur le bord de l'urne pour tenir enfermé l'imprudent visiteur qui pénètre trop avant dans le réceptacle (*fig. 4*).

La *saracenia*, dont les feuilles sont enroulées en forme de cornet, ne procède pas différemment.

Le *pinguicula vulgaris*, habitant les lieux humides et montagneux, sait aussi, pour emprisonner la mouche ou la fourmi, recourber, vers les bords de ses feuilles à forme cylindrique, l'espèce de voile flottant qui surmonte son large orifice.

Les *cardiceps* et les *isaria* ne sont pas plus hospita-
liers; mais l'*empusa muscæ* a une vertu qui surpasse toutes les merveilles que peut offrir le règne végétal. Cette petite plante possède

Fig. 4. — Népenthès.

des tubes au moyen desquels elle lance, par un dispositif spécial,
dans toutes les directions, des spores ou corps reproducteurs. Ces
corps, véritables projectiles, viennent-ils à frapper une mouche
voltigeant alentour? ils lui communiquent aussitôt une maladie;
et, lorsqu'ils retombent sur le support autour de la victime, les
conidies émettent un nouveau filament terminé par une spore
qui est de nouveau projetée dans l'espace et toujours de façon à
atteindre l'assaillant[1].

[1] Voir Paul VUILLEMIN, *La Biologie végétale*, p. 352.

On sait que, généralement, les végétaux passent leur vie sans jamais quitter la place où ils ont reçu le jour. Quelques-uns cependant sont doués de la locomobilité. Les uns flottent dans les eaux, les autres rampent, pour ainsi dire, sur le sol humide. Plusieurs champignons gélatineux, parmi lesquels se remarque la *tannée fleurie (fuligo septica)*, rampent et grimpent sur les arbres, exactement comme certains animaux inférieurs, les *amibes*. Bien des algues, au dire de M. Vuillemin, après avoir flotté quelque temps, savent même se maintenir à la place qui leur convient. Ainsi font les *angiospermes*, les racines du jussioca [1].

Et à quoi leur sert le pouvoir de se déplacer? Ils en profitent, les uns, pour se soustraire à une influence extérieure qui leur peut être funeste, par exemple certains champignons de l'ordre des myxomycètes; les autres, pour se porter à la rencontre de l'ennemi.

Ainsi se comporte l'*aldrovandia*, plante des eaux douces d'Europe, qui se livre à de véritables chasses aux infusoires et aux petits crustacés, aquatiques comme elle. Dépourvu de racines, ce végétal flotte librement dans l'eau. Ses feuilles, bilobées, s'entr'ouvrent, à l'instar des valves d'une huître, pour chercher à capturer ces petits animaux; et quand l'un d'eux se laisse prendre, la lutte s'engage avec vigueur. C'est à qui déploiera le plus d'énergie : la bête, pour s'échapper; la plante, pour maintenir sa capture.

Nous citerons aussi certains petits champignons qui, pendant une partie de leur vie, sont doués de la faculté de se mouvoir et de se diriger vers la proie qu'ils convoitent, à la façon des infusoires. La *fleur de tan* se distingue parmi ces cryptogames. Quelques-uns ont reçu le don incroyable de pouvoir couvrir de leurs spores plusieurs chenilles de la Nouvelle-Zélande, de s'y cramponner et d'y grandir jusqu'à mesurer, dit-on, 15 centimètres de hauteur. Occupant cette position, ils ne cessent de promener sur leurs victimes des morsures dangereuses.

D'autres espèces attaquent des nymphes de cigales, des fourmis des guêpes, des araignées, des papillons et des crabes.

Enfin, on en connaît d'autres encore qui ont été observés sur de grands animaux. Les *trichophytes tonsurants (trichomyces tonsurans)* s'établissent sur les chevaux; les *aspergilles (aspergillus)*, sur les oiseaux, surtout dans les sacs aériens des *bouvreuils*, des *pluviers dorés* et des *faisans*.

[1] *Id*, p. 126.

V

L'HOMME. — LES PLANTES ET LES BÊTES

Les bêtes et les plantes, tout en se faisant la guerre, ne vivent pas, d'une manière générale, en meilleure intelligence avec l'homme.

Journellement, en effet, celui-ci s'attaque aux végétaux et organise des chasses et des pêches. — Par contre, des plantes microscopiques s'abattent sur ses organes, tandis que nombre d'animaux lui tendent souvent des embûches.

Nous verrons plus loin les végétaux auxquels nous sommes obligés de disputer nos organes.

En attendant, occupons-nous des bêtes contre lesquelles le roi de la création soutient des assauts continuels.

Une chasse à l'homme, exécutée par un jaguar, doit être un spectacle des plus émouvants. — Comme le félin hante la rive des grands fleuves, c'est aux matelots qu'il s'attaque de préférence. « Les matelots — dit M. Dumonteil, dans son ouvrage sur *les fauves* — les matelots ne lui échappent qu'en plongeant dans le fleuve; et le roi des pampas, fièrement assis au milieu de la barque abandonnée, s'en va à la dérive, la tête haute et le regard étincelant, jusqu'à ce qu'il bondisse sur le rivage. »

Sans parler de fauves, que d'insectes harcellent continuellement l'homme ! — On connaît une mouche, la mouche tsetsé, qui, dans toute une région de l'Afrique, trône en reine d'un despotisme qu'on ne peut pas dire.

A cela ajoutez les assauts des poux, des punaises, des puces, des chiques, des moustiques, de la gale et du reste, et vous saurez si des bêtes osent faire campagne même contre le roi de la création. — Mais ce n'est pas fini. — S'il ne s'agissait que des attaques de ces antagonistes auxquels il peut opposer des moyens de défense d'autant plus efficaces que ces petits animaux n'échappent pas à sa vue, l'homme pourrait dormir tranquille sur ses deux oreilles, la nuit comme le jour. — Il n'en est malheureusement pas ainsi.

Des fauves, tels que le tigre et lion, la plus haute expression du meurtre, causent moins de terreur que d'autres créatures qui sont pour l'être humain des ennemis bien autrement redoutables. Il est, en effet, réduit à se défendre, péniblement jusqu'ici, contre des légions de bêtes, invisibles, qui ne décèlent leur présence qu'après leurs flèches décochées. Aussi sont-elles, pour la plupart, invincibles.

Oui, dérobés par leur invisibilité, des *microbes* (puisqu'il les faut appeler par leur nom) sont les plus cruels buveurs de notre sang. Ils s'accrochent aux vêtements, aux cheveux, à la barbe, aux cils et sourcils, s'insinuent sous les ongles, sous les paupières, dans les narines, dans les plus petits sillons de la peau, toujours prêts à monter à l'assaut par la moindre déchirure de l'épiderme, à forcer l'entrée de la place par quelque brèche ouverte. Pour atteindre plus sûrement le but, l'armée microbienne ne fera faute d'utiliser tous les terrains qui pourront s'offrir à elle. Non contente de fourmiller au fond des mers, dans le sol, dans les limons et dans les fentes des murs, elle se mêlera à la boisson qu'on absorbe, à l'eau dont on se lave, tourbillonnera dans l'air qu'on respire, et ainsi parviendra toujours à prendre contact avec la proie convoitée, à se loger dans l'organisme, n'épargnant pas plus l'enfance que l'adolescence, pas plus celle-ci que la vieillesse [1].

La diphtérie, le charbon, le choléra, la septicémie, la gangrène des opérés, la tuberculose, la rage, tous les états morbides enfin correspondent chacun à la présence de microbes qui s'acharnent sur le corps humain.

Les microzoaires, représentant toutes les pestes du monde, partant celle du bon La Fontaine, constituent donc pour nous

> Un mal qui répand la terreur,
> Mal que le Ciel en sa fureur
> Inventa pour punir les crimes de la terre.

Mais, fort heureusement, la loi du talion leur sera appliquée, et par de propres congénères.

En effet, ces monstres, si minuscules qu'ils soient, trouvent leurs maîtres dans l'*infusoire flagellée*, le *spumelle (spumella terno)* incolore.

Voilà donc découverts, les terribles broyeurs de graines de choléra et de péritonite.

---

[1] Une analyse de l'air de la ville de Paris a permis de constater, pour le sommet du Panthéon, 300 microbes par mètre cube d'air ; pour le parc de Montsouris, 480 ; pour la rue de Rivoli, 3.480. L'air de l'Hôpital de la Pitié en a fourni 79.000 et un gramme de poussière recueillie dans une maison de la rue Monge, 2.100.000.

Au nom de l'humanité, et avec M. Rawton, je les remercie.

Et dire que ces animalcules, joints à nombre d'autres que nous avons passés sous silence, ne sont peut-être qu'une infime minorité, qu'une avant-garde, tandis que le gros de l'armée est encore à découvrir, malgré les veilles incessantes de l'homme !

Certes, on doit espérer, de deux choses l'une, ou que nous connaissons désormais le dernier de cette espèce d'ogres contre lesquels les efforts incessants du savant ne restent pas toujours stériles, ou que des instruments plus perfectionnés viendront bientôt nous en révéler d'autres, plus petits encore, en même temps que la science, en progrès continu, nous fournira des armes assez puissantes pour rendre notre défense digne de leurs morsures.

VI

LES ÊTRES ORGANISÉS ET LE MILIEU AMBIANT

Nous avons parlé de la lutte entre les individualités inorganiques, entre les plantes, entre les bêtes, entre les plantes et les bêtes, enfin entre l'homme, les végétaux et les animaux. — Tous ces chocs peuvent s'appeler les luttes dans la nature.

Mais la nature se contente-t-elle d'être le simple théâtre de ces combats ? — Nullement. — Elle-même, en son individualité infinie, fait une guerre aussi perpétuelle aux petites individualités organisées existant dans son sein. Dans la circonstance, la nature prend le nom de *milieu ambiant*.

Comment définir le milieu ambiant ?

« Le milieu est une chose fort complexe ; il comprend, non seulement le climat, la nourriture, la domesticité ou l'état de liberté, mais encore l'ensemble de toutes les conditions sous l'influence desquelles un être vivant se constitue et grandit à l'état de germe, d'embryon, de jeune et d'adulte [1]. »

Il est depuis longtemps démontré que pour qu'un individu, né viable, vive dans le lieu où il se trouve, dans le milieu ambiant, il faut que, grâce à une coordination convenable de ses éléments constitutifs, son organisme reste dans des relations favorables et

[1] Breim, *Les Races humaines*, p. 35.

continuelles avec ce lieu, après qu'il s'est opéré une certaine corrélation entre l'organisme et les diverses circonstances que présente le milieu. — Tant que cet accord ne se fait pas, il y a lutte entre l'individu et la nature environnante. Nous sommes ici en présence d'une autre de ces lois universelles qu'il importe de connaître, d'analyser le plus amplement que possible, car elle est d'une haute portée pour ce que nous aurons à dire dans la suite.

Cette loi est universelle, avons-nous dit. Effectivement. En remontant, comme nous l'avons fait déjà, au principe même de l'univers, aux atomes, nous voyons que, tout en luttant entre eux, pour arriver à une fin dont il est question dans le chapitre suivant, ils ne cessent pas de lutter contre diverses influences qui les entourent et qui tendent, par exemple, ou à les rapprocher ou à les éloigner de plus en plus les uns des autres.

Les molécules, les nébuleuses et les corps célestes sont également soumis à l'influence de nombre d'éléments environnants qui jouent un rôle considérable dans leurs destinées.

Tout cela nous apparaîtra d'une manière fort claire, à fur et mesure que nous avancerons dans l'exposition de toutes les questions se rapportant à notre thèse.

Quant au monde organique, ses luttes contre le milieu se révèlent à nos regards d'une manière si manifeste que nous pouvons en suivre toutes les péripéties.

« Un individu, dit fort bien M. Vuillemin, pris à un moment quelconque, possède des qualités innées, spécifiques, lui permettant d'évoluer d'une façon qui le caractérise, lui et ses congénères. Mais, pour réaliser sa fin, il doit être en relation incessante avec le milieu extérieur, source où il puise les substances qui édifieront son corps et le régénéreront sans cesse, et l'énergie par laquelle il développera ses qualités propres. »

Parmi les circonstances du milieu qui peuvent, de la façon la plus directe et la plus décisive, influer sur l'organisme, se trouvent celles dérivant du climat. En ce qui a trait à la plante, ces circonstances sont tellement puissantes « que toute amélioration lui serait, dit encore M. Vuillemin, non seulement superflue, mais même redoutable en donnant l'avantage à quelque rivale. Ceci, toutefois, n'est pas absolument rigoureux, car l'*optimum* des influences cosmiques en rapport avec l'organisation de telle plante n'est jamais absolument réalisé ».

Que se passera-t-il donc si l'on prend un individu, plante, bête ou homme, et qu'on le transporte d'un milieu qui lui est particulier dans un autre présentant des conditions de vie différentes de celles du premier?

Pendant un temps plus ou moins long, une véritable lutte s'engagera entre l'organisme de cet individu et les éléments du milieu auxquels il n'est pas habitué.

Il y a là un phénomène biologique.

S'il fallait présenter des cas pour appuyer ce fait connu de tous, nous n'aurions qu'à rappeler les soins continuels et exceptionnels dont sont entourés, sous le climat du vieux monde, les êtres divers des tropiques qui peuplent les serres, les ménageries, les jardins d'acclimatation et les hôtels de la France, de l'Allemagne, de l'Angleterre, de la Belgique, etc., surtout durant la période de l'hiver; et l'on en doit diré autant des individus de ces contrées, séjournant sous les tropiques.

Ces êtres, constitués pour vivre sous un climat qui leur est respectivement approprié, transportés sous le ciel froid de l'ancien continent ou sous le soleil de feu du Nouveau-Monde, soutiennent contre les circonstances extérieures qu'ils y rencontrent un combat qui n'aurait pas duré longtemps, sans l'aide qu'ils reçoivent constamment des progrès de la science.

Fermons ici ce chapitre, bien long, en dépit de nos efforts pour être concis, tout en donnant au moins une idée suffisante du cadre immense de la lutte pour la vie dans l'univers. Nous avons, certes, et volontairement, laissé de côté une foule considérable dans tout cet ensemble de chocs qui se produisent perpétuellement au milieu de l'œuvre sublime de la création. Mais ceux que nous avons mentionnés et d'autres que nous aurons l'occasion de citer en passant suffiront, nous le croyons, pour servir de fondement à ce que nous exposerons relativement à la lutte pour l'existence entre les sociétés humaines, lutte que nous voulons montrer comme étant une conséquence fatale de la vie de l'homme et de son incomparable vertu d'évoluer, de se perfectionner pour contribuer à une fin générale, universelle, que malheureusement il ne nous est pas encore possible de pénétrer.

Ainsi, la guerre, à l'état continuel, promène partout son rouge étendard. Guerre dans le monde des atomes, des molécules, des nébuleuses et des corps célestes; guerre dans le règne minéral comme dans les règnes végétal et animal; guerre sur la terre, dans la forêt, dans la vallée, dans la plaine, dans le désert; guerre sous la terre, dans l'espace sans borne et dans les eaux;

guerre la nuit et le jour ; guerre à outrance, sans pitié, sans remords ; guerre sans fin.

De telle sorte que, s'écrierait La Fontaine :

> J'en reviens à mon dire : On ne voit sous les cieux
> Nul animal, nul être, aucune créature
> Qui n'ait son opposé : c'est la loi de nature.

Mais, en terminant, répéterons-nous après l'incomparable fabuliste :

> De chercher la raison, ce sont soins superflus,
> Dieu fit bien ce qu'il fit, et je n'en sais pas plus.

Les grandes découvertes de la science nous permettent de répondre hautement : non.

CHAPITRE IV

CAUSES DE LA LUTTE POUR LA VIE

I

BIOLOGIE

Puisque non, il nous faut chercher les causes pour lesquelles toutes ces hostilités se poursuivent avec tant d'acharnement et de persistance, car rien dans le monde ne s'accomplit sans l'intervention préalable d'une force génératrice quelconque.

Nous devons poser d'abord ce principe que tout corps, quelles que soient sa grosseur et sa nature, est soumis à l'action de deux puissances opposées, dont l'une tend à le conserver le plus longtemps possible, et l'autre, à le détruire avec la plus grande rapidité possible.

En cette occurrence, la conservation de ce corps ne sera assurée qu'à la condition que des éléments nouveaux, identiques à ceux dont il est composé, viennent constamment réparer les pertes que lui fait éprouver l'action incessante de la puissance destructrice.

De plus, dans la forme la plus simple de l'existence, chaque individualité non seulement cherche à éviter son anéantissement, mais encore est naturellement portée à se développer et à accroître l'intensité de sa vie, pendant un temps plus ou moins long.

C'est l'étude des phénomènes vitaux tendant à ces fins qui constitue ce qu'on nomme la *Biologie*.

II

NUTRITION

Mais les éléments nécessaires aux diverses fonctions vitales sont parfois en très petite quantité dans un milieu donné. D'autres fois, c'est au prix des plus grands efforts, ou même au péril de l'existence qu'il faut se les procurer.

Lorsque donc il y aura insuffisance — soit quant à la masse totale, soit en raison du petit nombre de cas exigeant le moins d'efforts ou présentant le moins de danger — les individualités qui font usage de ces éléments, faute de se faire réciproquement des concessions, seront forcées de lutter pour avoir la plus grosse part possible, afin de satisfaire d'autant leurs besoins respectifs.

Telle est la cause première de la lutte pour la vie, cause purement de nutrition, comme on voit.

C'est en vertu de cette autre loi, loi universelle, que d'abord les atomes répandus dans l'espace luttent entre eux, se disputant les matières environnantes.

Grâce à la force d'attraction que chacun possède et exerce autour de lui, et sous l'influence d'une autre loi ainsi définie : tous les corps s'attirent en raison directe de leur masse et en raison inverse du carré des distances ; grâce à cette force et à cette loi, certains atomes se rapprocheront, s'aggloméreront, augmenteront leur masse au moyen d'apports venus du milieu environnant, et à la longue, nous aurons des molécules, premiers groupements à mouvement encore irrégulier, ayant un centre d'attraction ou noyau.

Ces centres vont alors entrer en lutte, cherchant à attirer chacun à soi les matières cosmiques qui s'agitent dans leur voisinage. De la sorte, nous assistons à l'ébauche d'agrégations nouvelles. Bientôt, en effet, se forment des centres plus puissants, qui sont ceux des nébuleuses proprement dites, lesquelles, à leur tour, entrent en lutte, s'efforçant d'attirer, chacune à son profit, la plus grande part possible des gaz, des vapeurs, de tous les corps d'un volume inférieur au leur. — Dans cette course incessante à travers l'infini, leur masse et leur volume allant augmentant graduellement tous les jours, des mondes s'élaborent, car l'œuvre de concentration et d'élargissement ne s'arrête plus.

Des observations faites à tout instant sur des comètes peuvent nous donner une idée de l'effet de l'attraction des nébuleuses.

« Les comètes, dit Bouillet, se présentent généralement sous l'aspect d'un point brillant appelé noyau, entouré d'une sorte de nébulosité ou chevelure[1]. »

A son tour, M. Perrier — dont nous avons déjà fait connaître la haute personnalité — a écrit ceci :

« Nous avons appris... que les comètes étaient en grande partie constituées de pierres disjointes; ces pierres ou d'autres semblables traversent souvent notre atmosphère sous forme d'étoiles filantes... Séparées de leurs sœurs par mille accidents de leur course à travers l'espace, quelques-unes de ces pierres vont augmenter la masse d'astres plus considérables; d'autres, déviées de leur route, deviennent complètement errantes, allant au hasard des influences qui agissent sur elles; d'autres enfin sont englobées dans les masses cométaires. Là, nous assistons à une sorte de renaissance, les pierres et les particules matérielles de provenances diverses, que la comète a amassées le long de son orbite, animées de vitesses différentes, obéissent, d'ailleurs, à leur attraction réciproque, deviennent satellites les unes des autres. A chaque instant, des chocs, des frottements, viennent ralentir leurs mouvements rapides, créant par cela même la lumière propre des comètes et la chaleur qui fondra, vaporisera même leurs éléments épars pour les réduire en une seule masse et transformer la comète en astre planétaire. La comète est donc une des formes que peut revêtir l'enfance des astres, dont toutes les phases de la vie nous sont désormais connues[2]. »

En effet, la masse liquide de nos nébuleuses — après avoir traversé une période plus ou moins longue pendant laquelle elles reçoivent les apports continuels des matières cosmiques parcourant leur atmosphère — se solidifie peu à peu; et nos nébuleuses, si elles échappent aux causes de destruction qui peuvent les atteindre, deviennent bientôt des corps parfaitement solides.

Voilà donc des corps peuplant la voûte céleste.

Nous savons déjà qu'ils sont toujours en mouvement et en lutte. — A quelle fin? Pour attirer, eux aussi, les matières environnantes nécessaires à leur accroissement et à leur conservation. C'est de la concurrence qu'ils se font que sont sortis, à une époque que nul ne peut fixer, les systèmes sidéraux existant actuellement, entre autres notre système solaire. Et celui-ci, « rencontrant sans cesse, en avançant dans l'espace, des amas de matières à tous les degrés

---

[1] BOUILLET, *Dictionnaire des Sciences, des Lettres et des Arts;* au mot *Comète.*
[2] *Les Colonies animales,* p. 7.

possibles de condensation, les attire dans son sein et en prive les autres systèmes sidéraux[1] ».

Combien de millions de siècles se sont écoulés avant que notre planète ait vu diminuer sa température au point de devenir habitable pour les plantes primitives, résultat des « premiers efforts de la nature organisant la vie qui va, par des gradations et des transformations infinies, s'élever du végétal à l'animal, et de l'animal à l'homme »?

— Question. — Ce qui est certain, c'est que ces êtres ont successivement fait leur apparition, dès que les conditions dont dépendaient leur existence se furent réalisées sur le globe. L'une de ces conditions a été la diminution de l'acide carbonique provenant de la combustion de certaines matières jaillies du sein du globe. Ce gaz, qu'à l'origine contenait l'atmosphère en quantité énorme, étant, pur, un poison mortel, sa disparition était nécessaire à l'apparition des animaux. Les plantes et d'autres éléments ayant purgé l'atmosphère de l'excès de cet acide, les animaux ont pris naissance, ont évolué et se sont multipliés.

Il va de soi que le besoin d'accroissement et d'éléments réparateurs est une des causes qui président à la lutte entre les êtres organisés. Mais ceux-ci étant plus complexes, dans leur organisation et en ce qui concerne leurs fonctions vitales, que les atomes, les molécules, les nébuleuses et les corps célestes, la cause biologique pour eux se présente, par cela seul, sous un aspect plus complexe; et nous nous trouverons en face d'une vraie échelle de complexités, à mesure que nous nous occuperons d'ordres comportant des êtres d'une organisation ou plus complexe, ou ayant acquis un développement plus considérable, au physique comme au moral.

D'une manière générale, pour que l'organisme remplisse convenablement les fonctions vitales, les êtres organisés doivent occuper, non seulement les milieux où ils peuvent trouver les aliments avec le plus d'abondance, mais encore ceux qui leur offrent les meilleures garanties contre les intempéries. De là, deux causes primordiales à considérer dans la lutte entre les êtres organisés. La première cause se rapporte à la nutrition, et la seconde à l'habitat.

Parfois les deux coïncident à tel point qu'on serait tenté de les confondre et d'en faire une seule et même cause. Nous devons cependant les distinguer.

---

[1] Novicow, *Les Luttes entre Sociétés humaines.*

Occupons-nous d'abord de la nutrition.

Le besoin d'aliments nutritifs constitue, peut-on dire, un principe dont le domaine s'étend à tout ce qui a vie. D'ailleurs — et indépendamment du travail purement mécanique qui s'y fait — la nutrition n'est-elle pas la première fonction vitale à laquelle nous voyons les êtres organisés penser? — Elle est instinctive, héréditaire, dirai-je volontiers, et générale, car tout être a appris à se nourrir avant même d'avoir vu le jour.

Ce principe — à l'application duquel n'échappe aucun être — trouve sa suprême manifestation chez les individus doués d'une organisation cérébrale supérieure, en commençant par la bête pour arriver à l'homme.

Grâce à cette organisation, des êtres iront même au-delà de la nécessité présente. En effet, « l'égoïsme, dit le Dr de Courmelles, existe chez l'animal ; son instinct de prévoyance le démontre, il craint pour lui ou les siens les jours de misère et de gêne, et il cherche à en empêcher le retour ».

D'où, ces accumulations de provisions qu'on voit la plupart des animaux faire et « qui dénotent ou semblent dénoter la crainte de l'avenir ou l'intense désir de garder leurs biens présents ».

Déjà chez quelques plantes on remarque ce fait, il est vrai, inconscient peut-être.

Ainsi, « la *dischidia raffesiana* vit perchée sur des arbres à feuillage clairsemé. Les racines détachées en touffe de la tige sont protégées par une feuille transformée en urne, ou ascidie..... Les ascidies sont surtout utiles à la plante en qualité de citernes. Les racines absorbent l'eau dans laquelle elles plongent. L'eau qui ne peut pas être absorbée à l'instant même ne s'évapore que très lentement, grâce à l'embouchure étroite de l'ascidie; aussi presque toute l'eau de pluie recueillie est mise à profit par la plante.....

« L'*orpin* ou la *joubarbe* végète pendant les époques de sécheresse. Mais cette espèce, au lieu de consommer rapidement l'eau puisée par les temps humides, la conserve dans ses feuilles charnues et gonflées comme des outres.....

« Comme l'eau, la plupart des substances qui se trouvent dans la plante sous une forme assimilable peuvent y demeurer un certain temps avant de recevoir leur emploi définitif.....

« Au début de l'engourdissement hivernal, certaines portions (chez des plantes) emmagasinent d'amples provisions, qu'elles consommeront à peine pendant la période de vie latente, pour les dépenser brusquement au retour de la belle saison. A cette époque, les tissus profondément altérés, pour constituer de véritables organes de réserve, sont souvent incapables d'utiliser euxmêmes les matériaux qu'ils ont gardés et ils les cèdent aux tissus jeunes, aux éléments riches en protoplasma, qui les dévorent, pour ainsi dire.....

« Les tubercules de *pommes de terre* sont un exemple de ces organes passifs de réserve....

« La graine nous offre tous les types d'organes de réserve [1]. »

Déjà, le règne végétal nous fournit donc des exemples de ce qu'on appelle l'économie, la prévoyance.

Nous allons la voir préconisée sur une vaste échelle, et, certes, d'une façon consciente, par des individus du règne animal.

« Dans l'état libre, dit Bouillet, l'*écureuil* amasse, pour l'hiver, des provisions de noisettes et de glands, et il a l'instinct de les répartir en plusieurs cachettes, qu'il sait parfaitement retrouver, même sous la neige [2]. »

« Un rongeur, le *hamster* d'Allemagne, enferme des provisions en masse près de sa chambre à coucher [3]. »

Le *castor* et la *taupe* en font autant. Le premier accumule dans son habitation les racines de *nénuphar* et les écorces d'arbres dont il se nourrit.

« La taupe construit même des citernes pour assurer l'apprevisionnement d'eau... On sait que la *souris naine*, à l'instar des oiseaux, se confectionne un nid. On y trouve des chambres nombreuses, un aménagement pour la conservation des réserves alimentaires.....

« Le *freux* est un oiseau, proche parent des corbeaux, qui enfouit des glands et sait les retrouver longtemps après, quand la germination leur a fait perdre leur saveur acerbe [4]. »

Le *casse-noix* (*nucifraga caryocalactes*) en fait de même. « Il se nourrit de semences et sait se faire à l'avance des provisions de graines de *pin cembro* et autres, qu'il cache dans les trous d'arbres ou de rochers et qu'il vient chercher en hiver [5]. »

Personne n'ignore que les *abeilles* accumulent le suc de plusieurs végétaux avec lequel elles fabriquent un miel dont la quantité dépasse leur besoin.

[1] VUILLEMIN, *La Biologie végétale*, p. 264-67, 327.
[2] *Dictionnaire des Sciences*, etc.
[3] DE COURMELLES, *Facultés mentales des animaux*.
[4] *Id.*
[5] Le BARON D'HAMONVILLE, *La vie des oiseaux*.

Quant aux fourmis, le principe de l'économie est à un si haut point préconisé chez elles qu'on les donne pour modèle à l'homme même. La Fontaine, ce grand ami de tous les âges, pour nous fournir une école de prévoyance, a célébré la sagesse de ces insectes dans la belle fable de « La Cigale et la Fourmi ».

A ce propos, il est une variété de fourmis qui mérite une mention spéciale, ce sont les « les fourmis agricoles de la Floride, du Colorado, du Texas et du Nouveau-Mexique, sur lesquelles Darwin a, le premier, en 1861, appelé l'attention en publiant les curieuses observations du Dr Lincecum, et qui ont été étudiées plus tard avec le plus grand soin par Miss Treat, en 1878, puis par Mac Cook, en 1880. Non seulement ces industrieux insectes sont capables de cultiver le sol, de semer et de récolter, mais encore ils savent distinguer les graminées dont les semences leur sont utiles à emmagasiner [1]. »

M. le Dr Paul Girod a écrit à son tour, à l'égard d'une espèce agricole qui vit dans les environs de Menton (France) : « A l'automne, les graines mûres sont détachées avec soin, dépouillées de leurs enveloppes et placées dans de petits greniers qu'une couche de paillettes de mica met à l'abri de l'humidité : c'est la moisson..... De cette façon, des rations copieuses peuvent chaque jour être données aux habitants, les provisions se conservant pour les jours de disette [2]. »

Mais voici un dernier exemple de prévoyance qui dépasse tout ce que l'animalité peut offrir de remarquable dans l'ordre d'idées qui nous occupe.

Tout le monde sait que, dans maint pays, et je l'ai vu dans ma chère patrie, en Haïti, des aveugles se servent de *chiens* comme guides. On en voit à Paris, tenant dans leur gueule un petit panier ou un gobelet qu'ils vont présenter aux passants et dans lequel les gens charitables mettent des sous que les charmants toutous s'empressent d'apporter à leurs malheureux maîtres.

Or, dit le Dr de Courmelles, « mes amis Frantz Boivinet, avocat, et Léon Preux m'ont raconté l'histoire suivante, qui atteste les idées de prévoyance et de propriété. Un chien d'aveugle, habitué à mendier, avait aussi la coutume d'aller chercher du pain chez le boulanger avec les sous que lui confiait l'aveugle. Ce dernier vint à mourir. Le chien continua sa quête fructueuse et alla tous les jours chercher la quantité de pain qu'il lui fallait,

[1] Ed. LEFÈVRE, *La Grande Encyclopédie*, t. XVII, p. 915.
[2] *Les Sociétés chez les animaux.*

cachant la menue monnaie qu'il avait en trop. Il fut un jour volé par un homme, qui — n'ayant aucun souci de la propriété..... des autres — admirait depuis quelque temps déjà le manège du chien et qui ne voulut pas attendre un plus gros pécule, de peur d'avoir un collaborateur au partage ! »

Si l'acte de cet homme est blâmable, celui du chien est bien digne d'admiration; et il n'y a rien ici qui doive surprendre outre mesure, car des chiens, que moi j'ai vus, savent non-seulement cacher l'excédent de leur nourriture, mais encore serrer et aller chercher au moment voulu l'objet avec lequel ils ont coutume de s'amuser, par exemple une balle ou un petit bâton.

Si enfin nous passons à l'homme, nous trouverons le prévoyant par excellence; et les progrès qu'il a accomplis dans ce sens sont trop connus pour que nous ayons besoin d'en parler. D'ailleurs, nous aurons plus d'une fois l'occasion de les signaler quand nous arriverons à la lutte entre les sociétés humaines.

Les êtres organisés donc, avons-nous dit, ne cherchent pas seulement à échapper à toutes les influences destructrices qu'ils peuvent rencontrer partout, mais aussi à se développer et à accroître l'intensité de leur vie. Cette vérité est le fondement de la biologie.

Certes, les êtres sont constamment en mouvement, sous l'aiguillon du besoin que leur impose à tout instant le renouvellement de leurs éléments constituants, renouvellement qui se fait par la fonction de la nutrition.

Ainsi, les plantes ont besoin, comme substances alimentaires, des matières renfermant de l'albumine, de l'azote, du carbone, de l'oxygène et de l'hydrogène; puis du phosphore, du soufre, du chlore, du silicium, du potassium, du calcium, du magnésium et du fer. Viennent après ce qu'on nomme les mouvements vibratoires, c'est-à-dire la radiation ou influence des rayons solaires.

Lorsque des plantes seront placées à proximité les unes des autres, et que ces substances ne seront pas en quantité suffisante à pourvoir au besoin d'elles toutes, elles lutteront pour avoir chacune la plus grande part qu'il y aura possibilité de tirer à soi.

« Voici, au penchant d'un coteau, un tapis de verdure émaillé de fleurs qui unissent leurs couleurs et leurs parfums ; jetez au milieu de ce paisible parterre quelques poignées de semences de grands végétaux et vous romprez la paix et l'harmonie de l'existence des êtres qui s'y développent, et la lutte va commencer.

« D'abord, quelques plantes d'un vert plus sombre apparaissent timides et sans prétention, elles ne demandent qu'à partager l'air, la lumière, le soleil, il leur faut si peu pour vivre ; mais, patience, elles vont bientôt parler en maître ; peu à peu leur tige augmente, des branches vigoureuses partent de tous les points du tronc des jeunes arbrisseaux... Il n'y a plus à en douter, c'est une forêt de chênes qui pousse [1]. »

Alors, tandis que les modestes plantes en fleurs que nous avons vues dans le parterre cherchent les éléments nécessaires à leur existence, les rameaux et les longues racines de nos chênes déploient une incroyable énergie pour attirer à leur seul profit tout ce que l'air peut fournir de chaleur, de lumière et d'oxygène, et tout ce que le sol renferme de matières chimiques. Ainsi font aussi le hêtre et le pin à l'égard de la fougère.

Poussés par le même besoin de nourriture, les êtres du règne animal se combattent également, qu'ils appartiennent ou non à la même espèce, qu'ils vivent isolément ou en groupe.

Ici, ce mobile de la lutte pour l'existence se manifeste dans toute son âpreté.

« L'amour de la vie est incontestable dans la série animale ; on peut même dire qu'il est instinctif... C'est l'instinct de la conservation. Il s'étend à l'espèce, et on doit placer ici toutes les précautions des êtres pour assurer la vie, non seulement de chacun en particulier, mais encore de leur descendance [2]. »

Et ce phénomène ne se passe-t-il pas au sein même de chaque animal ?

Nous savons que chaque groupe de cellules, par exemple, dans la lutte, tend à attirer à lui la plus grande quantité possible des substances alimentaires fournies à tout l'organisme par le sang.

« Ce qu'on appelle la régénération des tissus est aussi, dit M. Novicow, un produit de la lutte des cellules. »

Entre les animaux, il ne se passe pas autre chose.

« Il arrive parfois qu'un vieux lion, en tyran égoïste, éloigne de lui les membres de sa famille jusqu'à ce que, s'étant repu complètement, il leur permette de se partager sa déserte [3]. »

Une bande de loups attaque un animal qui devient leur proie. Tous les loups ont agi en commun, mais la lutte ne cesse pas pour cela entre eux. Chacun, en effet, voudra avoir la plus grosse

[1] L. JACOLLIOT, *La Genèse de la Terre*, etc., p. 76.
[2] D' DE COURMELLES, *Facultés mentales des animaux*.
[3] MAYNE-REID, *Les Vacances des jeunes Boërs*, p. 37.

part de la capture, et un combat résultera souvent de leur cupidité.

Lorsque des vautours, oiseaux rapaces s'il en fut, s'abattent sur un cadavre, ils se le disputent à coups de bec et de griffes.

Plus d'un chasseur a raconté des combats d'aigles et de chacals s'arrachant des lambeaux de chair d'une bête morte et abandonnée par des voyageurs dans le désert.

Sans aller si loin chercher nos exemples, ne pouvons-nous pas rappeler les chocs qui se produisent journellement entre les animaux domestiques, quand on leur donne la pâture? Le fait a lieu tant parmi les oiseaux de basse-cour et de volière que parmi les quadrupèdes, tels que les chiens, les chats, les pourceaux, les bêtes de somme, etc.

Des combats s'engageront de même, lorsqu'un individu ou un groupe tentera de s'emparer de la réserve alimentaire d'un autre.

Des batailles ont lieu fréquemment entre les abeilles, le blai-reau, le ratel, le petit oiseau d'Afrique appelé *indicateur* ou *guide-au-miel*, le bourdon et autres, quand ces derniers vont piller le miel de la ruche.

« On a vu, dit le Dr Girod, les *mélipones*, espèce d'abeilles, chercher à enlever à des nids voisins le précieux nectar. Dans ce cas, on a assisté à de véritables combats. Dans un de ces com-bats, dit M. Brunet, j'ai pu évaluer le nombre des morts à plus de trois mille. Ce sont là des luttes de colonies contre des colonies, qui ne se se terminent que par la ruine de la plus faible [1]. »

« Il arrive souvent, dit aussi M. Meunier, grand observateur des animaux, qu'une fourmilière fait la guerre à sa voisine, dans le but de lui enlever ses pucerons [2]. »

D'autres fois, le *casus belli* sera la possession d'un espace abon-dant en aliments ou en produits, de chasse.

C'est ainsi que des fourmis, au dire de M. Novicow, se livrent des batailles impitoyables pour s'assurer un territoire contenant des substances alimentaires.

Ici, comme ailleurs, les individus ne tiennent parfois aucun compte des liens de famille, soit dans le sens de la classification zoologique, soit au point de vue de la génération.

---

[1] *Les Sociétés chez les animaux.*
[2] *Les Animaux à métamorphoses.* — Plus loin nous verrons l'usage que les four-mis font de ces pucerons.

Sous ce rapport, le *corbeau* est un modèle remarquable. « Cet oiseau ne se rassemble pas en troupes comme le font les corneilles...

« La société, ou même le voisinage de ses pareils, lui est insupportable. Il chasse de son canton, à grands coups de bec, tout corbeau qui tenterait de s'y établir, fût-il né dans son propre nid. Si l'intrus est simplement de passage, il le conduit avec menace jusqu'aux frontières de ses domaines et ne le quitte du regard qu'après l'avoir vu se perdre dans l'éloignement [1]. »

Le *moqueur*, le *martin-pêcheur*, le *rossignol* et le *rouge-gorge* n'agissent pas autrement.

On ne voit ensemble deux moqueurs, encore faut-il qu'ils soient mâle et femelle, qu'à l'époque de l'appariage.

« Ennemis mortels jusque-là, les mâles et les femelles se disputent à outrance et avec grand bruit, dans le petit canton convoité, un petit coin de jardin ou de verger, deux ou trois arpents carrés [2]. »

Voilà comme nos conjoints entendent la cohabitation. Que de gens, en pareils cas, auraient cent fois déjà demandé le divorce pour cause d'incompatibilité de caractère !

Mais en voici deux autres qui agissent différemment. C'est le rossignol mâle et sa femelle.

« Après l'appariage, le couple se cantonne dans le petit domaine qu'il s'est choisi et n'y supporte aucun autre ménage de son espèce [3]. »

Nous trouvons, ici encore, l'égoïsme, mais sous la forme collective ; ce vice est au moins pallié par l'idée plus haute qu'on se fait du *conjungo*.

« Comme le martin-pêcheur ou le rossignol, le rouge-gorge se choisit un canton et n'y supporte aucun autre de son espèce [4]. »

Le martin-pêcheur surtout est de ceux qui n'admettent point le partage. *Aut Cesar aut nihil.*

« Une fois établi dans un canton, il ne supporte aucun de ses semblables, pas même la présence de la bergeronnette qui vient, sur la grève, chasser les insectes aquatiques [5]. »

On sait que le corps humain loge des microbes dont les uns

[1] H. Fabre, *Les animaux utiles à l'agriculture.*
[2] H. Moreau, *L'Amateur d'oiseaux de volière.*
[3] Id.
[4] Id.
[5] Id.

sont utiles à l'économie de nos organes, tandis que le reste constitue pour nous une armée de cruels ennemis. Souvent des luttes
s'engagent entre ces deux espèces d'infiniment petits. On peut
donc dire, comme M. Rawton, que des êtres bons et mauvais se
disputent la possession de nos organes et que de la victoire ou de
la défaite des armées du bien ou du mal dépendent la santé, la
maladie et notre mort.

Il s'agit bien, dans tous ces cas, de la possession d'un territoire abondant en substances alimentaires ou en produits de
chasse.

Si nous observons la lutte entre l'homme et les animaux, nous
trouvons encore cette cause : besoin de nourriture. C'est effectivement en combattant, la plupart du temps, nos plus terribles
adversaires parmi les animaux que nous parvenons à nous procurer notre subsistance. S'agit-il des produits agricoles? — quadrupèdes, oiseaux, insectes, microbes sont là qui nous les disputent.

Faisons-nous la chasse à certains quadrupèdes, par exemple
aux antilopes, aux bœufs sauvages, aux cerfs, aux sangliers, aux
lièvres, aux lapins et autres? le tigre, le lion et le loup nous
regardent d'un œil furibond, nous ouvrent de larges gueules d'où
sortent des rugissements et des hurlements qui semblent nous
dire : « Prenez garde ! ce que vous convoitez là est mon bien; je
n'entends pas être dépossédé. »

Certains poissons escortent le bateau qui porte le pêcheur,
sachant que celui-ci attirera par l'amorce toute une bande d'affamés
qu'ils ne laisseront pas emporter en totalité. Dans la pêche, les
concurrents les plus acharnés de l'homme sont les poissons composant le genre squale, dans lequel entrent le *requin* et le *laimargue*.

« Les requins — dit Gesner, cité par Brehm — sont des animaux tout à fait agiles, voraces et méchants; hardis, intrépides,
ils dévorent souvent les poissons que le pêcheur vient de capturer
dans ses filets. »

A une époque, les squales paraissaient avoir pris possession de
la Manche et du Pas-de-Calais, à la plus grande désolation des
pêcheurs fréquentant ces eaux. Ils résolurent d'entreprendre
une guerre acharnée contre ces animaux.

Ces poissons, au dire de Brehm, « étaient si abondants qu'en
octobre 1827, plusieurs pêcheurs, s'étant rendus vers un petit
banc de sable situé à 4 milles de Hastings et à 2 milles du rivage

pour pêcher le cabillaud, mirent à la mer environ quatre mille hameçons..... Une seule morue avait été capturée, mais elle n'était représentée que par la tête, le reste du corps ayant été dévoré par les squales voraces. »

Le laimargue ne le cède pas au requin, quant à la voracité et à la hardiesse.

« Le laimargue, selon Scoresby, est si hardi qu'il dispute aux pêcheurs les débris de la baleine, se logeant dans la carcasse qu'on est en train de dépecer. »

Et ne sommes-nous pas forcés d'être constamment aux aguets pour défendre nos réserves alimentaires contre les animaux de toute espèce qui cherchent leur nourriture à nos dépens?

Tout cela est à ajouter au lugubre souvenir des luttes terribles que l'homme, à son début dans la vie, dut, pour conquérir son droit à l'existence, soutenir contre les grands carnassiers, tels que le *dinothérium*, *l'ours des cavernes*, le tigre antédiluvien, enfin contre tous ces monstres, témoins néfastes de ses premiers pas dans la voie de l'évolution.

Telle est la première cause de la lutte pour la vie entre les êtres organisés. Ici, le but direct de l'individu est de s'assurer la subsistance. C'est, on peut dire, le premier feuillet du grand livre de biologie de la nature.

III

L'HABITAT

La seconde cause de la lutte se rapporte, avons-nous dit, à l'habitat.

Pour échapper aux funestes conséquences qui peuvent résulter de l'influence qu'exerce directement sur lui le milieu ambiant, l'individu est toujours en quête de la place qui lui offrira les meilleures conditions de sécurité. — Et, lorsqu'il en a trouvé une dont il a fait sa demeure fixe, son habitat, il n'est point de moyen en son pouvoir qu'il n'emploie pour la défendre contre quiconque veut l'en déposséder. De là des combats. Le règne végétal d'abord nous en fournit des exemples.

En prévision d'un envahissement, certaines plantes font même tout ce qu'elles peuvent pour s'étendre dans le plus petit recoin qui pourrait servir seulement de point d'appui à un adversaire.

« Tout le monde, dit M. Vuillemin, a remarqué la *funaria hygrometrica*, mousse infime, dont le pédicelle ou soie se tord et se détord sous l'action alternative de l'humidité et de la sécheresse. Ce modeste végétal ne prospère que sur les murs ou sur les ronds de charbonniers, dans les bois, en un mot sur les sols les plus ingrats, tandis qu'il abandonne les bons terrains aux espèces plus robustes...

« Pour atteindre les espaces restreints que lui abandonnent les végétaux supérieurs, l'hygromètre est pourvu d'une prodigieuse quantité de spores. — A peine a-t-il développé un frêle appareil végétatif, qu'il couvre les emplacements à charbon d'un épais gazon d'urnes dont le contenu peut se répandre dans une grande partie de la forêt, quand le vent l'a disséminé. »

Les plantes, en général, pour échapper à l'action d'une chaleur trop ardente, cherchent les lieux suffisamment humides, où, par conséquent, l'eau est en abondance.

Aussi, voit-on souvent des végétaux lutter entre eux pour la possession d'un terrain bien irrigué.

C'est ainsi que l'*elodea canadensis* dispute, en France, les cours d'eau à d'autres plantes.

« Importée d'Amérique au commencement de ce siècle, cette herbe aquatique, dit M. Vuillemin, s'est multipliée avec une telle profusion qu'elle remplit la plupart des canaux et plusieurs rivières dans toute l'étendue de la France et des pays voisins......

« L'*azolla caroliniana* lutte non moins victorieusement contre les herbes indigènes pour envahir certains ruisseaux dans le midi de la France. »

Des végétaux donc savent lutter pour la possession du sol.

Entre individus du règne animal, l'habitat est également une cause de conflit. Les exemples sont même en plus grand nombre parmi eux.

Dans son ouvrage, que nous avons déjà cité, M. d'Hamonville rapporte les faits suivants :

« L'année dernière, un couple de hiboux moyen-duc vint, au commencement de l'hiver, s'installer dans mon jardin ; ils avaient choisi pour perchoir un grand épicéa très touffu, qui se trouvait en bordure près d'une allée..... Mais, au printemps, deux pies vinrent disputer la place aux premiers arrivés ; ce furent alors des jacasseries continuelles, bientôt suivies de batailles. »

Voici, du même auteur, un exemple plus frappant : « En me

promenant un jour dans la forêt de Sait-Pierremont, mon attention fut attirée par des cris inaccoutumés et un tapage d'oiseaux tout à fait insolite ; je m'approchai doucement et, quand j'aperçus mes batailleurs, je me mis en observation. J'avoue que, dès le début, je n'y comprenais rien. Deux sittelles agitées et furieuses harcelaient un malheureux étourneau perché sur un hêtre. Mais l'objet de la querelle me fut bien vite expliqué : un autre étourneau arrive et s'abat près d'un trou creusé dans l'arbre. Aussitôt mes deux torche-pots abandonnent leur premier ennemi, fondent sur le nouvel arrivant, lui arrachent force plumes.... Evidemment on se battait pour la possession d'un logement. »

M. d'Hamonville, qui est un des ornithologistes français les plus distingués, cite un autre cas analogue où les combattants étaient un moineau et une hirondelle urbaine. Nous en parlerons ultérieurement, à propos de la ruse chez les animaux.

Bien d'autres oiseaux agissent de la même manière. On peut, sur ce point, consulter le volume de M. H. Moreau : *l'Amateur d'Oiseaux de Volières;* l'ouvrage du Dr de Courmelles : *Facultés mentales des Animaux*, p. 279-80.

A propos des *castors* et des fourmis, ce dernier auteur a écrit dans son ouvrage, p. 270 et 280 : « Jamais ils ne permettent l'accès de leur domicile à un castor étranger à la colonie et au besoin défendent vigoureusement leurs habitations.

« Les fourmis, qui ne laissent pas pénétrer dans leurs habitations les étrangères, montrent l'instinct de la propriété. »

Les *chalicodomes*, insectes de l'ordre des hyménoptères, interdisent aussi aux individus de leur espèce l'entrée de leurs demeures construites les unes à côté des autres. « Chaque femelle reste indépendante de ses voisines, défendant sa propriété, *unguibus et rostro*, contre les intrus qui cherchent à s'emparer de ses travaux. Elle a sa maison, son territoire, et veille avec un soin jaloux sur ce petit coin de terre qu'elle va quitter, puisqu'elle mourra après la ponte du dernier œuf[1]. »

La bête donc défend son territoire, non plus pour elle-même, mais pour sa progéniture, sa postérité.

Très souvent, l'homme et les animaux se disputent pareillement la possession d'un lieu.

Combien de fois l'être humain, en effet, ne se voit-il pas obligé de pourchasser des bêtes avant de réussir à s'approprier un

---

[1] Dr Girod, *Les Sociétés chez les animaux.*

endroit convenable pour l'édification de son abri ! — Parfois aussi c'est après de grands efforts qu'il parvient à les empêcher d'envahir sa demeure.

Un fait des plus curieux s'est passé en Abyssinie, où le léopard n'est pas un animal rare.

« D'une audace que ne partagent pas les autres félins, il fréquente les pays habités, entre même dans les maisons pour y mettre bas ses petits, comme le fait est arrivé dernièrement dans une habitation d'Adoa, en Abyssinie [1]. »

De plus, nous savons aujourd'hui, en partie, grâce à la géologie, les combats que les premiers hommes durent livrer aux grands carnassiers, pour s'emparer de la grotte ou conserver la caverne propre à les garantir des intempéries.

La question de l'habitat ou de la possession du sol est donc une autre cause de la lutte pour la vie, et, certes, cause d'une importance considérable.

IV

LE BESOIN GÉNÉSIQUE

Renouveler continuellement les éléments constituants de l'organisme, occuper un lieu offrant assez de sécurité contre les mauvaises influences du milieu ambiant, afin d'éviter une destruction prématurée; voilà les deux premières causes de la lutte pour la vie entre les êtres organisés.

Après ces nécessités primordiales, les êtres en subissent une autre que l'on doit placer au troisième rang, c'est le besoin de reproduction, commun aux individus du règne végétal et du règne animal. Mais c'est surtout dans le règne animal qu'il se manifeste avec le plus d'évidence et d'intensité.

« Ici, la reproduction, dit le Dr de Courmelles, est un instinct, elle est fatale; donnons-en quelques exemples.

« *L'éphémère* — dont la larve vit trois ans dans la rivière — sort insecte ailé un beau soir d'été, cherche un compagnon ou une compagne ; la fécondation se fait et il meurt.

« Goring ayant enfermé un de ces insectes sous un globe de

____
[1] DUMONTEIL, *Le Monde des fauves*

verre — lors de sa sortie de l'onde — le vit vivre huit jours, il lui rendit alors la liberté, il y eut conjonction et mort.

« Quand le mâle de la *mante* (*mantis religiosa*) est décapité, le tronc s'unit à la femelle, la féconde et meurt[1]. »

L'instinct de la reproduction est si puissant chez les animaux que — à l'époque où la fécondation doit avoir lieu — on voit même des mâles et des femelles, privés d'individu du sexe différent du leur, courtiser ceux de leur propre sexe. On a même observé qu'à l'époque de l'accouplement, certains animaux, s'ils ne trouvent pas le moyen d'y satisfaire, souffrent, maigrissent et peuvent, à la longue, en mourir. Le besoin génésique donc a sur les bêtes un empire que je qualifierai volontiers de tyrannique, quelque exquise que soit l'impression qu'en laisse la satisfaction.

La reproduction est, avons-nous dit, commune aux plantes et aux animaux. Peut-elle être une cause de lutte ?

Cela ne fait aucun doute.

Mais les conflits ne sont possibles qu'entre des êtres du règne animal, du moins on est autorisé à le dire jusqu'à preuve du contraire, car personne, que nous sachions, n'a encore vu des végétaux se combattre pour assurer leur reproduction. Sur ce terrain, les chocs, au contraire, sont fréquents entre animaux. C'est ce qu'on peut appeler la lutte génésique, qui revêt des aspects divers selon qu'elle se produit de mâle à mâle, de femelle à femelle pour la possession d'une compagne ou d'un compagnon, ou de mâle à femelle.

Quel que soit le cas, on assiste tantôt à des combats où les champions se baignent dans leur sang, tantôt à des tournois où ils font parade d'avantages d'ordre purement moral.

Comment expliquer que des animaux puissent lutter d'abord pour la possession d'une femelle ou d'un mâle ?

Il convient d'établir ici deux cas qui dépendent, l'un des mœurs, l'autre du nombre des individus que renferme chaque sexe dans un espace donné.

En ce qui concerne les mœurs, certaines bêtes préfèrent plus ou moins vivre dans un état d'isolement, par exemple le *corbeau* et la *huppe*, et ne se rapprochent des individus du sexe différent du leur qu'à l'époque fatale de la reproduction.

D'autres vivent en troupes souvent très nombreuses, mais se

____

[1] *Facultés mentales des animaux.*

tiennent par paires, au moment de l'accouplement. C'est la manière de vivre des *éléphants*.

« Les *loups*, les *renards*, les *tigres*, dit le Dr Girod, restent longtemps auprès de la femelle et président à l'éducation des petits... Chez les reptiles, on observe, au moment des amours, la réunion par paires dans la plupart des types [1]. »

Les oiseaux les plus remarquables dans ce genre de vie sont tous ceux connus sous le nom d'*astrildiens : astril gris, astril ondulé, sénégali nain* et *bec-de-cire*; de *coccothraustidés*, parmi lesquels se distingue le *paroare dominicain*; enfin de *psittacidés : perroquet vert, perroquet gris* ou *jaco*, etc.

D'autres bêtes encore, toute leur vie durant, se tiennent par couples. Ainsi fait l'*aigle*.

Tous ces animaux sont dits monogames, contrairement à quelques autres, qui sont bigames ou polygames.

Les bigames se choisissent deux femelles, compagnes de toute leur existence; et les polygames s'en donnent trois, quatre, cinq, ou un plus grand nombre, dont ils ne se séparent jamais. Le *lion*, l'*autruche* et le *phoque* sont des types de ces deux dernières catégories.

Enfin, quelques bêtes doivent être appelées cosmopolites; ce sont celles dont les mâles s'accouplent avec la femelle, n'importe laquelle, qu'ils rencontrent; et les femelles, avec le mâle, quel qu'il soit, qui les courtise, pourvu qu'il s'agisse de mâle de leur espèce et qu'on se trouve dans la saison des amours. A ce groupe appartiennent le chien, le cheval, l'âne, le tatou, les batraciens, etc.

« Les tatous, dit le Dr Girod, ne montrent aucun attachement pour la femelle qu'ils quittent pour s'unir à une autre femelle, qu'ils quittent à son tour sans nulle préoccupation des jeunes à venir. »

D'après le même auteur, chez les batraciens a lieu un rapport successif des mâles avec une femelle, ce qui amène la possibilité de la fécondation par une intervention multiple.

Chez certaines bêtes monogames, on a observé, non seulement l'instinct génésique, phénomène purement physique, brutal, mais encore ce sentiment délicat, exquis, qui attache idéalement le mâle à la femelle, et réciproquement, abstraction faite de toute idée de reproduction. Il y a là quelque chose que les philosophes

---

[1] *Les Sociétés chez les animaux.*

appellent, je crois, la psychologie de l'amour, lorsqu'ils parlent de l'espèce humaine.

Eh bien, ce sentiment n'est nullement étranger à quelques bêtes monogames, bigames ou même polygames.

Comment, en effet, sans admettre l'existence de ce sentiment chez elles, expliquer le fait de plusieurs d'entre elles qui repoussent énergiquement tout mâle ou toute femelle autre que celui ou celle ayant coutume de recevoir leurs faveurs ? Comment encore expliquer cet autre fait, surtout de quelques femelles qui, au milieu de nombreux mâles, refusent tout aliment et se laissent mourir d'inanition, une fois qu'elles se voient privées de leur compagnon habituel ? N'en a-t-on pas vu aimant mieux se laisser capturer ou tuer que d'abandonner une compagne ou un compagnon pris au piège ou atteint mortellement par le plomb du chasseur ?

Mais constatons plutôt.

« Jesse a vu une femelle de *cygne* résister, soit en le chassant, soit en fuyant à son approche, aux galanteries d'un mâle, alors qu'elle avait perdu le sien et que la période physiologique était déjà presque finie...

« Au milieu des bandes les plus nombreuses, le mâle et la femelle du *perroquet ondulé* restent étroitement unis. La mort de l'un entraîne souvent celle de l'autre.

« Le *pape* (oiseau du genre des fringillidés) est très attaché à sa femelle. Il se laisse mourir de faim ou de chagrin, comme notre *rossignol*, si on le prend après l'appariage [1]. »

« L'*autruche*, malgré son apparence stupide, a assez de cœur pour mourir d'amour, comme le prouva le dépérissement d'un mâle du Jardin des Plantes de Paris qui avait perdu sa femelle.

« Le même fait s'est produit chez un perroquet, dont la perruche mourut après un temps d'appariage assez long [2]. »

Nombre de poissons, entre autres ceux du genre *céphaloptère*, montrent également de l'attachement.

« On rencontre souvent ensemble — écrit Brehm — un mâle et une femelle. Une femelle ayant été prise dans un thonaire, le mâle se tint pendant deux jours aux environs de la *chambre des morts* et essaya de déchirer le filet ; on le trouva mort dans le filet, car il avait fini par rejoindre sa compagne [3]. »

Mais voici qui va jusqu'à l'héroïsme, dirai-je volontiers. « Les

[1] H. Moreau, *L'Amateur d'oiseaux de volière.*
[2] Dr de Courmelles, *Facultés mentales des animaux*, p.336-37.
[3] *Merveilles de la Nature. Poissons et Crustacés*, p.177.

lamas, les *guanacos*, qui fuient aussitôt qu'une femelle est tuée, bravent les coups des chasseurs pour rester auprès du cadavre du mâle, comme s'ils considéraient que le lien qui attache le troupeau au guide n'est pas rompu par la mort.

« Blackwel vit un *cygne* tenir compagnie à sa femelle blessée, au risque de se faire prendre [1]. »

Donc, des liens moraux attachent certains animaux ; et la fidélité, surtout des femelles, est un fait même commun.

Si nous considérons ce qui se passe chez l'être humain dans une circonstance semblable, c'est-à-dire celle où se manifestent les sentiments de l'amour et de l'attachement, nous verrons que de ceux-ci déroule presque toujours un autre sentiment aussi instinctif que les premiers, c'est la jalousie. Est-elle commune à l'homme et aux animaux ? — Les observations faites journellement sur l'existence des bêtes, au point de vue de la reproduction, permettent de répondre affirmativement. C'est à propos des bêtes que le Dr de Courmelles a écrit que la jalousie, découlant de l'amour et de l'instinct reproducteur, est évidente.

Et en quoi consiste ici la jalousie ? — En un sentiment que fait naître la crainte que l'être aimé, l'être auquel on est attaché, ne nous délaisse pour un autre ou même que cet autre ne cherche à nous supplanter.

Alors, comme dit Rollin, « la jalousie étouffe toutes les sages réflexions ; c'est une maladie que la raison seule ne guérit point [2] ». Puisque ainsi il est, lorsqu'un mâle s'approchera de la ou des compagnes d'un autre et osera donner des marques de sentiment d'amour, un combat fatalement s'engagera entre les rivaux, à moins que le dernier arrivé ne se retire au premier mouvement de mécontentement du maître du logis.

« Le *cerf*, le *bélier*, le *lion* se battent pour la femelle. Les *coléoptères* à cornes se font même des blessures pour sa possession.

« Les *milans* font de même ; ils se battent et se cramponnent enlacés l'un à l'autre. Les *rossignols* agissent d'une manière analogue.

« Un canard tua un rival qui, en son absence, avait inutilement essayé de faire agréer son amour à la compagne du mâle, exilé pour quelque temps de la basse-cour [3]. »

---

[1] Dr DE COURMELLES.
[2] *Histoire ancienne*, Œuvre. t. VII, p. 562.
[3] Dr DE COURMELLES, p. 210, 336.

Les passereaux ne se montrent pas plus accommodants, en la circonstance.

Lors de l'accouplement, la présence d'un autre *bruant* serait la source de violents combats dans lesquels le vaincu tomberait certainement frappé à mort ou fortement blessé.

« L'été dernier, écrit M. Schmidt à ce sujet, j'eus l'occasion d'assister à la fin d'une lutte. Au moment où j'arrivai, un des combattants était hors d'état de se défendre ; il gisait à terre, fortement blessé à la tête et respirait avec peine. Mais cela ne suffit pas au vainqueur. Il saisit avec son bec la tête déplumée de son adversaire, traîna le patient sur le sol jusqu'à ce qu'il eût arraché un lambeau de chair, puis il recommença avant que j'eusse eu le temps d'entrer dans la volière et d'enlever la malheureuse victime ; elle aurait été tuée certainement [1]. »

La violence du *pape* dépasse celle du bruant.

« Rien n'égale, dit M. Moreau, la jalousie du mâle à l'égard de ses semblables. Il suffit de mettre, dans un trébuchet, la dépouille d'un pape en couleur, pour le voir fondre avec fureur sur cet adversaire imaginaire, avant même que l'oiseleur n'ait tourné les talons. »

Les femelles aussi se montrent souvent très jalouses. A cet égard, les *abeilles* ont des mœurs des plus bizarres. Toute la ruche ne possède qu'une femelle *fécondée* avec laquelle un mâle s'accouple une fois pour toutes et meurt, laissant la place à un autre. Cette circonstance est sans doute la cause qui fait que les mâles ne luttent pas entre eux pour la possession de la femelle.

L'épouse commune prend le nom de mère-abeille.

On trouve dans la ruche d'autres femelles *fécondes*. « Mais si la mère-abeille habite encore la ruche, elles restent prisonnières et sont gardées à vue. Les ouvrières [2] rétrécissent leurs cellules en fortifiant le couvercle par un cordon de cire et n'y laissent qu'un petit trou par lequel elles dégorgent du miel sur la trompe des jeunes femelles captives ; aucune d'elles n'est rendue à la liberté avant le départ de la mère-abeille [3]. »

A un moment donné, la population étant devenue trop nombreuse pour la ruche, a lieu ce qu'on appelle l'essaimage. C'est

<hr>

[1] H. Moreau, *L'Amateur d'oiseaux de volière*.

[2] Les ouvrières sont celles des abeilles affectées aux divers travaux intérieurs et extérieurs de la ruche, telles que la construction des cellules et la recherche soit du suc, soit de la gomme des plantes.

[3] E. Lefèvre, *La Grande Encyclopédie*, article « Abeille ».

l'émigration du trop-plein de la société. Alors, « à l'intérieur, tout est agitation. Au bruissement produit par les jeunes femelles captives, la mère-abeille est prise d'une sorte de fureur; elle parcourt avec inquiétude les gâteaux, visite les alvéoles et cherche à se jeter sur les cellules royales pour y tuer ses rivales. Arrêtée dans ce projet par les ouvrières, elle entre en délire et le communique au reste de la ruche... Tout à coup, la température de la ruche s'élève à 31° et parfois même à 35°; le tumulte est à son comble; enfin, un certain nombre d'ouvrières s'envolent au dehors, suivies par la mère et par quelques faux-bourdons.

« L'essaim, ainsi constitué, s'élève dans les airs en tourbillonnant, puis, après s'être balancé pendant quelques instants, va se fixer, le plus ordinairement, sur une branche d'arbre..... Après cette émigration, un grand vide s'est fait dans la ruche. C'est alors que les ouvrières, n'ayant plus intérêt à retenir captives les jeunes femelles fécondes, rendent la liberté à celle d'entre elles qui est éclose la première, et aussitôt qu'elle est fécondée, elles lui abandonnent les femelles contenues dans les cellules royales; la nouvelle reine les tue toutes sans pitié les unes après les autres..... Du reste, la prééminence de la nouvelle reine ne s'établit pas toujours sans difficultés. Il arrive parfois que, dans le trouble occasionné par le départ de l'essaim, deux jeunes femelles fécondes, imparfaitement surveillées, sortent en même temps de leurs cellules respectives; elles fondent alors l'une sur l'autre, et se battent jusqu'à ce que la plus habile ou la plus heureuse ait tué sa rivale d'un coup d'aiguillon [1]. »

Mais la jalousie n'est pas un privilège du monde aéricole. Le liquide élément est bien aussi le théâtre de scènes du même genre. A ce sujet, Brehm s'exprime de la manière suivante : « Des observations faites dans ces dernières années nous ont appris des faits fort curieux. L'époque de la ponte provoque chez la plupart des poissons un changement considérable; elle excite l'animal d'une façon surprenante, rendant belliqueux celui qui est pacifique. »

« Les poissons, dit aussi le Dr Girod, considérés au point de vue qui nous occupe, peuvent se diviser en deux grands groupes. Ceux qui fécondent les œufs dans le corps de la femelle et ceux qui déposent la liqueur fécondante sur les œufs, après la ponte. »

Entre les poissons mâles du premier groupe, les combats sont

[1] Id.

acharnés, à l'époque de l'appariage, le mâle ne quittant plus la femelle dont il sollicite les faveurs.

« Ælien et Oppien, au dire de Brehm, nous rapportent que le *sargue* est polygame et que, chaque année, au printemps, il se livre de violents combats pour la possession des femelles ; ce moyen serait même employé pour s'emparer de ce poisson. »

Quant aux individus appartenant au second groupe, il n'y a pas entre les mâles et les femelles une union sexuelle. Le mâle se borne à les chercher et à les pousser vers un nid que lui-même parfois a préparé d'avance. Elles y pénètrent à tour de rôle et déposent chacune sa ponte, en dehors de toute relation sexuelle préalable avec un mâle quelconque. C'est après la ponte et le départ des femelles que les mâles alors vont à la recherche de l'endroit où les œufs ont été pondus, pour y déposer la liqueur fécondante.

Les femelles donc ne jouent pas ici un rôle sexuel. Quoi qu'il en soit, l'instinct de la reproduction est tel chez les mâles que, se rencontrant souvent sur les lits de frai, ils luttent avec acharnement, cherchant chacun à exclure les autres, à repousser ses rivaux, pour devenir l'unique mâle destiné à répandre sur la ponte le liquide indispensable à la fécondation.

Ainsi, même ce mode à part, bizarre, pour assurer la reproduction, n'exclut pas la lutte violente entre les mâles.

Tous les cas que nous venons de voir sont des exemples choisis entre mille autres ; et tous, comme on l'a constaté, se rapportent purement aux mœurs des individus cités.

Vient ensuite la question du nombre, qui est indépendante de celle des mœurs. Ici encore, il y a lutte, que les animaux soient bigames, polygames ou cosmopolites.

Il est, en effet, évident que, si, dans une bande d'animaux, il se trouve une quantité de mâles plus grande que celle des femelles, et *vice versa*, les membres du sexe en minorité ne suffisant pas, ceux de l'autre sexe auront à lutter pour la possession d'une femelle ou d'un mâle, à moins que les individus s'entendent pour la possession, en commun, d'une femelle ou d'un mâle. Quand il n'y a pas d'entente, les combats sont inévitables.

Le cas est très fréquent parmi les quadrupèdes, tels que les bœufs, les moutons, les chevaux, les chiens, les oiseaux et, en général, parmi les bêtes domestiques.

Parlant des *perroquets*, M. Moreau nous dit : « On peut faire reproduire les couples isolément ou en société ; mais, dans ce dernier cas, il faut avoir le soin de veiller à ce qu'il y ait autant de femelles que de mâles et de retirer les trouble-paix, qui sont généralement de vieilles femelles ; rarement le désordre est causé par les mâles...

« Un mâle vigoureux peut suffire à deux ou trois femelles ; mais il ne s'occupe que de celle qu'il a choisie et de ses petits ; ajoutons que rarement, dans ce cas, les femelles vivent en bonne intelligence. »

Les *serins* ont des mœurs identiques.

« Lorsqu'on veut utiliser un mâle pour deux femelles, long-temps avant la saison des amours, c'est-à-dire avant le mois d'avril, il est nécessaire de réunir les deux serines dans une cage à double compartiment, divisée par une porte tombante. Une fois les deux oiseaux habitués à la vie commune, on isole l'une des femelles avec le mâle, et quand elle commence à couver, on fait passer le *canari* dans la seconde chambre nuptiale. Après la ponte de la seconde fiancée, on peut lever la petite porte sans inconvénient. Le mâle visitera ses femelles sans que la jalousie s'en mêle [1]. »

La lutte génésique se produit aussi, avons-nous dit, de mâle à femelle, ce qui, à première vue, ne paraît pas possible.

Pourtant cela arrive quelquefois, car une femelle ne se livre pas toujours au mâle qui veut s'en faire une compagne, sans opposer une résistance qui occasionne dès lors une lutte violente et plus ou moins longue.

« Il ne faut pas croire, dit M. Canet, que les unions d'oiseaux aient lieu en quelques instants et sans préparatifs ; rien de plus compliqué, au contraire.

On peut admettre, comme règle générale (il y a pourtant quelques exceptions), que les mâles poursuivent et recherchent les femelles. Ils leur font une cour assidue et qui dure, pour certains d'entre eux, pendant un mois et plus. Darwin dit : « Cette cour est une affaire longue, délicate, embarrassante. »

Comment l'expliquer ?

« La forme la plus simple d'autorité, a écrit le Dr de Courmelles, consiste dans celle du père de famille sur ses rejetons, sur la femelle... Celle-ci, souvent aussi doit être vaincue. Méfiante, craintive, elle semble vouloir reculer le moment de sa défaite, et se dérober aux poursuites du mâle. »

Qu'advient-il alors ? Il advient que parfois celui-ci, dépité de se

---

[1] H. MOREAU, *L'Amateur d'oiseaux de volière.*

voir trop longtemps éconduit, cherche à triompher par la violence
ou se venge impitoyablement.

Quelques oiseaux, au nombre desquels il faut placer le *sénégali nain*, ont particulièrement cette vilaine manière d'agir.

« Si la femelle, dit M. Moreau, se refuse à l'accouplement, le
mâle devient méchant et la pourchasse. »

« Le sentiment physiologique dont nous venons de parler, ajoute
le Dʳ de Courmelles, exerce une action intense et générale en
faveur de l'affinité chez les animaux. »

L'instinct de la reproduction constitue donc également une des
causes de la lutte pour l'existence entre les animaux.

Pour compléter ce chapitre, il nous reste à dire quelques mots
de la lutte entre les êtres organisés et le milieu ambiant, car, ici
comme ailleurs, il faut qu'une cause intervienne pour qu'il y ait
lutte.

V

L'ADAPTATION AU MILIEU

Les êtres organisés, en général, reçoivent du milieu les matières
qu'on trouve dans leur organisme, ce qu'a depuis fort longtemps
démontré la chimie organique. De plus, le milieu est la source
de tous les mouvements de ces êtres, de même qu'il est l'agent
primordial de leur existence.

« Après une longue série de siècles, dit M. Novicow, l'action
du milieu extérieur a façonné les êtres vivants et les a pourvus
des organes qu'ils possèdent actuellement. »

Cet état de choses est le résultat d'une suite de modifications.

« La radiation, la nature de l'atmosphère, la richesse alimentaire du terrain, sont autant de facteurs auxquels il faut rapporter,
en dernière analyse, toutes les modifications qui s'opèrent dans
le corps vivant [1]. »

Ce principe étant vrai, et les conditions d'existence variant plus
ou moins à mesure qu'on s'éloigne d'un milieu donné et qu'on
s'approche d'un autre, les êtres vivants différeront aussi plus ou
moins, c'est-à-dire en proportion de la différence existant entre
leurs lieux de naissance.

C'est sous l'influence de telles circonstances que nous voyons

[1] VUILLEMIN, *Biologie végétale.*

d'abord chacune des cinq parties du monde présenter une flore, une faune et des êtres humains qui lui sont spéciaux.

Ainsi, en Europe, nous trouvons, entre autres plantes actuellement autochtones, le *châtaignier*, le *charme*, l'*avoine*, le *seigle*, le *houblon*.

L'Asie fournit au règne végétal la *myrrhe*, l'*encens*, l'*arbre à thé*, le *bois de bille* et *de tack*, le *vernis du Japon*, le *benjoin*, le *santal*, l'*inosandra-percha*, le *banyan* et l'*arbre à camphre*.

En Afrique s'élèvent le *chêne-zeen*, l'*arbre à noix*, la *pimprenelle d'Afrique*, etc.

L'Amérique donne le *mérisier*, l'*érable*, le *palissandre*, l'*acajou*, le *bois de fer*, le *gaïac*, la *liane-vanille*, le *quinquina*, le *campêche*, l'*agave*, etc.

Enfin, dans l'Océanie nous trouvons l'*eucalyptus*, l'*araucaria excelsa*, le *dryandra*, le *grevillea*, le *hakea*, le *cannellier*, le *phormium tenax* et le *xanthorrhea*.

Ces climats ne sont pas moins caractérisés par les animaux qui y vivent.

L'Europe nous présente spécialement le *chamois*, la *fouine*, la *belette*, l'*auroch*, le *putois*, le *daim*, le *pyrrhocorax choquard*.

En Asie, se voient le *chameau*, le *léopard*, le *yack*, l'*hermine*, la *zibeline* et le *lophophore*.

L'Afrique produit le *phacochère*, le *dromadaire*, la *girafe*, le *zèbre*, l'*hippopotame* et l'*autruche*.

Les forêts de l'Amérique sont peuplées de *couguars* ou *pumas*, de *jaguars*, de *bisons*, de *castors*, de *tatous*, de *sarigues*, de *fourmiliers*, de *vigognes*, de *chinchillas*, de *colins* et d'*agamis*.

Enfin, en Océanie vivent les *phalangers*, les *kangourous*, les *échidnés*, les *ornithorhynques*, les *kaolas*, les *oppossums*, les *thylacines*, les *basyures*, les *tarsipèdes*, les *phascolomes*, les *menures-lyres*, les *céréopsis*, les *casoars*, les *aptéryx* et les *manchots*.

Certains poissons caractérisent de même ces cinq parties du monde.

Si nous considérons leur classification en genres, nous trouverons en Europe le *rotengle*, le *pélégue*, le *siphonostome* qui renferme trois espèces, le *mendole*, le *dorée*, le *lépadogaster*, etc.

En Asie sont cantonnés les *pégases*, les *pelors*, les *anabas*, les *polyacanthes*, les *combattants*, les *osphronèmes*.

L'Afrique produit ses *hydrocyons*, ses *protoptères*, ses *polyptères*, ses *malaptérures*, etc.

On ne voit qu'en Amérique le *serrasalme*, l'énorme *arapaïma*, le terrible *gymnote électrique*, le *lépidosiren*, le *lépidostée*, l'*amie*, l'*asprède*, la *malthée* qui offre l'espèce si curieuse appelée *chauve-souris* marine.

Enfin, l'ichtyologie océanienne se distingue surtout par les *cératodus* et les *phillopterix*.

L'espèce humaine ne fait pas exception à cette loi, notamment quand on la considère vers les derniers temps de l'époque préhistorique. De nos jours même, les diverses races accusent, au point de vue physiologique, des préférences marquées pour tel point du globe plutôt que pour tel autre.

Sous le rapport climatérique, et abstraction faite de tout accident passager, l'Européen ne se trouve jamais dans un milieu pour lui plus favorable que l'Europe ; il en est de même de l'Asiatique, relativement à l'Asie ; de l'Africain, quant à l'Afrique ; et de l'Océanien pour l'Océanie.

Ce point sera confirmé par des faits que nous exposerons bientôt.

Mais il y a plus. Dans un même pays, chaque région présente l'ensemble végétal et animal qui lui convient ; et, dans une même région, les hauts sommets offrent une flore plus boréale que les plaines.

On sait quel contraste existe entre la population végétale de la mer et celle de l'eau douce.

Les aéricoles diffèrent absolument des aquatiles.

Il se trouve en Afrique un quadrupède appelé *oryx*. « Cet animal, dit M. Mayne-Reid, ne boit jamais ; c'est l'un des animaux qui ont été créés pour habiter le désert, où l'eau n'existe pas... Il forme le type d'un genre d'*antilopes* qui renferme trois autres espèces, l'*addax*, l'*abu-harb* et l'*algazel*.

« L'addax et l'algazel sont originaires du centre de l'Afrique. Le premier habite les déserts sablonneux, que ses larges pieds fourchus lui permettent de parcourir sans enfoncer dans le sable[1]. »

Il y en existe une autre variété dont les individus, au contraire, sont aquatiques. C'est l'*egocerus ellipsiprymnus*.

« Cette antilope habite de préférence les rives marécageuses, couvertes de roseaux, de grandes herbes aquatiques, et il est rare qu'on l'aperçoive à l'époque de l'année où les rivières débordent, car elle séjourne au cœur même des fondrières et des marais, où ils est impossible au chasseur de pénétrer. Ses longs pieds, dont les sabots acquièrent d'énormes dimensions, lui permettent de

---

[1] *Les Vacances des jeunes Boërs.*

courir sans danger sur la vase, où d'autres antilopes disparaîtraient complètement [1]. »

On connaît trois espèces de boas : le *python* de Natal, ou serpent de rocher, qui vit, comme son nom l'indique, au milieu des rocs et dans les lieux pierreux ; l'*anaconda* d'Amérique, qu'on nomme le boa des eaux, et le *constrictor* qui passe son existence sur les arbres.

Il y a également une différence entre les poissons d'eau douce et ceux de la mer.

Si nous portons nos regards sur les habitants divers de l'océan, nous constaterons que quelques-uns sont essentiellement littoraux, que d'autres se tiennent invariablement où les plages disparaissent complètement, que d'autres encore vivent à une faible profondeur, tandis que le bas-fond des parties les plus profondes est occupé par une population sédentaire qui ignore ce qu'on appelle les effets des rayons solaires et de la lumière, enveloppé qu'est ce monde d'une obscurité continuelle.

« La distribution de tous ces poissons côtiers, dit Brehm, est déterminée, non seulement par la température des lieux où on les trouve, mais encore par la nature des fonds; c'est ainsi que certains d'entre eux vivent parmi les récifs de coraux, que d'autres se tapissent entre les fentes des rochers, tandis que d'autres encore se traînent sur les fonds sableux ou vaseux. »

Il y a de cela quelques années, deux Commissions scientifiques, dont une composée d'Anglais, et l'autre de Français, opérèrent des dragages à diverses profondeurs de la mer. La Commission française montait deux petits bateaux, *Le Talisman* et *Le Travailleur*.

On put capturer des poissons qui se trouvaient à une distance de 4.500 mètres. Dire que l'homme ne peut aller, sans compromettre son système organique, au delà de 6 mètres, même bardé de scaphandre !

D'après M. Henri Filhol, « les poissons de fond pris à bord du *Talisman* se rapportent à un nombre considérable de genres et d'espèces. Leur examen permet de reconnaître une série de faits généraux du plus haut intérêt. La première question que l'on se pose en les étudiant est la suivante : existe-t-il des genres et des espèces de poissons caractéristiques de fonds de profondeurs déterminées? C'est-à-dire la faune des poissons se montre-t-elle

_____

[1] *Les Vacances des jeunes Boërs.*

différente lorsque l'on explore successivement des profondeurs de 1, 2, 3, 4 et 5.000 mètres ? A cette question l'on peut répondre par l'affirmative [1]. »

Ici encore, l'être humain ne fait pas exception. On peut le constater surtout par les circonstances qui se produisent quand des habitants d'une contrée vont s'établir dans une autre. D'ordinaire, la contrée étrangère est inhospitalière.

« Mais, dit le Dr Topinard, toutes les parties d'un pays ne sont pas également défavorables. Sans parler d'un marais ici, ou d'un désert plus loin, qui augmente la mortalité sur les nouveaux venus, il y a l'altitude à considérer. Une famille ne pourra s'acclimater au niveau de l'océan et prospérera, au contraire, en remontant le cours d'un fleuve ou les flancs d'une montagne. La réputation des hauts plateaux est faite dans tous les pays chauds [2]. »

Tous ces cas différents, auxquels nous pourrions ajouter bien d'autres, sont autant d'exemples qui témoignent de ce fait que certaines plantes, certains animaux et certains organismes humains sont nés pour vivre dans un milieu et sous un climat donnés.

Que se produit-il donc lorsqu'un individu est transporté du milieu qui lui est propre dans un autre présentant des conditions différentes de celles auxquelles il est habitué ? L'équilibre stable, obtenu auparavant, est désormais rompu. Le fonctionnement des organes n'a plus lieu avec régularité, leurs ressorts se trouvant comme détériorés. Pour que l'être continue de vivre et de se bien porter, il faut qu'un équilibre nouveau s'établisse à la suite d'une harmonie intervenue entre ses éléments constituants et les conditions d'existence nouvelles auxquelles ils sont soumis. Cependant, l'organisme ne se fera pas immédiatement à ces conditions nouvelles ; et, admettant qu'il puisse parvenir, à la longue, à s'y accoutumer, ce résultat sera précédé de cette série de troubles organiques plus ou moins violents et longs qui prend le nom de période d'acclimatation. Ce sont les diverses étapes par lesquelles passe l'organisme pour se plier aux éléments du milieu nouveau qu'on appelle adaptation au milieu.

Quand donc des êtres organisés luttent contre le milieu ambiant, c'est pour s'y adapter.

[1] BREHM.
[2] *L'Anthropologie*, p. 410.

CHAPITRE V

LES MOYENS D'ATTAQUE ET DE DÉFENSE

Lorsque deux individualités agissent et réagissent l'une contre l'autre, il y a attaque et défense.

Pour réaliser ces deux fins, attaquer et se défendre, il faut disposer de certains moyens dits offensifs et défensifs.

C'est afin d'y pourvoir que la nature, prévenant les chocs meurtriers qui menacent l'existence de chaque espèce, de chaque organisme vivant, a doté les êtres variés qui luttent dans son sein de tout un arsenal d'engins effroyables, de tout un ensemble de qualités bizarres, d'états divers, de manœuvres encore inexpliquées pour la plupart.

Mais, lorsqu'il y a lutte, combat, l'issue en est fatalement la victoire de l'un des champions et la défaite de l'autre; il y a toujours un vainqueur et un vaincu. Tous ces moyens donc doivent concourir à un seul but : Vaincre, vaincre encore, vaincre toujours.

Alors, se demande-t-on, de deux adversaires aux prises lequel triomphera ? Et la réponse est celle-ci : A moins d'accident imprévu, la victoire restera toujours à celui qui sera le mieux armé ou physiquement ou moralement, mais surtout moralement.

Donnons ici quelques détails des principaux moyens offensifs et défensifs dont la nature a doué les êtres.

I

LA FORCE PHYSIQUE OU MUSCULAIRE

Le premier moyen qu'on rencontre dans les luttes dont nous avons si longuement parlé est la *force physique*. Nous la voyons en activité dès le principe même de l'univers.

On sait, en effet, que chaque atome, chaque masse moléculaire, chaque nébuleuse, chaque corps céleste, enfin chaque système sidéral exerce dans sa sphère une action sur ceux qui se meuvent dans son voisinage et déploie une force d'attraction tendant à la captation de toutes les matières et des gaz environnants.

Or, l'atome et la masse moléculaire dont l'action s'exercera avec le plus de force seront assurément ceux qui l'emporteront dans la lutte.

Il en est de même des nébuleuses, des corps célestes et des systèmes sidéraux.

Pour se constituer, les nébuleuses, nous l'avons dit, entrent en lutte, attirent chacune à soi les gaz, les vapeurs, tous les corps d'un volume inférieur au sien. En conséquence, leur action respective doit à tout moment subir des variations rapides et considérables. De là, pour chaque centre d'attraction, des trajectoires variées et instables. Peu à peu, les espaces atomiques qui les séparent se vident, et naturellement le centre dont l'attraction déploie la force la plus intense est celui auquel les masses moléculaires environnantes apportent leurs éléments constitutifs. De sorte qu'il arrive un moment où la nébuleuse la plus faible finit par se dissoudre, abandonnant ses particules à sa rivale, celle-ci exerçant une puissance attractive plus grande. (Voir la *fig*. 1).

Notre système solaire est depuis longtemps constitué. Il a pour centre le soleil, autour duquel gravitent huit planètes visibles, avec leurs satellites, et plus de deux cents autres petites planètes invisibles à l'œil nu.

Supposons qu'un corps nouveau vienne se placer assez près de notre monde sidéral pour qu'une lutte s'engage. Si l'attraction de ce corps est plus faible, il cédera sous l'action de notre système; si c'est, au contraire, celui-ci qui déploie le moins de force, l'astre roi ira, avec toute sa cour resplendissante, là où l'entraînera son vainqueur.

Passant du monde inorganique aux deux règnes organiques que nous connaissons, nous trouvons encore la force physique en pleine activité.

C'est des êtres du règne végétal plus que de tous autres peut-être qu'il convient de dire que « la vie est une lutte contre les influences pernicieuses des actions extérieures [1] ».

Aussi, de tous les êtres vivants, les végétaux sont ceux chez lesquels les moyens d'attaque et de défense présentent la plus remar-

---

[1] VUILLEMIN.

quable variété ; et cela était nécessaire, d'autant que les plantes sont exposées aux attaques d'ennemis divers. En cette occurrence, la force physique n'est nullement inconnue à certaines plantes. — Certes, dans leurs combats, qui ont lieu parfois corps à corps, le champ de bataille reste toujours à celle qui a déployé le plus de vigueur, le plus de force.

L'application de ce principe s'observe, parmi les végétaux, même dans la période embryogénique.

Ainsi, semez des graines, sans avoir soin de mettre une certaine distance entre elles. — Sur plus d'un point du sol, elles seront trop rapprochées les unes des autres et se gêneront.

Une fois que les plus vigoureuses, les plus fortes auront poussé et commenceront à grandir, « les graines moins promptes à éclore ne germeront même plus, refoulées ou écartées par les premières développées [1] ».

Quant aux plantes elles-mêmes, sans multiplier les cas, nous rappellerons que souvent celles qui portent le nom de plantes grimpantes ne viennent à bout des arbustes, voire des arbres qui leur disputent un terrain favorable, qu'en escaladant tous les obstacles pour parvenir à enlacer leur tronc, leurs branches les plus élevées, qu'elles enserrent vigoureusement jusqu'au dénouement fatal. « Il y a dans la villa Carlotta, à Cadenabia, un *pin* enlacé par une *glycine* (plante sous-ligneuse). — La glycine a complètement étouffé le pin, qui est mort [2]. »

« Le *chèvrefeuille* n'enlace de ses rameaux les arbustes qui se trouvent à sa portée que pour les faire périr sous ses puissantes étreintes [3]. »

Les lianes des tropiques sont coutumières de ce crime; et celles du Brésil ont une si triste renommée que, dit encore M. Vuillemin, elles ont excité l'indignation comique de certains naturalistes philosophes [4].

En ce qui concerne les animaux, il n'est pas besoin non plus de beaucoup d'exemples pour montrer que la force physique, que nous appelons ici force musculaire, leur a été largement départie par la nature. — C'est même celui qui domine parmi tous leurs moyens de combat et qu'on rencontre jusque dans les luttes entre leurs organes internes.

---

[1] VUILLEMIN, *Biologie végétale*, p. 301.
[2] NOVICOW.
[3] VUILLEMIN, p. 339.
[4] *Id.*

On n'ignore pas que tous les groupes cellulaires n'ont pas une force égale pour attirer à eux les éléments nourriciers. Ceux qui sont les plus vigoureux parviennent à en posséder la majeure

Fig. 5. — Combat d'un gorille contre un lion.

partie. Ainsi « les cellules du cerveau absorbent deux fois plus de sang que les autres cellules de notre corps. Si un animal meurt d'inanition, ce sont toujours les autres organes qui périssent les premiers, car tout ce qui reste de substance alimentaire est absorbé par le cerveau[1]. »

Dans les combats entre animaux, c'est encore la puissance physique qui joue le rôle le plus important.

Fig. 6. — Un boa étouffant un taureau.

C'est par sa force musculaire que le *tigre* s'est rendu redoutable au *lion*. Il en est de même du *gorille* qui, à ce qu'ont rapporté plusieurs voyageurs ayant parcouru l'Afrique, brise facilement les reins d'un lion dans toute la force de l'âge, en

[1] Novicow.

l'étreignant fortement de ses bras vigoureux. La figure 5 montre un combat de ces deux animaux.

Dans une lutte où l'un des plus grands carnassiers connus aurait pour adversaire un *éléphant*, celui-ci ne permettrait pas que la victoire restât longtemps indécise.

Le *jaguar* est aussi réputé pour sa force. Humboldt en a vu traverser à la nage des fleuves d'une lieue, traînant dans leur gueule un cerf ou un cheval.

Qui n'a entendu parler de la force irrésistible dont sont doués le fameux *python* et le *boa constrictor*!

« Ils attendent leur proie, dit Mayne-Reid, dans l'inaction, la saisissent avec leurs dents rétractiles, l'entourent de leurs replis, l'écrasent en contractant leurs muscles..., bien qu'il arrive souvent que l'animal soit beaucoup plus gros qu'eux [1]. »

M. Dumonteil dit également du boa : « Quand le *taureau* du Paraguay vient se désaltérer au bord des eaux, le boa gigantesque est là, invisible, attendant avec sérénité... A la vue de sa proie, il s'élance comme un trait, frappe, brise, enlace, étreint sa victime et l'entraîne jusqu'au marais voisin qu'il habite. » (Voir la *fig*. 6).

On ne peut se faire une idée complète de la force musculaire du monstre qu'en le voyant aux prises avec son plus redoutable adversaire, le *tigre*, qui alors ne tarde pas à se voir enserré, étouffé et broyé.

La force est aussi un agent puissant chez des oiseaux.

Des chasseurs, entre autres M. d'Hamonville, ont vu déjà des *aigles*, après un combat sanglant, enlever par leurs serres des *chèvres* pesant 50 livres [2].

Dans le monde des eaux, il faut signaler le *congre commun*, qui joint la force à l'audace.

« Il s'empare, dit Brehm, de gros poissons en les entourant et les comprimant avec son corps, à la manière des serpents, d'où, dit-on, lui est venu le nom de *filat*, sous lequel on désigne le congre sur plusieurs points de la Méditerranée. »

Le *pèlerin*, qui mesure 12 à 14 mètres, et dont le poids s'élève à plus de 8.000 kilogrammes, est aussi un poisson d'une force remarquable. Capturé, « s'il voit que les efforts qu'il fait pour s'échapper sont vains, le pèlerin continue à nager avec une rapidité étonnante et déploie alors une telle vigueur qu'il peut entraîner,

---

[1] *Vacances des jeunes Boërs*.
[2] *Vie des oiseaux*, p. 26.

même contre le vent, des navires jaugeant jusqu'à 70 tonneaux [1] ».

Quant à la *baleine*, nous nous contenterons de la nommer pour mémoire, car elle est connue de tout le monde.

Enfin, nous fermerons ce paragraphe en rappelant le grand amphibie qui faisait jadis l'objet de la plus vive contemplation des riverains du Nil : le *crocodile*.

L'auteur des *Vacances des jeunes Boërs* raconte qu'un de ces sauriens, mesurant seulement 3 mètres, a déjà saisi aux lèvres et entraîné au fond de l'eau une antilope de la taille d'un cerf. — Or, il est de ces reptiles qui atteignent, ajoute-il, jusqu'à 6 mètres de longueur, et dont la force est assez grande pour vaincre la résistance d'un buffle, animal quatre fois plus fort qu'une antilope [2].

II

LES ARMES OFFENSIVES ET DÉFENSIVES

Après la force musculaire, les armes sont les moyens de combat les plus répandus parmi les êtres organisés. Ici, la victoire est assurée au combattant dont l'armement est le plus perfectionné, sauf toujours un accident imprévu.

Nous rencontrons l'usage des armes d'abord dans le règne végétal, ce sont les épines, les racines, les branches, même les vrilles.

Si les aiguilles crochues du *rosier* et les épines aiguës du *prunellier* ne les protègent que contre un petit nombre d'ennemis, le *chardon* géant des pampas et le *cardon* de l'Amérique du Sud possèdent, eux, de ces pointes d'une puissance étonnante.

« Les herbes ne sauraient, dit M. Vuillemin, étaler, sur bien des points, leurs feuilles délicates à travers ce fourré épineux.....

« Les arbres à racines traçantes accaparent les substances nutritives de la surface au détriment des herbes exigeantes, tolérant à peine quelques mousses chétives à leur pied. »

C'est par leurs rameaux que les plantes entrent en relations

[1] BREHM.
[2] Des chasseurs, entre autres M. Jacolliot, en ont vu aux Indes, qui avaient jusqu'à 10 mètres.

avec l'atmosphère qui leur donne une bonne partie de leurs substances alimentaires.

L'ombre que projettent les branches, la quantité énorme de vapeur d'eau transpirée par le feuillage, et qui « a sur la température, sur l'état hygrométrique de l'air une influence notable qui se fait sentir à de grandes distances », tout cela constitue autant d'éléments permettant à un arbre de vaincre les rivaux qui viennent lui disputer un sol renfermant une chaleur appropriée à leur genre de vie. Ainsi, le *frêne*, dit Bouillet, épuise le sol par ses longues racines, et laisse tomber sur les plantes voisines, après la pluie et la rosée, une liqueur visqueuse qui leur est funeste.

Si nous passons aux animaux, nous nous trouverons en présence d'engins plus terribles encore.

Avec leurs dents et leurs griffes, le lion et le tigre terrassent leurs adversaires. Mais que peuvent ces armes sur la peau et contre les défenses meurtrières du rhinocéros et de l'éléphant !

Avec ses cornes recourbées, aiguës, son air fier et indomptable, le buffle défie le lion et le tigre lui-même, dont il sort le plus souvent vainqueur.

Il n'est pas jusqu'à l'antilope, quand elle n'est point prise à l'improviste, qui ne mette en fuite *le roi des animaux*, en le menaçant de ses cornes pointues, capables de le transpercer avec la plus grande facilité du monde.

On connaît un petit quadrupède qui, par son arme défensive, s'est rendu redoutable aux animaux les plus formidables. C'est le *hérisson* dont le corps est couvert d'épines jusqu'à la limite de l'abdomen, des extrémités des pieds et du museau.

Le Dr de Courmelles rapporte dans son ouvrage — qui n'est plus inconnu du lecteur — un combat des plus curieux entre un serpent et ce petit mammifère. « Voyant le reptile endormi au soleil, le hérisson se glissa prudemment sur la mousse et s'en approcha sans bruit. Le spectacle fut alors des plus intéressants. Le hérisson, à peine à portée de sa proie, la saisit par la queue avec les dents et, plus rapide que la pensée, se roula en boule. La vipère, réveillée par la douleur, se retourne, aperçoit son ennemi et lui lance un coup terrible. Le hérisson ne bronche pas. Affolée, la vipère le traîne et le roule ; elle se débat, siffle et se tord dans d'affreuses convulsions. Au bout de cinq minutes, elle est en sang ; sa gueule n'est qu'une plaie ; elle tombe épuisée sur le sol ; encore quelques soubresauts, puis les dernières convulsions de l'agonie, et elle expire. Quand le hérisson l'a bien sentie morte, il la lâche et se déroule complètement. »

N'est-ce pas là le comble de la ruse mise au service de l'arme la plus meurtrière que puisse posséder une bête ? Aussi, le hérisson est-il respecté de tous les animaux, de quelque taille qu'ils soient, qui ont déjà osé se frotter à ses épines. A sa vue, le chien recule, se contentant de déplorer son impuissance en aboyant. D'autres fois, les combattants se trouvent aussi bien armés l'un que l'autre. Alors l'issue de la lutte est presque toujours fatale aux deux.

C'est ce qui a lieu pour le *jaguar* et le *taureau* sauvage du Paraguay.

Quand ils se rencontrent, « au mugissement de l'un répond le rugissement de l'autre, et tandis que le jaguar s'aplatit comme un chat, prêt à bondir, le taureau se jette sur son adversaire, opposant aux griffes du fauve ses cornes, deux épieux, et son front, un maillet. Un nuage de poussière voile les combattants. La poussière tombe, et le silence règne dans les prairies. Quel est le vainqueur, du taureau sauvage ou du jaguar ? Tous les deux sont morts [1]. »

L'aigle n'est si redouté de ses congénères qu'à cause de ses serres, dont un coup suffit pour abattre l'oiseau le plus fort, l'autruche ; et sous ses tards lui labourant le dos, la chèvre est en vain armée de cornes.

Au fond des mers, les armes ne sont pas moins meurtrières. Le plus gros des mammifères actuels, la *baleine*, est incapable de faire longue résistance aux plus faibles d'entre les voraces. Les plus terribles ennemis du colosse sont le *requin* dont les rudes mâchoires sont pourvues de plusieurs rangées de dents triangulaires et dentelées aux extrémités ; la *scie*, remarquable par son museau osseux, long, aplati et présentant l'aspect de l'outil dont l'animal porte justement le nom, avec cette différence que les dents du poisson forment deux rangées occupant chacune un côté de cette espèce de rostre ; le *narval*, avec sa défense en ivoire, longue de 3 mètres et rigide comme une barre d'acier ; enfin, le *dauphin gladiateur* et l'*espadon* dont la dénomination seule révèle la puissance.

Redoutant ces adversaires, pourtant chétifs, eu égard à sa masse, la baleine est sans cesse aux aguets. C'est « qu'elle ne possède

---

[1] F. Demonteil, *Le Monde des fauves*, p. 75-76.

rien pour se défendre, aucun moyen d'utiliser sa force : ni dents, ni bras, avirons mobiles pour assommer; ni corne ou épée comme l'espadon; rien que la fuite et la peur qui la talonne, une fuite vertigineuse, et le plongeon rapide dans les profondeurs des mers où, grâce à son organisation, ce gros trembleur peut rester coi au-delà d'un quart d'heure, sans remonter à la surface, pour renouveler sa provision d'air [1]. »

On peut encore citer, comme animaux marins bien armés pour la lutte, la *perche*, l'*épinoche*, la *crevette* et la *locuste*.

Le plus grand ennemi de la *perche* est le *brochet* qui cependant ne l'attaque, d'après Walton et Brehm, que lorsqu'il y est poussé par une faim extrême. Dans ce cas, le brochet se blesse le plus souvent, parce qu'alors la perche redresse les fortes épines dont ses dorsales, ses ventrales et son anale sont armées ; elle gonfle en même temps ses joues de manière à faire saillir les piquants qui garnissent les pièces operculaires, opposant toutes ces pointes à la fois aux dents pénétrantes de son agresseur.

Mais l'*épinoche* se défend de la même manière, appliquant victorieusement à la *perche* la loi suprême du talion.

Attaquée par le *bar*, la *crevette* en sort victorieuse en lui déchirant le palais avec la scie qu'elle porte au bout de son museau.

Un autre poisson, le *diodon*, emploie contre ses antagonistes un moyen presque identique à celui du hérisson et, de plus, se gonfle à l'instar du crapaud.

Rappelons aussi les *pristidées*, qui portent un long bec en forme de scie; les *spinaciens* et les *cestraciontes*, dont les nageoires dorsales sont munies d'une forte épine ; les *pastenagues*, les *mylio-bates*, quelques *céphaloptères* et les *raies*, dont la queue a un ou plusieurs dards longs et fort dangereux.

Contre quantité d'êtres du règne animal, des plantes sont pourvues d'armes défensives redoutables, et réciproquement.

« Des organes délicats, tels que les fleurs, sont garantis contre les incursions de petits insectes grimpeurs, comme les fourmis, soit par des poils visqueux qui rendent leurs abords difficiles, soit par des bractées spinescentes dont les dents enchevêtrées constituent, comme dans plusieurs chardons, une haie impénétrable. Les épines acérées de notre vulgaire ajonc, qui ne lui laissent guère, sur certaines landes, d'autres rivaux que les bruyères, nous donnent à peine une idée des barrières infranchissables que,

---

[1] Rawton, *Le combat pour la vie*, p. 117.

ans l'Amérique du Sud, le chardon géant des pampas ou le car-
on opposent non seulement aux animaux, mais à l'homme lui-
même [1]. »

On doit en dire autant des poils urticans qui assurent à l'ortie le
respect de plus d'une bête. — Cependant les chèvres ont des dents
d'un palais qui savent en venir à bout.

« Les *nopals* d'Afrique (*cactus* ou *raquette*) sont hérissés de soies
d'une finesse extrême et à peine visibles, mais pourvues de dents
si acérées qu'elles déterminent une vive douleur quand elles s'enfoncent dans les chairs comme d'innombrables harpons microscopiques. La cochenille n'en vit pas moins aux dépens de leurs
tissus [2]. »

Enfin, nous ne terminerons pas ce paragraphe sans dire un mot
des armes dont se sert l'espèce humaine pour combattre ses ennemis parmi les animaux.

De tous les êtres organisés, l'homme, originairement, a été
celui qui ait eu peut-être le plus à souffrir de la tyrannie des
bêtes. Alors que nous voyons ses cruels adversaires munis d'engins naturels des plus puissants, il est, lui, jeté au sein de la
nature, au milieu de la mêlée sanglante, n'ayant, pour se protéger, que ses fragiles membres. Mais il portait en lui l'instrument
de guerre terrible entre tous : l'intelligence qui a su enfanter, à
mesure que l'homme accomplissait sa sublime ascension, des
moyens d'attaque et de défense grâce auxquels il a conquis sa
place au soleil.

Désormais, pas d'armes que puissent opposer aux siennes les
plus formidables des monstres de la terre. Voilà le roi de la
création.

A côté des moyens dont il vient d'être question, se rencontrent
des vertus et des qualités dévolues à certaines créatures, vertus
et qualités que, de prime abord, on serait loin de prendre pour
des éléments de combat. C'en sont pourtant de véritables avec
lesquels il faut souvent compter. A cause surtout de la bizarrerie
de quelques-uns, nous ne les passerons pas sous silence, quoique
nous ayons suffisamment montré que, dans ces conflits continuels,
l'essentiel, pour ne pas être vaincu, est de disposer de moyens
supérieurs à ceux de son antagoniste.

[1] VUILLEMIN.
[2] VUILLEMIN.

III

LE POISON ET L'ÉLECTRICITÉ

Parmi ces vertus dont nous parlons, il convient de nommer d'abord celles qu'ont quelques plantes et animaux de sécréter un poison ou un venin.

La *drosère*, par exemple, dont il a déjà été question, sécrète un poison qui paralyse les efforts des insectes qu'elle capture.

Il existe tout un monde de champignons remarquables par leur substance vénéneuse. Les plus connus sont ceux des genres *amanite* (*amanita*), *agaric* (*agaricus*) et *bolet* (*boletus*). Ils se divisent en plusieurs espèces.

Citons encore le *grenadier* et le *muguet*, pour passer à quelques plantes qui méritent une mention spéciale. De leur nombre est le *mancenillier*, qu'on trouve principalement dans l'Amérique équatoriale et dans les Antilles, sur les bords de la mer.

Absorbé, le latex, répandu à profusion dans l'arbre, produit, dit le D' A. Villiers, des douleurs intestinales très vives, des selles abondantes, liquides, et agit comme un violent drastique.

Extérieurement, l'action de ce latex n'est pas moins redoutable. « Le suc, d'après le D' Tandon, est très caustique. Il suffit d'une goutte sur la peau pour produire une ampoule qui se remplit de sérosité.

« Lorsqu'on mange les fruits, ils présentent d'abord une grande fadeur, puis un goût douceâtre. Mais bientôt il se manifeste une irritation violente aux lèvres, à la langue et au palais[1]. »

Certains aconits sont des herbes réputées pour leur propriété toxique. L'un d'eux porte le nom caractéristique d'*aconitum ferox* et donne comme produit le pseudo-aconitine, plus toxique que l'aconitine.

Enfin, il est une autre plante qui, sur tous ses congénères, jouit de l'avantage d'être historique. Son nom, en effet, rappelle un des crimes horribles que l'humanité reproche à l'antiquité barbare. C'est la *ciguë*. Ce petit végétal, dont l'extrait dévora les entrailles de Socrate, l'inoubliable victime du fanatisme religieux, ce petit

---

[1] *Éléments de Botanique médicale*, p. 451. A. MOQUIN-TANDON, membre de l'Institut (Académie des Sciences), professeur à la Faculté de Médecine de Paris.

végétal est un des représentants les plus funestes de son règne. Il importe cependant de faire une distinction entre la grande ciguë (*cicuta major*), la ciguë vireuse (*cicuta virosa* ou *aquatica*) et la petite ciguë, dite faux persil, ciguë des jardins (*cethusa cynapium*).

Selon le D' Villiers, la dernière est seule inoffensive [1].

Si nous passons au règne animal, nous aurons à signaler des individus bien autrement redoutables, possédant le pouvoir d'attaquer.

La *race reptilienne*, pour commencer par elle, nous offre ses *serpents* venimeux, qui sont la personnification de la cruauté.

L'engin meurtrier de ces ophidiens consiste en deux crochets aigus, creux, percés vers la pointe d'une fine ouverture. Placés à l'extrémité de la mâchoire supérieure, ils sont mobiles et communiquent, par leur base, avec la poche renfermant le liquide mortel. La morsure faite, cette poche chasse une goutte de son contenu dans le canal de la dent qui l'instille dans la plaie. Celle-ci la transmet au sang, et le sang, à son tour, propage le venin dans les organes, où alors il produit ses rapides et effrayants effets. Qui ne connait de nom ou *de visu* le fameux *crotale* ou *serpent à sonnette*, et l'*aspic*, qui n'a pas à envier la renommée de Cléopâtre ?

La petite *vipère* de l'Europe, le *céraste* de l'Afrique, la *vipère fer de lance* de la Martinique et de Sainte-Lucie, le *trigonocéphale jararaca* du Brésil, sont autant de membres de cette famille tristement célèbre.

Les *batraciens* sont représentés par le *crapaud*.

« Accroupi dans la fange de quelque trou obscur, il se pénètre des humeurs malsaines du limon pour élaborer dans les pustules de son dos un venin laiteux qui suinte et lui humecte le corps au moment du péril. Il lance, en outre, aux yeux des assaillants un liquide corrosif, son urine, qui brûle la vue par son âcreté [2]. »

Les *aranéides* présentent également de grands distillateurs de poison.

Le général en chef de la petite armée est certainement le *matoutou* des Antilles (*mygale blondii*) qui, les pattes étendues, peut occuper une surface de 20 centimètres de circonférence, particularité à laquelle il doit son nom d'*araignée crabe*.

---

[1] *Recherches sur les Poisons végétaux et animaux*, p. 82, 83, 84. A. VILLIERS, docteur ès sciences physiques, agrégé à l'École supérieure de Pharmacie de Paris, etc.

[2] J.-H. FABRE, docteur ès sciences, *Les Auxiliaires, ou Récits sur les animaux utiles à l'Agriculture*, p. 225.

Si l'adversaire qu'attaque le matoutou est assez fort pour riposter, la bête hideuse le mord, enfonce dans sa chair deux longues pointes aiguës dont est armée sa bouche, et fait glisser dans les trous un poison qui n'a besoin que de quelques minutes pour accomplir son œuvre.

Citons, pour mémoire, la *cantharide*, qui n'est ignorée de personne. Cette mouche a une congénère qui la surpasse en férocité, c'est la mouche tsetsé.

En quelques heures, dit Rawton, un bœuf, un cheval, un chien meurent de ses piqûres.

Chose étrange, « la chèvre est le seul animal domestique qui puisse vivre impunément au milieu de ces diptères venimeux ; les chiens nourris exclusivement de gibier échappent au danger ; ils succombent infailliblement, au contraire, quand ils ont été nourris de lait, tandis que le veau à la mamelle n'a absolument rien à craindre [1] ».

À côté de ces insectes, il faut placer *l'abeille*, dont le venin consiste en un fluide clair et limpide inoculé par un dard, ou aiguillon ; le scorpion fauve, qui communique son poison par sa petite pince caudale, et le scolopendre ou mille-pieds, dont la piqûre est quelquefois aussi dangereuse que celle du scorpion.

Nombre d'habitants des eaux, en fait de vertu venimeuse, n'ont rien à envier aux bêtes précitées.

« Parmi les espèces dont la piqûre est la plus redoutée, dit Brehm, nous pouvons mentionner un animal aux formes hideuses, à la peau molle et verruqueuse, à la gueule largement fendue : c'est la *synancée* (*synanceia*) horrible, qui vit dans les mers des Indes et la mer Rouge. »

M. Klunzinger en parle ainsi : « La piqûre occasionnée par les épines dorsales produit une douleur tout aussi violente, au moins, que celle du scorpion, comme je le sais par ma propre expérience... Pendant le redressement des épines, on voit suinter un liquide laiteux qui découle d'un repli de la peau. »

« L'existence de cet appareil à venin est pleinement démontrée aujourd'hui [2]. »

M. Albert Günther a décrit cet appareil et termine sa description en affirmant qu'un organe semblable existe chez les *atobates* ou *raies armées*.

---

[1] Victor MEUNIER, *Les animaux à métamorphoses*, p. 190-91.
[2] BREHM, *Merveilles de la Nature. Poissons et Crustacés*, p. 219.

Celles-ci « enfonissent leur corps aplati dans le sable ou la vase... Si quelqu'un a le malheur de marcher sur un de ces insidieux animaux, le poisson inquiété lance sa queue avec une telle force contre le perturbateur de son repos que l'aiguillon cause les blessures les plus redoutables, qui ont pour conséquences, non seulement les convulsions les plus dangereuses, mais encore la mort [1]. »

Les effets du venin se produisent dans les flancs, la région du cœur et sous les bras.

Outre ces deux poissons, nous mentionnerons la *rive*, chez laquelle les épines dorsales et l'aiguillon operculaire remplissent le même office que l'aiguillon caudal de l'*urtobate*.

« L'organe à venin le plus perfectionné a été, jusqu'à présent, découvert chez le *thalassophyne*, un batracoïde des côtes de l'Amérique centrale... L'opercule est fort étroit et très mobile; il est armé d'une épine de 8 lignes de long et conformée absolument comme la dent venimeuse d'un serpent, étant perforée à sa base et à son extrémité. Une poche revêt la base de l'épine et exprime son contenu par l'ouverture de la base dans l'intérieur de l'épine [2]. »

La *malette* venimeuse est non moins dangereuse, mais son poison réside dans sa chair. Il en est de même du *tétragonure*, qui ne présente du danger qu'à l'époque de la ponte.

La tête de l'*anchois bollama*, autre malette, contient aussi un poison énergique. Homme, chien, volaille meurent rapidement, après en avoir mangé la chair, quand, avant la préparation, on n'a pas eu soin d'enlever la tête du poisson.

Comme *zoophyte* venimeux, nommons la *physalie utricule*, qui distille son poison dans des disques glanduleux; et comme *polype*, l'*anémone de mer* ou *ortie de mer*, dont la ressemblance avec la belle fleur de ce nom est frappante.

Pour suppléer à sa faiblesse, ce polype est armé d'un appareil aussi merveilleux que mortel. Il possède, en effet, un certain nombre de tentacules dont la surface recèle de petits sacs munis de filaments enroulés, autant de dards empoisonnés qui, projetés avec rapidité, criblent la victime et paralysent tous efforts de sa part.

Tous ces poisons, dont la puissance est extraordinaire, ne font cependant pas oublier les décharges électriques dont cer-

---

[1] JESNER, dans BREHM.
[2] GÜNTHER, dans BREHM.

tains autres ont le monopole. « Ce sont, dit M. Meunier, de véritables machines électriques... Tout ce qu'une machine électrique fait, ils le font; leur décharge donne des étincelles, c'est-à-dire de la lumière et de la chaleur; elle opère des décompositions chimiques et produit le phénomène d'aimantation; elle donne des commotions violentes. »

Les plus connus de ces poissons sont le *gymnote électrique* (*gymnotus*) et la *torpille* (*torpedo*).

La tête du gymnote et son corps sont, au dire de Bouillet, percés de petits trous très sensibles, d'où sort une liqueur visqueuse. L'organe dans lequel réside la vertu de cette espèce d'anguille est situé sous la queue et formé de quatre faisceaux composés d'un grand nombre de lames membraneuses, unies fortement entre elles et remplies d'une matière gélatineuse. C'est cet appareil qui possède la propriété d'engourdir, même à distance, les adversaires du gymnote.

La *torpille* obtient des effets semblables.

« Elle ne produit pas toute sa force seulement contre les poissons et contre les animaux qui habitent dans l'eau, mais encore contre les pêcheurs qui la prennent dans leurs filets, car son action se transmet par les cordes et jusqu'aux mains des pêcheurs qui, contre leur volonté, sont obligés de lâcher leur engin de pêche... L'eau, dans tout le rayon qui l'environne, est imprégnée du venin qui s'écoule de son corps ; de même encore lorsque l'on touche une torpille avec une longue perche ou une lance, le venin suit le bois et arrive jusqu'à la main de l'homme, tellement il est puissant [1]. »

« La décharge par la torpille, ajoute Brehm, est volontaire, et l'animal la donne soit que, étant saisi avec la main, il veuille se défendre, soit qu'il se propose d'étourdir ou de tuer sa proie. »

A côté de ces deux grands *électriciens*, il faut en placer deux autres, moins redoutables, le *silure électrique* ou *malaptérure*, habitant des eaux du Nil et de certaines rivières du Sénégal, qui a son appareil situé autour du corps, entre la peau et les muscles; et la *raie*, qui possède le sien sur les côtés de la queue, ainsi que l'ont démontré des expériences faites par M. Charles Robin.

Tels sont les principaux individus que la nature a doués de ces vertus singulières, comme moyens d'attaque ou de défense.

Mais il importe de faire remarquer — le lecteur l'a, d'ailleurs,

[1] GESNER, dans BREHM.

constaté déjà — que tel moyen qui agit efficacement sur une catégorie d'individus peut ne produire aucun effet sur une autre. — Celle-ci alors se trouve mieux armée, a, partant, plus de chance de vaincre son adversaire.

Ainsi, la belladone, si énergique contre l'homme et les insectes, n'a aucune prise sur le lapin.

Les limaces n'ont rien à redouter des champignons que nous avons nommés au début de ce paragraphe. Les crabes se nourrissent impunément du fruit du mancenillier, quand l'homme et d'autres animaux ne sauraient, sans péril, en manger.

Tout le monde sait les effets terribles que font, sur les organes de l'homme et de quelques bêtes, le venin de la vipère et les substances de la cantharide réduites en cantharidine. Le hérisson se repaît de cette mouche verte sans éprouver la moindre indisposition et ne ressent qu'un malaise momentané, quand il mange la vipère, encore cette incommodité n'est-elle, dit-on, que le résultat des blessures reçues dans le combat qu'il lui faut livrer avant de réussir à croquer l'ophidien.

On a de même vu des personnes et des animaux succomber à la suite de l'absorption du miel, parce que les abeilles l'avaient fabriqué avec du suc provenant de quelques *euphorbes* très vénéneuses ou de certaines *amaryllis*, par exemple de la belladone.

Par contre, l'homme est immunisé contre le venin de plusieurs plantes et animaux qui sont redoutés d'autres êtres.

Ainsi, nous n'avons rien à craindre des humeurs malsaines du *crapaud*. La piqûre de la mouche *tsetsé*, dont nous savons les exploits, ne nous inquiète pas plus que celle d'un *cousin* ou *maringouin*.

Voilà pour le poison et l'électricité.

IV

LA PROTECTION DES FAIBLES

Il arrive souvent que des êtres se trouvent privés de tout moyen de défense naturel ou n'ont pas de moyens suffisants à les protéger contre des ennemis bien mieux armés. Cependant, doués d'un instinct merveilleux, ces faibles savent se créer une protection artificielle ou recourent à la puissance d'autres êtres.

Sous ce rapport, nul n'ignore le talent de la plupart des oiseaux, en fait de construction. Tous ces nids, plus ou moins solides, ne sont que des remparts opposés aux coups d'un adversaire qui, sans cela, parviendrait aisément à bout de ces bêtes ou à décimer leur progéniture.

En vue de se protéger, quelques insectes, comme le *ver à soie*, s'enferment dans un cocon ingénieusement tissé, au moment de subir leurs métamorphoses.

Des *araignées* procèdent de la même manière pour abriter les œufs d'où sortiront leurs petits.

L'espèce appelée *mygale* ferme l'ouverture d'un trou qu'elle creuse, au moyen d'une porte à charnière au bord de laquelle elle pratique une rangée de petites fentes pour la soutenir avec ses pattes, si quelque ennemi voulait l'ouvrir de force.

Les *abeilles* aussi montrent une grande habileté et donnent même des preuves de raisonnement dans leurs constructions défensives.

L'espèce de l'Amérique du Sud, la *melipona geniculata*, obstrue toutes les crevasses de la cavité où elle s'installe, et ne laisse subsister, dit le Dr de Courmelles, qu'un trou circulaire servant d'entrée, et encore chaque soir cette porte est fermée par une mince cloison, enlevée le matin.

« Un essaim donné au Jardin d'Acclimatation fut examiné, en mai 1874, par M. Drory et permit de constater ces faits.

« Si une ouvrière était en retard, elle perforait la cloison, et le trou était aussitôt rebouché.

« Nos abeilles agissent de même pour se défendre d'un gros papillon nocturne, le *sphynx tête de mort*, qui est très friand de miel.

« M. Huber remarqua, lors d'une sorte d'épidémie de ce papillon en Suisse, le fait de quelques ruches ne présentant à leur base qu'une étroite ouverture percée dans de la cire ; pour d'autres, une série de murs parallèles en avant d'elles, afin que l'intrus ne pût circuler entre les corridors tortueux ainsi formés. Ces barricades ne sont faites que lors des invasions des sphynx [1]. »

Au moyen de coquilles que certains mollusques construisent avec des matières calcaires, ils se mettent à couvert des surprises de beaucoup d'ennemis.

---

[1] *Les facultés mentales des animaux*, p. 175-76.

Des poissons, à cette fin, s'enfoncent sous le sable ou sous la vase.

Il existe d'autres constructions défensives aussi intéressantes à connaître. Nous aurons l'occasion d'en parler quand nous arriverons aux chapitres de la subordination et de l'association.

Les plantes ne savent point se créer des moyens défensifs artificiels, mais elles rencontrent souvent de puissants protecteurs parmi leurs congénères ou parmi les bêtes soit contre d'autres plantes, soit contre les bêtes ou même les inconvénients du milieu.

« Une espèce, dit M. Vuillemin, pour prospérer, doit non seulement trouver une station en rapport avec sa nature, mais aussi ne rencontrer sur ce terrain aucune rivale mieux adaptée actuellement à cette station et capable de lui disputer la place. »

C'est pour le garantir contre cette concurrence funeste que « les haies abritent tout un petit monde qu'on ne retrouve guère ailleurs... Dans les plaines, les rideaux d'arbres atténuent la violence des vents qui s'opposeraient à la végétation de certaines espèces. »

D'autres fois, la protection s'exerce contre des animaux. Ainsi, « M. Arthur, de New-York, a signalé, dit encore M. Vuillemin, une *moisissure* qui est une bienfaitrice de l'agriculture, car elle attaque énergiquement le *phytonomus punctatus*, insecte fort nuisible aux luzernières. — D'un autre côté, M. J.-E. Planchon a observé au jardin botanique de Montpellier un *botrytis* qui tuait rapidement en serre chaude des pucerons du genre *siphonophora* qui couvraient les cinéraires. »

En quelques endroits, ce sont des insectes qu'on voit protéger des plantes contre d'autres plantes ou d'autres insectes. « Grâce à la longue tigelle qui porte ses cotylédons, le mélampyre est particulièrement apte à germer sous les pierres, et l'assistance des fourmis le rend maître incontesté de cette station où les autres végétaux ne sauraient lui disputer la place [1]...

Les êtres qui semblent destinés à conspirer contre eux rendent encore aux végétaux des services d'un autre ordre. M. Beccari assure que le *pseudomyrma bicolore* qui habite, au Mexique et à Cuba, dans les épines de l'*acacia cornigera*, constitue à la plante une sorte d'armée permanente qui la défend contre les *fourmis coupe-feuille*. — Cette protection serait même si nécessaire que

[1] Voir chapitre VII, § 1, où il est encore question de ces bêtes et d'autres plantes.

l'acclimatation de l'arbre devient impossible dans les localités où n'existe pas le pseudomyrma [1]. »

Pour le même motif, pense l'auteur, on trouve des *mites* sur les *pieds de café* et sur l'*eugenia australis*.

« Un savant suédois, ajoute-t-il, évalue de quatre à douze millions les mites hébergées par un acajou de dix à douze ans. »

D'autres fois, enfin, le protecteur sera un élément du milieu ambiant. Ainsi, il existe deux genres de plantes dont l'un est appelé calcicole, vivant dans les terrains abondants en calcaire ; et l'autre dit silicicole, poussant de préférence dans les terres où domine la silice.

Les calcicoles plantés dans une terre à silice ne résistent aux silicicoles que quand les premiers sont protégés par des graviers.

Voilà, certes, des bienfaiteurs considérables pour certaines plantes. Cependant leur protection, œuvre de la nature, ne s'exerçant que dans une limite restreinte, n'est pas tout ce qu'il y a de désirable pour ces êtres si exposés ; et si l'on veut rencontrer leurs protecteurs vraiment puissants, c'est parmi les hommes qu'il faut porter ses regards.

Les plantes et les animaux n'ont pas, en effet, de plus grands protecteurs que le genre humain, soit contre des plantes, soit contre des bêtes, les funestes influences du milieu ou contre l'homme lui-même.

Voici un champ bien fourni de plantes alimentaires, de blé, par exemple, qu'on y a fait pousser, après avoir sarclé les espèces sauvages capables, sans cela, de couper les vivres aux espèces utiles.

« Mais, vienne un été pluvieux, vous verrez les *vesces* grandir, se cramponner aux chaumes de la précieuse graminée, les abattre et se dresser sur leurs dépouilles. Qu'un ouragan vienne à coucher un certain nombre d'épis, et l'herbe sauvage élève sa tête à la surface du champ, maintenant de son poids et fixant de ses *vrilles*, comme un ennemi terrassé, le blé destiné par l'homme à régner seul dans ce domaine. [2] »

Dans ce dernier cas, qui offre un bel exemple de combat corps à corps, l'aide des insectes serait, je crois, absolument insuffisant. Mais, grâce à l'homme, ce blé si précieux ne sera pas ainsi malmené. Il y aura une guerre à mort entre lui et l'ivraie, entre

[1] Vuillemin, *Biologie végétale*.
[2] Vuillemin, même ouvrage, p. 333.

l'utile et l'inutile ; et le triomphe du froment sera assuré par la puissante protection de l'être humain, du cultivateur.

La guerre que nous faisons aux animaux dans le but de protéger certaines plantes et certains animaux n'est pas moins fatale aux adversaires de nos protégés.

Parmi les bêtes, un bon nombre s'attaque à nos plantations et aux animaux qui nous sont des plus utiles ; mais, par les ressources de toute nature dont nous disposons, nous les combattons souvent de la façon la plus avantageuse, et les profits résultant du gain de la bataille se répartissent entre nous et ceux que nous entourons de notre protection.

Avec moins de rigueur, l'homme sévit également contre ses semblables qui abusent de leur force pour maltraiter ou détruire les animaux dont l'existence nous est d'une manière quelconque profitable.

En tel pays, des lois frappent d'une amende plus ou moins forte ceux qui surmènent leurs propres bêtes de somme ; dans tel autre, la menace même de la prison arrête ceux qui, autrement, se livreraient inconsidérément à la pêche ou à la chasse. C'est à cette mesure que le monde doit la conservation, jusqu'à ce jour, de plusieurs espèces de quadrupèdes, d'oiseaux et de poissons.

Ces exemples de protection des faibles sont les plus remarquables choisis entre mille.

Ultérieurement, nous dirons les mobiles auxquels obéissent tous ces protecteurs.

Si l'homme dut de bonne heure songer à protéger certains êtres, il s'était vu tout d'abord obligé de penser à la sûreté, à la sécurité de sa propre personne. Et ce qu'il faut observer d'intéressant ici, c'est cette circonstance que parfois l'homme ne parvient à assurer sa conservation qu'avec l'aide direct ou indirect de ceux-mêmes contre lesquels il a à se précautionner.

Effectivement, « la matière inerte et la nature ont été asservies, pour ainsi dire, totalement par l'homme, les tours babélisques le prouvent, mais l'animal l'y a aidé dans une certaine mesure et souvent l'a précédé dans sa tâche.

« L'animal a été constructeur avant l'homme. Il a eu — si nous pouvons nous exprimer ainsi — un toit pour abriter sa tête, alors que l'homme en était encore réduit à se cacher dans les fourrés ou à se réfugier dans les cavernes où l'on retrouve ses ossements préhistoriques. Dernier venu dans un monde où il ne comptait que des ennemis, le roi de la création devait les dompter et les soumettre un jour à ses lois. Il l'a fait, mais souvent en empruntant les propres armes et les talents de ses futurs asservis [1]. »

Tous les moyens offensifs et défensifs dont il vient d'être question pour les animaux dérivent, certainement, de l'instinct. Il est cependant des cas où il n'y a aucune exagération à voir, comme présidant à l'emploi de certains procédés, quelque chose de supérieur à l'instinct. Citons deux ou trois de ces procédés.

V

LA RUSE

Le premier qui se présente dans notre pensée est la ruse, dont on peut constater la manifestation, j'ose dire, même dans le règne végétal.

Comment, en effet, expliquer le fait suivant sans y voir, en quelque sorte, de la ruse ?

« M. Leclerc du Sablon a vu, sur des feuilles attaquées par des *champignons parasites*, les portions saines s'isoler des régions altérées, qu'elles éliminent avec l'ennemi qui les torture... C'est ce qui arrive quand les tissus sains, modifiés par le contact des cellules tuées par le parasite, multiplient leurs éléments, forment une sorte de liège, éliminent avec leurs portions altérées le parasite lui-même. Cette sorte d'amputation spontanée, qui rappelle celle à laquelle se soumettent certains *vers* ou *crustacés* pour échapper à leurs ennemis, s'observe fréquemment sur des feuilles attaquées par de petits champignons, tels que des *entyloma, stigmatea*, etc. [2] »

Certains esprits — peu portés à approfondir les choses de la nature mystérieuse ou ayant une sainte horreur de ce qui constitue un des plus beaux apanages du penseur, la science — ont à cœur de contester à tout être qui ne s'appelle pas homme des facultés que possède celui-ci, et souvent dans la seule crainte chimérique de diminuer leur petite valeur d'abord, ensuite celle de l'espèce à laquelle ils appartiennent ou encore pour ne pas ravaler, disent-ils, la créature que Dieu a faite à son image. — Il va sans

---

1 De Courmelles, même ouvrage, p. 262.
2 Vuillemin, *Biologie végétale*, p. 171-360-61.

dire que ceux-là seront fort scandalisés d'entendre avancer que, dans la lutte pour vivre, des plantes peuvent éviter, par la ruse, les coups de leurs adversaires.

Seront-ils moins susceptibles, s'agissant d'animaux ? Je n'ose rien affirmer à cet égard. — En tout cas, quoi qu'ils doivent penser, nous dirons que c'est au sein du règne animal qu'on voit les manifestations les plus surprenantes de la ruse.

En voici des exemples.

On a vu des bêtes, comme dit M. Vuillemin, prises au piège ou saisies par un adversaire, sacrifier le membre retenu pour se sauver la vie.

« La *fouine*, le *renard* se coupent eux-mêmes la patte prise au piège.

« Les *loutres* de mer [1], ainsi attrapées, se désespèrent au point de se mordre entre elles d'une manière épouvantable. — Quelquefois elles se coupent elles-mêmes les pattes, soit par rage, soit par désespoir [2]. »

« La *perche*, si elle n'est accrochée qu'aux palais et aux lèvres, ce qui arrive souvent, achève, en se débattant, de déchirer la peau et s'échappe.

« Lorsqu'il est pris à l'hameçon, le *bar commun* sait, s'agitant, élargir sa plaie et se dégager [3]. »

D'autres bêtes, soit pour attaquer, soit pour se défendre, savent ruser en se dissimulant. Ainsi fait le lion. S'il devait laisser à la rapidité de sa course le soin de pourvoir à sa subsistance, le lion serait le plus misérable des animaux, et sa race, depuis longtemps déjà, aurait disparu, anéantie par la faim.

C'est en bondissant d'une manière imprévue qu'il se saisit de la bête qu'il convoite, et si celle-ci parvient à s'esquiver, à fuir, il ne s'élance point à sa poursuite, sachant qu'il ne la rattraperait pas, eût-il affaire au moins rapide des coursiers. — Aussi, quand le félin veut s'emparer d'un animal qu'il sait avoir bonnes jambes, il pense avant tout à la ruse. Il se tapira derrière un buisson, rampera dans l'herbe, se traînera comme fait un chat suivant à la piste une perdrix, se couchera à plat ventre, lorsqu'il se saura aperçu de loin, pour se relever, franchir d'un trot léger la distance qui le sépare du buisson voisin, se remettra à ramper, enfin, fera cent tours de ce genre jusqu'à ce qu'il atteigne l'endroit

[1] Quadrupède aquatique et carnassier.
[2] DE COURMELLES, *Facultés mentales des animaux*, p. 190.
[3] BREHM.

d'où, étant assez rapproché d'elle, il bondira sur sa victime qu'il terrassera parfois du premier coup de griffes.

Qui a lu le grand fabuliste français du xvii⁰ siècle, sans s'être souvent amusé des ruses de son *renard?*

Disputant avec le chat, le petit canidé s'écrie :

> Tu prétends être fort habile :
> En sais-tu tant que moi ? J'ai cent ruses au sac.

Il n'existe pas, effectivement, un quadrupède plus rusé.

L'animal, grand ovivore, semble avoir pris à tâche de détruire, en Afrique, la race des *autruches*, en gobant leurs œufs. Il se nomme, dans le pays au désert infini, *fennec*. « Il préfère, dit Mayne-Reid, les œufs à tout autre aliment, surtout ceux de l'autruche. Il rôde sans cesse pour trouver le nid de cet oiseau; or, comme il est très difficile de le découvrir, même pour un renard, lorsque le fennec suppose que les autruches ont fait leur ponte, il les suit quelquefois pendant plusieurs milles, pour savoir où elles ont creusé leur nid. » Et dans la circonstance, le petit quadrupède agit à l'instar du lion.

Mais l'oiseau géant ne manque pas, lui non plus, de malice. Quand, étant sur sa couvée, il se sait découvert de loin, il se lève promptement, répand une couche de sable sur les œufs et s'éloigne en toute hâte pour dérouter l'intrus qui l'épie.

La femelle du *plongeon* agit d'une manière analogue. « Lorsque, pendant l'incubation, on l'approche en barque, avant de plonger, elle recouvre ses œufs de quelques brins d'herbe, afin de les cacher aux regards indiscrets [1]. »

La *pie* et l'*hirondelle urbaine* sont encore deux grandes rusées de la bande.

« Que de fois, dit encore M. d'Hamonville, j'ai surveillé des nids de pies qui n'aboutissaient pas ! Aussi j'ai étudié de très près un couple de ces oiseaux, et j'ai pénétré leur ruse. Toute la journée, avec une agitation et des jacasseries continuelles, parfois des airs effarés, elles portent des brindilles de bois sur un peuplier, quelques jours après sur un autre, font quatre ou cinq nids à la fois et paraissent travailler avec le plus grand zèle; mais, sortez de grand matin et observez mes fines commères; elles portent, dans un endroit bien caché, des bûchettes de bois qu'elles relient avec de la terre, garnissent ensuite, et font, sans

---

[1] B. D'HAMONVILLE. *Vie des oiseaux.*

bruit et dans le secret, un vrai nid que personne ne soupçonne et où elles élèvent leurs petits. »

Le coup de l'hirondelle est bien plus surprenant.

Le moineau est un de ces rares oiseaux qui ne sont pas des plus entendus en matière de construction de nids. D'ailleurs, le passereau trouve mieux ; il s'installe sous le premier toit qui s'offre à lui, dès qu'arrive le moment de la ponte.

« J'ai été témoin du fait, dit M. d'Hamonville. Un moineau s'était installé dans un nid d'hirondelle urbaine placé sous le toit de mon hallier. Les hirondelles, furieuses, poussent un cri d'alarme, les amies arrivent en foule, harcellent l'envahisseur qui, peu ému dès l'abord, se croyant en sûreté dans le nid, montrait son gros bec à l'ouverture et semblait défier toutes ses ennemies. Mais, à un moment donné, celles-ci arrivèrent en grand nombre, apportant des becquées de terre qu'elles placèrent en bourrelet autour du trou, tandis que d'autres tenaient l'intrus en respect par leurs attaques et leurs cris continuels: Bientôt, maître *pierrot* commença à s'inquiéter et, devinant leur projet, fit un effort, sortit du nid qui allait pour lui devenir une prison et, poursuivi par les huées de la foule, alla tout honteux se cacher sous les tuiles d'un toit. — Les propriétaires légitimes rentrèrent en possession de leur bien, dont elles jouirent en paix. »

A part l'emploi de la ruse qui a lieu ici, on doit noter que nous sommes en présence d'une lutte dont la cause est la possession d'un habitat.

Si nous observons ce qui se passe au fond des eaux, nous constaterons que là aussi la ruse se donne libre carrière. Il existe une espèce de crabes, les *dromies* (*dromia*), qui en usent avec habileté.

« Ces crabes ont une habitude toute particulière qui consiste à entraîner à l'aide de leurs pattes dorsales un corps étranger sous lequel ils s'abritent. Ils emploient pour cela presque exclusivement des éponges, qui parfois atteignent de telles dimensions qu'elles cachent entièrement le crustacé, sans gêner ses mouvements, d'ailleurs, peu vifs [1]. »

Une autre espèce appelée *maia* (*maia squinado*) ou araignée de mer, agit d'une façon analogue.

« Hermann Fol, dit le même Brehm, a observé, dans un des aquariums de Villefranche-sur-Mer, un maia si hérissé d'algues qu'il se confondait absolument avec les pierres couvertes de végé-

---

1 BREHM. *Merveilles de la Nature. Poissons et Crustacés*, p. 737.

tation avec lesquelles il vivait. Sa toison végétale ayant grand au point de devenir encombrante, il l'arrachait brin à brin avec une de ses paires de pattes, se nettoyait bien à fond, et puis se mettait à se coller sur la carapace de petits bouts d'algues fraîches qui poussaient ensuite comme des boutures. L'utilité de ces actes est évidente. Ce crabe ainsi déguisé se dissimule aisément sur les fonds herbeux et il échappe aux regards de ses ennemis et à ceux du gibier qu'il poursuit [1] » (*fig.* 7).

Quelques autres bêtes, moins intelligentes, s'enfouissent sous le sable ou sous la vase, toujours pour se mettre à l'abri de leurs ennemis et surprendre en même temps leurs proies. Ce procédé est familier à un petit crustacé appelé *macroure*.

Le *poulpe* est, de tous les animaux marins, celui chez lequel la ruse a atteint son plus haut degré.

« Vient-on, au moment de la capture, à le déposer sur les galets de la plage ? il saisit habilement, à l'aide de ses bras garnis de ventouses, de nombreuses petites pierres qu'il amasse sur son dos. En deux ou trois minutes le poulpe est caché sous un tas de gravier, à côté duquel pêcheurs et naturalistes peuvent passer cent fois sans soupçonner ce qu'il recèle [2]. »

Est-il, au contraire, dans une eau profonde, et serré de trop près par l'ennemi ? — sa tactique change, et voici comment : « A la partie inférieure de son corps, immédiatement derrière la tête, on peut voir une large fente transversale, c'est l'ouverture d'une poche occupant toute la face ventrale de l'animal. Cette ouverture est à demi fermée par une sorte d'entonnoir renversé, dont la partie évasée s'enfonce dans la poche... Le poulpe peut à volonté remplir d'eau sa poche centrale. S'il en comprime brusquement les parois, cette eau s'élance en un jet violent, par le tube de l'entonnoir... S'il est fortement inquiété, le poulpe se dissimule derrière une liqueur d'un noir profond, au moyen de laquelle il peut colorer et rendre opaque l'eau qui l'entoure [3]. »

« La *musaraigne* (petit quadrupède ressemblant à la souris) écume l'eau pour faciliter sa pêche. L'ours trouble aussi l'eau dans le même but [4]. »

Ne serait-ce pas de là que viendrait l'expression « pêcher en eau trouble » ?

[1] *Id*, p. 735.
[2] DE COURMELLES, même ouvrage.
[3] RAWTON, même ouvrage.
[4] DE COURMELLES, même ouvrage.

L'action de se dissimuler étant, certes, un fait dérivant de l'instinct de la conservation inhérent à tout être conscient du danger dont il est menacé, n'a rien qui puisse étonner grandement ; mais ce qui est de nature à frapper vivement de surprise ceux qui savent analyser les actes mentaux qui doivent nécessairement précéder certaines actions, c'est l'art de tendre des pièges qui, à première vue, paraît quelque chose tenant trop au domaine du raisonnement et de la réflexion pour se rencontrer chez des animaux.

Fig. 7. — Maia couvert de sa végétation.

Quelques-uns cependant connaissent parfaitement l'art de tendre des pièges.

Le *sarigue-crabier*, quadrupède appartenant aux didelphes, ou marsupiaux, nous en donne une preuve irrécusable.

Cet animal, « qui vit au milieu des palétuviers, sur les côtes de la Guyane et au Brésil, mérite d'être cité à cause de l'industrie qu'il déploie pour se nourrir. C'est un pêcheur. Il vit principalement de crabes qu'il prend à la ligne.

« Ayant découvert un de ces creux de rochers dans lesquels

vivent ces crustacés, il y laisse pendre sa queue, et dès qu'il sent qu'un crabe y a mordu, il la retire vivement et croque bel et bien le naïf animal ! » (*fig.* 8).

Quelques bêtes se servent, d'une manière analogue, de leur langue pour capturer des fourmis, entre autres les fourmiliers et le petit oiseau appelé pic, dont la langue est enduite d'une abon-dante glu fournie par sa salive.

Et que dire du piège si ingénieux que *l'araignée* tend aux mouches et à d'autres insectes ? La toile que tisse à cette occasion l'araignée est trop connue pour que nous nous arrêtions à en

Fig. 8. — Sarigue-crabier pêchant des crabes.

faire une description. Nous dirons seulement que l'homme, dans la fabrication des tissus à mailles, n'a pas encore montré beau-coup plus de calcul, d'intelligentes combinaisons et d'art.

Le piège construit, la sinistre arachnide se tient blottie dans un coin de l'appartement ou sous une feuille, selon qu'elle est dans une maison ou sur un arbre. Elle ne cesse pas d'être en communication avec l'embûche, au moyen d'un fil conducteur.

« Cette toile, dit M. Rawton, sortie de la bête même, est à la fois un télégraphe électrique qui transmet le tact le plus léger, une sentinelle avancée qui révèle la présence du plus mince gibier, un

[1] MEUNIER, *Les animaux à métamorphoses.*

piège qui retient par sa viscosité les imprudents qui l'ont frôlé de l'aile. »

Le monde des poissons compte également des tendeurs d'embûches.

L'*ange* et le *turbot*, par exemple, possèdent sous la lèvre inférieure des babillons, ou filaments.

Le corps caché sous le sable, ils balancent dans l'eau ces appendices, qui simulent des appâts. Séduits par l'apparence, de petits poissons s'y précipitent et viennent ainsi se livrer d'eux-mêmes à l'ennemi.

Le *mélanocète* de Johnston et la *baudroie*, qui ont un appendice pareil sur la tête, l'emploient au même usage.

Voici un autre genre de piège. C'est la traque que les *pélicans blancs* savent organiser avec une habileté consommée.

M. d'Hamonville, qui les a vus à l'œuvre, en parle de la manière suivante : « Lorsqu'ils ont reconnu une baie poissonneuse, ils en ferment l'entrée en s'y rangeant sur une seule ligne, et avancent vers la terre en battant l'eau et en resserrant toujours leur cercle, sans jamais le rompre ; ils refoulent ainsi le poisson vers le rivage jusqu'à ce que celui-ci, n'ayant plus assez d'eau pour fuir en plongeant au-dessous de ses ennemis, leur fournit alors une proie facile et abondante. Ils détruisent de cette façon un nombre incalculable de poissons par jour. »

Le poisson appelé *renard* (*alopias*) emploie un moyen qui rappelle celui du pélican.

« Suivant Günther, dit Brehm, le renard poursuit les bandes de *harengs*, de *pilchards*, de *sprats* et en détruit d'énormes quantités. Lorsqu'il chasse, il se sert de sa longue queue pour balayer la surface de l'eau, tandis qu'il nage en cercles de plus en plus étroits autour des bancs de poissons qui, effrayés, se pressent les uns contre les autres et se rapprochent du centre du cercle tracé par l'ennemi, qui s'en empare alors très facilement...

« Le renard, dit aussi Gesner, passe pour très rusé [1]. »

Mais le procédé que voici est plus étonnant encore.

« Connus sous le nom de *bandoulières*, les *chelmons*, et surtout le chelmon rostré, ont été décrits sous le nom de poissons archers. Ces animaux se procurent, en effet, leur nourriture d'une façon singulière, ce qui leur a fait donner le nom de *jaculator*, par Schlosser, de *poisson-pompe* ou *poisson-cracheur* (*spuyt-risch*), par

---

[1] Brehm, même ouvrage, p. 143.

les colons hollandais... Voit-il une mouche posée sur les plantes qui croissent dans les eaux peu profondes, il s'en approche en nageant, puis, à une assez grande distance, et avec une dextérité vraiment surprenante, il lance une goutte d'eau, à l'aide de son museau, qui fait l'office d'une sarbacane; son adresse est telle qu'il manque rarement son but, qu'il frappe sûrement l'insecte visé, le fait tomber à l'eau, de manière qu'il peut le saisir... (*fig.* 9).

« M. Hommel a fait lui-même cette expérience, en faisant mettre quelques-uns de ces poissons dans un large vaisseau rempli d'eau de mer [1]. »

Le *chétodon* à museau allongé n'agit pas différemment. Ce petit poisson abonde dans la mer des Indes et se livre journellement à ce genre de chasse.

« Cette chasse est un petit spectacle assez amusant pour que les gens riches de la plupart des îles orientales se plaisent à nourrir dans de grands vases des chétodons à museau allongé [2]. »

D'après Günther, le *toxote*, poisson de la même famille, présente aussi cette particularité.

Passons à un autre genre de ruse qui décèle chez certains êtres une vertu vraiment extraordinaire. Je veux parler du *mimétisme*, consistant dans l'aspect que revêt l'individu et qui le fait paraître tout autre que celui qu'on a sous les yeux.

« La mimique, dit le Dr de Courmelles, est tantôt momentanée, volontaire ou réflexe; tantôt, au contraire, elle a lieu sans *intervention nerveuse*. »

La mimique volontaire n'est connue qu'aux animaux.

L'animal transforme son extérieur pendant les instants « où il est à l'affût, ou lorsqu'il se croit en danger, et reprend ses allures habituelles quand le motif de déguisement n'existe plus ».

Dans le second cas de mimétisme, « l'être offre à certaines saisons, à certains âges, ou durant toute son existence, soit une coloration, soit une forme susceptible de tromper sur sa véritable nature ».

Ce dernier cas est particulier à quelques animaux comme à certains végétaux.

Sauf de rares exceptions, que nous avons signalées parmi des algues et des champignons, les plantes occupent une place fixe.

[1] *Id.*, p. 205-206.
[2] Lacépède, cité par Brehm

Fig. 9. — Bandoulière capturant une mouche.

La ressource d'échapper à leurs ennemis par la fuite leur est donc refusée par la nature. « Condamnée à vivre au grand jour pour s'assimiler le carbone de l'air, la plante ne se dérobera pas facilement aux regards de ses adversaires.

« Alors, certaines plantes échappent aux ravages des oiseaux granivores, grâce à la forme de leurs graines ou de leurs fruits, qui simulent à distance l'aspect d'insectes.

« Plusieurs espèces présentent, en effet, cette propriété à laquelle on donne le nom général de mimétisme. — La graine de *ricin*

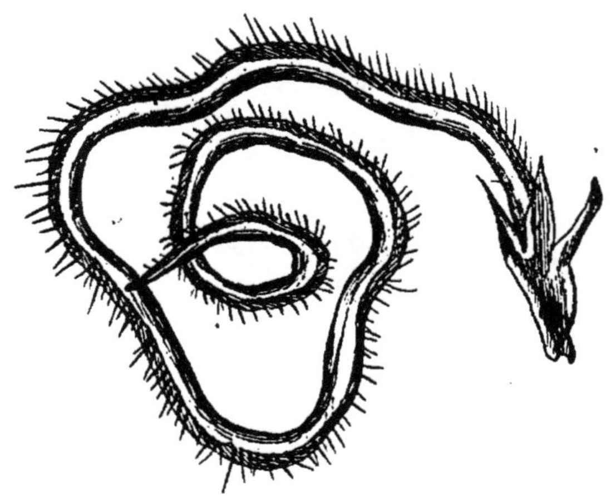

Fig. 10. — Fruit d'une scorpiure-subvillosa, ayant la forme d'un mille-pieds.

rappelle la *tique* des bois ; celle du *pignon d'Inde* copie les contours d'un *coléoptère* ; les fruits des *scorpiures* ressemblent soit à la queue d'un *scorpion*, soit au corps d'un *mille-pieds* ou d'une *chenille* (*fig.* 10 et 11).

« La ressemblance du *persil* avec la *ciguë* engage les mères à exciter la défiance de leurs enfants à son égard. Mais aucune catégorie de plantes ne bénéficie sur une aussi large échelle de ses allures suspectes que les champignons comestibles. L'*oronge* vraie étale sur sa chair délicate la couleur redoutée du vulgaire champignon rouge et le mets des Césars est aussi délaissé que l'ignoble tue-mouches[1]. »

Le mimétisme est donc un autre moyen de défense efficace pour certaines plantes.

[1] VUILLEMIN, *Biologie végétale.*

Voyons-le maintenant chez les animaux.

« Parmi les *lépidoptères*[1] se trouvent les *leptalis;* la nature les
a pourvus d'un costume protecteur : plusieurs ressemblent extra-
ordinairement aux *hélicoïdes.* — Un entomologiste ne s'y trompe
pas, mais les *oiseaux* tombent facilement dans l'erreur.

« Les poissons *lophobranches,* qui vivent près des côtes, au milieu
des algues ondoyantes, se dissimulent aisément entre les lanières
végétales, grâce à la ressemblance existant entre leur couleur et
leur forme et celles des plantes marines auxquelles ils se suspendent par leur queue préhensible[2]. »

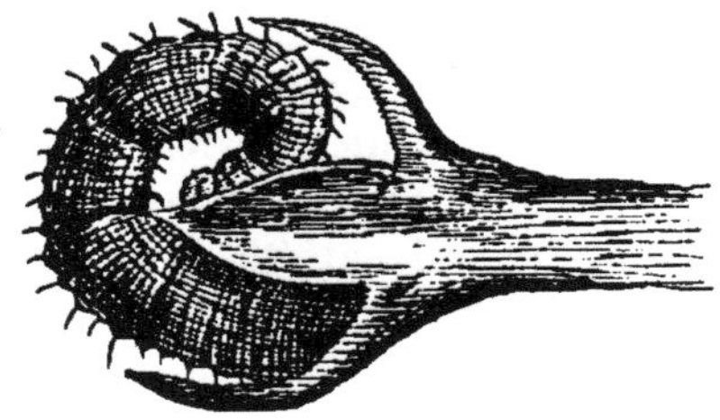

Fig. 11. — Fruit d'une scorpiure-vermiculalta, ayant la forme d'une chenille.

Les plus remarquables de ces poissons sont les *phyllopteryx*, auxquels Günther consacre les lignes suivantes : « Ces animaux sont
ceux des lophobranches qui arrivent au plus haut degré de mimétisme ; non seulement leur coloration s'harmonise parfaitement
avec celle du milieu dans lequel ils vivent, mais encore les longs
appendices cutanés du corps rappellent absolument les fucus sur
lesquels ils se fixent ; ces animaux n'ont, en effet, aucun moyen
de défense[3]. »

« Les *diptères* du genre *volucelle* entrent dans les nids des
hyménoptères (bourdons, guêpes) pour y déposer leurs œufs, leurs
larves carnassières dévorant ensuite celles des hyménoptères en
question. Un déguisement complet permet aux volucelles de
tromper la vigilance de leurs victimes ; chaque forme de volucelle
ressemble d'une manière remarquable à l'insecte chez lequel elle
introduit frauduleusement ses œufs[4]. »

[1] Ordre des papillons
[2] De Courmelles.
[3] Voir Brehm.
[4] De Courmelles.

Tous ces cas de mimétisme présentent des états permanents, acquis une fois pour toutes.

Les cas où le mimétisme est momentané et volontaire ne sont pas rares. Nous en avons déjà cité, ainsi, les *crabes*, qui savent se coller sur la carapace des bouts d'algues ou se dissimuler sous des éponges qu'ils traînent avec eux. De cette façon, ces crustacés présentent absolument l'aspect de ces plantes. Nul ne peut nier ici le phénomène du mimétisme.

En voici d'autres non moins frappants.

« Le *renard*, assis sur ses pattes de derrière, celles de devant croisées sur sa poitrine, cherche à imiter la forme et l'immobilité des élévations du sol[1]. »

D'autres fois, l'animal subit des changements de couleur; et il s'agit ici d'un acte volontaire, d'une couleur voulue.

Ces changements se produisent sous les contractions que la bête fait éprouver à des cellules pigmentaires, nombreuses et d'une structure assez complexe, qui ont été observées chez des vertébrés comme chez des mollusques. — Ces cellules portent le nom de *chromoblastes*, ou *chromatophores*, ce dernier terme s'employant plutôt pour les cellules des *céphalopodes* ou mollusques.

Le Dr P. Langlois cite, parmi les vertébrés doués de cette faculté de changer de couleur, le *caméléon*, et dit à ce sujet : « Les chromoblastes jouent un rôle important dans le mimétisme. C'est en modifiant l'état de contraction de leurs cellules pigmentaires que les animaux qui présentent ce phénomène parviennent à harmoniser la couleur de leur tégument avec celle du milieu qui les environne[2]. »

« Les *mollusques céphalopodes* ont également, comme beaucoup d'autres animaux, la propriété de changer de couleur. Il existe dans l'épaisseur de leurs téguments des chromatophores très nombreux, dont les mouvements d'extension ou de contraction sont sous la dépendance directe des centres nerveux.

« Or, si l'on place un de ces mollusques, le poulpe commun (*octopus vulgaris*), dans un aquarium dont le fond soit garni de quelques fragments de roche, on voit le céphalopode se blottir dans un creux et prendre rapidement une teinte analogue à celle des pierres qui lui servent de retraite : teinte foncée, si les pierres sont noirâtres; teinte claire, si les pierres sont peu colorées.

---

[1] DE COURMELLES.
[2] *La Grande Encyclopédie*, au mot « Chromoblaste ».

« L'imitation est parfois telle que les personnes non prévenues croient que l'animal a disparu [1]. »

Le même phénomène a été observé chez certains poissons, entre autres le *baudroie*.

« Tout autour de sa tête, comme partout sur le corps, sont des appendices frangés, qui ressemblent à de petites feuilles de plantes marines ; cette particularité est jointe à la faculté extraordinaire qu'a le poisson de s'accommoder à la couleur du milieu dans lequel il vit et qui fait qu'il peut plus facilement s'emparer de sa proie [2]. »

La *sèche*, autre poisson, peut aussi, dit Gesner, prendre la couleur de la pierre contre laquelle elle se colle pour échapper à la *murène*.

« Les *microbes* se comportent d'une façon analogue, et l'on ne fait qu'entrevoir aujourd'hui l'étendue des transformations dont chaque espèce est susceptible... Des microbes habitent aussi le pus, et l'un d'eux lui donne une couleur bleue. Cette teinte spéciale disparaît sous l'influence de plusieurs agents antiseptiques, et les chirurgiens pouvaient croire que les injections d'acide borique purgeaient les plaies de ce parasite. Mais les récentes expériences de MM. Guignard et Charrin ont établi que, dans des conditions analogues, le microbe du pus bleu perd simplement sa couleur caractéristique, prend le masque de bactéries incolores ou plutôt semble à première vue avoir totalement disparu [3]. »

À côté de ces genres de mimétisme, il faut placer l'imitation du cri, j'allais dire de la voix.

Le *papillon tête de mort* est le plus grand maraudeur que connaissent et redoutent les abeilles. Aussi sont-elles, le soir surtout, constamment en éveil, toujours prêtes à défendre le fruit de leur labeur et leurs larves. Mais, quand arrive l'heure de la cessation du travail, les reines font entendre « un chant singulier », au retentissement duquel les abeilles, comme frappées de terreur, suspendent toute occupation ou préoccupation et gardent un profond silence. Eh bien ! « lorsque ce papillon veut se repaître en sûreté du miel contenu dans les ruches, il lui suffit de produire ce son si effrayant pour les abeilles [4] ».

« Lorsqu'on saisit ce papillon, dit encore M. Frarrière, il est

[1] De Courmelles.
[2] Günther, dans Brehm.
[3] Vuillemin, *Biologie végétale*, p. 137.
[4] De Frarrière, cité par V. Meunier dans *Les animaux à métamorphoses*. p. 197-98.

rare qu'il ne fasse pas entendre ce cri ; et, de plus, il produit un engourdissement électrique en faisant vibrer son corps d'une manière très singulière... Peut-être aussi son frémissement électrique contribue-t-il à rendre la terreur des abeilles plus profonde. »

M. Frarrière est un des plus distingués apiculteurs de France et un homme instruit. Cela suffit pour donner à ses déclarations toute l'autorité qu'on peut désirer ici.

Voilà, certes, des cas de mimétisme qui sont bien de nature à étonner. Cependant, aucun n'est la manifestation la plus intelligente de la ruse des bêtes. Pour trouver cette manifestation, il faut chercher parmi les animaux qui ont le don de la simulation. Et la palme, ici, revient à quelques oiseaux, au nombre desquels est la perdrix. Ces oiseaux possèdent un art que leur a inspiré l'un des plus nobles sentiments connus à l'espèce humaine : la tendresse maternelle.

Aperçoit-elle le chasseur à la recherche du nid où reposent ses chers petits encore incapables de se mettre à l'abri, en jouant des ailes ? — la perdrix affecte d'être blessée ou écloppée, fuit lentement devant l'ennemi, puis, quand elle présume qu'elle l'a suffisamment éloigné du nid, prend sa volée et disparaît aux yeux de l'importun tout ébahi. — La femelle de l'autruche, la cane sauvage et d'autres encore emploient le même stratagème pour sauver leur couvée.

« Le *héron* feint le sommeil : *l'engoulerent* (*caprimulgus*) fait de même pour tromper le chasseur [1]. »

Mais voici un dernier tour qui, à notre avis, est le suprême degré de la ruse chez la bête.

« Tout le monde, dit également le Dr de Courmelles, sait que les animaux simulent parfois la mort pour échapper à un danger pressant. — Quelquefois la prétendue simulation n'est que de la catalepsie, due au saisissement de la peur ; d'autres fois, elle paraît consciente. »

Donnons quelques exemples se rapportant au dernier cas.

« M. Blyth a vu un renard, surpris dans un poulailler, s'efforcer de personnifier une carcasse sans vie, se laisser tirer au dehors par la queue et jeter sur un tas d'ordures. Mais, ceci fait, il se dressa sur ses pieds et prit ses jambes à son cou, au désappointement profond de sa dupe.

----

[1] DE COURMELLES.

« L'oppossum de l'Amérique du Nord, dit Couch, est si célèbre par son habitude de faire le mort que son nom est passé en proverbe pour exprimer ce genre de tromperie [1]. »

Le petit oiseau nommé *dioch* « est querelleur et méchant. On ne peut le mettre avec des *bengalis*, des *sénégalis*, car il les tourmente de toutes manières. Les malheureuses victimes ne lui résistent pas; elles simulent la mort et il les laisse tranquilles [2] ».

D'après Wrangelle, les *oies* sauvages de Sibérie, incapables de voler au moment de la mue, se couchent, à la vue du chasseur, tout de leur long à terre, en se cachant la tête de façon à paraître mortes.

« Couch, à son tour, a vu le *râle de terre*, l'*alouette* des champs et d'autres oiseaux se comporter de même [3]. »

Les chenilles de phalènes ne font pas autrement.

« Elles ne savent pas, dit M. Meunier, tourner une feuille pour se cacher, mais elles savent faire les mortes. Se sentent-elles menacées, leur immobilité aussitôt devient absolue. »

« Des araignées, des insectes se laissent choir lorsqu'on veut les saisir, ramassent leurs pattes, font le mort, comme on dit vulgairement, et ressemblent souvent, dans cette attitude, à des graines tombées, à des excréments de chenilles ou de ruminants. C'est encore de la mimique volontaire [4]. »

A l'égard de l'araignée, j'en ai fait, dernièrement, moi-même l'expérience, en en mettant une, bien petite, aux prises avec un insecte dont j'ignore le nom, mais à peu près de la même grosseur. — L'araignée était moins bien armée, car son adversaire avait une carapace qui le protégeait.

Les deux champions se trouvaient dans un verre à boire dont l'ouverture était fermée par une loupe, ce qui me permit de suivre dans les détails toutes les péripéties de la lutte : les attaques, les coups de pattes, les entrelacements de fil, les fuites, les retours, les étreintes et, finalement, la simulation de l'arachnide qui resta enroulée durant un bon quart d'heure, après que son ennemi se fut retiré de la lice, croyant probablement l'araignée morte.

« Ce stratagème est employé par le *crabe commun*, qui, lorsqu'il appréhende un danger, reste immobile, comme s'il était mort,

[1] *Id.*
[2] H. Moreau, *L'amateur d'oiseaux de volière.*
[3] De Courmelles.
[4] *Id.*

attendant une occasion pour s'enfoncer dans le sable, ne laissant sortir que ses yeux [1]. »

C'est encore un cas que j'ai eu plus d'une fois l'occasion de constater dans mon pays où l'on fait une grande consommation de ce crustacé.

Enfin, citons, pour clore ce paragraphe, l'*espadon*, ce poisson si puissamment armé.

« Les *baleines*, dit Brehm, redoutent les espadons comme de cruels ennemis ; l'espadon ne craint pas moins la baleine ; aussi, par frayeur, enfonce-t-il son glaive dans la vase et reste-t-il ainsi sans mouvement ; la baleine, supposant alors que c'est un objet immobile, nage au dessus sans être atteinte. »

Comme l'on voit, la ruse, revêtant des aspects des plus variés, constitue un moyen d'attaque et de défense qui n'est pas sans efficacité dans la lutte pour la vie.

Sur ce terrain, il n'est pas besoin, hâtons-nous de le dire, de rappeler que l'homme l'emporte sur tous les êtres de la création.

« Pourquoi, dit M. Novicow, l'homme a-t-il vaincu tous les animaux ? — Parce qu'à chaque moment il a compris l'attitude la plus habile à prendre pour les combattre : s'il fallait les attaquer par devant, ou par derrière, s'il fallait se mettre à deux ou à plusieurs pour porter des coups simultanés de différents côtés, si la résistance était utile ou la fuite préférable, » autant de circonstances qui ne sont que des manifestations de la ruse.

Il est fort heureux que la nature ait ainsi doué l'être humain, lui ait surtout donné le privilège d'avoir des engins plus puissants que ceux des gros animaux les plus férocement armés, car différemment l'espèce humaine aurait succombé depuis longtemps déjà, décimée par la force brutale des grands carnassiers.

VI

LA FASCINATION

S'il est une autre vertu qui mérite, comme moyen de combat, d'être mentionnée, c'est bien celle de fasciner, que possèdent quelques ophidiens.

Le pouvoir du serpent de fasciner certaines bêtes est un fait qui a été, maintes fois, observé.

[1] De Courmelles.

A ce sujet, Mayne-Reid a écrit, dans *Les Vacances des jeunes Boërs :* « Il est des personnes qui tournent en ridicule cette puissance de fascination que l'on attribue au serpent ; mais quels que soient les motifs que l'on puisse avoir pour ne pas admettre qu'elle existe, il est impossible de nier que les oiseaux et même les quadrupèdes ne soient attirés par les serpents et par les crocodiles, au point de venir se placer à portée des mâchoires qui s'ouvrent pour les saisir. Le fait est confirmé par les observateurs les plus habiles et les plus dignes de foi. »

« Ils domptent leur proie par le regard, dit à son tour le Dr de Courmelles, jusqu'à ce qu'épuisée elle vienne se livrer à eux... La peur qui produit ce sentiment, ou ophidiophobie (gr. *ophis*, serpent ; *phobos*, aversion) est générale chez l'homme et les animaux, et elle peut atteindre, chez quelques petites espèces, et spécialement chez le *lézard*, un état particulier de torpeur passive. Dans cet état, le cerveau est en *inhibition*, en arrêt absolu, l'appareil moteur est paralysé, et la raideur cataleptique peut se déclarer [1].»

Mayne-Reid, d'ailleurs, rapporte un cas dont un chasseur nommé Willem a été témoin, en Afrique. Il s'agit du fameux serpent *python* et d'une antilope.

« L'énorme reptile avait la tête appuyée sur les anneaux que formait son corps ; mais, au bout de quelques instants, il se dressa de plusieurs pieds, s'agita comme sous l'impression d'un mouvement vibratoire et se balança doucement ; sa gueule ouverte laissait apercevoir ses dents recourbées en arrière, et sa langue fourchue qu'il dardait vivement, tandis que ses yeux lançaient des étincelles. Il était donc effrayant à voir, et cependant l'antilope ne semblait pas le redouter ; au contraire elle s'était peu à peu rapprochée du python ; lorsqu'elle ne se trouva plus qu'à 5 ou 6 mètres de l'endroit où se balançait le reptile, celui-ci projeta sa tête vers l'animal, le saisit au moyen de ses dents, et l'attira vers un laurier-rose où sa queue était accrochée.

« Willem ne vit d'abord qu'une série de contorsions rapides ; mais bientôt la robe de l'antilope disparut sous les anneaux tachetés du python qui, en se contractant, broyèrent les os de sa victime. »

Le serpent donc possède bien l'art de fasciner. — Mais le fascinateur va être fasciné à son tour, c'est encore la loi du talion. Et quel sera son dompteur ? L'homme.

[1] D^r DE COURMELLES.

« Cette fascination hypnotique a été souvent utilisée par l'homme. C'est ainsi que Balassa, en 1828, indiquait, pour ferrer les chevaux les plus vicieux, de les fixer dans les yeux ; que Rarey domptait les chevaux rétifs par des passes sur le cou ou sur le nez avec la répétition incessante de paroles prononcées avec la même intonation flatteuse ; que Czermak, en 1873, cataleptisait divers oiseaux, des salamandres, des écrevisses, des lapins, par simple fixation d'un objet (doigt, allumette) placé devant leurs yeux et en maintenant l'animal immobile...

« Les fakirs donnent la raideur cataleptique à des serpents par une musique douce et monotone suivie de l'action du regard et des passes [1]. »

Dans son *Voyage au Pays des Perles*, M. Jacolliot parle des *aïssouas*, ou charmeurs de serpents du Maroc.

« Les charmeurs hindous, dit-il, sont encore plus extraordinaires, car ils jonglent avec une dizaine de reptiles d'espèces différentes qui vont et viennent, sautent, dansent, se couchent au son d'un sifflet comme les animaux les plus dociles et les mieux privés, et ils ne sont jamais mordus par eux. »

Le Dr de Courmelles, parlant du *cobra*, autre serpent, dit ceci : « Dans une lettre à sir E. Teunent — que celui-ci a publiée — M. Reyne raconte qu'un charmeur de serpents qui lui offrait ses services et qui ne cachait sur lui aucun serpent apprivoisé, le conduisit près d'une fourmilière, qu'il savait habitée par un énorme cobra (*raja*). Au son du fifre, le reptile se montra et dansa, non sans avoir mordu au genou le charmeur, qui se soulagea en appliquant sur la plaie une pierre à serpents. »

Avons-nous besoin de rappeler le pouvoir si puissant des dompteurs, qui parfois rendent aussi doux qu'un chien, le lion, d'ordinaire si féroce ; aussi craintifs et dociles qu'un chat, le tigre et la panthère, les deux fauves les plus cruels parmi les bêtes?

La fascination est donc, chez le serpent surtout, une ressource d'une importance considérable dans la lutte pour la vie.

[1] De Courmelles.

VII

LES ODEURS

Après avoir parlé de ces vertus dont nous avons constaté la puissance, nous attirerons l'attention sur les odeurs, le chant, la beauté, l'élégance et la galanterie, autant de dons que possèdent certaines bêtes et qui, faute d'engins de combat et en l'absence de la force musculaire, servent efficacement à l'attaque aussi bien qu'à la défense.

Le pouvoir des odeurs d'impressionner les animaux n'est pas discutable, mais ce qui surprend dans la circonstance, ce sont les phénomènes auxquels elles donnent lieu parfois chez eux. Ainsi on a observé que la souris naine garnit l'intérieur de son nid, non seulement de duvet, mais encore de pétales de fleurs odoriférantes.

Chez les fourmis, on rencontre, dit le Dr de Courmelles, de petits charançons aveugles, sans doute gardés pour leur odeur délicate et fine, qui parfume la fourmilière.

Tout le monde sait quel rôle capital joue l'odorat dans l'existence de nombre d'animaux, entre autres de plusieurs oiseaux de proie qui en usent pour se diriger souvent de très loin vers un lieu où se trouvent des matières en décomposition.

Si tout cela ne suffisait pas, le flair si connu du chien dirait assez combien grande est l'action des odeurs sur des animaux. En conséquence, certains individus laisseront échapper de leurs organes une émanation exquise ou nauséabonde, tantôt pour attirer dans un piège, tantôt pour faire éprouver à l'adversaire une répulsion et échapper de la sorte à ses attaques meurtrières.

Quand il s'agit d'odeurs, les premiers êtres qui s'offrent à l'esprit sont naturellement les plantes, dont le parfum s'exhale le plus souvent par cet organe qu'on nomme chez elles une fleur.

Or, « M. Hæckel a fait remarquer, au dire de M. Vuillemin, que certaines fleurs ont des *odeurs intermittentes* et n'embaument l'air qu'à l'heure où les insectes capables de les féconder se mettent en campagne [1] ».

Ici, l'odeur ne présente donc rien d'incommode, quoique étant une ressource dans la lutte.

[1] *Biologie végétale*, p. 310.

Mais, dit autre part M. Vuillemin, « le mimétisme s'exerce même au sujet des odeurs. Comment expliquer autrement l'épouvantable parfum par lequel l'ignoble *amorphophalus* attire, sans exagération, à 30 mètres à la ronde, sur son spadice livide, les mouches avides de chairs putrides ? »

C'est de cette façon que la plante, en été, détruit un nombre considérable de ces diptères. On en doit dire autant de la *stapélie*.

Chez quelques animaux, on trouve, au contraire, la faculté d'émettre une émanation pour éloigner l'ennemi. Ainsi fait la *civette*, petit carnassier appartenant au genre Viverridæ. L'animal porte dans les régions de l'anus une glande sécrétant un liquide, d'une odeur assez désagréablement forte, dont il se sert pour mettre en déroute certains adversaires. Il en est de même des *sariques*.

« Ils répandent, dit M. Meunier, une odeur repoussante, sécrétée par une glande située près de l'anus ; ils la répandent à volonté : c'est un moyen de défense, et, comme si cela ne suffisait pas, dès qu'on les effraie ou qu'on les tourmente, ils s'aspergent encore de leur urine [1]. »

Le *boa* se distingue également par cette particularité. « Pendant tout le temps que s'opère la digestion du boa, a écrit Bouillet, digestion lente et difficile, il se trouve dans un état d'engourdissement qui permet de l'approcher sans danger : il répand alors une odeur insupportable [2]. »

Au moment du péril, le *crapaud* n'humecte pas seulement son corps de ce venin laiteux dont nous avons parlé plus haut, mais aussi souille l'air qui l'environne par la fétidité de son haleine.

Le *pétrel glacial*, oiseau du genre canard, n'agit pas différemment. « Il a la singulière habitude, lorsqu'on s'approche de son nid, de lancer au visiteur un jet de salive fétide [3]. »

Cette habitude se retrouve chez un autre oiseau de la même famille, l'*albatros*. « Pour se défendre, dit M. Laurencin, il n'a d'autre moyen que de lancer sur l'agresseur un flot d'huile fétide qui sort de son estomac. »

« Dans les forêts de l'Amérique du Sud volent un grand nombre de papillons du groupe des *héliconides*, mais que les oiseaux respectent à cause de leur odeur âcre et désagréable [4]. »

Plusieurs insectes sont pareillement doués.

---

[1] *Les animaux à métamorphoses*, p. 62-65.
[2] *Dictionnaire des Sciences*, etc.
[3] B. D'HAMONVILLE.
[4] DE COURMELLES.

Les liquides que la plupart sécrètent et lancent pour se défendre, renferment soit de l'acide butyrique, soit de l'acide formique joint à des émanations sulfureuses.

Constatons la puissance de ces sortes de projectiles.

La *belette* et les petits insectes appelés *nécrophores* sont des adversaires irréconciliables, surtout lorsqu'ils se trouvent en présence du cadavre d'un mulot qu'ils se disputent.

« Les nécrophores ont la faculté de lancer par l'anus un liquide infect qui, se volatilisant aussitôt, empeste l'air qui environne. Dès la première salve de leur artillerie, le carnassier, déconcerté, fait entendre un souffle de chat en colère, éternue et prend la fuite.

« L'insecte le plus renommé par ce genre tout spécial de défense est le *brachine crépitant*... On a gratifié sa tribu du sobriquet de *bombardiers*, et il en est assurément le plus intrépide [1]. »

Le liquide qu'il lance par l'anus « jouit de la singulière propriété de se vaporiser instantanément et de produire une crépitation des plus vives, imitant le tapage d'une fusillade entendue au loin [2]. »

On doit aussi citer la punaise, qui fait sortir de glandes spéciales son odeur si repoussante ; les pucerons et la chenille, qui fabriquent une matière sucrée de leurs produits excrémentiels. Tout cela sert à la défense de ces bêtes.

Cependant, comme pour le poison, une odeur qui constitue un véritable obstacle pour tel adversaire peut n'incommoder nullement tel autre. Il en est ainsi de celle qu'exhale la musaraigne.

« L'élégante créature se parfume et sent fortement le musc. Le chat, la prenant pour une souris, lui fait parfois la chasse ; mais, rebuté par son odeur, il ne la mange jamais [3]. » Le musc, pourtant, n'est pas un parfum désagréable à l'être humain qui en fait, au contraire, une grande consommation dans la parfumerie.

Pareillement, il utilise le liquide que sécrète la civette, après l'avoir longtemps employé pour combattre les convulsions.

[1] RAWTON.
[2] Id.
[3] Id.

VIII

LE CHANT, LES COULEURS, L'ÉLÉGANCE ET LA GALANTERIE

Le chant, les couleurs, l'élégance et la galanterie jouent aussi, avons-nous dit, un rôle important dans la lutte pour l'existence. En effet, un chant agréable, un extérieur plein de charme, comme un plumage resplendissant et hautement coloré, certaines façons même de procéder pour faire sa cour ou de se comporter à l'égard d'une belle ne sont pas sans avoir quelque influence dans la lutte génésique. — Chez les quadrupèdes, et surtout chez les oiseaux, les effets de ces qualités sont des plus puissants.

Il ne s'agit donc plus de combats où le sang coule, mais de tournois où les adversaires font parade d'aptitudes d'ordre purement moral, sauf, après la défaite sur ce terrain pacifique, à recourir à la violence.

CHANT. — Les *pinsons* sont des oiseaux renommés dans la lutte où l'arme est le chant.

Ces oiseaux, à l'époque des amours, se tiennent par couple, soit en liberté, soit en captivité.

« Quand d'autres couples s'établissent dans le voisinage, dit M. Moreau, c'est entre les mâles un assaut de ramage ; mais bientôt la jalousie s'en mêle, et cette lutte, toute pacifique d'abord, se termine par de véritables combats, journellement renouvelés, si bien que la saison des amours est pour le pinson une époque de querelles continuelles. »

Le passereau appelé *ventre orange* n'est pas moins remarquable que le pinson.

« Il chante pendant toute la saison des amours. On l'entend, le matin, dès le jour naissant, et vers le soir, jusqu'à six ou huit heures, suivant la saison. A l'aube, ses compagnons de captivité sont à l'auge depuis longtemps qu'il ne songe pas à s'interrompre. Quand ils sont plusieurs mâles ensemble, c'est un assaut d'harmonie, chacun cherchant à couvrir la voix de son voisin[1]. »

[1] H. MOREAU, *L'Amateur d'oiseaux de volière*.

Et à quoi servent ces chants? A attirer les faveurs de la femelle qui ne se donne qu'à celui des rivaux ayant su mieux la charmer.

A ce propos, M. de Montagu a écrit les lignes suivantes :

« Les naturalistes ne sont pas d'accord sur l'objet du chant des oiseaux.

« Il est probable, toutefois, que le chant du mâle, à l'époque des amours, a surtout pour but de plaire à la femelle, de l'attirer, de la décider à faire un choix en sa faveur. La femelle, en effet, choisit, le plus souvent, le mâle qui chante le mieux ; c'est ce qui a lieu notamment pour les femelles du rossignol, du canari, du pinson. »

A leur tour, Yarrell et Bechstein disent: « Dans ces luttes musicales, on a vu des oiseaux chanter jusqu'à l'épuisement ; d'autres, jusqu'à tomber morts par suite de la rupture d'un vaisseau dans les poumons. »

Couleurs. — Dans la même circonstance, les attraits des couleurs ne sont pas moins puissants.

Cependant, on a longtemps contesté l'influence des couleurs sur les animaux, et toujours pour leur refuser des qualités qui ne peuvent se rencontrer, dit-on, que chez l'espèce humaine.

Des observations et des expériences consciencieusement faites permettent aujourd'hui d'affirmer que cette influence existe parfaitement.

Donnons quelques exemples frappants.

A ce sujet, voici ce que pense M. de Courmelles:

« Les insectes qui, au dire de gens très compétents, ne sont pas insensibles aux beautés de la nature, ou tout au moins sont attirés par les vives couleurs et les jeux de lumière, accourent en grand nombre folâtrer autour de la *drosère* », cette plante qui semble étaler ses perles éblouissantes aux rayons du soleil pour tendre un piège à ces insectes.

« Un *papillon nocturne* vient se jeter contre une lampe...

J.-S. Gardener raconte qu'il vit des *phalènes* se précipiter et se noyer dans les grandes cataractes en fer à cheval du Skjalfanafljot, près de Sjosavan, en Islande. Les chutes brillantes semblaient les attirer au moins autant que la lumière artificielle... Les *oiseaux migrateurs* dévient de leur route nocturne pour planer en masses serrées, au-dessus de la clarté des grandes villes, autour des phares et des incendies... Le *cheval* du Paraguay, l'*âne africain* accourent aux feux des campements. Les *dauphins* sont attirés par les feux des pêcheurs...

« Paul Bert a essayé l'action des couleurs du spectre solaire sur les crustacés cladocères, ce sont les rayons jaunes, les plus éclairants, qui avaient la préférence et dans lesquels ils se plaçaient [1]. L'étoile de mer et les échinides rampent vers la lumière et y restent [2]. »

A l'égard des poissons qui habitent les régions les plus profondes de l'océan, M. H.-E. Sauvage, dans la traduction de l'ouvrage de Brehm, fait remarquer que beaucoup d'entre eux sont lumineux et pense que cette phosphorescence doit servir, d'une part, à guider ces animaux, d'autre part, à attirer les proies dont ils font leur nourriture.

« Ce dernier fait, ajoute-t-il, était depuis longtemps connu pour les poissons pélagiques et de surface qui chassent la nuit. »

Voici une dernière preuve.

Le *quéléa à bec rouge* est un petit oiseau toujours en mouvement et qui passe la plus grande partie de ses journées à effectuer un travail quelconque.

« Pour se donner le plaisir de les voir travailler, dit M. Moreau, quelques personnes tiennent les quéléas dans de petites cages et leur donnent des bouts de fils ou de filasse. Tout aussitôt, les oiseaux s'emparent de ces matériaux et en tapissent les barreaux. On prétend qu'ils choisissent de préférence les fils de couleurs voyantes, mais qu'ils ne touchent jamais au fil bleu foncé. »

Les bêtes, comme on voit, ne sont nullement insensibles à l'effet des couleurs. Et nous dirons fort bien avec le Dr de Courmelles : « La vanité, la fatuité, la recherche de la parure existent chez les oiseaux et se remarquent surtout à l'époque des amours ; c'est à qui des mâles éblouira la femelle... Les oiseaux choisissent le mâle aux couleurs les plus vives et les plus variées. »

« A voir, dit M. Perrier, le paon étaler orgueilleusement ses belles plumes aux mille couleurs, et entrer contre ses rivaux dans les plus furieuses colères, on ne peut douter que leurs femelles ne soient sensibles aux attraits qu'ils cherchent à leur faire apprécier... Chez les *combattants* [3], ce sont de brillants

---

[1] *Comptes rendus de l'Académie des Sciences*, 1869.
[2] DE COURMELLES.
[3] Oiseaux de l'ordre des échassiers limicoles, qu'il ne faut pas confondre avec le poisson portant le même nom, dont il est question au chapitre II.

tournois où les mâles arrivent avec cette superbe collerette qui est l'une des parties de leur « robe de noce [1] ».

M. d'Hamonville dit aussi de ces derniers oiseaux : « Le combattant ordinaire (*machetes pugnax*) est un des oiseaux les plus jolis et les plus intéressants de la grande famille des *scolopacidés*. D'une taille élancée et gracieuse, les mâles portent autour du cou et sur les côtés de la tête une élégante collerette formée de longues plumes arrondies, les unes noires, les autres rousses, toutes plus ou moins panachées de blanc, et variant sur chaque sujet. L'oiseau la relève plus ou moins, quand il est sous l'empire de l'amour ou de la colère, mais c'est surtout lorsqu'il livre bataille à l'un de ses rivaux pour la possession d'une femelle qu'il la déploie dans toute sa beauté [2]. »

Pour mémoire, citons le *coq d'Inde* qui, dans l'occurrence, étale son plumage à l'instar du paon.

Mais, dans la lutte génésique, c'est surtout quand elle a lieu de mâle à femelle que ces qualités se manifestent dans tout leur charme.

En ce qui concerne le chant, certains oiseaux ne font même entendre le leur qu'à l'époque de l'accouplement.

Cette particularité se rencontre jusque chez des espèces de poissons, les *grondins* (*trigla*) entre autres.

A propos des opérations navales de l'amiral Courbet à Formose, un journal anglais, dit M. Sauvage, rapporte qu'en rade de Tamshui, les marins français ont été fort surpris de voir et d'entendre des poissons chanteurs.

« Le fait n'a pourtant rien d'extraordinaire, et, si les poissons qui vivent dans l'eau douce sont, en général, muets, comme les carpes, il n'en est pas de même des espèces qui habitent la mer et dont plusieurs produisent des bruits intentionnels, profèrent des sons au moyen de leur vessie natatoire et des muscles annexes, si bien qu'on peut dire que ces poissons ont une voix et chantent.

Parmi ces poissons bavards et chanteurs se placent en première ligne les grondins, que l'on appelle à Marseille des *gournaous*, *galinettes* et *belugans*...

Dans l'océan, les *maigres*, sorte de grands poissons analogues au *pei-quoua* et aux *umbrines*, vivent en bandes et chantent surtout à l'époque de la fécondation.

---

[1] *Le Transformisme*, p. 120-21.
[2] *Vie des oiseaux*.

Un savant naturaliste marseillais avait eu, dans le temps, l'idée de mettre à profit, pour la pêche, cette aptitude des poissons chanteurs, et il avait disposé au fond des eaux, en captivité dans des nasses, des grondins mâles destinés à attirer, par leur chant, les poissons d'un autre sexe, qui s'engageaient dans les filets tendus autour de ces appeaux marins. La tentative a plus d'une fois réussi ; mais, comme il faut beaucoup de patience, ce genre de pêche ne séduit qu'un petit nombre d'amateurs [1]. »

En vue de captiver la femelle, la nature a également doué certains animaux de l'artifice des couleurs, soit en les revêtant, durant la saison des amours, d'un plumage plus ou moins éclatant, soit en leur inspirant des combinaisons ingénieuses dans la construction de leur demeure nuptiale.

Voyons, par exemple, le *pape*, ce bel oiseau qui pousse la fidélité conjugale jusqu'au sacrifice de sa vie, quand il se voit privé de sa compagne.

Ce passereau porte, à deux époques de l'année, deux costumes distincts. A l'automne, sa tenue est modeste : la tête et le cou sont d'un bleu tirant sur le violet, le dos est simplement vert, et cette couleur surmonte un beau rouge couvrant toute la poitrine. Est-il, au contraire, en habit de noces? Le bleu du cou et de la tête demeure ; un jaune éclatant vient agrémenter le vert, qui resplendit sur le dos en descendant vers la région scapulaire, tandis qu'un rouge feu orne le devant du cou, tout le dessous du corps jusqu'au croupion. Les petites plumes des ailes sont d'un vert franc, bordé, par les pennes, d'un brun liseré de gris ou de rouge. Les rectrices, auparavant simplement bruns, sont maintenant égayés extérieurement par des reflets de feu. Au milieu de l'orange qui contourne les yeux, l'iris darde puissamment sa nuance de noisette, et le bec, d'abord noirâtre, est rendu semblable au brun luisant d'une corne. N'ayant pas oublié, comme le paon, la toilette de ses pieds, le passereau fait pattes brunes, et elles sont d'une propreté irréprochable. C'est seulement sous ce charmant costume que notre élégant oiseau ose dire à sa préférée l'ardent amour qui déborde de son cœur.

Voici le *bingali* moucheté qui, également, est d'avis que la beauté ne saurait être conquise que par la beauté.

Alors, « au moment des amours, le mâle se colore d'une teinte rouillée sur le corps, tirant sur le rouge orange vers le croupion.

---

1 BREHM.

La poitrine et le ventre prennent une nuance vermillon, mêlée de brun, plus pâle sur les côtés et le bas-ventre, égayée par un semis de points blancs répandus sur la face antérieure, les côtés, les ailes et les plumes de la queue [1]. »

Les *diamants phaétons* et les *astrilds gris* ne négligent pas, eux non plus, leur habit de noces.

M. Moreau dit des premiers : « A la fin de novembre (temps où l'on s'aventure sur l'arène brûlante de Cythère), ils se séparent par paires ou en petites volées de quatre à six têtes. A ce moment, les mâles se montrent dans tout l'éclat de leur plumage. »

Relativement au vol et au chant, nous avons vu des poissons nous convaincre que les oiseaux ne sont point les seuls privilégiés de la nature. Les sujets de Neptune peuvent-ils présenter aussi des modèles pour le goût de la toilette? — Et pourquoi pas ? — Certes, les beaux damerets ne manquent pas parmi eux.

Dans l'introduction de l'édition française de l'ouvrage de Brehm, le Dr Sauvage leur a consacré les lignes suivantes : « L'époque de la ponte provoque chez la plupart des poissons un changement considérable... A ce moment, les mâles et les femelles, les mâles surtout, se parent de leur plus brillant habit de noces, et, de même que chez beaucoup d'oiseaux, apparaissent certains appendices, se développent certaines crêtes, certains tubercules. »

J'ai constaté en personne ce fait, en 1893, chez M. A. Salvi..., qui élevait dans un joli aquarium, au 65 de la rue de la Tombe-Issoire, à Paris, toute une petite famille de macropodes.

Des poissons donc, en vue de leurs noces, savent se faire beaux. Je n'en veux pour preuve que les *gremilles* et les *épinoches*.

« Au moment de la ponte, les côtés de la tête des gremilles sont nuancés de couleurs chatoyantes, variant du rose au verdâtre, et du plus agréable aspect [2]. »

Dans la circonstance, l'épinoche met bien plus de somptuosité à sa toilette, le mâle s'entend. Il est d'abord en costume de travail. De quoi s'occupe-t-il? — Il prépare la chambre nuptiale. En conséquence, tout ce qu'il lui faut ici, c'est un petit complet gris. Mais la demeure prête, il se frotte, se baigne, enlève les éclaboussures qui ont pu le salir, endosse enfin son habit aux éclatantes couleurs. « Son dos se diapre des plus jolies nuances du bleu; ses flancs s'irisent; ses nageoires prennent des teintes

[1] H. MOREAU.
[2] BREHM.

pourprées. Ainsi paré, beau comme un fiancé de village, l'amoureux s'élance au milieu d'un groupe de femelles et fait son choix [1]. »

Voilà pour le corps. Restent les habitations. Ici encore, des oiseaux se montrent d'un goût des plus prononcés pour les couleurs voyantes, les nuances à effet ; et ils vont parfois jusqu'à imaginer des combinaisons tellement réussies qu'on leur en dénierait certainement la conception pour l'attribuer à un être humain, si l'on n'avait déjà vu ces bêtes à l'œuvre.

Visitons quelques-unes de ces habitations destinées à recevoir les chères fiancées et les êtres bien-aimés, fruits de tendres et sincères amours, qui vont bientôt éclore.

A l'égard de deux oiseaux d'Australie, le *ptilorrhynque* et le *clamydère*, on peut lire ces lignes dans le livre du Dr de Courmelles : « Les ptilorrhynques et les clamydères décorent leurs nids d'objets voyants ; ces nids, solides et résistants, sont appelés *nids de plaisance.* »

M. Gould, un naturaliste anglais qui a écrit sur l'ornithologie australienne, n'a pas été moins frappé, à la vue de ces constructions.

« L'élégance de ce curieux berceau, dit-il, est encore rehaussée par des décorations qui en tapissent l'intérieur et l'entrée. L'oiseau y entasse tous les objets de couleur éclatante qu'il peut ramasser, tels que les plumes de la queue de divers perroquets, des coquilles de moules, de petites pierres, des coquilles d'escargots, des os blanchis, etc. Il y a certaines plumes qui sont entrelacées dans la charpente du berceau ; d'autres, avec les os et les coquilles en jonchent les entrées... Moi-même, j'ai rencontré, à l'entrée d'un berceau, une jolie pierre *tomahawk* de 1 pouce et demi de hauteur, très finement travaillée, mêlée à des chiffons de coton bleu, que les oiseaux avaient bien certainement ramassée dans un ancien campement d'indigènes [2]. » (*fig.* 12.)

Le *baya* tapisse son nid de lucioles. L'*ambryornis ornata* dresse devant son habitation un parterre diapré de fruits, de fleurs et d'insectes, dont il renouvelle fréquemment la fraîcheur [3].

ÉLÉGANCE. — D'autres oiseaux, qui n'ont pas ce talent, ce moyen de captiver, recourent à des gestes, à des attitudes qui ne

[1] RAWTON.
[2] *The Birds of Australia.*
[3] De COURMELLES, p. 266.

sont pas moins des expressions fidèles de leurs sentiments d'amour.
Ceux-là sont les *high-life* de l'élégance s'accentuant dans des
mimiques ou des espèces de danses à pas plus ou moins com-
pliqués.

Au sujet de ces oiseaux, Brehm s'exprime ainsi :

« Ils redressent la queue en éventail, ils lèvent la tête et le
cou, toutes leurs plumes se redressent, et ils déploient leurs ailes.

Fig. 12. — Nid de clamydères.

Ils font ensuite quelques sauts dans différentes directions, quelquefois en cercle, et appuient si fortement contre terre la partie
inférieure de leur bec que les plumes du menton en sont arra-
chées. Pendant ces mouvements, ils battent des ailes et tournent
toujours, leur vivacité augmentant avec leur ardeur, et ils finissent
par prendre un aspect frénétique..... Ils sont alors si absorbés,
qu'ils deviennent presque sourds et presque aveugles; aussi peut-
on tuer nombre d'entre eux et même les prendre avec la main. »

Qui n'a déjà vu les *colombes* et les *tourterelles* mâles, faisant leur cour, parader devant les femelles, la queue étalée, la gorge gonflée et roucoulant à tue-tête pour exprimer la chaleur de leurs flammes amoureuses?

La palme revient ici aux *coqs de bruyère*.

« Au point du jour, dit M. d'Hamonville, le coq de bruyère commence à chanter, il bat des ailes, fait la roue et se livre à tous les exercices qu'il suppose devoir exciter l'admiration des poules[1]. »

« Certaines *perdrix* organisent de véritables danses, où les mâles exécutent les mouvements les plus bizarres et enlèvent ainsi les suffrages de leurs compagnes assemblées comme pour juger de ces grotesques concours[2]. »

Le *cardinal* de Virginie est un autre grand fignoleur.

« Pendant toute la saison des amours, dit Audubon, il lance avec feu sa chanson; il est conscient de sa force; il gonfle sa poitrine, redresse sa huppe, étale les plumes roses de sa queue, bat des ailes, se tourne en tous sens et semble témoigner toute son admiration par la beauté de sa voix. »

Le mâle de la *huppe* commune en fait à peu près de même.

Au tour des fins esquisseurs de saluts. C'est le *sénégali nain*, le *petit cordon bleu* et le *bengali moucheté*.

« Avant l'accouplement, le sénégali se perche près de la femelle, une tige d'herbe dans le bec, fait de petits sauts, lève une jambe, puis l'autre, chante de toutes ses forces et à plusieurs reprises. »

« A l'époque des amours, on voit le mâle du cordon bleu, un brin d'herbe ou de mouron au bec, faire des saluts et de petits sauts autour de la femelle, en accompagnant sa mimique de sa voix clairette. C'est sa déclaration d'amour[3]. »

GALANTERIE. — Enfin, au chant, à la coquetterie et à l'élégance, plusieurs de nos *damoisels* ajoutent un certain procédé que, faute de mieux, on doit appeler de la galanterie.

Pour se montrer galants, ces messieurs, en effet, acceptent, quelques-uns à supporter seuls les rudes labeurs qu'impose la construction du palais nuptial, tels que l'oiseau dit *bec d'argent* et, parmi les poissons, le *chabot*, l'*épinoche* et le *bouléreau* mâles.

D'autres, le *bec de cire*, l'*amadine psittaculaire* et le *quéléa à*

---

[1] *Vie des oiseaux*.
[2] Ed. PERRIER, *Le Transformisme*, p. 120-121.
[3] H. MOREAU, *L'Amateur d'oiseaux de volière*.

bec rouge, exécutent les gros travaux de l'extérieur, laissant aux fiancées le soin délicat de l'ornementation de l'intérieur. Le mâle de la *tourterelle écaillée* assiste sa belle dans la besogne, en mettant simplement les matériaux à pied d'œuvre, pour, sans doute, ne pas discuter le goût de mademoiselle ou de madame, et rendre désormais toute entente impossible. Signalons, en terminant ce paragraphe, une particularité du quéléa.

Le nid construit, « si, dit M. Moreau, après un repos de huit jours, la femelle ne cède pas aux ardeurs du mâle, celui-ci détruit le nid et, quinze jours après, recommence à en construire un autre ».

C'est donc, pense probablement l'amoureux, que le logement n'est pas selon le goût de mademoiselle, qui ne veut acquiescer définitivement au mariage que si elle se sent logée à sa guise, confortablement.

Tels sont les moyens dont disposent les êtres organisés dans la lutte pour la vie. Toutes ces ressources concourent, pour chaque individu, au même but : se rendre l'existence aussi agréable et aussi longue que possible.

Pour compléter le chapitre des moyens d'attaque et de défense, nous devons maintenant parler de ceux que les êtres organisés opposent aux éléments du milieu ambiant, contre lesquels nous les avons vus lutter également.

IX

MODIFICATIONS ORGANIQUES, EN VUE DE L'ADAPTATION AU MILIEU

« La vie, dit M. Novicow, est un ensemble de mouvements rythmiques. Quand le rythme des mouvements extérieurs qui agissent sur l'organisme correspond au rythme des mouvements intérieurs, il se produit ce que nous appelons une jouissance ; quand cette concordance n'existe pas, c'est une douleur. »

Ces deux circonstances peuvent se présenter dans le cours de l'existence de tout être organisé, c'est-à-dire qu'il est susceptible d'éprouver ou une jouissance ou une douleur, selon que cette concordance existe ou n'existe pas entre ses organes et l'état toujours variable du milieu où l'être vit, ou l'état du milieu nouveau où il est transporté.

Tant que cet état n'exerce aucune influence fâcheuse sur l'organisme de l'individu, celui-ci est à considérer comme étant le plus fort ; sa victoire sur le milieu est manifeste. Du jour, au contraire, où il cesse d'avoir le dessus, où il plie sous le poids écrasant des circonstances environnantes auxquelles il est désormais impuissant à résister, c'est signe que le milieu l'emporte.

La lutte offre les plus graves dangers pour l'individu, quand il s'agit surtout de l'adaptation à un milieu présentant des conditions de vie tout à fait différentes et nouvelles pour l'organisme. S'il est doué d'assez de plasticité, il s'y adaptera. Dans le cas contraire, il sera anéanti.

Mais que faut-il entendre par s'adapter à un milieu ?

S'adapter à un milieu, c'est subir certaines modifications dans sa manière d'être, intérieurement ou extérieurement, pour s'harmoniser plus ou moins parfaitement avec l'état extérieur. Parfois, c'est aux éléments du milieu qu'on apporte certains changements qui les mettent aussi plus ou moins en harmonie avec nous-mêmes. Alors, c'est adapter un milieu à soi.

Donnons d'abord quelques exemples d'adaptations par modifications organiques.

L'aptitude de l'organisme à subir ces modifications est ce qu'on nomme, d'une manière générale, le *polimorphisme*.

C'est dans le règne végétal que cette aptitude se remarque le plus fréquemment et dans les circonstances les plus diverses. « Le polymorphisme, écrit M. Vuillemin, a une réelle action protectrice, se reliant, à certains égards, au mimétisme. Grâce à cette propriété, plusieurs plantes changent de forme pour s'adapter à des conditions nouvelles, en sorte qu'un changement extérieur qui semblait devoir démasquer un point vulnérable de l'individu en amène une modification profonde. — Cette admirable plasticité adapte les tissus délicats des champignons aux conditions les plus diverses. A peine un ensemble de circonstances fâcheuses met-il sa vie en péril, que déjà, véritable Protée, le champignon s'est revêtu d'une armure nouvelle et brave ces menaces, prêt à subir une nouvelle métamorphose, dès que les actions du milieu l'exigeront..... Des plantes de grande taille ont aussi la faculté de se transformer pour s'adapter à des conditions nouvelles. »

Les principales circonstances extérieures qui sont toujours les causes déterminantes de ces modifications sont le retour périodique des saisons, les conditions climatériques et générales, les substances alimentaires, enfin, pour les plantes, les agents de la fécondation.

Nous avons déjà vu une courte, mais suffisante énumération faite par Brehm des conditions qui constituent le milieu [1]. Après cette énumération, le savant naturaliste ajoute : « On conçoit, dès lors, combien cette chose (le milieu) complexe peut varier et, par suite, quelles innombrables modifications ses changements peuvent entraîner dans un type donné. »

Ces modifications s'accomplissent ou sur place, c'est-à-dire sans que l'individu quitte le lieu où il est, ou à la suite d'un déplacement, c'est-à-dire lorsqu'il passe d'un milieu dans un autre présentant des conditions de vie différentes.

Présentons des exemples, en commençant par les modifications sur place.

Saisons. — Ici, les circonstances capables de modifier l'organisme sont principalement l'inégalité des saisons et les substances alimentaires agissant sur les végétaux comme sur les animaux.

« Les fonctions essentielles à la vie, dit M. Vuillemin, se ralentissent le plus souvent pendant l'hiver et, dans la période qui précède, la plante consacre ses forces à l'élaboration d'organes de conservation. — Le protoplasma lui-même se concentre et, sacrifiant les portions trop délicates, la plante ne reste vivante que dans les organes doués d'une faible activité. »

M. de Bary, cité par M. Vuillemin, a fait connaître un champignon parasite de graminées sur lesquelles il forme, au cours de l'été, un appareil mycélien, tandis qu'à l'arrière-saison apparaissent des *urédos* (*uredo linearis*), appareils conidiens, au milieu desquels se remarquent des spores bicellulaires, brunes, très résistantes, susceptibles de braver l'hiver.

Parmi les plantes de grande taille, « les espèces munies de tubercules résistent aux rigueurs de l'hiver en prenant une forme incompatible avec la vie active ; mais il en est qui renouvellent leur appareil de végétation pour la période froide. Ainsi, une herbe de l'Himalaya, l'*hemiphragma heterophyllum*, se présente sous deux types, l'un à feuilles larges, l'autre à feuilles étroites. M. Maury a montré que la première forme correspondait à la

---

[1] Chap. III, § 6.

saison d'été, tandis que la seconde était appropriée à la période hivernale [1]. »

Le règne animal offre des cas analogues.

« Chez tous les animaux, en général, l'organisme possède la faculté, on pourrait dire l'instinct, de s'adapter au milieu qui l'environne : en hiver, par exemple,... les mammifères se couvrent d'une épaisse fourrure, qui tombe en été, tandis qu'elle reste abondante toute l'année sous la latitude du cercle arctique ; cette adaptation de la peau... aux saisons est ce qui constitue la mue [2]. »

Le Dr Topinard dit également : « Les animaux des régions polaires blanchissent aux approches de l'hiver [3]. »

Sous ce rapport, le Dr de Courmelles et Bouillet ne sont pas moins explicites.

« Parmi les mammifères, dit le premier, l'*hermine* a deux pelages ; en été, elle est brune et se confond assez facilement avec la couleur du sol ; en hiver, elle est blanche, et son corps se distingue mal sur la neige. »

Ce phénomène est à la fois un cas d'adaptation et de mimétisme.

Au dire de Bouillet, l'*écureuil* du nord de l'Europe a le dos roux et le ventre blanc. Cette couleur se change, pendant l'hiver, en un beau cendré bleuâtre, qui constitue le *petit-gris* des fourrures. — Le pelage du *renne* est d'un brun grisâtre en été et presque blanc en hiver.

« C'est dans la classe des poissons d'eau douce, selon M. Troussart, que l'on trouve les exemples les plus frappants de cette adaptation aux circonstances variables du milieu [4]. »

Dans le voisinage du pôle, quelques-uns de ces poissons, en hiver, s'enfouissent dans la vase et s'engourdissent, afin de se garantir du froid. Ils sont alors en hibernation ou en sommeil hivernal.

Au contraire, à la suite de l'évaporation des eaux, qui a lieu en été, plusieurs poissons, accoutumés aux eaux abondantes, émigrent pour échapper aux funestes conséquences de la sécheresse.

Ainsi, « souvent les anguilles vont à la recherche d'eau plus pure, en parcourant sur terre, pendant la nuit, des espaces parfois considérables [5] ».

---

[1] VUILLEMIN, *Biologie végétale*, p. 159.
[2] Voir *La Grande Encyclopédie*, au mot « Adaptation ».
[3] *L'Anthropologie*, p. 402.
[4] *La Grande Encyclopédie*, « Adaptation ».
[5] H.-E. SAUVAGE, dans BREHM.

D'autres encore peuvent accomplir, pendant l'été et la sécheresse, ce qu'on appelle l'estivation, c'est-à-dire qu'ils restent
enfouis dans la terre jusqu'au retour de la saison des pluies, par
exemple les lépidosirens et les protoptères qui n'ont pas, comme
les anguilles, la faculté de locomotion.

« Leur instinct les entraîne à se cacher, vers la fin du temps
des pluies avant la saison sèche, en s'enfermant dans la vase qui
se durcit après la disparition de l'eau et sous l'influence des
rayons solaires [1]. »

En ce cas, le poisson, modifiant son organisme, « s'enveloppe
d'un cocon dans lequel il passe le temps de la sécheresse...
A. Duméril, qui a bien observé ce fait curieux, nous donne, à ce
sujet, les renseignements suivants : « A la ménagerie des reptiles
du Muséum d'histoire naturelle, il m'a été donné d'assister aux
manœuvres qu'ils exécutent. L'eau de l'aquarium fut peu à peu
enlevée, dès que les animaux eurent creusé la vase. Trois semaines
environ s'étaient à peine écoulées et, déjà, la terre durcie formait
une masse fendillée sur plusieurs points par la dessiccation. Ce
sont ces ouvertures qui permettent l'arrivée d'une petite quantité
d'air pour les besoins de la respiration.

« Au bout de soixante-dix jours, j'explorai le sol et je pus constater que les deux animaux avaient trouvé les conditions favorables pour traverser sans danger la saison de sécheresse artificiellement produite, car ils étaient enveloppés dans des cocons et
pleins de vie, comme le prouvaient leurs mouvements provoqués
par le plus léger attouchement.

« Le cocon est donc un étui protecteur produit par une sécrétion
muqueuse... La mucosité abondamment sécrétée, j'en ai eu la
preuve, recouvre d'abord et agglutine les parties du sol que le
lépidosiren traverse : aussi, les parois du canal souterrain qu'il
s'était creusé et qui resta béant, étaient-elles, après la dessiccation, lisses et comme polies ; puis, dans le lieu où il s'arrête, la
sécrétion devenant plus active encore, la mucosité se dessèche
et acquiert la consistance d'une enveloppe membraneuse, remarquable par sa structure [2]. »

Il y a donc ici encore une véritable adaptation sur place.

Si nous considérons la vie humaine, nous nous trouverons en
présence de phénomènes analogues.

[1] A. Duméril, dans Brehm, p. 91.
[2] Id.

« Assurément, dit le Dr Verneau, l'homme ne fait pas exception au milieu des autres êtres organisés et vivants : comme eux, il est sensible aux changements qui se produisent dans le milieu [1]. »

La première influence que les saisons exercent sur l'homme se manifeste dans la coloration de la peau.

« La peau du Scandinave est blanche, presque incolore, ou mieux rose et fleurie (*florid*), par suite de la transparence de l'épiderme, qui laisse voir la matière colorante rouge du sang circulant dans le réseau capillaire superficiel [2]. »

Chez l'Asiatique, la couleur jaune provient de l'existence en quantité considérable « de la biliverdine, qui, dit le même auteur, se produit dans le foie et colore les tissus en jaune dans l'ictère (la jaunisse). A l'état physiologique ou subphysiologique, et quel que soit le nom qu'on lui donne, elle produit parfois un teint jaunâtre ou subictérique de la face. »

« La peau du nègre de Guinée, et surtout du Yoloff, la plus foncée de toutes, est, au contraire, d'un noir de jais, ce qui tient à la présence dans les jeunes cellules de la face profonde de l'épiderme de granulations noires connues sous le nom de pigment.....

« Noirs, jaunes ou blancs, tous paraissent posséder ces granulations, mais en quantité très différentes et donnant lieu à des colorations variant du ton le plus clair au plus foncé. »

Telle est, d'après le Dr Topinard, la cause qui détermine la couleur du blanc, du jaune et du noir, quand chacun se trouve dans le milieu sous l'influence duquel s'est formé, originairement, son organisme [3].

Relativement aux blancs, le savant anthropologiste distingue « ceux dont la peau se fonce facilement, quelquefois énormément, au contact de l'air et de la lumière ; et ceux dont la peau, exposée au soleil, devient rouge brique, ou se couvre de taches de rousseur.

« Chez les premiers surtout, la coloration ainsi acquise diminue en hiver... Chez les seconds, c'est une sorte de brûlure qui se produit ; la peau va jusqu'à se gercer et s'excorier... Chez les Chinois, les septentrionaux davantage, le teint jaune se fonce en hiver comme dans le premier groupe ci-dessus et pâlit en été [4]. »

« Les Chinois noircissent également au soleil pendant l'été et redeviennent clairs en hiver [5]. »

[1] Brehm, *Les Races humaines*, traduction du Dr Verneau, p. 36.
[2] Dr Topinard, *L'Anthropologie*.
[3] *L'Anthropologie*, p. 353.
[4] Lamprey, cité par le Dr Topinard.
[5] Dr Topinard, p. 103.

Quant aux nègres qui viennent en Europe, à Paris par exemple, jamais, hors de leur pays d'origine, leur coloration ne se fait plus vraie, ne se montre dans sa plus grande fraîcheur que sous les chauds rayons de l'été.

Tout autres ils sont lorsque, l'hiver, on les voit, serviette sous le bras, se rendant aux cours d'une Faculté. Grelottant de froid, le corps rapetissé, pelotonné dans l'ouate d'un lourd pardessus, leur face nue se crispe sous une température de 25° au-dessous de zéro, température que rendent plus glaciale encore les coups de fouet de la bise qui leur cingle le visage. La peau alors est sèche, fendillée, et présente une teinte blanchâtre ou olivâtre, selon la distance qui les sépare de l'Africain pur.

Aliments. — Soumis à un régime alimentaire nouveau, l'organisme ne se modifie pas d'une manière moins manifeste.

A cet égard, ce que M. Vuillemin dit des végétaux s'applique à tous les êtres organisés, à savoir qu'une habitude invétérée, sans une modification corrélative de l'organisme, rend leur existence impossible dans des conditions où ils sembleraient trouver tout ce qui est nécessaire à leur subsistance.

On trouve, en effet, dans le règne végétal comme dans le règne animal, des cas de modifications qui sont la conséquence d'un changement de régime alimentaire.

En ce qui concerne les plantes et les bêtes, nous constaterons quelques cas signalés plus loin.

En attendant, occupons-nous de l'être humain.

La nutrition et les circonstances de milieu peuvent également faire varier la taille, les proportions du corps et la coloration, chez les individus.

La nutrition du squelette se fait bien ou mal, l'ossification y est ou non régulière, les épiphyses [3] se réunissent aux diaphyses [4] plus tôt ou plus tard; il n'en faut pas davantage pour qu'on soit grand ou petit. Que l'accident se répète, que le phénomène s'accumule dans le même sens, pendant plusieurs générations, il deviendra une habitude (en médecine, on reconnaît des habitudes pathologiques aussi bien que physiologiques, et leur ténacité, leur hérédité sont vraiment extraordinaires), et bientôt un caractère régulièrement transmissible. On ne peut donc s'étonner de

[3] Éminence osseuse séparée du corps principal de l'os par une couche de cartilage plus ou moins épaisse.
[4] Corps des os longs.

voir l'insistance avec laquelle les voyageurs, ceux en Australie par exemple, assurent que les sujets de petite taille y sont mal nourris, peu couverts et souffreteux, tandis que les hautes tailles sont le propre des indigènes de l'intérieur, fiers et bien portants, au milieu de ressources de toutes sortes...

Villermé produisit un document duquel il résulte que la taille était d'autant plus élevée avant l'an XIII (1804), dans les arrondissements de Paris qu'il y régnait plus de bien-être. Un autre document de M. Gould établit que la taille des marins américains est plus petite que celle des soldats de la même race, qui sont bien mieux nourris.

Les D⁰ˢ Bertrand, Peruy, Mouillé et Lêques ont montré des contrées pauvres où la taille est petite, tandis qu'à côté, les contrées riches produisaient de hautes tailles [1].

Voilà pour les modifications sur place.

Les mêmes résultats et d'autres encore peuvent également se produire à la suite du déplacement, c'est-à-dire quand l'individu passe d'un milieu dans un autre présentant des conditions d'existence nouvelles pour lui.

Ici, les agents déterminants sont principalement l'altitude, l'intensité de la lumière, l'état atmosphérique d'après la chaleur moyenne, puis l'alimentation.

ALTITUDE. — Pour commencer par l'altitude et les végétaux, des espèces de l'*hemiphragma*, dont il a déjà été question, habituées sur des montagnes et « cultivées dans les plaines au climat tempéré perdent, soit leur épaisse écorce subéreuse, soit les poils protecteurs qui les préservaient des frimas. L'*edelweiss*, bien connu des touristes qui ont parcouru la Suisse, se dépouille presque entièrement de la blanche toison qu'il revêtait au voisinage des glaciers, lorsqu'on l'acclimate dans nos jardins [2]. »

Relativement aux animaux, la Sologne nous fournit un exemple. La Sologne est la partie méridionale du département du Loir-et-Cher dont le sol est généralement élevé. Au dire de M. A. Hugo. « les animaux de ce pays, chevaux et bêtes à cornes, sont d'une taille médiocre et ont des formes peu agréables. Transportés dans la vallée de la Loire, dit le Dʳ Topinard, les bœufs de Sologne, petits et chétifs, prennent, en une génération ou deux, une taille et une qualité toutes différentes. »

[1] Dʳ Topinard, même ouvrage, p. 327.
[2] Vuillemin, *Biologie végétale*, p. 159.

Quant à l'espèce humaine, M. de Quatrefages a remarqué que les *Abyssins* noircissent en s'élevant des plaines sur les hauteurs.

D'Orbigny enseigne aussi que la *race antisienne* des plaines basses du Pérou est blanche, par rapport aux *Aymaras* et aux *Quichas* des plateaux élevés.

L'influence de l'altitude s'exercerait même sur la taille, s'il faut en croire d'Orbigny.

« Il conclut, dit le Dr Topinard, de ses très nombreux relevés de taille dans l'Amérique du Sud, que celle-ci diminuait avec l'altitude. »

Cette influence de l'altitude sera facilement admise, si l'on se rappelle que la météorologie a, en effet, établi que, à mesure qu'on s'élève dans l'atmosphère, les molécules gazeuses de l'air, en raison de la diminution de pression qu'elles supportent, vont sans cesse se dilatant et que, à une hauteur de 40 à 50 kilomètres, elles sont à ce point raréfiées qu'aucun animal n'y pourrait vivre. Le feu à son tour n'y trouverait plus les éléments nécessaires à la combustion [1].

De plus, il est acquis que, pour accomplir convenablement leurs fonctions vitales, les corps organisés doivent nécessairement être soumis à la pression que l'atmosphère exerce sur le globe, pression égale à celle d'une colonne d'eau de 10^m,26 et à celle d'une colonne de mercure de 760 millimètres. C'est grâce à cette pression que les végétaux, les bêtes et l'homme peuvent, en grande partie, vivre ; et elle agit jusque sur les êtres habitant les profondeurs des eaux. Ce phénomène est la cause déterminante de la distribution naturelle des diverses catégories de poissons que nous avons déjà signalées : poissons côtiers, de haute mer, de surface et de différentes profondeurs.

L'influence de l'air atmosphérique, en considérant l'altitude, se fera donc sentir d'une façon plus ou moins funeste pour l'individu, lorsqu'il se trouvera soumis à une pression plus intense ou plus légère que celle appropriée à son organisme.

Dans cette circonstance, nous savons que les aéricoles parviennent à s'adapter au milieu nouveau à la suite de certaines modifications organiques. En est-il de même pour les animaux qui vivent au fond des eaux ? Des cas, jusqu'ici, n'ont été nulle part observés. Toujours est-il qu'un passage d'une profondeur à une autre ne saurait avoir lieu sans danger pour l'organisme

[1] Voir JACOLLIOT, *Genèse de la Terre et de l'Homme*, p. 178.

des poissons. Comment expliquer alors la présence de quelques poissons à des profondeurs très distinctes, absolument différentes quant aux conditions de milieu et déterminées par une véritable gradation dans la pression atmosphérique ?

« L'explication de ce fait si singulier consiste, dit M. H. Filhol, cité par Brehm, en ce que les poissons que nous retrouvons, de 600 à près de 3.600 mètres de profondeur, n'habitent pas d'une manière continue les mêmes localités. Ils s'y montrent en voyageurs, ils montent et ils descendent successivement dans les abîmes de la mer et, lorsqu'ils exécutent ces voyages, ils vont doucement, de manière à subir des compressions et des décompressions lentes [1]. »

LUMIÈRE. — L'influence de la lumière atmosphérique sur l'organisme n'est pas moins sensible.

D'après le Dr Topinard, les végétaux blanchissent à l'abri de la lumière, et l'effet n'est pas superficiel, il s'étend à la texture même de la plante, à sa saveur et aux autres propriétés de la sève qu'elle charrie [2].

Les bêtes ne doivent probablement pas échapper à cette influence, puisque l'homme la subit.

En effet, visant la première catégorie de blancs dont il est question à propos de l'influence des saisons, le Dr Topinard dit « que la coloration foncée qu'ils prennent au contact de l'air et de la lumière disparaît par le retour dans les pays tempérés ou froids, pour reparaître avec la même facilité dans les pays chauds [3] ».

CHALEUR. — Quant au rôle que joue la chaleur dans l'existence des êtres organisés, il n'est plus à chercher. La physiologie l'a depuis longtemps nettement caractérisé.

« Toutes les manifestations de la vie, nous dit à cet égard un savant, sont subordonnées à des conditions de température. La chaleur détermine l'éclosion des germes, la croissance des plantes, la maturité des fruits, les fonctions des animaux. Au-dessus d'un maximum et au-dessous d'un minimum peu distant, tout ce qui vit à la surface du globe périrait. Il suffit même d'une faible différence en plus ou en moins pour activer ou ralentir les phéno-

---

[1] BREHM, *Poissons et Crustacés*, p. 58.
[2] *L'Anthropologie*, p. 402.
[3] *Id.*, p. 355.

mènes vitaux, comme le montre l'influence si marquée des saisons et des climats [1]. »

Nous savons, en effet, que la température, l'altitude et l'air de la mer sont les éléments qui concourent à former ce qu'on nomme le climat.

Le climat est — selon le degré moyen de chaleur qu'il fait constamment dans le lieu qu'il embrasse — chaud, tempéré ou froid. Le climat chaud s'étend sur toute cette partie de la surface du globe située entre les deux tropiques et connue sous le nom de zone torride ; le climat tempéré est enfermé dans les zones tempérées, ou l'espace compris entre les tropiques et le cercle polaire de chaque hémisphère ; et le climat froid, dans les zones glaciales, s'étendant à partir de chaque cercle polaire jusqu'au pôle correspondant. — Chacun de ces climats présente, en outre, des degrés de température correspondant aux divers niveaux du sol.

Ici, les rayons solaires constituent l'agent principal. De plus, chaque climat, embrassant une étendue donnée de la surface de la terre, influe nécessairement sur l'organisme du groupe d'êtres qui s'y trouve originairement placé.

Mais après le transport d'un individu de son climat d'origine sous un autre climat, la chaleur moyenne de celui-ci exerce-t-elle une influence sur son organisme ? La réponse ne peut qu'être affirmative. — D'ailleurs, les exemples que nous avons cités à propos des saisons et de l'été le prouvent déjà.

Ainsi, nous savons qu'en hiver l'*hemiphragma heterophyllum* présente des feuilles étroites, tandis qu'en été, sous l'effet de la chaleur, il se couvre de feuilles larges, ce qui est le signe d'une modification organique.

Le phénomène s'étant produit sous un même climat et pour un simple changement de saison — circonstance où la différence de température n'atteint jamais le maximum et n'est pas d'une longue durée — se produira-t-il, à plus forte raison, s'il s'agit de deux climats, cas où cette différence peut atteindre le maximum et dure toute la vie de la plante.

Certes, quand on considère des plantes qui, transportées d'un climat sous un autre, continuent à vivre, on trouve toujours dans leur organisme une modification, si légère qu'elle soit, qu'il faut attribuer à l'effet de la température. Le fait est confirmé par plus d'une variété vivant en Amérique, par exemple, et dont le climat originel est celui de l'Europe, et réciproquement.

[1] Louis BOURDEAU, *Théorie des Sciences.*

En ce qui concerne les animaux, les cas sont plus nombreux, car l'homme a plus d'avantage à acclimater dans son pays des animaux que des plantes exotiques.

Eh bien! quand des animaux d'un climat passent sous un autre, la même fourrure, qui se renouvelle ou persiste dans les pays froids et selon les saisons, disparaît, au contraire, complètement quand ces animaux se trouvent sous les tropiques.

« Le cochon, transporté sur les plateaux froids des Cordillières des Andes, a acquis une épaisse toison ; en revanche, les bœufs ont perdu leurs poils dans les plaines chaudes de Mariquita, et, dans une partie de l'Afrique, les moutons ont vu leur laine remplacée par des poils rudes et droits [1]. »

Ici encore, l'organisme humain obéit à la loi de la nature. On sait que les bruns et les blonds des climats froids changent visiblement sous les climats chauds.

« Les premiers noircissent franchement, les seconds se brûlent, se parcheminent et tendent au rouge brique, ou prennent une teinte jaunâtre que Monrad considère comme le premier signe de l'acclimatement sur la côte de Guinée ; cette coloration jaunâtre passerait ensuite au cuivré et se foncerait à chaque génération. »

Quelle est l'explication du phénomène ?

« Le système cutané — nous répond le Dʳ Topinard — excité par le contact de l'air, la chaleur et la lumière, fonctionne davantage, son appareil glandulaire sécrète davantage, et la matière noire (dont il est plus haut question) se dépose en plus grande abondance dans les jeunes cellules sous-épidermiques. De là, et peut-être par action réflexe sur les capsules surrénales ou le foie, l'hypersécrétion se propagerait à tout l'organisme et partout la matière colorante dérivant du sang, de la matière biliaire ou d'ailleurs, augmenterait [2]. »

Si la chaleur exerce une influence notable sur les *blancs* habitant sous les tropiques, l'influence du froid sur les *noirs* qui séjournent dans les zones tempérées et glaciales ne l'est, certes, pas moins.

« De même — dit encore le Dʳ Topinard — que les *blancs* brunissent en se transportant dans les pays chauds, les *noirs* pâlissent dans les pays froids et tempérés, ainsi que dans les maladies. »

[1] Brehm, *Les Races humaines*, traduction du Dʳ R. Verneau, p. 35, 36.
[2] *L'Anthropologie*, p. 101.

Aliments. — Viennent enfin les substances alimentaires, qui déterminent aussi des modifications sensibles chez les êtres et qui entrent dans la question de l'adaptation au milieu.

Présentons des cas choisis parmi les plantes d'abord.

Les végétaux, on sait, se nourrissent de matières chimiques que, par leurs racines, ils tirent du sol, matières auxquelles ils doivent, en majeure partie, la nature de leur organisme.

Telle substance qui prédomine dans l'alimentation donne donc telle nature à l'organisme d'une plante.

Ainsi, le sel marin est non seulement l'élément essentiel de la vie, mais aussi de la nature organique des plantes marines.

Or, fait remarquer M. Vuillemin, « les localités voisines de la mer, qui diffèrent par la variation de cet unique facteur, ne présentent plus d'exemplaires de plantes de la même catégorie. Ce fait est d'autant plus instructif que la plupart des plantes en question peuvent fort bien être cultivées dans des terres absolument sevrées de sel vulgaire. Elles modifient alors un peu leur aspect, deviennent parfois moins charnues, mais n'en résistent pas moins...

« Les plantes les plus humbles modifient aussi, par leur végétation, le terrain qui les héberge, l'appauvrissent de certains principes, en fixent quelques autres. Les stations, grâce surtout à l'élément vivant qui entre dans leur détermination, sont donc, comme la vie elle-même, soumises à d'incessantes transformations. »

Ces transformations s'accomplissent-elles pendant que l'individu occupe encore la station où elles ont lieu ?

Il faut le considérer comme transporté dans un milieu nouveau pour lui et présentant des substances alimentaires nouvelles. C'est le cas qui arrive souvent pour les plantes parasites.

En effet, « le parasite épuise son support, le transforme et doit lui-même se modifier ou aller chercher fortune ailleurs. Le polymorphisme pare aux dangers qui en résultent pour le parasite lui-même...

« Le support vivant s'altère et cesse bientôt d'entourer le parasite des conditions spéciales qu'il y a trouvées lors de son implantation, que la portion attaquée soit modifiée par l'action même du nouveau venu ou qu'il s'agisse d'organes à évolution rapide. Les parasites, et particulièrement les champignons,... éprouvent alors des modifications parallèles à celles du milieu. »

A propos du champignon, signalé par M. de Bary, et dont nous avons déjà parlé, ce botaniste a observé que, vivant en parasite sur les feuilles du *berberis vulgaris* ou *épine vinette*, le cryptogame produit deux sortes de corps reproducteurs, en forme de conceptacles, nommés autrefois *œcidium berberis* et *œcidiolum exanthematicum*. Se trouvant, au contraire, sur des feuilles de graminées, le même champignon forme un appareil mycélien.

« Dans cette nouvelle station, dit M. de Bary, apparaît l'*uredo linearis*, appareil conidien à germination immédiate, qui jamais ne se montre sur l'épine vinette. »

Par suite de l'absorption de substances alimentaires différentes et particulières à un milieu nouveau, des modifications se produisent également chez les animaux; et ce que dit à cet égard M. d'Hamonville, relativement aux oiseaux, s'applique à d'autres bêtes, à savoir que « si, pour une cause quelconque, l'individu, ne trouvant plus dans son pays la nourriture qui lui est nécessaire — soumis à la loi générale de la lutte pour la vie — émigre pour une autre région qui lui fournit les ressources indispensables, il pourra subir à la longue certaines transformations de couleurs et d'habitudes ».

Dans cette autre occasion, l'espèce humaine se modifie-t-elle aussi ? — Absolument. D'ailleurs, il suffit de se reporter à ce qui a été exposé précédemment au sujet de l'homme, du régime alimentaire et des modifications sur place.

REPRODUCTION CHEZ LES VÉGÉTAUX. — Nous avons dit, au début de ce chapitre, que, dans cette question d'adaptation au milieu, une autre nécessité, spéciale aux végétaux, peut aussi y occasionner des modifications organiques. C'est le besoin de la reproduction.

Quelques plantes, on sait, sont incapables d'être fécondées soit par la confusion ou l'abouchement des sexes, soit par l'autofécondation [1], par suite de circonstances accidentelles, comme l'éloignement, l'existence d'un vice originel dans l'organe destiné à la reproduction. En pareil cas, la nature, prévoyante, a chargé certains intermédiaires du soin de pourvoir à l'insuffisance ou à l'absence des agents directs. — Les principaux, parmi ces intermédiaires, sont le vent, la pluie et les insectes, qui peuvent transporter le pollen d'une de ces plantes à une autre, ou, sur une même plante, de l'étamine dans le pistil. C'est de cette façon que se trouve assurée la perpétuation de ces espèces et que prennent souvent naissance les espèces dites hybrides.

---

[1] Fécondation par soi-même, sans l'apport d'une autre plante.

Les plantes qui reçoivent ce grand service des insectes sont appelées *entomophiles* (*entomon*, insecte ; *philos*, ami), et celles qui le reçoivent du vent sont nommées *anémophiles* (*anemos*, vent ; *philos*, ami).

Eh bien, après leur transplantation d'un lieu dans un autre, ces végétaux arrivent parfois à modifier leur organe de reproduction, à faire cesser le vice de leur constitution organo-sexuelle, pour suppléer tantôt à la faible répartition des insectes ou à leur absence totale, tantôt à l'insuffisance du vent dans la région nouvelle.

« A la faible répartition des insectes correspond, dit M. Vuillemin, la *possibilité* de l'autofécondation pour les plantes les plus voisines d'espèces incapables de se féconder directement dans les régions les plus chaudes. Bien plus, l'*autogamie* est assurée par des *dispositions nouvelles* chez des types habituellement entomophiles. La comparaison des représentants d'une même espèce dans des pays différents démontre jusqu'à l'évidence que les complications de la fleur adaptent la plante à ses rapports avec les insectes et peuvent varier avec ces rapports mêmes. La tendance à la *cléistogamie* [1] observée chez une *campanule* et chez plusieurs *bruyères* est encore un des procédés qui permettent aux espèces boréales de se passer des insectes. »

On a encore vu des germes de plantes constituées pour vivre à l'air, se trouvant dans l'eau, s'y adapter parfaitement. Tel est le cas du champignon appelé *peronospora*, dont les conidies sont si funestes aux pommes de terre.

« Germant à l'air, ces dernières, dit M. Vuillemin, donnent un simple tube germinatif capable de déterminer une nouvelle infection ; dans une goutte d'eau, elles laissent échapper des zoospores adaptées à ce milieu dans lequel elles s'agitent, grâce à leurs cils vibratiles, à la façon des infusoires et autres petits êtres dont la structure est spécialement appropriée à cet habitat. Quand la goutte est évaporée, les zoospores perdent leur organe locomoteur, se fixent en un point favorable à leur pénétration, épaississent leur membrane et germent en émettant un filament mycélien. »

Puisque nous nous occupons des modifications provoquées par l'eau, disons un mot des animaux marins et d'eau douce.

« La plupart des animaux marins, a écrit Troussard, peuvent s'adapter peu à peu dans l'eau douce...

« Les mollusques, les crustacés et les poissons de nos lacs et

---

[1] Fécondation au moyen d'organes cachés.

de nos rivières descendent évidemment de types qui étaient primitivement marins. Nos lacs d'Europe, autrefois en communication avec la mer, ont perdu leur salure, mais ont conservé une faune dont les proches parents vivent encore dans la mer du Nord ou dans la Méditerranée [1]. »

De nos jours, les poissons passent d'une autre manière de la mer dans l'eau douce, et réciproquement.

« Parfois la mer, dit Brehm, fait sentir son influence assez loin de l'embouchure des grands fleuves, dans lesquels on trouve alors des poissons marins, tels que des *requins* dans le Gange, des *raies armées* dans l'Amazone ; il est certain que c'est ainsi que des types essentiellement marins se sont acclimatés dans les eaux douces ; nous citerons, parmi ces types, les *raies armées*, les *tetraodons*, les *harengs*, etc., qui se trouvent maintenant dans certains cours d'eau. Par un phénomène semblable, des espèces des eaux douces se sont acclimatées dans les eaux salées. Tels sont, par exemple, certaines *épinoches*, certaines *fondules*, etc., bien que ces espèces appartiennent essentiellement à la faune des eaux douces [2]. »

Des modifications organiques se sont-elles accomplies chez ces poissons, à la suite du changement de milieu ?

Le fait est certain, et, pour le prouver, il suffit de dire que les individus vivant dans l'eau douce forment des espèces différentes de celles qui sont marines, malgré leur communauté d'origine.

Telles sont les modifications plus ou moins grandes que subit l'organisme des êtres organisés, sous l'influence de chacun des éléments de milieu que nous avons énumérés. Parfois tous se coalisent pour modifier l'organisme. Alors, le changement étant en quelque sorte général et le résultat étant devenu permanent et héréditaire, le type, dans son ensemble, change à tel point que le nouveau diffère absolument du type primitif. D'ailleurs, même dans les cas déjà cités et où il y a passage d'un climat à un autre absolument différent, et où aussi toutes les conditions d'existence sont différentes, même dans ces cas, il est peut-être téméraire d'affirmer que les modifications sont l'œuvre de la chaleur ou du froid, à l'exclusion de l'intervention des substances alimentaires ou d'autres agents. Les observateurs qui ont signalé ces cas auraient mieux fait, selon moi, de les attribuer aux conditions générales d'exis-

---

[1] *La Grande Encyclopédie*, au mot « Adaptation ».
[2] BREHM, *Poissons et Crustacés*, p. 41.

tence du milieu nouveau, plutôt qu'à tel élément en particulier, ce qui eût mis leurs assertions à couvert de toute controverse.

Quoi qu'il en soit, mon observation n'infirme nullement le principe posé, à savoir que l'organisme des êtres se modifie sous l'influence du milieu ambiant, et que les modifications accomplies sont parfois si profondes que le type nouveau présente des ressemblances insignifiantes avec le type primitif et ancestral.

A ce sujet, M. Vuillemin dit des champignons :

« Le polymorphisme les adapte continuellement aux influences qui les placent dans de nouvelles conditions. Une même espèce subit alors des métamorphoses si étendues qu'on a pu en rapporter les divers états à des genres distincts. »

Comme type de ces champignons polymorphes, nous citerons les *sclérotes*, les *bulbilles*, les *agarics* des genres *nyctalis* et *hypomices*.

On en peut dire autant de beaucoup d'arbres qu'on rencontre à la fois dans les cinq parties du monde.

Quant aux animaux, le fait est même très commun et confirmé par ces paroles de Brehm :

« Ce n'est pas seulement, dit-il, les caractères extérieurs qui peuvent se modifier ; toutes les parties d'un être sont susceptibles de varier. Lorsque, chez un animal soumis à de nouvelles conditions d'existence, la taille augmente ou s'abaisse, il est bien évident que le squelette lui-même subit l'action du milieu nouveau [1]. »

M. d'Hamonville en pense de même :

« Si le sol et les conditions climatériques, écrit-il, ne sont pas les mêmes que dans le pays qu'il a quitté, l'individu subit des modifications considérables. Ainsi, les animaux domestiques, soumis à la volonté de l'homme et subissant tous les changements de milieu qu'il veut leur imposer, se modifient rapidement et même se transforment complètement. Ces modifications, qu'ils transmettront à leurs successeurs, constitueront souvent une forme nouvelle que les nomenclatures décriront sous le nom de race locale, ou même d'espèce nouvelle. »

Voici un exemple fourni par Hæckel et cité par M. Jacolliot :

« Des lapins d'Europe ayant été introduits dans l'île de Porto-Santo, près de Madère, s'y sont multipliés avec une extraordinaire rapidité, et peu à peu leur pelage changea de couleur, et leur corps prit une forme plus allongée [2]. »

<hr>

[1]. BREHM, *Les Races humaines*, traduction du Dʳ R. VERNEAU, p. 36.
[2] *Genèse de la Terre*, etc., p. 572.

Il faut en dire autant de l'espèce humaine.

« Lorsqu'il se transporte dans un milieu différent de celui dans lequel il vivait primitivement, l'être humain, comme tous les autres êtres organisés, est obligé de plier son organisme aux nouvelles conditions d'existence..... J'ai supposé des différences considérables dans les milieux et un passage brusque de l'un à l'autre, comme le fait se produit fréquemment de nos jours, avec nos moyens rapides de communication.

« ...Il lui est d'autant plus difficile de se soustraire à l'influence des causes nouvelles qui tendent à modifier son organisme qu'il n'en connaît jamais exactement la nature. Aussi ne doit-on pas s'étonner que, malgré toutes les précautions qu'il prenne, l'être humain se modifie selon le milieu. Les faits, d'ailleurs, ne sauraient laisser subsister le moindre doute à cet égard. »

L'exemple le plus frappant qu'on puisse apporter, en ce qui concerne les modifications produites chez l'homme soumis à des conditions nouvelles et générales de milieu, nous est fourni par le peuple des Etats-Unis de l'Amérique du Nord. « Aux Etats-Unis, nous dit M. de Quatrefages, la race anglaise ne s'y est guère implantée sérieusement qu'à l'époque des migrations puritaines, vers 1620, et de l'arrivée de Penn, en 1681. Deux siècles et demi, douze générations au plus, nous séparent de cette époque ; et l'Anglo-Américain, le Yankee, ne ressemble plus à ses ancêtres. Le fait est tellement frappant que l'éminent zoologiste Andrew Murray, cherchant à rendre compte de la formation des races animales, ne trouve rien de mieux que d'en appeler à ce qui s'est passé chez les hommes aux Etats-Unis.

« Les détails précis ne manquent pas, d'ailleurs, à ce sujet et sont attestés par une foule de voyageurs, par des naturalistes, par des médecins. — Dès la seconde génération, l'Anglais créole [1] de l'Amérique du Nord présente dans ses traits une altération qui le rapproche des races locales. Plus tard, la peau se dessèche et perd son coloris rosé ; le système glandulaire est réduit au maximum ; la chevelure se fonce et devient lisse, le cou s'effile ; la tête diminue de volume. A la face, les fosses temporales s'accusent ; les os de la pommette deviennent saillants ; les orbitaires se creusent ; la mâchoire inférieure devient massive. Les os des membres s'allongent en même temps que leur cavité se rétrécit,

---

[1] Le mot créole ne doit pas être appliqué, comme le font ordinairement quelques-uns, à l'individu chez lequel existe un mélange du sang caucasien et du sang africain. Le créole est la personne née dans les colonies et issue de parents européens purs.

si bien qu'en France et en Angleterre on fabrique des gants pour les États-Unis, des gants à part dont les doigts sont exceptionnellement longs. Enfin, chez la femme, le bassin, par ses proportions, se rapproche de celui de l'homme.....

« Le nègre transporté dans les mêmes contrées a subi aussi des changements remarquables. Son teint a pâli, sa physionomie s'est modifiée. « Dans l'espace de cent cinquante ans, nous dit M. Elisée Reclus, ils ont, sous le rapport de l'apparence extérieure, franchi un bon quart de la distance qui les séparait des blancs. » — L'appréciation de Lyell est à peu près la même..... Ajoutons, avec MM. Roiset, de Lisboa, etc., avec Nolt et Gliddon eux-mêmes[1], que, chez le nègre, l'intelligence a grandi en même temps que le type physique se modifiait, et il faudra bien reconnaître qu'il s'est formé aux États-Unis une *sous-race nègre* dérivée de la race importée. Dans toute l'Amérique du Sud, des faits du même ordre ont été observés. Le nègre s'est parfaitement acclimaté au Brésil, où il a acquis des caractères nouveaux, qui permettent de le distinguer de ses frères d'Afrique[2]. »

Il faut noter que, dans tout ce qui précède, l'influence du milieu seule est en cause. La fusion de races, qui incontestablement amène aussi de très grandes modifications chez l'être humain, n'est donc pas à prendre ici en considération.

Tels sont les faits, en ce qui concerne les changements observés dans l'organisme humain, en l'espace de moins de deux siècles.

Outre tous ces exemples que nous avons donnés et qui montrent des modifications s'accomplissant actuellement, journellement chez les êtres organisés en général, sous l'influence du milieu, on peut encore citer les cas mis au jour par la science géologique, qui est une source féconde en cette matière. On n'ignore pas que chaque époque géologique, que même chaque couche de terrain d'une époque a en effet été occupée par des êtres organisés adaptés aux conditions d'existence particulières à ces milieux différents, conditions correspondant à l'état du sol, des substances alimentaires, du climat et d'autres éléments ambiants.

Avec les changements produits au sein et à la surface de notre planète, tant par des secousses intérieures que par des commotions

---

[1] L'expression *eux-mêmes* sert sans doute à rappeler que ces deux savants, polygénistes passionnés, sont d'une *négrophobie* qu'on ne trouve nulle part avec cette violence qu'elle revêt sur le grand continent américain.

[2] BREHM, *Les Races humaines.*

atmosphériques, ces êtres devaient forcément et parallèlement subir dans leur organisme des modifications, sous peine de disparaître. C'est ce qui arriva.

Ainsi, les *lycopodiacées* (*mousse terrestre, pied-de-loup*, etc.), qui sont aujourd'hui de petits brins d'herbe, formaient, à l'époque paléozoïque ou primaire, des arbres de 20 mètres de hauteur. A cette époque vivaient deux cent soixante espèces de *fougères*, dont il n'en reste que soixante appartenant à une seule tribu. Ce végétal, qui maintenant atteint rarement 2 mètres, mesurait parfois jusqu'à 30 mètres de hauteur et était arborescent, alors que de nos jours la plupart des fougères sont herbacées.

Parmi les animaux, on a trouvé, dans les dépôts des cavernes de la période quaternaire, plusieurs genres de l'ordre des édentés, par exemple des tatous nommés *glyptodon* et *chlamydotherium*, qui vivaient au Brésil et au Rio-de-la-Plata. Ces animaux sont différents de leurs congénères actuels. Le tatou fossile, gigantesque, était grand comme un hippopotame. L'un de ceux d'aujourd'hui qui aurait la taille d'un gros porc serait un phénomène, car tous ceux qu'on a vus ne sont que de la grosseur du cochon de lait, ou cochon à la mamelle. Nulle part, l'*éléphant* actuel n'atteint la masse du *mammouth*, qui avait 5 à 6 mètres de hauteur et appartient à l'époque pléistocène. « Il était, dit le Dr Verneau, recouvert d'une épaisse toison, ainsi qu'on a pu s'en assurer sur quelques spécimens qui ont été retrouvés dans les glaces de la Sibérie, où ils s'étaient conservés comme dans un appareil frigorifique [1]. »

On peut encore citer « le *rhinocéros à narines cloisonnées*, qui, de même que le mammouth, portait une fourrure de laine et de crins, et le cerf des tourbières, aux bois palmés, qui atteignait au moins la stature de nos bœufs ».

En ce qui concerne ces particularités, ces animaux ne ressemblent aucunement aux similaires actuels.

A la même époque vivait un ours, grand comme un cheval, auquel on a donné le nom d'*ursus bonariensis*, animal que les ours de maintenant ne reconnaîtraient pas pour un congénère. Quant aux *lamas*, ils étaient grands comme des chameaux. La taille des plus grands des lamas qui vivent à notre époque est comparable à celle d'un petit cheval.

La faune de la période diluvienne offre, en Australie, des

---

[1] BREHM, *Les Races humaines*, p. 23.

marsupiaux qui, « tout en restant dans les genres existants, avaient des dimensions bien supérieures à celles des animaux actuels de cette sous-classe. Certains *kangurous* étaient, en partie, dans ce cas[1] ».

On a trouvé également, dans le calcaire lithographique de Solenhofen, en Bavière, les débris d'un être aujourd'hui reconstitué, tenant à la fois du reptile et de l'oiseau. C'est l'*archæopteryx*. Le corps est d'un reptile, et le reste est d'oiseau. Depuis longtemps, les reptiles forment un genre de bêtes absolument distinct de celui des oiseaux. La modification est incontestable.

Nous nommerons aussi le *paleotherium*, qui avait le museau du tapir, le corps du rhinocéros et la taille du cheval. L'animal donc était une réunion de trois animaux vivant actuellement et ne se ressemblant pas du tout.

Le monde des poissons n'a pas été sans éprouver, lui aussi, des changements dans plusieurs de ses représentants, à la suite des bouleversements dont nous avons parlé.

Aux époques éocène et miocène, par exemple, la mer couvrait une partie de la surface du sol sur lequel s'élève le sol actuel de Paris. Les variations éprouvées par les couches inférieures « se sont produites si régulièrement pendant le cours de la période myocène qu'il est possible, dit M. Paul Gervais, de dresser exactement une carte pour chacun d'eux, de manière à indiquer quelles parties des anciennes formations s'élevaient hors des eaux et servaient à l'habitation des animaux terrestres, quelles autres, au contraire, étaient couvertes par les eaux douces ou par celles de la mer, et quels dépôts sédimentaires chacune d'elles reçut ».

Au-dessous du sol actuel de Paris, la surface extérieure, aux époques éocène et miocène, était donc couverte, en partie, par l'eau de la mer, ainsi que le prouve le squelette d'une *baleine* découvert, par le naturaliste Lamanon, dans la portion du sol située sous une cave de la rue Dauphine.

En ce qui a trait aux poissons, les traces que présente la terre indiquent, comme espèce remarquable, un grand requin au moins double en dimensions des plus gros requins actuels ; on lui a donné le nom de *carcharodon megalodon*, à cause de la grandeur de ses dents.

D'autres poissons du même ordre ont, jusqu'à présent, des repré-

---

[1] *Cours élémentaire d'Histoire naturelle* p. 122, par Paul Gervais, membre de l'Institut, ancien professeur au Muséum d'Histoire naturelle de Paris.

sentants dans plusieurs mers du monde connu, mais ceux-ci diffèrent plus ou moins de leurs ancêtres, quant à l'agencement de la charpente osseuse.

Pour les coquillages, « il est, dit M. Jacolliot, une chose vraiment curieuse à observer, qui semble être la caractéristique du jurassique, c'est que les bélemnites et les ammonites changent de formes à chaque couche particulière ».

Dans le terrain permien, le genre mollusque terrestre est représenté par des espèces qui vivent encore ; mais des différences sensibles existent entre elles.

Citons, pour finir avec les bêtes, les *étoiles de mer* et les myxomycètes, dont il a déjà été question. Ainsi que je l'ai dit, ces *zoophites* présentaient l'aspect de *polypiers* et d'*encrines* supportés par une tige attachée au centre et attenante au sol. — Les étoiles de mer actuelles, qui peuvent se déplacer à volonté, ne ressemblent à leurs ancêtres que par la forme de leurs branches.

Quant aux myxomycètes, « leurs analogues dans les âges les plus reculés du monde, dit M. Ed. Perrier, se sont modifiés et groupés de manière à former deux séries divergentes dont ils ont été le point de départ, mais on ne peut les faire entrer eux-mêmes dans l'une ou l'autre de ces séries ; ils appartiennent à la fois à toutes deux ; ils forment comme un pont entre les deux règnes organiques, et c'est pourquoi Hæckel a récemment proposé de les réunir dans un règne à part, le règne des *protistes* [1]. »

Dans le monde des eaux, des modifications organiques en vue de l'adaptation au milieu sont donc manifestes, et, à cet égard, on doit dire avec M. Sauvage : « Si la période secondaire a vu le *summmum* du développement de la faune herpétologique, on peut dire de l'époque primaire qu'elle est le règne des poissons ; c'est à cette époque que ces animaux présentent le plus de formes étranges et qu'ils sont représentés par des types très différents de ceux qui existent actuellement, types qui disparaîtront ou se modifieront dans la suite des âges [2]. »

On sait que, comme tous les autres êtres organisés, l'homme a sa place dans la géologie, ce qui permet de se demander si l'être humain fossile diffère de l'être humain actuel. Nous avons encore toutes fraîches dans la mémoire les modifications organiques signalées chez le peuple actuel de l'Amérique du Nord, modifica-

[1] *Colonies animales*, p. 135.
[2] BREHM, *Poissons et Crustacés*, p. 58.

tions qui se sont accomplies en l'espace de moins de deux siècles.

Dans cet intervalle de temps, les conditions générales de milieu, en considérant notre globe dans son ensemble, n'ont certainement pas changé de façon qu'on puisse dire que des transformations se sont produites au sein de tout le genre humain. Mais les choses changent de face, quand on envisage la race humaine d'après les diverses couches géologiques, quand on compare l'homme actuel avec celui qu'on appelle l'homme fossile, qui s'est trouvé soumis, et sur place, à des conditions générales d'existence différentes des nôtres, conséquences des bouleversements opérés par la nature à l'intérieur et à la surface de notre planète. Après avoir parlé du peuple américain, le Dr Verneau a dit : « Si de telles modifications ont pu se produire dans l'espace d'un siècle et demi, lorsque le milieu nouveau ne diffère pas, en somme, considérablement, pour la race anglo-saxonne, de celui dans lequel elle s'est constituée, quels n'ont pas dû être les changements qu'a subi le type humain primitif? »

Sur ce point des plus importants, les preuves matérielles et complètes manquent, il est vrai, mais le peu qu'on possède, joint à un raisonnement par analogie, permet de se prononcer sur l'affirmative.

Essayant de montrer que l'espèce humaine, de son apparition sur la terre à l'époque où on le trouve sous la forme extérieure qu'on lui connaît maintenant, s'est modifiée tant soit peu, nous nous dispenserons d'aborder la grande et grave question de la descendance de l'homme du singe. On sait que les savants les plus éminents, ceux-mêmes de l'instant où nous nous hasardons d'écrire ces lignes, en sont encore à chercher la lumière capable d'éclairer leur cerveau qui jusqu'ici tâtonne dans l'obscurité profonde de l'insondable mystère que leur ont légué Lamarck et Darwin.

Les successeurs de nos *éminences* actuelles, ceux qui verront le millième siècle de notre ère, résoudront probablement le problème. Et l'on dira qu'il n'y a nullement chez nous une vaine espérance ou une chimère, si l'on veut se rappeler qu'il est, pour ainsi dire, vierge encore, géologiquement parlant, ce sol de l'Inde où tous à peu près sont d'accord à placer le berceau du genre humain et le foyer d'où ont rayonné ses premières émigrations [1].

---

[1] Voir, à cet égard, Jacolliot, *La Genèse de la Terre et de l'Homme* ; de Quatrefages, *L'Espèce humaine.*

En attendant, ni le *pithécien*, ni l'*anthropoïde* et autres ne veulent laisser seulement entrevoir l'être constituant l'anneau qui relie la bête au premier être auquel tous s'entendent pour appliquer la qualification d'humain. Ici cependant nous devons attirer l'attention sur une communication très récente faite à la Société d'Anthropologie de Paris par M. Manouvrier. Il s'agit de *fragments d'un squelette* découverts, 1891-1892, dans un terrain quaternaire ancien, à Java. Ces fossiles consistent en une calotte crânienne, en dents et en un fémur entier. Des études faites sur ces pièces, M. le Dr Eugène Dubois — médecin hollandais à qui est due la découverte — conclut à la présence d'ossements d'un être intermédiaire entre l'homme et les singes anthropoïdes. Selon ce médecin, cet être tient de l'homme, d'abord par l'attitude verticale qu'il possédait et que les singes n'ont pas, ce qui lui a valu le nom de *pithecanthropus erectus*. L'examen laisse croire ensuite que le fémur est d'un homme, car il a appartenu à un être ayant marché d'une marche de bipède, quoique la partie inférieure soit plus arrondie que celle du fémur humain. La calotte crânienne présente une saillie des arcades sourcilières très marquée, comme dans le crâne humain quaternaire, célèbre, du Néanderthal [1]. — Le front est extrêmement étroit. Cette étroitesse peut cependant se rencontrer égale dans des crânes même actuels. — D'autre part, on a constaté qu'à la partie inférieure de la région temporale il y a une petite saillie, et, au-dessus du trou occipital, au contraire, une fossette, deux particularités ne se rencontrant jamais chez l'espèce humaine. Quant à la calotte elle-même, elle se rapporte à celle d'un singe. La saillie et la longueur de la visière, saillie en avant des arcades sourcilières, présentent des caractères qu'il est impossible de rencontrer dans l'espèce humaine ; elle est semblable à celles du chimpanzé. — Une des pièces, par contre, tient à celle correspondante à la fois chez l'homme et le singe : c'est une dent ressemblant en un peu plus gros à celle d'un Néo-calédonien, mais rappelant aussi celle d'un jeune chimpanzé.

Ces descriptions ont été publiées dans un article du journal parisien *L'Éclair*, 11 novembre 1895. « Il s'agirait donc là, dit l'auteur de l'article, ou bien d'un être humain de petite taille et idiot, ou alors ce n'est pas un être humain. Ce n'est pas non plus un être à rapprocher des singes connus actuellement... De l'avis

---

[1] Nous verrons plus loin ce que c'est que le Néanderthal.

de Virchow [1], il est impossible de se prononcer sur la question de savoir si c'est un homme ou un singe. »

L'être auquel ont appartenu ces pièces serait-il enfin cet intermédiaire que les partisans de la descendance cherchent depuis Darwin?

Quoi qu'il en soit, la descendance de l'homme du singe n'est pas encore un problème résolu.

Mais à partir de quel moment peut-on suivre les traces du vrai homme sur le globe ?

« En présence, dit M. Jacolliot, non seulement des armes et des instruments de toutes espèces, mais encore des débris d'animaux découverts dans les couches les plus anciennes des terrains quaternaires, la présence de l'homme dans ces temps reculés et ses luttes constantes avec les grands animaux, ses contemporains, sont environnées de toutes les certitudes d'une vérité historique [2]. » Telle, peut-on affirmer, est l'ancienneté de l'être humain qu'on est incapable de la fixer par des chiffres.

Portons-nous maintenant sur le terrain de l'acclimatement. « Si l'homme s'acclimate passablement aujourd'hui, il ne faut pas oublier qu'il le doit en grande partie aux procédés qu'il met en œuvre ; jadis, il fallait qu'il succombât ou que son corps se modifiât (nous parlons ici de l'acclimatement brusque surtout)... Un fait évident, c'est que les variations de milieux et de conditions de vie sont très faibles aujourd'hui, en comparaison de ce qu'elles ont forcément été jadis ; c'est que l'homme, par son intelligence, n'a pas toujours su se garantir de l'action exagérée des agents extérieurs, ni abandonner le pays dans lequel les circonstances venaient de changer [3]. »

« Pour l'humanité, le milieu n'a pas changé seulement par suite des voyages accomplis par telle tribu ; il s'est encore considérablement modifié sur place. Qu'on se rappelle ce que nous avons dit de l'ancienneté de l'homme ; qu'on se souvienne qu'il a très probablement apparu pendant l'époque tertiaire, et on se fera une idée de la diversité des conditions d'existence auxquelles il a été soumis. Il a connu une période chaude, à laquelle a succédé une époque froide ; la température s'est réchauffée, puis a subi un nouvel abaissement si notable que les glaciers ont couvert tous les hauts sommets de notre pays. Sous l'influence de ces énormes variations, les espèces animales et végétales s'éteignaient

---

[1] Célèbre médecin et homme politique allemand.
[2] *La Genèse de la Terre et de l'Homme*, p. 528.
[3] Dr Topinard, *L'Anthropologie*, p. 406, 513-14.

en grand nombre. Les premiers mammifères qui vivaient à côté de nos ancêtres semblent avoir tous disparu. L'homme seul paraît avoir fait exception ; mais a-t-il pu survivre à toutes ces révolutions sans que son organisme ait éprouvé des modifications profondes? En principe, il est bien difficile de le croire. Pourtant, il faut avouer que nous ne savons rien des changements qu'a subis le type humain *primitif* ; nous ne le connaissons pas. Les premières races dont nous connaissons les caractères physiques ne remontent pas même au début des temps quaternaires, et, par conséquent, nous ignorons en quoi elles différaient de celles qui les avaient précédées [1]. »

Ces réflexions sont de Brehm.

Ainsi, nous sommes impuissants à caractériser l'être humain tertiaire et à montrer qu'il diffère de celui quaternaire.

Néanmoins, nous tenons des renseignements qui permettent d'affirmer que des différences considérables séparent des hommes fossiles ayant vécu sur un même point et ayant incontestablement entre eux des rapports d'ancêtres et de descendants. L'exemple le plus frappant et le mieux connu est celui que fournissent les premiers hommes du continent européen. — En ce qui les concerne, les renseignements ont été recueillis par Brehm. qui, disons-le en passant, est loin d'être un partisan de l'opinion que « l'homme est le résultat de la transformation lente de certains singes ».

Ces renseignements remontent au début des temps quaternaires. Cette période géologique a été divisée en plusieurs époques, parmi lesquelles nous citerons l'époque de Saint-Acheul, celles du Moustier et de Solutré.

L'époque dite Saint-Acheul doit son appellation au hameau du même nom, situé dans le département de la Somme, où ont été exhumés des armes et d'autres ustensiles. Relativement au type humain qui y a vécu, on ne sait pas grand'chose.

Les renseignements abondent, au contraire, sur l'homme de l'époque du Moustier, qui tire son nom d'une petite localité de la Dordogne où ont été découverts les premiers outils en silex caractérisant cette époque.

« Nous connaissons même, dit Brehm, les caractères physiques de notre ancêtre de l'époque du Moustier; des ossements humains ont, en effet, été rencontrés dans des conditions telles qu'il ne

---

[1] Pour se faire une idée de la distance qui sépare l'homme tertiaire, s'il a existé. de l'homme quaternaire, voyez la figure 2.

saurait subsister le moindre doute sur leur âge. A Spy, en Belgique, à Gourdan, en France, des découvertes de ce genre ont été faites à la suite de fouilles pratiquées méthodiquement... La race qui vivait alors a reçu des noms divers de la part des anthropologistes ; MM. de Quatrefages et Hamy lui ont imposé celui de *race de Canstadt*, pour rappeler que le premier fossile humain de ce type a été trouvé auprès du village de ce nom, situé dans le voisinage de Stuttgard. D'autres l'appellent *race* du Néanderthal, car c'est dans cette localité qu'a été recueillie la tête présentant les caractères les plus accusés que l'on connût jusqu'à ces derniers temps [1]. »

Quant aux ossements trouvés en Belgique, l'auteur dit ceci :

« On y a rencontré non pas l'homme primitif, mais deux squelettes appartenant à une race extrêmement ancienne, qui devait, par conséquent, se rapprocher beaucoup plus de nos premiers ancêtres que les populations actuelles. Ces restes humains ont montré que l'être de cette époque reculée ne se tenait pas dans la station absolument verticale, qu'il était, au contraire, à demi-fléchi sur ses genoux et que son menton était très fuyant... C'est là, on le sait, l'attitude des grands singes qui se rapprochent le plus de l'homme, lorsque, appuyés sur un bâton, par exemple, ils essayent de se tenir dans la station verticale.

« La tête offre des particularités si remarquables que quelques anthropologistes, avant la découverte des squelettes de Spy, regardaient le crâne du Néanderthal comme celui d'un idiot ou d'un malade. Cette opinion... doit être complètement abandonnée... Si étrange que puisse paraître la physionomie de ces sauvages, nous devons les compter parmi nos ancêtres [2]. »

Entre d'autres particularités de la race de Spy, on peut citer les orbites qui étaient presque aussi hautes que larges, les pommettes qui étaient saillantes, le nez large et court, la lèvre supérieure très longue.

« Les énormes arcades sourcilières surtout... impriment à la physionomie quelque chose de bestial ou tout au moins d'étrangement sauvage [3]. »

Cette description rappelle tant soit peu ce qui a été dit des débris trouvés à Java.

« La femme présentait les mêmes caractères essentiels que l'homme, mais considérablement adoucis..... Tels étaient les plus

[1] *Les Races humaines*, p. 52.
[2] *Id.*, p. 13-53.
[3] *Les Races humaines*, p. 53.

anciens types humains auxquels, dans l'état actuel de la science, nous puissions faire remonter notre généalogie. Ils n'étaient pas sans quelques ressemblances avec les grands singes anthropomorphes actuels, et ce fait, je suis le premier à le reconnaître, a certainement une réelle importance au point de vue du Transformisme. Pourtant c'étaient de véritables êtres humains, et les savants de bonne foi, les plus enclins à faire descendre notre espèce de quelque singe, reconnaissent loyalement que, entre l'homme de Spy et l'anthropoïde le plus élevé, il y a encore un abîme..... Si l'homme et la femme de l'époque du Moustier ne sauraient être comparés à l'Adam et l'Eve des traditions bibliques, l'humanité actuelle ne doit pas se montrer honteuse de ce que la science lui révèle de son origine[1]. »

Il est bon de faire remarquer ici qu'il ne s'agit pas, en ce qui concerne cette race, de restes d'un seul individu, mais de plusieurs squelettes dont 1 à Néanderthal, 1 à Enguisheim, 1 à Canstadt, 2 à Spy, 4 à Castenedolo, ce qui suffit à établir qu'il s'agit bien d'une race d'hommes.

Rencontre-t-on des individus appartenant à une époque postérieure à celle du Moustier, descendant de ceux dont il vient d'être question, et sont-ils différents de leurs ancêtres?

A ce sujet, Brehm dit encore : « Nous sommes un peu mieux renseignés sur ce que cette race devint plus tard... Aujourd'hui encore, on rencontre par-ci par-là des *individus qu'on ne saurait faire remonter qu'à cette souche*[2]. »

Cette déclaration implique que ces derniers hommes diffèrent des premiers.

« A une époque un peu moins ancienne que celle dont il vient d'être question, l'homme a laissé de nombreuses traces de son industrie dans diverses localités. C'est à Solutré, dans le département de Saône-et-Loire, que les objets de cet âge ont été rencontrés en plus grande abondance[3]. »

Pour ce qui regarde les outils et les armes, l'homme de l'époque de Solutré est certainement en progrès, comparé à celui des époques précédentes. — En est-il de même quant au type des individus dont les ossements ont été trouvés?

A cette question, Brehm répond : « L'étude de ces ossements a révélé l'existence de plusieurs types humains très distincts.....

---

[1] *Id.*, p. 54.
[2] Même ouvrage, p. 57-58.
[3] *Id.* p. 58.

« A une époque peu éloignée de celle de Solutré, nos ancêtres vont se révéler à nous comme de véritables artistes.....

« C'est à la Madeleine, dans la Dordogne (où est l'homme du Moustier), que MM. Ed. Lartet et Christy firent les premières découvertes se rapportant à cet âge. De la localité vient le nom de l'époque. Depuis lors, les découvertes se sont multipliées au-delà de tout ce qu'on aurait pu espérer ; elles nous ont montré une même civilisation en France, en Angleterre, en Belgique, en Suisse et en Allemagne ; elle s'était même répandue jusqu'en Pologne et aux environs de Saint-Pétersbourg.....

« La race humaine qui prédominait dans l'ouest de l'Europe à l'époque de la Madeleine, à l'âge du renne, comme on dit souvent, nous est parfaitement connue ; c'est la race de Cro-Magnon, ainsi nommée de *l'abri sous roche* où furent recueillis ses premiers débris..... Depuis, dans le même abri, des ouvriers découvrirent les restes d'êtres humains offrant des caractères bien différents de ceux appartenant à la race de Canstadt..... Les gens de Cro-Magnon étaient des individus d'une bien belle taille : les hommes atteignaient en moyenne 1^m,78, et il y en avait de plus grands...

« A cette grande taille, les hommes de Cro-Magnon joignaient une vigueur peu commune. Leurs os sont pourvus de fortes saillies qui donnaient insertion à d'énormes masses musculaires.....

« Le plus volumineux des os de la jambe, le tibia, offre une particularité non moins remarquable. Normalement, il présente trois faces regardant : l'une en dedans, l'autre en dehors, et la troisième en arrière...

« La tête est des plus caractéristiques. La règle, chez les populations modernes, est qu'un crâne allongé d'avant en arrière soit accompagné d'une face haute et étroite, ou, inversement, qu'un crâne court porte en avant une face peu développée en hauteur. Quand ces conditions existent, la tête est dite *harmonique ;* dans le cas contraire, il y a *dysharmonie* entre la face et le crâne.

« Eh bien, la tête de l'homme de Cro-Magnon est dysharmonique au plus haut point : le crâne est très allongé d'avant en arrière, dolichocéphale (*dolichos*, long ; *kephalè*, tête), comme disent les anthropologistes, tandis que la face est large et basse... La base du crâne, au lieu d'être plus ou moins renflée, est sensiblement plus aplatie que dans les races actuelles. Ajoutons enfin que ce crâne est d'une capacité plus grande que celui des Parisiens modernes[1]. »

[1] *Les Races humaines*, p. 63, 64, 65.

Ainsi, nous avons vu se succéder en Europe trois races d'hommes appartenant chacune à une époque différente. Chaque race aussi présente des traits qui lui sont particuliers.

Chaque type est-il le résultat d'une modification de celui qui l'a précédé? — Rien ne donne lieu de croire qu'il en a été autrement.

Certes, tout permet de se prononcer pour l'affirmative: d'abord. les changements survenus dans les conditions d'existence, à la suite des bouleversements géologiques, changements qui ont dû provoquer ces modifications, en vue d'une adaptation aux conditions nouvelles ; ensuite, l'habitat, qui est commun à ces trois races ; enfin, la nature des matières dont chacune s'est servi pour se fabriquer des armes et autres instruments, nature qui n'a pas varié, quoique ces objets aient, au contraire, plus ou moins changé de formes et de dimensions. Toutes ces considérations donc permettent de conclure que ces races, bien que différentes, ont entre elles des relations d'ancêtres et de descendants, et que l'homme. au point de vue géologique, s'est modifié à l'instar des végétaux et des bêtes, sous l'influence du milieu.

A part tous ces exemples de modifications organiques constatées chez l'être humain et révélées par la géologie, nous pourrions montrer en Europe beaucoup d'autres types nouveaux se succédant à la suite de ceux sur lesquels nous nous sommes arrêté, mais l'incertitude nous oblige à les passer sous silence, car. à partir de l'homme de Cro-Magnon, nous sommes en pleines invasions de hordes venues de l'Asie, ce qui empêche de soutenir que les types nouveaux trouvés plus tard en Europe descendent chacun de celui qui l'a précédé et que les différences qu'ils présentent sont des effets de l'influence du milieu. — Tout ce qu'il est permis de croire dans la circonstance, c'est ceci que quelques-uns de ces types résultent de croisements de races, si toutefois chacun, arrivant et prenant possession de tout ou partie du territoire, ne s'était pas cantonné de manière à éviter toute fusion de sang avec les premiers occupants, ou si, plutôt, ceux-ci n'avaient pas fui le contact des envahisseurs. C'est, d'ailleurs, ce qui eut lieu pour la race de Cro-Magnon.

« Cette race, dit Brehm, n'a pas complètement abandonné notre pays, lorsque les conditions sont venues à changer... De nouvelles tribus vinrent, au commencement de notre époque géologique. lui disputer ses territoires et finirent par s'y établir; la vieille race, décimée sans doute dans ces luttes sanglantes, trouva le moyen de se perpétuer. Mais il y a plus. elle se perpétua avec tous *ses caractères essentiels :* à l'époque de la pierre polie, on la retrouve avec les traits qu'elle offrait déjà pendant l'époque quaternaire. De nos jours encore, on rencontre, en France, des individus qui ont conservé les traits des hommes de Cro-Magnon...

« Que conclure de l'influence du milieu sur l'organisme humain?... Les deux faits (modifications et persistance du type) étant également incontestables, la conclusion logique qui s'en dégage, c'est que l'homme est susceptible de varier dans certaines limites, sous l'influence de conditions qu'il nous est impossible d'apprécier, mais que ces variations doivent, en somme, être assez limitées, puisqu'une race qui a passé par autant de vicissitudes que la race de Cro-Magnon a pu conserver les caractères essentiels *du type primitif* [1]. »

Sous le rapport géologique donc, l'être humain fournit également des exemples de modifications organiques produites par l'influence du milieu.

Il est à remarquer ici que Brehm, combattant la doctrine de la descendance, en ce qui concerne l'homme et le singe, ne pouvait s'exprimer en termes catégoriques, à propos des changements qu'a subi l'organisme humain, ce qui eût donné beau jeu aux défenseurs de cette doctrine. Cependant, le savant naturaliste reconnaît que ces changements ont eu lieu dans le passé le plus reculé comme dans celui le plus récent, ainsi que le prouvent les races que nous avons, avec lui, passées en revue, puis la race anglo-saxonne.

Quelle est la conclusion du Dʳ Topinard, dont nous avons aussi cité plusieurs passages?

« Pour nous résumer, dit le docte professeur de l'École d'Anthropologie de Paris, les individus subissent l'influence des milieux sous nos yeux, mais *ils ne transmettent pas visiblement les modifications acquises de cette façon* [2]. »

Ces paroles, incontestablement, donnent à entendre que ces modifications peuvent être constatées, si l'on remonte le cours de périodes successives, embrassant chacun des siècles.

Pour clore, nous rapporterons les lignes suivantes, écrites par un autre savant, M. Novicow : « Le corps humain, dit-il, est le résultat de tentatives innombrables, réalisées dans le domaine biologique pendant un temps d'une durée incommensurable. Des

[1] *Les races humaines,* p. 38.
[2] *L'Anthropologie,* p. 105.

milliards d'individus, des millions d'espèces ont péri dans la lutte pour l'existence avant qu'ait pu se former un organisme tel que le corps humain. Aussi est-il arrivé à un degré de perfection considérable. »

A ces réflexions venues d'hommes qui sont des plénipotentiaires en la matière, nous n'avons rien à ajouter, si ce n'est cette répétition : nous avons constaté ce fait que les êtres organisés, en général, ont la propriété de subir des modifications soit extérieures, soit intérieures.

A n'en pas douter, ces changements ne sont que le résultat de cette lutte inégale soutenue par l'être contre les éléments du milieu ambiant, lutte où il ne parvient à rester maître du champ de bataille qu'au prix d'un sacrifice organique, portant ainsi le stigmate indéniable, non de ses efforts pour vaincre, mais de la puissance irrésistible de la main qui s'est appesantie sur lui.

X

POLYGÉNISME ET MONOGÉNISME [1]

La circonstance que ces modifications peuvent avoir lieu a été l'occasion de deux célèbres théories dont l'une se rattache au Transformisme à la manière d'un corollaire, comme dirait le géomètre, et qui, toutes les deux, ont fait naître une controverse des plus vives parmi certains hommes de science. Les échappées de lumières scientifiques qui se sont produites ici du choc des idées n'ont pas eu un retentissement moins considérable que celui des découvertes dues aux discussions savantes provoquées par l'insoluble problème de la descendance de l'homme du singe. Nous en parlerons seulement pour mémoire, car ces théories, pas plus que la descendance, n'ont rien apporté de certain dans la question de la transformation ou de la non-transformation de l'être humain.

[1] Pour raison, nous avons dû modifier cette partie de notre travail, de sorte qu'elle n'est pas développée tout à fait comme elle a été annoncée dans notre table analytique des matières publiée en prospectus.

de son apparition sur la terre à nos jours. On a déjà deviné qu'il s'agit du *Monogénisme* et du *Polygénisme*.

D'aucuns prétendent, par exemple M. Jacolliot, que le Monogénisme — dont Cuvier fut l'un des plus intrépides défenseurs — est en opposition avec le Transformisme, tandis qu'ils font dériver de celui-ci le Polygénisme.

Disons d'abord que le Transformisme, envisagé selon Lamarck ou Darwin, ne s'est nullement occupé de savoir s'il y avait unité ou pluralité d'origine au sein de l'humanité. — Ce sont les polygénistes qui, en adversaires habiles, se sont empressés de se ranger sous la bannière des deux illustres philosophes naturalistes, afin de tirer tels avantages de leurs trésors de faits accumulés, les plus anciens monogénistes, raisonnant d'après la Bible, s'étant de tout temps déclarés hostiles à la théorie de la descendance.

En conséquence, ne peut-on pas être d'avis que le Monogénisme et le Transformisme ne sont pas si opposés qu'on le croit, et chercher à démontrer que le Polygénisme, au contraire, est opposable au Transformisme ?

— Que dit le Monogénisme ? Qu'à l'origine il a existé un seul couple humain, noir, jaune ou blanc, ayant reçu le jour sur un point du globe, couple dont des descendants, à la suite d'un changement de milieu et sous l'influence de conditions nouvelles d'existence, se sont modifiés. d'où les races humaines actuelles, caractérisées principalement par la coloration de la peau, l'aspect de la chevelure et les traits généraux du visage, mais formant *une seule espèce zoolozique*.

Non, se sont écriés les polygénistes ; les divers groupes humains ainsi caractérisés ont fait chacun son entrée dans la vie d'une façon distincte, sur des points différents de la terre, dès que s'y furent réunies les conditions indispensables à son existence, ces signes extérieurs étant originels et déterminés par des conditions d'existence également originelles ; et chaque groupe constitue une espèce. En d'autres termes, il existe plusieurs espèces humaines. Donc, Hippocrate dit oui, mais Galien dit non. — De quel côté est la vérité ? — Les savants les plus éminents des deux camps sont encore impuissants à l'établir. — Jusqu'ici, on n'est en présence que de deux hypothèses, et, de part et d'autre, il s'est formulé des arguments, recevables à coup sûr, mais dénués du moindre caractère concluant. Ainsi, les monogénistes invoquent, à titre de preuve à l'appui, entre autres faits d'ordre matériel, les modifications organiques que nous connaissons, sans pouvoir les montrer s'accomplissant, à l'heure actuelle, chez l'homme noir, et le transformant en homme blanc, et réciproquement, en dehors de toute fusion de sang. — D'autre part, le Polygénisme invoque, entre autres arguments, cette non-transformation du noir en blanc ou du blanc en noir, sans toutefois pouvoir contester ces modifications, surtout sans présenter des faits, non pas rendant probable, mais attestant l'apparition successive ou simultanée et isolée de chaque groupe. — De sorte que la solution du problème reste toujours plongée dans les profondes obscurités de l'inconnu.

Quoi qu'il en soit, s'il est quelque chose que cette interminable controverse est venue placer dans un jour lumineux, c'est bien la bizarrerie de l'esprit humain, qu'elle s'abrite sous les pans de la redingote ou se cache sous les plis de la soutane. — Qui eût dit, en effet, que les apôtres actuels de la religion catholique, apostolique et romaine, partiraient dans la suite en guerre contre le Transformisme, duquel devrait pourtant se réclamer le Monogénisme en harmonie avec la doctrine biblique? — Cette religion n'enseigne-t-elle pas, d'après la *Genèse*, que Dieu, à l'origine, ne créa qu'un Adam et qu'une Ève de qui sont issus tous les humains? Et que soutient le Transformisme? Qu'à l'origine, il n'y a eu qu'un couple duquel sont issues, par voie de modification, toutes les races existant actuellement. C'est ce que la théorie de la descendance est obligée d'admettre, sous peine de ne pouvoir soutenir que les espèces, parmi les bêtes, viennent les unes des autres, les singes occupant la tête des séries, et de renoncer à l'espérance d'arriver un jour à prouver que l'espèce humaine est le résultat de la transformation du singe, du chimpanzé, selon Lamarck, du gorille, d'après d'autres savants.

Cela établi, le Transformisme ne doit-il pas, à un moment donné, se trouver, conformément à la *Genèse*, en présence d'un seul couple humain ?

Au surplus, Lamarck n'a jamais contesté le point de départ de la Bible. Plusieurs de ses admirateurs, actuels surtout, lui reprochent même de n'avoir pas rompu en visière avec la religion. Quant à Darwin, en donnant libre essor à ses idées, « il a, au dire même d'un polygéniste, M. Gumplowicz, recommandé sa théorie à ses compatriotes comme ne contredisant pas la religion ».

Il est néanmoins un point qu'un esprit superficiel pourrait vouloir poser comme constituant une différence capitale entre le Transformisme et la doctrine biblique, et qui consisterait à dire que la *Bible* a fait surgir son couple primitif directement du limon, alors que le Transformisme tire le sien d'un être purement animal, d'un singe. — D'accord ! Mais ce couple de singes, à la recherche de l'élément primordial d'où il vient, le trouvera-t-il, après avoir rencontré sur son passage des formes multiples, inférieures à la sienne et dans lesquelles il s'est partiellement reconnu, le trouvera-t-il, finalement, dans la matière inorganique, dans ce même limon ? Assurément, répondent les transformistes, car c'est cette matière qui a fourni la première forme en laquelle s'est incarnée la vie organique dont l'intensité a été augmentant sans cesse, à mesure qu'elle se manifestait dans une forme plus complexe, plus parfaite, pour arriver à la dernière, c'est-à-dire à celle de l'homme, où elle s'est, enfin, révélée absolument consciente d'elle-même[1].

Le Transformisme, comme on voit, suit une méthode analytique et déductive, en cherchant l'origine de l'homme, tandis que Moïse, du haut de la célèbre montagne du Sinaï, saute à pieds joints sur le limon, sur l'élément initial, sans daigner porter un regard dans les entrailles des plus anciennes gorges, des plus anciennes vallées et dans le bas-fond des gouffres jonchés de débris de toute sorte, autant de pages éloquentes et intégrantes de l'histoire de l'*espèce humaine*.

Si l'on excepte sa méthode, puis la main ayant accompli l'œuvre, — ce qui, d'ailleurs, ne saurait constituer une différence fondamentale — l'explication du Transformisme concorde donc avec celle de la *Bible*, de la religion catholique, apostolique, etc. C'est aussi ce qui établit avec la dernière évidence que la théorie des monogénistes et la doctrine de Lamarck ne s'excluent pas, comme on veut bien le dire. Tel est, du reste, le sentiment exprimé par nombre de transformistes, entre autres Haeckel qui, concevant un Monogénisme large, s'exprime ainsi, ayant exposé les observations par lui réunies : « D'après les recherches généalogiques qui précèdent, il est certain que l'opinion monophilétique (du Monogénisme[2]), dans son sens le plus large, en tous cas, est la plus exacte. En effet, à supposer même que, plusieurs fois, il

[1] A ce propos, on peut lire les lignes suivantes dans l'ouvrage de M. Oscar Semidt, intitulé *De la Descendance et du Darwinisme* : « Il y a un grand nombre de milliers de mètres cubes de fonds marins qui se composent d'un limon visqueux au toucher. Ce limon est formé partiellement de parties inorganiques dont la nature terreuse ne peut faire l'objet d'aucun doute, partiellement de corpuscules calcaires de forme particulière, d'une nature peut-être encore douteuse : enfin, ce qui est l'essentiel, d'une substance albuminoïde qui vit. Ce limon vivant est ce qui a reçu le nom de *bathybius*. » — p. 23. — Ce nom a été imposé à la matière par Haeckel.

[2] Par opposition à la doctrine polyphilétique.

y ait eu transformation de singes anthropoïdes en hommes, ces singes-là eux-mêmes se rattacheraient les uns aux autres par l'unité de l'arbre généalogique de tout l'ordre des singes. »

Voilà donc un transformiste nettement monogéniste.

Le polygénisme, qui veut, au contraire, qu'il y ait eu, dès le commencement, des espèces distinctes, ne va-t-il pas plutôt à l'encontre du Transformisme comme de la *Bible*, puisqu'il ne s'inquiète nullement de la question des modifications successives et de la filiation sanguine ? — En sens opposé, le Monogénisme et le Transformisme reconnaissent tous les deux ces modifications et cette filiation, expliquant celles-là par l'influence des milieux. Je trouve donc plus logique de rattacher le premier au second. Oui, c'est le Monogénisme qui est recevable à se réclamer du Transformisme. Pourtant ce fut Cuvier en personne qui, se posant en champion à la fois de la science et de la religion, entreprit de combattre, combattit à toute outrance et vainquit le Transformisme naissant.

De plus, des représentants les plus autorisés de l'Eglise romaine condamnent sans pitié le Transformisme, tandis qu'ils n'ont jamais pensé à fulminer l'anathème contre Cuvier, simplement parce qu'il voyait une intervention divine dans ses découvertes les plus scientifiques, en dépit des démentis formels et indirects qu'elles infligeaient aux idées reçues en matière de religion.

L'un des ouvrages les plus remarquables écrits en vue de la défense de la *Genèse* est celui de M. Lavaud de Lestrade, prêtre de Saint-Sulpice, professeur de sciences au grand séminaire de Clermont-Ferrand. — Son livre a reçu l'approbation du chef suprême et infaillible de l'Eglise et celle de nombreux archevêques et évêques. L'auteur, afin « de combattre le Transformisme sous toutes ses formes », cite souvent « l'éminent naturaliste Cuvier », pour me servir de ses propres termes ; il le défend même parfois contre les transformistes, en déclarant que « son autorité incontestable restera toujours bien au-dessus de leurs critiques intéressées ».

En se rangeant du côté de Cuvier, les adversaires du Transformisme s'aperçoivent-ils que la doctrine de Lamarck ne détruit nullement le principe de la *Genèse*, puisque tous les deux partent d'un couple primitif et font sortir l'homme, en dernière analyse, de la matière inorganique ?

— Que pourraient ici répondre certains défenseurs de la Foi ? — je n'en sais rien. Ce qu'il m'est possible d'affirmer, c'est la

haine invétérée du gros de leur armée contre le Transformisme
actuel.

Au bout du compte, le fond du débat est ceci que, pour
Cuvier, les espèces ont été créées par Dieu, d'une façon distincte
et immuable, alors que pour Lamarck il n'y a eu d'abord qu'un
type dont procèdent toutes les espèces, ce qui fait que l'espèce
humaine est le produit de la transformation lente d'une espèce
animale, d'un singe.

— Je demande au lecteur étranger, désireux de considérer
d'autres faces de cette étrange contradiction de la science et de
la religion, la permission de le référer au chapitre iv du livre
De l'Égalité des Races humaines, ouvrage d'un de mes plus
distingués compatriotes, M. A. Firmin, esprit d'une richesse
littéraire, d'une pénétration et d'une érudition dont s'énorgueil-
lirait quelque pays que ce soit du monde civilisé. M. Firmin est
un des Haïtiens qui font le plus d'honneur à Haïti, à la race
noire et à l'Humanité.

Au début de la controverse, quand des intéressés demandaient
le mot final de chacune des deux doctrines, les monogénistes
répondaient : « Le Monogénisme aboutit à l'égalité originelle, intellectuelle et morale des hommes et favorise la propagation
parmi eux du principe de la fraternité universelle, tandis que le
Polygénisme, rejetant toute filiation, se prête de lui-même à la
justification de l'inégalité au sein de l'humanité. » — Dès ce
moment on vit naître une troisième doctrine, intermédiaire, formulée par des polygénistes philanthropes, laquelle, tout en se pro-
nonçant pour l'apparition de nos groupes en question sur plusieurs
points ou sur un seul point du globe, mais d'une façon distincte,
successivement ou simultanément, d'ailleurs, admet cependant
aussi leur égalité originelle, intellectuelle et morale, leur identité constitutionnelle étant de tout point incontestable. C'est l'unité
de plan d'organisation d'Agassiz. — Parmi les savants, les philosophes, et même les théologiens ayant adopté cette autre manière
de voir, nous nommerons Alex. Humboldt, Waitz et Pfleiderer. —
« Nous faisons, dit le premier, plus qu'affirmer l'unité du genre
humain ; nous nous inscrivons en faux contre toute désagréable
croyance à la supériorité de certaines races, à l'infériorité de certaines autres. » — Et, ultérieurement, le philosophe se montre
polygéniste, en déclarant que, « dès l'antiquité la plus reculée,
dans les plus lointains de l'horizon de la science véritablement historique, nous apercevons déjà, simultanément, plusieurs

points lumineux, centres de civilisation, rayonnant les uns sur les autres [1]. »

Tel est, en raccourci, le Monogénisme à l'encontre du Polygénisme. Le peu que j'en ai dit suffit, je pense, à montrer que ce sont deux théories revêtues d'un caractère absolument hypothétique et renfermant, partant, des opinions qui ne sont aucunement utiles à mon sujet. Ce qu'il m'importe d'enregistrer, ce sont les faits de la lutte pour l'existence scientifiquement formulés, puis leur cause et leurs conséquences.

Il nous sera, certes, avantageux, lecteur, de ne pas ignorer plus tard qu'il existe une race blanche, une jaune et une noire. Quant à l'énigme dont le sens serait de dire si elles ont une origine commune ou si elles sont originairement distinctes les unes des autres, elle n'apportera aucun élément pondérable dans la question de la concurrence vitale. Laissons donc dans le silence de l'X introuvable ces deux embryons ennemis et retournons à l'adaptation au milieu.

A part le milieu dont nous avons jusqu'ici parlé, il en est un autre, d'une importance aussi grande, à l'influence duquel se trouvent de même soumis plusieurs êtres du règne animal. Cet autre milieu est, peut-on avancer, d'un ordre purement moral. C'est à lui que Brehm — dans son énumération des éléments du milieu — donne le nom de *domesticité* ou *d'état de liberté*. — Outre le milieu physique avec lequel l'organisme des êtres, en général, doit être constamment en rapport et en harmonie, afin que les actes vitaux aient lieu régulièrement, il est, en effet, pour beaucoup d'individus du règne animal, un milieu d'ordre moral, correspondant à diverses facultés de même ordre qu'ils ont reçues de la nature, lesquelles ont leur siège dans le système cérébral. — Au moyen de ces facultés, l'être parvient à se faire une conception des circonstances et des phénomènes variés qui se produisent autour de lui, conception qui sera en proportion du degré de développement des organes cérébraux. De plus, ces facultés permettront à l'être de se tracer une ligne de conduite comme ramifiée et dont chaque ramification répondra à une situation donnée, pouvant se manifester, par intervalles, dans le cours de l'exis-

---

[1] *Kosmos*, t. I, p. 382 ; t. II, p. 116.

Les conclusions de MM. Waitz et Pfleiderer étant semblables, nous nous contenterons de renvoyer à leurs ouvrages. Pour M. Waitz, *Anthropologie*, t. I, p. 22 ; Pfleiderer, *De la Religion*, etc., t. I, p. 288. — Enfin, ajoutons que cette troisième doctrine est largement exposée, avec addition de vues nouvelles, dans le livre de M. A. Firmix, ch. IV, § 7.

tence. La situation vient-elle à se compliquer? Il modifiera, en conséquence, sa conduite, et toujours selon le degré de perfection du système cérébral. Enfin, grâce à l'organisation du cerveau, centre des impressions sensitives, l'être sera accessible à la joie et à la peine, aura le don du raisonnement tacite, de la perception intime, de la compréhension, du discernement, de la mémoire, de l'imitation; en un mot, il aura toutes ces facultés d'ordre moral dont la plupart, cultivées, atteignent parfois chez la bête un développement notable, montent, chez l'homme, au plus haut point possible de perfection, et sont susceptibles de se transmettre, par voie d'hérédité, à l'instar des caractères physiques, dans l'espèce humaine aussi bien que chez les bêtes occupant des degrés supérieurs de l'échelle.

Habituées à vivre à côté soit de leurs congénères, soit d'animaux d'espèces différentes de la leur, certaines bêtes, par ces facultés, arrivent à la longue à concevoir, relativement aux êtres qui les entourent, une façon morale de vivre, façon dont elles ne se départissent pas, tant qu'elles restent dans leur voisinage ou leur société, dans leur milieu. Mais viennent-elles à se trouver parmi d'autres êtres ayant des mœurs différentes, une façon morale de vivre autre que celle avec laquelle elles se sont déjà familiarisées? ces bêtes seront gênées dans leur existence, car l'équilibre moral obtenu auparavant est rompu.

De là, lutte inconsciente entre les idées acquises sur les conditions morales de la vie et les idées nouvelles, opposées parfois, que le milieu nouveau tend à imposer. — En face d'un tel état de choses, l'individu, incapable souvent d'échapper à ce milieu pour lui une cruelle entrave, perd d'abord tout sens moral, puis, ne se sentant plus de goût pour la vie matérielle, cesse de se nourrir, languit, et finalement meurt.

Cependant, il s'accomplit quelquefois chez lui une véritable modification cérébrale, impossible à contrôler, qui l'adapte à son milieu nouveau, modification qu'il lègue à ses descendants, sauf une réaction de l'atavisme[1]. — C'est précisément ce qu'on peut observer chez les animaux que l'homme réussit à domestiquer. Vivant à l'état sauvage, ils fuient, à la vue de l'être humain ou au son de sa voix, se mettant sur la défensive, dès qu'il fait le

---

[1] L'atavisme est la propriété qu'ont les êtres organisés de ne pas hériter des caractères de leurs auteurs ou de ne pas présenter une physionomie originale, mais d'apporter en naissant un état ayant appartenu à un de leurs ancêtres les plus reculés.

mouvement de porter sur eux une main même amie, une main secourable. Au contraire, astreints à demeurer dans notre voisinage, dans notre société pendant un certain temps, ils finissent par s'habituer, par se familiariser avec nous, reconnaissant notre voix, courant vers nous à notre appel, tremblant à nos moindres paroles de menace, se montrant sensibles aux manifestations de notre contentement comme aux caresses que nous leur faisons, partageant visiblement parfois nos peines et nous demandant même, à leur manière bien entendu, aide et protection, quand un danger les menace.

Ce phénomène — qui, de prime abord, paraît étrange chez l'animal — n'est autre chose que le résultat d'une modification cérébrale et d'une adaptation plus ou moins complète à notre milieu moral.

Au chapitre consacré à l'association entre l'homme et la bête, nous verrons des exemples nombreux de ce genre d'adaptation.

Dans tout ce qui précède, nous n'avons parlé que de l'adaptation de l'organisme au milieu ambiant. Reste donc à exposer des cas de changements apportés dans le milieu par les êtres organisés, en vue de l'adapter à leurs besoins. Nous nous en expliquerons ultérieurement.

XI

CONSTRUCTIONS DÉFENSIVES CONTRE LES INFLUENCES FUNESTES DU MILIEU PHYSIQUE

Ainsi, nous venons de voir que, pour échapper aux causes nombreuses de destruction qui les entourent, les êtres organisés subissent des modifications organiques.

Cependant, en vue de s'assurer une existence aussi longue que possible, ils n'attendent pas que des modifications s'accomplissent dans leur organisme. La plupart sont, d'ailleurs, inconscients de ces changements. D'un autre côté, si elles devaient demeurer dans une passivité absolue, laissant à la nature le soin de pourvoir seule à leur salut, plusieurs espèces auraient succombé au

fur et à mesure des changements survenus dans le milieu physique, les individus n'étant pas d'une constitution assez robuste
pour attendre, sans danger, qu'ils se modifiassent à leur tour.

En outre, comment ceux du règne animal parviendraient-ils
à conserver la vie de leur progéniture qui, le plus souvent, vient
au monde dans un état de nudité complètement incompatible

Fig. 13. — Nid de républicains.

avec l'état du lieu de naissance, et si faible que tout effort de sa
part pour se protéger elle-même eût été peine perdue?

Afin de parer à d'aussi graves inconvénients, les uns alors ont
recours à des moyens protecteurs qu'ils se créent, tandis que
d'autres cherchent une protection dans des abris que la nature
semble avoir préparés tout exprès pour eux.

Et ici encore, tous les éléments de destruction sont prévus : l'eau, le vent, le chaud, la sécheresse et le froid.

Les *singes*, par exemple, ceux surtout appelés *nshicgombouwés*, érigent leur gîte avec des branches attachées aux arbres voisins par des lianes, le surmontent d'un toit en dôme et tassent les feuilles pour assurer l'écoulement des eaux de pluie.

Dans le même but, l'*écureuil* édifie un dôme conique avec des bûchettes, bouche l'ouverture du nid et y reste pendant des jours sans en sortir un seul instant, sa demeure étant garnie de provisions.

Il n'en est pas de même de ce petit quadrupède qui porte si bien son nom, le *paresseux*. A la moindre pluie, il se réfugie sous le couvert du feuillage et y reste des jours entiers, suspendu et tourmenté par l'eau qui tombe.

L'éloge de presque tous les oiseaux, comme architectes, n'est plus à faire. Parmi ces habiles constructeurs se signale le *gros-bec*, qui sait fabriquer une sorte de tissu imperméable pour en construire sa demeure, dont le toit forme une pente unie et saillante. Il n'y a pas de doute possible sur le but visé.

Sous ce rapport, le nid des *républicains* est aussi remarquable. M. Le Vaillant, qui a étudié cette construction, en parle ainsi : « La surface supérieure reste vide, sans être néanmoins inutile. Comme elle a des rebords saillants et qu'elle est un peu inclinée, elle sert à l'écoulement des eaux et préserve chaque habitation de la pluie ¹ (*fig.* 13). »

Souvent l'eau s'accumule et occasionne des inondations. Pour les prévenir, il faut tout un travail nécessitant parfois des combinaisons ingénieuses qu'inspire ce qu'on nomme l'art du génie ou, tout court, le génie.

Eh bien, quelques animaux font preuve chez eux d'un génie rudimentaire ; ils ont pratiqué, avant l'homme peut-être, les ponts et chaussées.

Les *termites*, entre autres, ou fourmis blanches, construisent à la partie inférieure de leur habitation des galeries s'enfonçant à plus de 1ᵐ,50 et destinées à recueillir les eaux trop abondantes, ce sont de véritables égouts (*fig.* 24).

Au lieu d'égout, les cygnes font des digues et exhaussent leurs nids de façon à défier les crues qui peuvent les surprendre.

Enfin, les digues et les canaux construits par les castors sont

---

¹ Dʳ P. Girod, *Les sociétés chez les animaux*, p. 47.

les manifestations les plus frappantes de la prévoyance des bêtes
à l'égard des envahissements des eaux.

« Ils mettent en œuvre, dit le Dr Girod, différentes espèces de
matériaux : des bois, des pierres et des terres sablonneuses..... De
la terre gâchée forme le ciment qui remplit toutes les ouvertures
et forme avec le gazon et les feuilles une masse imperméable à
l'eau qui repose sur des pilotis. Les rangs de pieux se multiplient,
et la quantité de terre apportée est telle que la chaussée s'étend
sur une surface de plusieurs mètres. Elle est taillée en talus
du côté de l'eau qui la charge, à pic du côté opposé, disposition
la meilleure pour la résistance..... Le tout est maçonné avec
solidité, et enduit avec propreté en dehors et en dedans ; il est
imperméable à l'eau des pluies et résiste aux vents les plus impétueux [1]. »

« En 1874, un Anglais, M. de Bute, fit placer une douzaine de
castors dans un enclos de quatre acres lui appartenant, en Écosse,
afin d'étudier les mœurs de ces animaux. Les castors se repro-
duisirent, travaillèrent activement à élever une digue sur la
rivière qui traversait leur enclos et construisirent une habitation
de 3 mètres de large sur 1 mètre de hauteur ; sept huttes plus
petites se groupèrent autour de celle-ci, à mesure que la colonie
s'accrut par la naissance des petits. La digue n'a pas moins de
70 pieds de long sur 8 de profondeur et 15 à 20 pieds de
largeur [2]. »

Déjà donc, les castors nous fournissent un exemple de garantie
contre le vent. A ce cas, nous pouvons ajouter celui du *bouvreuil*.
Cet oiseau, au dire du Dr de Courmelles, place l'ouverture de son
nid du côté opposé aux vents habituels de la contrée (question
d'orientation).

Quant à la chaleur, elle est l'un des plus funestes ennemis des
êtres organisés en général, quand elle va au-delà du degré sup-
portable. Aussi, quelques-uns savent-ils l'éviter adroitement.

« Les *fourmis*, dit encore le Dr de Courmelles, arrangent leurs
galeries de manière à se mettre à l'abri de la trop grande ardeur
du soleil.....

« Chez le *baltimore américain* des États-Unis du Sud, le nid est
fait exclusivement de mousses d'Espagne, les parois en sont très
lâches pour laisser circuler l'air, et il n'est garni à l'intérieur

[1] *Les sociétés chez les animaux*, p. 52, 53.
[2] Voyez dans *La Grande Encyclopédie*, l'article : « Castor ».

11

d'aucune substance chaude. Le *loriot* construit, dans les climats chauds, un nid à claire-voie [1]. »

La sécheresse, conséquence de la chaleur, ne pouvait manquer d'inquiéter des individus tels que des végétaux et des poissons vivant dans des eaux susceptibles de tarir momentanément ou, tout au moins, de diminuer considérablement pendant les chaleurs excessives. — C'est le motif qui porte les plantes à chercher toujours le sol qui peut leur offrir les meilleures conditions possibles d'humidité ou à se confectionner des organes aptes à retenir, pendant cette période, une quantité suffisante d'eaux pluviales.

Ainsi font la *dischidia raffesiana* et l'*orpin* ou *joubarbe*, que nous avons déjà nommés.

Quant aux êtres du règne animal, surtout les aéricoles et les amphibies, ils peuvent facilement combattre la sécheresse en émigrant vers les points où l'eau ne fait pas défaut. A cette occasion, nous attirerons l'attention sur un petit crustacé du genre crabe, appelé *tourlourou* ou *gécarcin*, qui mérite une mention spéciale, à cause d'une particularité qu'on lui connaît. — Il vit d'ordinaire dans l'eau, mais parfois entreprend des voyages terrestres durant lesquels un air humide lui est indispensable pour la respiration. Quand le gécarcin doit voyager, il commence par remplir d'eau des espèces de sacs qu'il possède au-dessus de ses branchies [2]. Pendant la traversée, le liquide s'épanche goutte à goutte sur les organes respiratoires et en humecte les vaisseaux. Les branchies se trouvant ainsi continuellement imbibées, l'animal aquatique peut mener une existence aérienne et circuler en bravant la sécheresse et la chaleur.

Nous savons déjà le procédé employé, dans la circonstance, par les *anguilles*, les *lepidosirens* et les *protoptères* [3].

Les abris contre le froid ne sont pas l'objet de soins moins minutieux chez les animaux, selon qu'ils ont reçu déjà de la nature une protection plus ou moins efficace. Les cas sont assez connus pour que nous n'ayons pas besoin de multiplier ici nos exemples.

La peau du *hérisson*, avec ses épines fournies, n'est pas sans avoir une certaine efficacité contre le froid ; mais cette enveloppe

---

[1] *Les facultés mentales chez les animaux*, p. 261-67.
[2] Organes respiratoires.
[3] Voir le paragraphe 9, au mot « polymorphisme ».

défensive paraît insuffisante, puisque, sur le déclin de l'automne, on voit l'animal transporter dans son gîte, placé entre les fortes racines d'une souche d'arbre, des herbes et des feuilles sèches qu'il dispose en une pelote creuse au milieu de laquelle il se couche et dort de son sommeil hivernal.

Les *baltimores* américains des Etats-Unis du Nord, contrairement à ceux du Sud, construisent leur nid, non avec des mousses d'Espagne, mais des branchettes et autres matières donnant peu de prise au passage de l'air ; et, pour être mieux garantis de la bise, tapissent l'intérieur avec du coton ou d'autres substances similaires.

Pareillement, les *loriots* des froides contrées de l'Europe rembourrent leur nid de laine et l'exposent au midi (encore question d'orientation).

« Les fourmis, a écrit le Dr de Courmelles, choisissent le plus souvent un talus exposé au soleil. Les unes creusent de petites galeries tortueuses, en arrachant grain à grain avec leurs mandibules la terre ou le sable qu'elles entassent au dehors, autour des ouvertures ; les autres vont chercher aux environs, et souvent assez loin, des brins de paille, ou de petites branches, ou de menus débris qu'elles entassent avec ordre, de manière à prolonger les galeries souterraines. Ces galeries se trouvent ainsi précédées comme par de longs vestibules, qui les mettent à l'abri, non seulement de la pluie, mais encore du froid ; et, chose étonnante, les ouvertures sont fermées et soigneusement barricadées tous les soirs [1]. »

Enfin, si nous quittons les bêtes pour considérer l'existence mouvementée de l'espèce humaine, nous nous trouverons en présence de ces constructions et de ces inventions qui sont de véritables triomphes dans la grande lutte contre l'excès des éléments du milieu et qui contribuent éminemment à justifier ce beau titre de roi de la création décerné à l'homme.

Ils sont aujourd'hui en bien petit nombre, les inconvénients de la nature qui opposent encore à l'être humain, l'être civilisé surtout dans toute la force du terme, une résistance opiniâtre ! — L'eau, le vent, l'ardeur du soleil, la sécheresse, le froid, voire la foudre, sont des ennemis désormais vaincus, pour ainsi dire.

A l'instar des bêtes que la chaleur incommode, l'homme

---

[1] *Les facultés mentales des animaux*, p. 273, 274.

s'abrite de façon à combattre sa rigueur. Indépendamment de la fraîcheur qu'il demande à l'eau et à l'ombrage, dans la circonstance, il aménage son habitation en vue des élévations trop considérables de la température. Tout le monde sait le grand usage que, sous les tropiques, on fait du bois parmi les matériaux de construction, parce qu'il est plus commode que la pierre, comme abri contre la chaleur, et oppose une plus grande résistance aux tremblements de terre. Les vêtements qu'on porte dans ces régions sont aussi faits de tissus appropriés à ce milieu. Ces tissus sont beaucoup moins serrés, moins épais et plus légers que ceux qu'on porte dans les pays à climat froid. Dans ces pays mêmes, on fabrique des étoffes d'été, de demi-saison et d'hiver.

En sens inverse, ainsi qu'a bien dit M. Novicow, « par les vêtements, les appareils de chauffage et les maisons, nous créons autour de nos corps, même sous nos climats, comme une série de petites Afriques... Si toute la terre avait le climat de l'île Taïti, jamais on n'aurait senti la nécessité de vêtements chauds et de calorifères... Si l'homme avait une toison comme les brebis, il n'aurait pas besoin de vêtements chauds.

« La création de l'outillage scientifique constitue pour nous comme l'acquisition de nouveaux organes. »

XII

AVANTAGE DE L'ADAPTATION DANS LA LUTTE
ENTRE LES ÊTRES ORGANISÉS

Nous venons de passer en revue les moyens défensifs qu'emploient les êtres organisés contre l'action destructrice des agents extérieurs.

La perpétuation des espèces est la preuve éclatante de l'efficacité de ces ressources diverses.

Mais reste une question à poser, qui est la suivante. L'adaptation au milieu joue-t-elle un rôle dans la lutte pour la vie entre les êtres organisés ? En d'autres termes, peut-on considérer, dans ces conflits, l'adaptation au moins comme un auxiliaire pouvant contribuer à assurer la victoire ?

Le doute n'est pas possible, surtout quand il s'agit de la lutte entre les individus du règne végétal.

Ici, l'avantage de l'adaptation est à envisager sous le rapport du terrain, au point de vue de l'influence atmosphérique et en ce qui concerne les agents de la fécondation.

Nous savons qu'être adapté à un milieu, c'est avoir un organisme fonctionnant régulièrement sous l'action qu'exercent sur lui les diverses circonstances que présente ce milieu.

Nous savons aussi que chaque partie du monde, que chaque région dans une même contrée, que chaque point d'un même pays offre une flore qui lui est spéciale, et que cette spécialité lui vient de la nature du sol et d'autres éléments que nous connaissons déjà.

Qu'arrivera-t-il donc lorsqu'on placera un végétal ou un groupe de plantes formant une espèce dans un terrain auquel il n'est pas habitué et à côté d'un autre végétal ou d'un autre groupe, par contre, adapté au milieu ?

Si le nouveau venu n'est point apte à se modifier pour s'harmoniser avec les conditions d'existence nouvelles auxquelles il se trouve soumis, il ne tardera pas à disparaître, après avoir vainement essayé de subsister.

Mais voyons-le, au contraire, doué d'un organisme capable de s'adapter. Alors, il entre en concurrence avec le premier occupant, concurrence qui prendra fin au profit de celui dont l'adaptation sera la plus complète.

Ainsi, « les espèces terrestres, dit M. Vuillemin, sont particulièrement adaptées à la présence ou à l'absence de chaux ; et comme la silice domine dans la plupart des terres privées de calcaire, on divise souvent les plantes en *calcicoles* et *silicicoles*.

« Le contraste de ces deux flores est saisissant à la limite de deux terrains, dont l'un est riche en carbonate de chaux, l'autre, exclusivement silicieux. »

Eh bien, dans un sol calcaire, les silicicoles, placés à côté des calcicoles, ne parviennent à vivre que s'ils sont entourés d'une protection suffisante. Et la réciproque est vraie [1].

M. Vuillemin dit encore : « Deux plantes très voisines de la flore des Alpes, l'*achillea moschata* et l'*achillea atrata*, se rencontrent isolément sur les terrains les plus variés ; se trouvent-elles en présence ? la première résistera seule, si le sol est schis-

____
[1] Voir le chapitre v. § 1.

teux ; la seconde, au contraire, défiera toute concurrence sur les sols calcaires...

« La *fougère aquiline*, la *bruyère*, le *genêt à balais*, le *châtaignier*, révèlent presque à coup sûr la présence de la silice, et l'on ne parvient pas à les faire prospérer, malgré les soins les plus assidus, sur un sol riche en chaux...

« Le *funaria hygrometrica* ne prospère que sur les murs ou sur les ronds de charbonnier, dans les bois, en un mot sur les sols les plus ingrats, tandis qu'il abandonne les bons terrains aux espèces plus robustes qui ne sauraient se maintenir à la place qui lui convient. »

C'est principalement entre plantes cultivées et plantes sauvages, entre plantes indigènes et plantes exotiques que la concurrence vitale a lieu de la manière la plus manifeste. Personne n'ignore, en effet, que la plante sauvage, la mauvaise herbe, l'*ivraie* par exemple, vient facilement à bout des céréales.

« Dès qu'une *station artificielle* est rendue aussi favorable que possible à une plante cultivée, on peut défier les mauvaises herbes ; les plantes primitivement établies sur le terrain n'y trouvent plus de conditions favorables... Tant que les amendements n'ont pas trop altéré le sol, chaque plante y est l'objet d'une sélection et délivrée d'une foule de dangers qui ne lui permettraient pas de résister à ses rivales, si elle était abandonnée à elle-même [1]. »

Entre des individus ou des espèces indigènes et exotiques, le même fait se produit.

D'ordinaire, accoutumée au terrain de son pays, adaptée mieux qu'une étrangère à cette station, l'indigène n'y rencontrera pas la même concurrence qu'elle rencontrerait si elle se fût trouvée dans une autre contrée, même dans le cas où le milieu nouveau lui eût offert en quantité suffisante les éléments nécessaires à ses besoins vitaux, mais différents de ceux de sa patrie.

« Le *bluet*, la *nielle*, le *coquelicot*, d'origine étrangère, ne sauraient soutenir, sur les terres en friche, la concurrence avec les espèces indigènes bien adaptées à ces stations [2]. »

Cependant, rencontrant sur le sol étranger des conditions analogues à celles que lui offrait le sol de la patrie, l'exotique « peut se trouver bien mieux adaptée à sa nouvelle demeure que les

---

[1] VUILLEMIN, *Biologie végétale*, p. 330-33.
[2] *Id.*, p. 333.

espèces qui la peuplaient jusque-là [1]. » Alors, il est hors de doute que la victoire lui restera.

C'est ici l'occasion de rappeler l'*elodea canadensis* et l'*azolla caroliniana*, plantes venues d'Amérique en Europe, qui se sont emparé des lieux qu'elles occupent, à l'exclusion des espèces indigènes.

Les cas que nous venons de citer étant relatifs au terrain, l'adaptation peut être rapportée, en dernière analyse, aux substances alimentaires. Mais l'adaptation à d'autres éléments du milieu et les avantages qu'en tire une plante ou une espèce décident également de son sort dans la concurrence vitale.

Il en est ainsi de l'adaptation aux conditions thermiques.

On a, en effet, observé que son influence favorise aussi certaines plantes qui y sont mieux adaptées que d'autres, comme quelques *algues* le prouvent.

Ainsi, « tandis que les algues vertes, ou glauques, abondent dans les niveaux superficiels de l'océan, aussi bien que dans les eaux douces, elles cèdent la place, dans les grandes profondeurs, aux algues brunes, et, plus bas encore, la végétation comprend exclusivement des espèces rouges du groupe des floridées. Ce phénomène est une adaptation à l'action du soleil..... Dans la grotte *del Turno*, M. Falkenberg a constaté la disparition des plantes vertes et bleues d'abord, puis des algues brunes à mesure qu'il pénétrait vers la partie sombre ; au fond de la grotte, il n'y avait plus que des floridées. — Cette observation démontre que la répartition des algues pourvues des divers pigments n'est pas déterminée par la pression ou par toute autre influence, mais simplement par l'adaptation à la radiation solaire [2]. »

Enfin, tel agent de la fécondation permettra à telle espèce de l'emporter dans la concurrence vitale, selon que ses représentants y seront adaptés. C'est ce qui arrive souvent pour les plantes entomophiles et anémophiles.

« Dans un travail étendu sur les espèces de la flore arctique, M. Warming a montré récemment que, dans les régions polaires, comme le Groenland et le Finmark, la proportion des espèces anémophiles — à l'égard des espèces entomophiles — est plus forte que dans les zones tempérées ; elle atteint son *minimum* dans les contrées équinoxiales », où dominent les entomophiles.

---

[1] *Id.*, p. 335.
[2] VUILLEMIN, *Biologie végétale*, p. 164, 165.

Il ressort de cette observation que les anémophiles, ayant leur organe adapté au vent pour la fécondation, l'emportent, dans les régions polaires où les insectes fécondateurs sont rares, sur les entomophiles qui, au contraire, adaptées aux insectes, sont en plus grand nombre que leurs rivales dans les zones équinoxiales où les vents sont généralement faibles et peu fréquents.

« Les plantes donc, comme dit M. Vuillemin, exercent les unes sur les autres une influence indirecte, et les mieux adaptées coupent les vivres à celles qui le sont moins bien ; elles se font une guerre économique, dont les résultats ne sont pas moins graves que ceux des plus sanglantes batailles... Il est donc vraisemblable que c'est par une lente adaptation, liée à la concurrence vitale, que certaines plantes sont devenues les hôtes exclusifs de tels sols[1]. »

L'adaptation au milieu est de même un auxiliaire efficace dans la concurrence vitale entre animaux.

Plaçons-nous, en la circonstance, dans l'hypothèse où se trouvent en présence deux groupes d'animaux d'espèces différentes. Les individus du groupe le mieux adapté aux conditions variées du milieu vaincront facilement les inconvénients qui les environnent et porteront des coups sûrs dans les rangs de l'ennemi, tandis que les membres du groupe adverse ne pourront pas du tout surmonter ces difficultés ou ne le pourront qu'au prix des plus grands efforts, ce qui alors rend les armes inégales. En pareil cas, on sait d'avance celui des deux adversaires auquel l'issue de la lutte doit être favorable.

On peut tirer de là l'explication de la disparition de la plupart des espèces de certaines périodes géologiques, par exemple les animaux de l'époque pléistocène ou quaternaire, qui ont disparu, ne laissant comme traces que des squelettes.

Il est ici trois cas d'adaptation qui méritent une attention particulière. Ils concernent la vue, l'ouïe et l'odorat.

On sait que ces organes sont d'autant plus utiles à l'individu que leur fonction respective s'exerce dans un rayon plus étendu.

Pour la science actuelle, la puissance d'extension de la vue se mesurerait à la puissance de contractilité des fibres du cristallin[2], tandis que la finesse de l'ouïe dépendrait du plus ou moins d'écartement entre le pavillon de l'oreille et les parois du crâne for-

---

[1] *Biologie végétale*, p. 330, 335, 336.
[2] Partie de l'œil, en forme de lentille, qui amène l'image des objets sur l'enveloppe membraneuse la plus intérieure du globe, dite rétine.

mant un angle s'étendant de 10° à 45°. Quant à l'odorat, son activité serait proportionnée à l'étendue de la pituitaire, membrane muqueuse qui tapisse les deux cavités du nez appelées fosses nasales, dans lesquelles est dirigé le courant d'air déterminé par cette série d'actes constituant l'action de flairer.

Ceci établi, « supposons, avec M. Novicow, un être dont le rayon visuel ou auditif soit de 1.000 mètres. Tout ce qui est en dehors de cette périphérie n'exerce aucune action sur ses centres nerveux, ou, en d'autres termes, reste en dehors de sa conscience. Ce n'est pas à dire, cependant, que tout cela n'exerce aucune action sur lui. Bien loin de là. Mais l'animal n'en sait rien et il ne peut réagir que pour ce qui se passe dans son rayon restreint. On peut donc dire que, adapté à un faible rayon, il est mal adapté à un grand. L'être au rayon le plus étendu aurait le plus de chance de survivre dans la lutte pour l'existence, puisqu'il pourrait voir de très loin (c'est-à-dire prévoir) tous les dangers qui viendraient l'assaillir. »

L'*autruche* peut être citée comme un modèle, quant à l'adaptation de la vue.

« Habitant des plaines complètement découvertes, sa vue perçante, dit Mayne-Reid, lui permet de voir un ennemi d'une taille bien moins grande que la sienne, à une distance où, malgré sa dimension, elle n'en est pas aperçue.

« Il est donc excessivement difficile d'approcher de cet oiseau, d'un naturel plein de méfiance [1]. »

Chez quelques bêtes, le sens de l'odorat est un auxiliaire aussi précieux que celui de la vue chez les autruches.

« La plupart des invertébrés, dit Bouillet, sont pourvus de ce sens, souvent à un haut degré ; mais le siège en est inconnu. »

Les pallahs, quadrupèdes africains du genre antilope, n'échappent le plus souvent aux griffes du lion que grâce à la délicatesse de leur odorat qui leur permet de constater l'arrivée du félin à une distance considérable, alors que, lui, il ignore encore leur présence dans le lieu vers lequel il se dirige.

Pour être plus en sûreté, les pallahs tournent, même en broutant, leur museau du côté d'où vient le vent, ce grand véhicule des odeurs.

Sous ce rapport, plusieurs oiseaux sont remarquablement doués.

« Tous les historiens racontent qu'après la bataille de Phar-

<hr>

[1] *Vacances des jeunes Boërs*, p. 76.

sale[1] les émanations putrides des morts entassés sur le sol atti-
rèrent des *vautours* de l'Afrique, qui y vinrent faire curée. Ce
qu'il y a de certain, d'après de Humboldt, c'est qu'au milieu des
plus solitaires passages des Cordillères[2], là où l'on ne suppose-
rait même pas qu'il existât des *condors*, si l'on tue un cheval ou
une vache, bientôt après, plusieurs de ces sordides carnassiers,
avertis par l'odorat, arrivent pour se gorger de ces chairs putré-
fiées[3]. »

L'adaptation de la vue et de l'odorat aux diverses circonstances
du milieu, desquelles dépend leur fonctionnement, est donc une
ressource précieuse chez des animaux. Ceux qui sont les mieux
doués ont plus de chance ou d'échapper à leurs ennemis, puisqu'ils peuvent prévoir à temps leurs attaques et prendre les précautions nécessaires pour préserver leur vie, ou de subvenir à leur
besoin de nourriture, puisqu'ils peuvent se transporter sur les
lieux les plus éloignés, où abondent les substances alimentaires,
tandis que ceux chez lesquels ces organes ne sont pas bien développés tomberont facilement sous les coups de leurs adversaires
ou mourront d'inanition, si les aliments viennent à s'épuiser dans
le lieu où ils se trouvent.

CONCLUSION. — Nous fermerons ici la liste si longue des moyens
offensifs et défensifs dont les individualités de la nature font
usage dans la grande bataille pour l'existence, soit quand elles
luttent entre elles, soit lorsqu'elles résistent aux éléments destructeurs que leur oppose le milieu ambiant.

Dans l'un et l'autre cas, les armes sont diverses et d'une puissance plus ou moins grande.

Nous avons vu en action tantôt la force physique ou musculaire,
tantôt des engins redoutables ; ici, un outillage biologique ingénieux ; là, des procédés variés, comme la faculté de sécréter un
poison mortel, de répandre une odeur exquise ou infecte. —
Quelques adversaires feront usage de stratagèmes, tendront des
embûches ou se barricaderont avec une habileté consommée.
D'autres auront le privilège de fasciner, de se donner des formes
étranges, de prendre des couleurs sombres ou éclatantes, selon
les circonstances, et tout cela en vue d'exercer la plus grande

---

[1] Aujourd'hui Fersale, et anciennement ville de la Thessalie, contrée de l'antique Grèce, où César vainquit Pompée.

[2] Chaîne de montagnes longeant la côte occidentale de l'Amérique du Sud.

[3] F.-A. POUCHET, *Mœurs et instincts des animaux*.

somme de violence possible contre un antagoniste aux dépens
duquel on veut assurer son existence. Cependant, pour donner
satisfaction à ce besoin impérieux, physiologique, le besoin génésique, les champions ne recourront pas toujours à la violence,
le triomphe ne sera pas toujours obtenu au prix du sang. — Des
qualités morales, spontanées, éveillant des émotions, remplissant
et pénétrant en quelque sorte la nature intime de l'individu, viendront influer sur le physique, tempérer l'ardeur qui le brûle
et le porte aux voies de faits. Alors, par le chant, l'étalage des
couleurs voyantes, l'emploi de procédés qui étonnent chez l'animal, le mâle cherchera à conquérir sa compagne, et la femelle de
se donner à celui des rivaux qui déploie le plus de talent ou
de grâce dans sa façon de faire, ou qui sait mieux lui en imposer
par le faste de sa beauté.

La lutte donc n'est pas toujours, même parmi les bêtes, uniquement physiologique. Son caractère... psychique, pour ainsi
dire, est parfois nettement accusé. De sorte qu'on peut soutenir
que déjà, entre les animaux, on voit apparaître des luttes où les
moyens d'attaque et de défense sont d'ordre purement moral et
pacifique.

Les forces brutes de la nature n'étant pas non plus indifférentes
à la grande et difficile affaire de se conserver la vie, nous avons
vu des individus et des espèces lutter pour vivre dans certains
milieux et parvenir à s'y maintenir, grâce à l'aptitude de leur
organisme à se modifier et à s'adapter aux conditions nouvelles
d'existence. Et, tandis que les mieux adaptés résistent, assurent
la perpétuation de leur espèce, les moins bien doués plient, pour
finalement succomber.

En fin de compte, même alors que la force règne en maîtresse
absolue, il faut cependant dire que le champ de bataille reste
toujours, non pas au plus fort, mais au plus intelligent.

C'est ce qui ressort des lignes suivantes de M. Novicow :

« La lutte pour l'existence, dit-il, produit la survivance des
plus aptes. Or, plus apte, au point de vue physiologique, est
synonyme de plus intelligent.

« En effet, que signifie l'intelligence, en dernière analyse ? —
C'est la faculté d'accomplir le plus rapidement possible certains
mouvements, nécessités par un ensemble de circonstances données... L'homme a vaincu tous les animaux, parce qu'il s'adaptait
plus vite à son milieu que les autres espèces vivantes, ou (ce qui
est exactement la même chose), parce qu'il était plus intelligent. »

Comme a fort bien dit aussi le savant M. Ed. Perrier :

« L'histoire des vertébrés met en relief un fait de très haute importance: c'est le peu d'utilité de la force brutale pour assurer la conservation de l'individu. Les gigantesques pterygotus, les énormes orthocères, les puissants ancylocères, les atlantosaurus, les iguanodons aux proportions colossales ont disparu, parce que la moyenne du cerveau de ces mammifères tertiaires était beaucoup trop faible, et, de tous les êtres, celui qui a pris possession de la nature, c'est non le plus fort, mais le mieux doué sous le rapport cérébral[1]. »

C'est l'homme[2].

[1] *Le Transformisme*, p. 330, 31.
[2] Nous verrons, dans le chapitre VIII, la description de la plupart de ces animaux qui ont précédé la venue de l'homme sur le globe ou qui ont été les compagnons de son enfance.

CHAPITRE IV

LES VAINCUS DE LA LUTTE

Nous venons de voir en action les forces dont sont douées quelques-unes des individualités qui composent ce qu'on nomme l'univers connu. Toutes ces forces constituent, peut-on affirmer, les agents sous l'influence desquels l'éternelle matière subit de continuelles transformations, en se présentant sous les formes variées de corps tantôt inorganiques, tantôt pourvus d'organes, depuis les plus simples jusqu'aux plus complexes.

De plus, nous avons constaté que tous ces éléments sont soumis à la loi fatale de s'entre-choquer, ce qui fait qu'on est sans cesse en présence de vainqueurs et de vaincus.

Mais quel est le résultat de ces chocs incessants, en ce qui concerne le plus faible ? — En d'autres termes, quel sort est réservé aux vaincus de la lutte ?

Pour répondre à cette question, un vieux Gaulois avait trouvé une expression aussi tranchante que la lame de son épée : *Væ victis !*

Oui, malheur aux vaincus !

Il n'est pas un être de la création qui, subissant une défaite et tombant au pouvoir du vainqueur, ne se soit trouvé, en fin de compte, sous le coup de cette loi fatale ; et jamais loi n'a été plus universelle : le vainqueur d'aujourd'hui sera le vaincu de demain.

Qui, ici-bas, ne rencontre toujours, en effet, un plus fort que soi ?

En peu de mots, le résultat de la lutte pour la vie sera ici ou *l'appropriation* ou *l'élimination*, qui peuvent amener l'extinction de l'espèce, même du genre ou de la famille, soit sur une partie, soit sur toute la surface du globe ; ou, enfin, la *subordination* du plus faible.

A mesure du développement du sujet, nous donnerons la définition de chacun de ces trois termes.

I

APPROPRIATION A FIN D'ACCROISSEMENT
OU DE RÉGÉNÉRATION ORGANIQUE

Par appropriation, il faut entendre le fait d'une individualité s'emparant, en les désagrégeant pour la satisfaction de ses besoins vitaux, des substances constitutives d'une autre individualité. — Il y a, par conséquent, ici, anéantissement complet d'une entité au profit d'une autre entité.

L'appropriation se présente sous trois aspects que, dès maintenant, il importe de mettre en lumière.

Quand des éléments constituants du vaincu sont employés uniquement à accroître ou à régénérer ceux du vainqueur, on dit que l'appropriation est à fin d'accroissement ou de régénération organique.

Lorsque, au contraire, le vainqueur s'en sert pour satisfaire un besoin tout autre, l'appropriation est simplement à fin de service.

Enfin, l'appropriation peut être générale. Elle l'est, si le vaincu, à la fois, sert d'aliment au vainqueur et, d'une façon quelconque, satisfait chez celui-ci un besoin autre que le besoin d'accroissement ou de régénération. — En tout cas, appropriation implique destruction d'une individualité, en vue de la satisfaction immédiate d'un besoin.

Dans l'appropriation à fin d'accroissement ou de régénération, se trouve ce qu'on nomme *absorption*, qui est l'action d'un corps laissant ou faisant pénétrer en ses éléments un autre élément venu du dehors.

L'absorption est ou physique ou physiologique, selon qu'elle a lieu au sein d'une individualité inorganique ou organique.

La lutte pour l'existence dans un but d'absorption a précédé toutes les autres formes de la lutte au milieu de la création.

Absorber avant d'être absorbé est la première formule du grand problème de la vie, qui s'offre dans l'univers connu et qui s'applique à tout ce qui en fait partie.

M. Jacolliot — en cela l'interprète fidèle de la nature et de la science — y voit une loi d'un ordre aussi naturel, aussi absolu que les lois de la pesanteur et de la gravitation universelle.

« La loi, dit-il, qui préside fatalement à la *constitution* et au *développement de tous les corps* et de *tous les êtres organisés*, nous la formulons ainsi : l'absorption entre eux de tous les corps, de tous les éléments qui composent la matière, en raison directe de leur masse et de leur degré de puissance. »

Nous savons, en outre, que — la période d'accroissement étant achevée — pour conserver sa constitution actuelle aussi longtemps que possible, une individualité est obligée de réparer les pertes qu'elle éprouve du fait de l'action des forces destructrices qui l'entourent, en fournissant sans cesse des matériaux nouveaux à ses éléments constituants. C'est la régénération organique.

Mais où peut-elle trouver ces matériaux réparateurs, si ce n'est chez d'autres individualités qui en possèdent d'identiques aux substances dont elle est composée?

L'immortel auteur du *De Natura Rerum* a donc exprimé un principe vrai dans ces paroles profondes : « Si, dit-il, une nourriture solide, détrempée dans une boisson salutaire, ne nous soutient, nos membres s'épuisent bientôt, et le sentiment s'éteint dans tous les ressorts de la machine. Il faut à l'homme, *ainsi qu'à tous les autres corps*, des aliments propres à la nourriture, et si, dans cet univers, la moitié des êtres vit aux dépens de l'autre, c'est que chacun renferme en soi des principes communs à plusieurs [1]. »

La science moderne ne pourrait mieux dire.

Essayons maintenant de démontrer que Lucrèce a exprimé un principe vrai, universel, s'appliquant au monde organique aussi bien qu'au monde inorganique.

En ce qui concerne les individualités inorganiques, les molécules, les nébuleuses, les minéraux et les corps célestes ne se sont constitués que par l'application de la loi de l'absorption.

« Une force que nous appelons force de cohésion, dit M. Novicow, résultante des mouvements possédés auparavant par les unités composantes, tend à conserver la permanence des groupes. La cohésion et l'action des chocs extérieurs sont deux phénomènes universels, parallèles et simultanés. »

La cohésion peut se constater dans cette première alliance atomique qu'on nomme masse moléculaire.

En observant le résultat de la lutte entre les molécules, on a reconnu qu'exerçant une influence les unes sur les autres, elles tendent à accroître leurs éléments constitutifs. — Comment par-

---

[1] LUCRÈCE, *De Natura Rerum*, livre Ier.

viennent-elles à cet accroissement ? — En attirant à elles et en absorbant les matières cosmiques qui les entourent. — Ce qu'il importe ici de remarquer, c'est ceci que le plus souvent une masse moléculaire ne s'accroît qu'en désagrégeant une autre masse dont elle absorbe les substances.

A mesure que celles-ci sont absorbées, le centre d'attraction de la masse la plus forte augmente de volume. Alors se forme la masse plus étendue connue sous le nom de nébuleuse.

Constituée, la nébuleuse, à son tour, continue l'œuvre de l'absorption, en luttant contre la nébuleuse voisine, si celle-ci déploie une force attractive moins intense que la sienne.

En effet, la nébuleuse qui, grâce à sa force d'attraction, arrive à s'agréger, à constituer un amas plus dense et plus étendu que la masse moléculaire devenue désormais un noyau, continuant son évolution au milieu des matières cosmiques, attire à elle et absorbe toutes les molécules provenant de sa rivale et qui pénètrent dans le rayon de son attraction.

A mesure que s'accomplit l'absorption de ces éléments, la nébuleuse en progrès augmente de volume, parcourt des trajectoires de plus en plus fermées et, après un temps dont on ne saurait fixer d'avance l'étendue, arrive finalement à constituer un corps solidifié, un monde, un corps céleste.

Ce point, comme dit M. Jacolliot, est à l'abri de toute discussion.

Avant de considérer l'absorption quant aux corps célestes, voyons ce qui se passe au sein de la nébuleuse destinée à devenir notre globe terrestre, au moment où ont lieu les chocs entre les gaz internes et où commence le refroidissement de sa première écorce.

Nous savons que ces gaz, s'enflammant sous l'action de la chaleur que les rayons solaires communiquent à la nébuleuse, s'entrechoquent. Ici encore, le résultat final des chocs est une absorption. C'est, en effet, à la suite de l'absorption de certaines matières par d'autres que se sont formés tous les minéraux que nous connaissons et les métaux à l'état libre dans l'intérieur du noyau en fusion. Ceux-ci, à leur tour, luttant contre l'oxygène venu du dehors, l'ont absorbé pour donner naissance aux oxydes.

C'est également à l'absorption de l'hydrogène par l'oxygène que l'eau doit son existence[1]. Enfin, l'analyse a établi que les matières

---

[1] Sous le rapport du poids, l'eau se compose de 11,11 d'hydrogène et de 88,89 d'oxygène.

en fusion au centre de la nébuleuse, repoussées au dehors lors de la constitution des premières époques géologiques, et répandues à l'état de laves à la surface de la primitive écorce terrestre, ont absorbé l'air et l'eau et se sont transformées en granit, en porphyre, en diorite, en serpentine, et la plupart des roches de notre planète.

Une absorption peut encore avoir lieu au sein d'un corps céleste.

Supposons, par exemple, qu'un corps nouveau pénètre dans la sphère d'attraction de notre système solaire. Dans l'hypothèse, un de ces deux cas se produira : ou ce corps sera assez solidement constitué pour échapper à une dissociation de ses molécules, ou son faible degré de cohésion ne lui permettra pas de résister à une action dissolvante. La dernière circonstance se présentant, c'est-à-dire le corps nouveau étant le plus faible, il sera désagrégé et certains de ses éléments seront absorbés par celle des unités de notre système dont la force attractive s'exerce avec le plus d'intensité [1].

En sens inverse, ce corps pourrait bien être doué d'une puissance supérieure à celle de toutes les unités de notre système. Dans cet autre cas, celle d'entre ces unités qui aurait subi le choc, vaincue, cesserait d'être une individualité astronomique, après avoir vu sa masse, désagrégée, abandonner en partie ses substances constitutives à son vainqueur, pour être absorbées.

Telle est l'application de la loi d'absorption dans le monde sidéral et dans le règne minéral.

Cette loi, avons-nous dit, s'applique aux corps inorganiques aussi bien qu'aux êtres organisés. Cependant il faut observer que, chez l'être vivant, l'appropriation à fin d'accroissement ou de régénération est complexe. Son dernier terme est l'assimilation.

Sans nous y étendre, disons, avec le célèbre physiologiste Ch. Robin, que « l'assimilation est ce phénomène physiologique par lequel une espèce de corps qui a pénétré moléculairement dans l'organisme par une voie quelconque s'unit et devient semblable à la substance de celui-ci et participe aux actes qu'elle accomplit ».

L'appropriation à fin d'accroissement ou de régénération embrasse ici cet ensemble d'actes, parmi lesquels entrent l'absorption et l'assimilation, connu sous la dénomination de nutrition.

[1] Voyez, à cet égard, ce que dit M. Ed. Perrier, dont nous avons rapporté un passage dans notre chapitre IV, § 2.

En effet, « le nom de nutrition a été donné, dit M. Jacolliot, à cette série de fonctions par lesquelles les animaux entretiennent, réparent et augmentent toutes les parties organiques qui composent leur corps.

« Tous les êtres organisés *s'approprient*, s'assimilent sans cesse des substances étrangères, et rendent constamment à la circulation extérieure des portions de leur propre substance. Tant que dure ce mouvement d'assimilation, conservateur et réparateur, la vie persiste dans l'individu, et il n'opère au règne inorganique que des restitutions partielles. »

L'absorption, dans le règne végétal et dans le règne animal, a lieu de deux façons : ou elle se fait instantanément, avant ou après le cessation complète de la vie du vaincu ; ou elle s'accomplit de son vivant, mais lentement, dans un intervalle plus ou moins long et est alors suivie de la mort du vaincu.

C'est la seconde façon qui est employée dans le parasitisme qui tue.

Quel que soit le cas, il s'agit toujours d'absorption ; et pour qu'elle ait lieu, il suffit que le vainqueur, en quête de la matière capable d'entretenir l'activité de son organisme, la trouve à l'état absorbable et assimilable dans les éléments constituants du vaincu.

Quels éléments concourent à constituer l'organisme, par exemple, des végétaux ?

Ce sont l'azote, le carbone, l'oxygène, l'hydrogène, comme composés albuminoïdes, auxquels s'ajoutent le phosphore, le soufre, le chlore, le silicium, le potassium, le calcium, le magnésium, le fer, enfin « certains corps indispensables en quantité si faible, qu'ils rentrent dans les valeurs considérées comme négligeables dans les analyses chimiques ordinaires[1] ».

En vertu du principe préétabli, des végétaux absorberont donc d'autres végétaux pour accroître ou réparer leurs parties organiques, bien que, pendant longtemps, on mit en doute la question de savoir si le mode de leur alimentation était le même que celui des animaux, c'est-à-dire s'il y avait absorption chez les individus des deux règnes organiques.

Aujourd'hui, nulle différence, sous ce rapport, n'est admise entre ces deux catégories d'êtres : animaux et végétaux se nourrissent et doivent se nourrir par absorption.

D'ordinaire, c'est directement du sol et de l'atmosphère que

---

[1] VUILLEMIN, *Biologie végétale.*

les végétaux tirent les substances alimentaires, mais les cas d'absorption de plantes par d'autres plantes ne sont pas rares. — Citons-en quelques-uns :

« Le parasitisme est la forme la plus âpre de la lutte pour l'existence, celle où l'expression se justifie dans toute sa rigueur.

« Parfois le parasite épuise sa victime sans merci jusqu'à la mort [1]. »

C'est ainsi que procède la *cuscute*, à l'égard de l'*ortie*, du *lin* et de la *luzerne*, qui doivent pourvoir entièrement à sa subsistance. Afin d'absorber la substance de ses victimes, le parasite applique des suçoirs sur leurs tiges et leurs feuilles vertes. « Aucune racine absorbante, dit M. Vuillemin, ne succède au pivot rapidement détruit, aucune feuille verte ne leur procure directement le carbone de l'atmosphère. »

« La phosphorescence du bois et des feuilles, dit le même auteur, est due parfois à une décomposition et à la présence des microbes qui en sont l'agent ; mais souvent aussi elle a pour origine des filaments appartenant à de grands champignons. Le corps lumineux des champignons se présente comme de minces cordons ramifiés, formés d'un feutrage de tubes mycéliens, semblables à de délicates racines, que l'on désigne pour ce motif sous le nom de rhizomorphes. Les rhizomorphes s'insinuent sous l'écorce des arbres, dont ils peuvent amener la mort. »

Bien d'autres plantes absorbent le suc de leur victime.

Ainsi, des *cryptogames* et des *algues* rongent jusqu'à la mort les tissus des *drosères*, des *népenthès* et des *dionées*.

« On ne trouvera peut-être pas beaucoup moins extraordinaire, dit M. Vuillemin, qu'une moisissure devienne la proie d'autres moisissures, et c'est pourtant un fait bien commun. Ici, l'influence est unilatérale et non réciproque... M. van Tieghem assure que les spores du *piptocephalis arhiza* ne germent bien qu'en présence d'un semis de *pilobolus, mucor* et genres voisins... Il m'est même arrivé, ajoute M. van Tieghem, de deviner, au seul aspect de ces tubes germinatifs, la présence, dans la goutte nutritive, d'une spore de mucor introduite par mégarde dans une culture cellulaire marquée comme simple. »

Enfin, citons la redoutable *péronosporée* (*peronospora devastatrix*) qui émet hors des tissus de la plante qu'elle attaque des arbuscules chargés de sortes de conidies. — Ce cryptogame, au

---

[1] *Id.*

dire de MM. Vuillemin et Bouillet, est une des causes de la maladie des pommes de terre.

C'est dans le règne animal que la loi de l'absorption trouve son application la plus directe et la plus rigoureuse.

On sait que le sang est le premier véhicule par lequel l'organisme animal reçoit les matériaux qui doivent concourir à son développement et sans cesse réparer ses pertes. — Ces matériaux se présentent sous la forme tantôt liquide, tantôt solide. Le principal de ces liquides est l'eau, sans laquelle le sang ne parviendrait pas à se constituer. C'est elle qui nous fournit en grande partie de l'oxygène et de l'hydrogène, tandis que nous tirons de l'air atmosphérique une autre part d'oxygène, puis de l'azote, les deux gaz renfermant une certaine quantité d'acide carbonique.

Quant aux éléments solides, ils sont très variés. Les plus importants sont le fer, le phosphore, l'hydrochlorate de potasse, le sulfate de potasse, le carbonate de soude, de chaux, de magnésie, le phosphate de chaux, de soude et de magnésie, auxquels on doit ajouter l'albumine et bien d'autres substances dont la plupart échappent parfois aux plus puissants réactifs chimiques.

Tous ces corps doivent au sang leur transmission, après absorption, dans les organes, où ils sont alors assimilés, ce qui est inutile ou nuisible ayant été rejeté au préalable. Aussi, quelques animaux se contentent-ils d'absorber le sang de leurs victimes, sans toucher à leur chair. Ce sont ces matières qui constituent tout l'organisme des êtres du règne animal, y apportant chacune une quantité plus ou moins grande, matières que ces êtres sont obligés d'absorber à intervalles réglés, pour empêcher la destruction de leur vie.

Mais à l'état d'isolement ou sous certaines formes, quelques-unes ne sont pas absorbables. Pour qu'elles le deviennent, il faut qu'elles subissent tout d'abord une préparation, qu'elles se trouvent mélangées avec d'autres substances, travail qui est quelquefois accompli par des corps inorganiques ou organisés. C'est donc dans ces corps préparateurs que les animaux, selon leur genre d'organisme, iront chercher ces matières, quand le besoin de nourriture se fera sentir chez eux.

Telle est la cause pour laquelle le résultat des combats entre animaux est le plus souvent la mort du plus faible, dont les éléments constitutifs servent d'aliments au plus fort.

Le procédé de l'absorption est celui qui domine dans la lutte entre les bêtes qui se nourrissent de chair vivante et que pour ce motif on appelle des carnassiers (latin : *carnis*, chair).

Bien peu de bêtes, en effet, abandonnent le cadavre de leur victime. Celles qui s'en repaissent se rencontrent sur la terre comme dans les eaux.

Si, dans le règne animal, nous descendons à l'être rudimentaire, à l'*amibe*, nous verrons qu'à partir de là commence l'application du principe de l'absorption.

« Ces êtres n'ont ni bouche, ni estomac, ni intestin, ni glandes, pas la moindre trace d'appareil digestif; néanmoins ils absorbent diverses substances et s'en nourrissent. Les aliments rencontrent la diastase[1] dans les cellules mêmes qui composent leur corps[2]. »

Quant aux animaux supérieurs, la majeure partie de leur vie n'est consacrée qu'à la lutte en vue de l'accroissement ou de la régénération de leur organisme. Nous en avons cité plusieurs dans les chapitres précédents.

Qu'ils appartiennent à une même famille, à une même classe, à un même ordre, à un même genre ou à une espèce commune, les individus du règne animal ne s'épargnent pas : le félin se nourrit de félins; l'oiseau, d'oiseaux; l'insecte, d'insectes; le poisson, de poissons.

Le quadrupède, le reptile, l'oiseau, l'insecte, le poisson, le mollusque, le crustacé, etc., se servent réciproquement de pâture.

Quelques êtres ne cherchent même pas à savoir s'ils ont affaire à leurs pareils ou leur progéniture.

En dépit du proverbe si répandu dans le monde, les loups se mangent entre eux, surtout ceux qui peuplent les régions glaciales de la Sibérie, où la proie animale n'est pas en abondance. Assaillis par une bande de ces voraces, les chasseurs russes, pour s'en débarrasser, abattent quelques individus de la horde. « Sitôt que l'un d'eux tombe mort, un petit groupe se détache de la bande et va le dépecer[3]. »

A l'égard des serpents, voici ce que dit M. Léon Douwy : « Un court séjour dans l'Inde ne m'a pas pleinement convaincu que les serpents qu'on y exhibe soient toujours des mieux apprivoisés ; mais il n'en est pas de même des serpents domestiques de la vallée de Patia (Etat du Cauco, Colombie). Ces gros et courts reptiles non venimeux font une chasse impitoyable à tous les autres serpents et sont de ce fait extrêmement utiles dans les habitations et les plantations. »

---

[1] Principe liquide des corps organisés qui transforme les substances absorbées.
[2] Aristide REY, *Les Travailleurs et les Malfaiteurs microscopiques*. P. 43-44.
[3] F. DUMONTEIL, *Le Monde des fauves*.

La *torpe*, la perruche appelée *paléornis*, le *scorpion*, le *congre*, la *perche*, la *merluche*, le *boulereau* ou *goujon de mer*, la *mouche* et bien d'autres mangent également leurs pareils.

C'est un fait connu que beaucoup de chats et de chattes dévorent leur progéniture, peu après que la mère lui a donné le jour.

« Dans plusieurs espèces, dit le Dʳ Girod, le mâle est un objet de terreur pour la mère et pour les jeunes. Les récits des voyageurs nous montrent le tigre s'attaquant à la femelle et cherchant à forcer le repaire pour dévorer ses enfants. C'est à cette crainte qu'inspire le mâle que serait dû le soin avec lequel la femelle cache ses petits. »

A propos de la *loure*, Brehm a écrit : « Jusqu'à ce qu'ils puissent courir, elle dérobe soigneusement ses petits aux autres loups, même à leur père, qui ne se fait nul scrupule de dévorer sa progéniture quand il peut la surprendre. »

Des poissons, au nombre desquels il faut compter les *zoacres*, en font de même. « Lorsque plusieurs zoacres se trouvent dans un même bassin, on voit, dit le même auteur, que deux ou plusieurs de ces animaux se placent de chaque côté de la femelle, la compriment de manière à hâter la sortie des petits, qu'en parents dénaturés ils s'empressent de dévorer; du reste, la mère en fait tout autant, si elle n'est pas suffisamment nourrie. »

D'autres bêtes ne donnent même pas à ces petits êtres le temps de sortir de l'enveloppe de l'œuf, qui les protège si faiblement.

Ainsi, « le dindon, époux et père dénaturé, se sépare de sa compagne au moment où commence l'incubation et se rapproche plus tard d'elle pour dévorer les œufs qu'elle doit protéger par ruse [1] ».

L'épinoche se comporte d'une manière identique, mais ici c'est le mâle, au lieu de la femelle, qui remplit le rôle de protecteur.

« Le mâle féconde les œufs et, tandis que la femelle s'éloigne, il reste fidèle gardien de sa progéniture. Il a, en effet, à lutter contre la férocité des femelles, qui sont friandes de leurs œufs et reviennent au nid pour les dévorer [2]. »

Entre individus des règnes végétal et animal, l'absorption a lieu également. Par leurs racines, les végétaux absorbent des substances du règne minéral ; et cela si bien qu'ils appauvrissent lentement le terrain qui les héberge et iraient, par une sorte de parasitisme, jusqu'à le tuer, pour ainsi dire, le rendant stérile, si

---

[1] Dʳ GIROD, *Les associations chez les animaux.*
[2] *Id.*

la science du cultivateur ne lui venait en aide, en changeant l'état physique du sol, grâce au labour, aux engrais et à la culture alternante de diverses espèces. Mais ces substances minérales qu'absorbe le végétal étant nécessaires aussi à la vie des animaux — car on les rencontre dans l'organisme animal — ceux-ci, à leur tour, les absorberont en détruisant des végétaux; et la réciproque est vraie.

Personne n'ignore que la plupart des animaux sont herbivores : mammifères, reptiles, insectes, certaines bêtes à plumes, aussi bien que des poissons; et que plusieurs végétaux, en retour, sont carnivores.

Ce qu'il faut noter ici, c'est que les plus grands herbivores ne sont nullement les plus gros animaux.

Quelles oreilles, tant soit peu attentives aux choses de l'agriculture, ce puissant agent de la civilisation, n'ont pas été frappées par la renommée du *phyloxera*, ce redoutable ennemi de la vigne? Un autre infiniment petit, le *cocus*, s'est chargé, à lui seul, de défier les habitants des plus grandes forêts de l'Europe. Le sapin du Nord et de l'Ouest, tout comme les tilleuls du bois de Boulogne lui payent tribut.

Que peut le *chêne* majestueux de la Fable contre l'*anguillulina tritici !* La puissance de l'hydre de Lerne avec sept têtes n'est encore rien en face de la vertu incroyable de ce monstre qu'une grosse fourmi ne saurait voir qu'à l'aide d'un microscope fait tout exprès pour elle.

L'anguillulina, qui se dessèche complètement avec la graine qu'elle attaque, l'anguillulina, qu'en cet état on ne peut laisser que pour morte, l'anguillulina tritici, devenue poussière, ressuscite et recouvre toute son activité, au moindre contact avec l'humidité.

Quelques plantes, nous le savons, ne se font pas faute, elles non plus, de dépecer des insectes qu'elles parviennent à capturer. Ainsi, par ses poils glanduleux, la *dionée* dissout et absorbe les parties molles des mouches, des papillons et d'autres insectes. L'aldrovandia n'agit pas différemment. « Elle vit principalement d'infusoires et de petits crustacés aquatiques comme elle [1]. »

Les tentacules ornant les feuilles de la *drosère* remplissent la même fonction que les poils de la dionée.

On peut même, dit M. Rawton, donner aux plantes carnivores de petits morceaux de viande qu'elles digèrent.

---

[1] Rawton.

« Des expériences positives ne laissent aucun doute à cet égard. Francis Darwin, voulant en avoir le cœur net, s'avisa de nourrir des drosères avec des viandes rôties. Tous les quatre ou cinq jours, ses pensionnaires recevaient sur leurs feuilles une ration de rosbif cuit à point. L'influence de ce régime ne tarda pas à faire sentir ses heureux effets. »

Quelques petits champignons sont très connus pour leur instinct carnivore. Ils agissent en parasites à l'égard des chenilles, des nymphes de cigales, des guêpes, des araignées, des crabes, des papillons, même des fourmis.

D'une manière générale, les substances minérales existent donc pour l'alimentation des plantes, les plantes vivent pour les herbivores, et les herbivores, pour les carnivores. Mais, parmi les êtres organisés, il en est un qui, dans l'ordre d'idées où nous sommes, mérite une mention spéciale. Dernier convive arrivé, l'homme, occupant le sommet de l'échelle des êtres, se trouve placé là, comme revêtu de la présidence de l'inépuisable banquet de la vie où les hôtes du jour, repus, ne quittent la table que pour faire place à ceux du soir — à la table desquels plus d'un, sûrement, figurera... comme victuaille — les survivants, dans chaque série, reprenant successivement leur place, dès que sonne l'heure où l'organisme, aiguillonné par la faim, demande à réparer ses pertes. Mais l'homme — dont les organes ne se composent d'autres choses que des matières que nous avons énumérées en parlant des éléments constitutifs de la bête, et qui sont celles qu'on trouve dans l'organisme des végétaux — l'homme, pour se constituer, se développer et se régénérer, ira-t-il, à l'instar de la plante, chercher ces matières uniquement et directement dans le sol ? Non. C'est du végétal et de la bête principalement qu'il les puisera, se faisant à la fois herbivore et carnivore, plutôt omnivore.

« A ce propos, dit M. Jacolliot, il n'est pas inutile de remarquer à l'adresse de ceux qui persistent à voir dans l'homme un être à part, possédant une constitution qui lui est propre, que les matières qui composent le sang des mammifères sont exactement les mêmes que celles qui entrent dans la composition du sang humain. »

Physiologiquement parlant, l'homme, en effet, ne diffère guère de la bête ; et, substantiellement parlant, il suffit d'en faire l'analyse chimique pour voir qu'on peut dire de lui, de la bête et de la plante : *ejusdem farinæ.*

Sur ce point, M. Perrier s'exprime en termes plus scientifiques, plus précis encore. « La vieille antithèse entre le végétal et l'animal a disparu. Non seulement l'un et l'autre ont pour élément fondamental la cellule, toujours composée des mêmes parties essentielles, mais cette cellule, qu'elle soit animale ou végétale, se comporte toujours de la même façon, naît, croît, meurt, se nourrit, se reproduit suivant les mêmes lois, contracte les mêmes rapports avec le milieu dans lequel elle doit vivre. C'est seulement dans les détails que se manifestent des différences : si bien qu'entre la vie animale et la vie végétale, il devient impossible de tracer une limite précise. »

Buffon et bien d'autres ont tenu le même langage.

En un mot, entre la plante, la bête et l'homme, il n'y a, physiologiquement parlant, qu'une affaire de combinaison de la matière.

D'ailleurs, le fait même de l'homme de se nourrir de certains végétaux et de la chair de plusieurs animaux en est, certes, la preuve suffisante, car, encore une fois, les êtres inorganiques ou organisés ne s'approprient, à fin d'accroissement ou de régénération, que les corps renfermant des substances identiques à celles qui composent leur organisme.

Montrons maintenant l'espèce humaine absorbant les êtres du règne végétal et du règne animal.

— Une statistique annuelle de la quantité de plantes et de bêtes absorbées par toute l'espèce serait un document des plus curieux à lire. Mais il n'est malheureusement pas possible d'en dresser un. Cependant, pour donner une très faible idée de ce que peut être cette quantité, nous allons rapporter ici quelques renseignements puisés dans le livre de M. Armand Husson : *Les consommations de Paris*, publié en 1875, et dans l'introduction de l'ouvrage de Brehm, *Les poissons et les Crustacés*, écrite par M. Sauvage.

D'après la statistique de la ville de Paris, à laquelle M. Husson renvoie, la capitale de la France reçoit par an, pour son alimentation, 212.908.200 kilogrammes (425.816.400 livres) de gros légumes, 32.702.685 kilogrammes (65.405.370 livres) de légumes en cosses ou écossés, 11.910.715 kilogrammes (23.821.430 livres) de cucurbitacées, 5.681.200 kilogrammes (11.362.400 livres) d'herbes et plantes pour assaisonnements, enfin, 95.833.600 kilogrammes (191.667.200 livres) de légumes divers. Réunis, ces chiffres donnent un total de 359.036.400 kilos (718.072.800 livres) de végétaux.

Telle est la consommation annuelle d'une seule ville du monde, seulement de 2.448.000 personnes sur les 1.404.380.000 êtres humains actuellement sur la surface du globe [1].

Par cette quantité colossale de végétaux consommés seulement à Paris, on peut donc se faire une faible idée de ce que doit être le total des plantes absorbées par l'univers humain et annuellement, en notant surtout ce fait que, dans les Indes, les adeptes du Brahmanisme, au nombre de 150.000.000 au moins, se nourrissent presque exclusivement de végétaux, cette religion bannissant de son sein l'usage de la chair animale. Le Bouddhisme, qui domine en Chine, et quelques religions qui en dérivent interdisent également de manger de la viande et recommandent le végétal comme aliment.

— Cependant, c'est le règne animal qui fournit à l'homme la majeure partie de ses substances alimentaires.

D'après encore M. Husson, la population parisienne a consommé 369.682 bœufs, 1.311.910 moutons et agneaux en 1874. — La statistique publiée par l'Administration de la ville de Paris, pour l'année 1889, porte 551.255 bœufs et 1.923.665 moutons et agneaux.

En 1847, la statistique de Smithfield, ville des États-Unis (Rhode-Island), annonçait une consommation de 307.300 bœufs et 1.560.000 moutons.

De 1872 à 1873, une année, Paris a mangé 191.291 porcs et, en 1889, une quantité de 293.460, y compris quelques sangliers. A Rhode-Island, en 1849, le nombre de ces animaux absorbés a atteint 40.000.

Londres en consomme 60.000 par an.

Depuis l'ordonnance du 9 juin 1866, qui a permis en France la vente de la viande de cheval pour l'alimentation, la consommation en a pris une extension qui n'a pas tardé à franchir les frontières françaises.

Rien que la ville de Paris, en 1871, a mangé 66.654 chevaux. Berlin en consomme, par an, en moyenne, 3.234, et Munich, en Bavière, 325.

Dans la même année, 1871, le nombre des ânes tués pour être mangés était de 1.043, et celui des mulets, de 51.

Depuis les dates sus-mentionnées jusqu'à maintenant, la quantité de la plupart de ces animaux absorbés dans ces divers pays a

---

[1] Nous devons ce dernier chiffre à P. Larousse. — Dans l'introduction des *Races humaines*, de BREHM, M. de Quatrefages fixe le nombre des habitants du globe à 1.199.450.000.

certainement été augmentant sans cesse, notamment celles des chevaux à Paris et des porcs en Amérique.

En 1872, les animaux tels que le cerf, le chevreuil, le daim, le lièvre, le lapin ont fourni à la consommation de Paris 2.956.142 pièces ou individus, et les bêtes à plumes de toute sorte 10.736.610 pièces.

M. Husson fait observer que parmi les animaux vendus sur le marché de Paris ne sont pas compris ceux arrivés directement de la campagne ou d'autres lieux à domicile.

Qu'on n'oublie pas qu'il n'est pas davantage question de la part consommée dans les autres localités de la France, ni de celle expédiée en pays étrangers. En ce qui concerne l'extérieur et à propos des bêtes à plumes, nous rapporterons le lambeau de statistique suivant, extrait du journal *L'Éclair*, numéro du 26 décembre 1895.

« Depuis huit jours, le port de Caen, à lui seul, a expédié par steamer, à Newhaven, 15.000 caisses d'oies, de dindes et de poulardes. Comme chaque caisse contient environ 20 bêtes déplumées, cela nous donne le joli total de 300.000 oies, dindes et poulardes... Mais Caen n'est pas le seul port par où s'écoulent les plus beaux produits de nos basses-cours normandes et cauchoises. A Honfleur, une dizaine de steamers sont partis bondés de victuailles directement adressées à Londres. »

Le contingent que fournissent les espèces marines est bien plus considérable encore. Au dire de M. Sauvage, « la flotte de pêche de la Grande-Bretagne se compose de plus de 37.000 bateaux montés par plus de 100.000 matelots. En France, 82.324 hommes, montant 32.262 navires et bateaux jaugeant 151.325 tonneaux, se sont livrés à la pêche pendant l'année 1883. A ce nombre sont à ajouter 52.994 personnes ayant pratiqué la pêche à pied sur les grèves.

« L'Algérie compte 4.960 marins montant 1.122 bateaux. Avec sa flottille composée de plus de 600 *navires* et montée par plus de 100.000 matelots, l'Amérique du Nord tient un des premiers rangs parmi les nations qui s'adonnent à la grande pêche ; cette industrie va chaque année en se développant davantage. »

Les bateaux de la Grande-Bretagne pêchent annuellement plus de 600.000 tonnes de poissons. Dans l'année 1881, en Écosse seulement, on a préparé 1.111.155 barils de harengs. Le nombre, par baril, variant de 700 à 1.000, la moyenne représente un total de 944.481.962 harengs.

La consommation annuelle de la ville de Londres, en poissons, est de 500.000 merluches, 25.000.000 de maquereaux, 100.000.000 de lingues, 5.000.000 de barbues dorées et 200.000.000 d'églefins, sans parler d'autres espèces d'animaux marins ou d'eau douce.

Les documents officiels de 1884 ont établi, pour Paris, une consommation de 26.023.471 kilogrammes de poissons.

M. Husson donne une quantité de 27.086.115 kilogrammes par an [1].

Dans l'année 1882, la Norwège a préparé plus de 55.000.000 de kilogrammes de morue.

« Nous n'avons, dit M. Sauvage, aucun document nous permettant d'établir une statistique sur les produits de la pêche dans l'Extrême-Orient, mais nous pouvons dire, à coup sûr, que cette pêche est fort importante; une grande partie des habitants du Céleste-Empire se nourrissent de poissons; il en est de même des peuples de l'Indo-Chine; la plupart des indigènes des nombreuses îles de l'océan Pacifique sont ichthyophages. »

On ne peut fixer non plus la quantité de poissons que beaucoup d'autres pays consomment par an; mais la somme d'argent qu'ils tirent de leurs pêches peut en donner une idée. Ainsi, en Algérie, la recette s'éleva, en 1884, à 3.829.284 francs. La Suède, en 1882, a réalisé une valeur de 12.000.000 de francs. Le total fourni par la pêche en général, à Terre-Neuve, s'élève annuellement à plus de 72.000.000 de francs.

Au Canada, dans l'année 1882, le produit des pêches s'est élevé à plus de 91.000.000, près de 1 milliard de francs.

Dans l'Amérique du Nord, le commerce extérieur a réalisé, en 1882, plus de 500.000.000, 1 demi-milliard de francs.

Si à ces nombres il était possible d'ajouter la quantité d'autres animaux marins, de mammifères terrestres, d'oiseaux, de mille et mille autres espèces qu'il serait trop long d'énumérer ici, on serait effrayé de constater le chiffre innombrable des individus qu'annuellement le règne animal fournit à l'accroissement ou à la régénération de nos organes. Par contre, certains végétaux parasites, champignons et algues, et quelques animaux demandent également à l'espèce humaine leurs éléments d'accroissement et de régénération organiques.

Les végétaux parasites de l'être humain se divisent en deux groupes, dont le premier embrasse les *épiphytes* qui se déve-

---

[1] La population de Londres dépasse celle de Paris de 1.831.000 âmes.

loppent à l'extérieur, et le second les *entophytes*, qui vivent à l'intérieur du corps.

« Ces végétaux, dit le D' Moquin-Tandon, sont fixés anormalement sur nos organes et s'y nourrissent à nos dépens. »

Énumérons-en quelques-uns.

On trouve d'abord les *aspergilles*, dont il est question à propos de la lutte entre les plantes et les bêtes.

« Ce végétal a été observé dans le conduit auditif d'une jeune fille de huit ans, atteinte d'écoulement scrofuleux de l'oreille externe. »

L'*oïdium blanchâtre* (*oïdium albicans*) se développe sur la muqueuse buccale des enfants et constitue le germe de la maladie appelée *muguet*. Ce champignon attaque surtout la face dorsale de la langue, le voile du palais, le pharynx, autrement dit arrière-bouche et gosier, les parties des lèvres qui débordent les gencives et les dents [1].

Parmi les parasites internes, citons le *leptomite* urophile (*leptomitus urophilus*), qui séjourne probablement dans les voies urinaires, puisqu'il a été trouvé dans l'urine malade rendue avec des poils.

Le *leptomite de Hannover* (*leptomitus Hannoverii*) porte le nom du savant qui l'a découvert. Cette espèce a été trouvée dans une sorte de bouillie qui tapissait le commencement de l'œsophage [2], lequel offrait des excoriations. Ce végétal a été rencontré aussi dans des cas de typhus [3].

« Le *leptomite utérin* (*leptomitus uteri*), dit le même auteur, a été observé dans un écoulement morbide provenant de l'utérus d'une femme âgée de soixante-dix-sept ans.

Citons aussi la terrible angine couenneuse, dont le germe est une algue. Le *bacillus anthracis*, cause du *charbon*, n'est de même qu'une algue microscopique. Chez l'homme, le charbon prend la forme d'une affection virulente appelée pustule maligne.

M. Obermeier, en 1873, a découvert l'auteur de la fièvre récurrente. C'est une petite algue filamenteuse qui se montre sous une forme spiralée très élégante ; elle se meut, tourne sur elle-même, ondule. M. Cohn lui a donné le nom de *Spirochæta Obermeieri*.

C'est encore à un végétal que nous devons la fièvre typhoïde. Il semble être un champignon avec deux longs filaments de mycé-

---

[1] GUBLER, cité par MOQUIN-TANDON.
[2] Canal où passent les aliments pour pénétrer dans l'estomac.
[3] MOQUIN-TANDON, p. 483.

lium (*crenothrix polyspora*). Il se propage d'instestin en intestin.
— Terrible, il tue, tantôt avec violence, en masse, tantôt en manière d'endémie, lentement, mais non moins sûrement.

Enfin, il est incontesté, dit M. Aristide Rey, que des germes et des végétaux adultes microscopiques sont répandus dans l'atmosphère en quantités considérables. Nos yeux imparfaits... ne voient pas ces organismes qui pullulent dans l'air, en centaines de millions, plus nombreux que les feuilles de nos arbres, que les brins d'herbes de nos prairies [1].

Le butin que les animaux prélèvent tous les ans sur l'espèce humaine l'emporte considérablement sur celui des végétaux.

Sans parler des morts que les hyènes vont déterrer dans les cimetières, à la faveur du crépuscule, elles volent des enfants qu'elles emportent dans leurs tanières, étranglent et dévorent. « Le P. Philippini raconte que, dans l'espace de trois mois, au village de Mensa, en Abyssinie, onze enfants furent enlevés et dévorés par les léopards [2]. »

Quelques oiseaux de proie, dans maint pays, ne font pas faute de dépecer l'être humain, mort ou vivant, quand ils en trouvent l'occasion.

Le vautour appelé *gypaète* n'attend pas, dans les passages dangereux des Alpes, que le voyageur tombe, épuisé, pour s'acharner sur son corps presque sans vie. Il attaque les chasseurs.

« L'*aigle*, dit M. Pouchet, dans son vol audacieux, enlève des enfants à travers les plaines de l'air et les brise dans les précipices des montagnes. Un des derniers faits de cette nature que l'on connaisse a eu lieu en 1838, dans le Valais. »

La pauvre petite créature se nommait Marie Delex. Son cadavre, affreusement mutilé et gisant sur un rocher, fut découvert par un berger, à une lieue et demie de l'endroit où l'enfant avait été pris.

En Asie, où l'homme n'est pas encore parvenu, comme en Europe, à se rendre maître des fauves, ceux-ci déciment, annuellement, une bonne partie des populations à côté desquelles ils vivent.

M. Jacolliot, qui a vécu dans cette contrée, dit, dans sa *Genèse de la Terre et de l'Homme* : « A quelques milles seulement de certaines villes de l'Inde et de la Cochinchine, on lit souvent, au détour d'un chemin qui va se perdant dans la jungle, cet écri-

---

[1] *Travailleurs et Malfaiteurs microscopiques*, p. 175-81-85-86-90.
[2] DÉMONTÉL, *Le Monde des fauves*.

eau sinistre : « N'allez pas plus loin, de peur des tigres. » Chaque jour encore, des centaines d'indigènes meurent par les serpents et les fauves. »

A leur tour, MM. Novicow et Rey rapportent que c'est à plus de 20.000 hommes par an qu'on peut évaluer le nombre des victimes faites aux Indes par les animaux féroces.

Des poissons ne dédaignent pas non plus la chair humaine ; et, parmi eux, les requins ont acquis une bien triste célébrité qui ne date pas d'hier.

A une époque pas très reculée de nous, ces voraces foisonnaient sur tout le parcours allant des côtes d'Afrique aux Antilles. Ils formaient régulièrement une large ceinture autour de ces tombeaux ambulants qui transportaient les malheureux affectés à l'ignoble trafic des esclaves.

Les récits lugubres de ces temps néfastes et inoubliables apprennent effectivement que, dans le cours d'un seul voyage, des centaines de noirs, morts ou à l'agonie, étaient jetés à la mer comme pâture aux poissons. Maître requin, dans la circonstance, ne brillait pas par son absence.

A ce sujet, Brehm cite dans son ouvrage les lignes suivantes écrites par Lacépède : « Le requin, dit l'illustre naturaliste, à l'époque même où fleurissait encore la traite officielle, le requin s'attache, par exemple, aux vaisseaux négriers, qui, malgré les lumières de la philosophie, la voie du véritable intérêt et le cri plaintif de l'humanité outragée, partent encore des côtes de la malheureuse Afrique. Digne compagnon de tant de cruels conducteurs de ces funestes embarcations, il les escorte avec constance, il les suit avec acharnement jusque dans les ports des colonies américaines, et, se montrant sans cesse autour des bâtiments, s'agitant à la surface de l'eau, et, pour ainsi dire, sa gueule toujours ouverte, il y attend, pour les engloutir, les cadavres des noirs qui succombent sous le poids de l'esclavage ou aux fatigues d'une dure traversée. On a vu de ces cadavres de noirs pendre au bout d'une vergue élevée de 6 mètres, 20 pieds au-dessus de l'eau de la mer, et un requin s'élancer à plusieurs reprises vers cette dépouille, et y atteindre enfin, et la dépecer sans crainte, membre par membre. »

Et M. Sauvage, à cela ajoute : « Pendant son séjour à Alexandrie, Brehm constata qu'il était impossible de se baigner dans la mer, un requin ayant successivement enlevé plusieurs hommes tout près de la ville. »

Ce dernier fait n'est pas rare dans les ports des Antilles que fréquentent les navires venus de l'Europe et des pays du grand continent américain. Je l'ai moi-même constaté dans les rades de Port-au-Prince, de Kingston (Jamaïque) et de Saint-Thomas.

— Mais ces gros animaux qui se repaissent de notre chair et que l'homme peut facilement combattre ne sont pas les plus terribles mangeurs d'êtres humains.

Le massacre annuel des 20.000 Asiatiques dont parle M. Novicow n'est qu'une peccadille, comparé au ravage que, chaque année, promène dans nos rangs l'innombrable armée de ces petits carnassiers qu'on nomme microbes. Ils sont plus dangereux, étant de tous les pays, car ils escortent leur proie, qui les sème sur son passage : et ils ne la quittent que pour s'insinuer dans les organes d'une nouvelle victime. Chaque espèce de microbe, on le sait, se présente sous une forme qui s'incarne dans une maladie caractérisée. Ainsi, nous avons les microbes de la phtisie pulmonaire, ceux du choléra, de la tuberculose, de la grippe, de la diphtérie, etc. Chaque espèce accomplit des ravages plus ou moins considérables, selon on ne sait précisément quelle circonstance déterminante.

Quelques chiffres pris au hasard peuvent donner une idée du tribut que le genre humain paye annuellement à ces terribles rançonneurs.

— D'après le Bureau de la statistique de la ville de Paris, de décembre 1889 à janvier 1890 (un mois), la phtisie a fait, à Paris, 12.130 victimes. Dans l'année 1890, et dans cette même localité, 12.586 personnes ont succombé, frappées par la tuberculose. Ces chiffres sont cependant minimes, mis en regard de ceux fournis par la grippe. Celle-ci, de septembre 1889 à février 1890, a fauché, seulement à Paris, 23.231 existences humaines. Pour Londres, la statistique en accuse 31.234 ; pour Berlin, 11.653 ; pour Saint-Pétersbourg, 9.146 ; enfin, pour Vienne, 7.268 [1].

— Si à ces nombres on ajoute ceux relevés pour bien d'autres maladies dont le germe est un microbe, on arrive, comme dit justement M. Lafontant, à un chiffre vertigineux. Pourtant il n'est ici question que de cinq villes de l'Europe ! Que serait-ce

---

[1] C'est ici l'occasion de remercier de tout cœur notre laborieux et estimable compatriote et ami Perpignand Lafontant à qui nous devons ces renseignements. M. Lafontant vient de livrer à la publicité un ouvrage des plus importants, sur l'hygiène en Haïti. Nous souhaitons sincèrement qu'un succès complet couronne ses patriotiques efforts.

,'il s'était agi de la quantité de victimes faites dans les cinq parties du monde !

On a donc raison d'avancer que les microbes sont les plus terribles mangeurs de chair humaine.

« Tous ces petits individus pullulent avec une effrayante rapidité. Ils se vengent d'être atomes par des méfaits et la rage de
la destruction. Rien par un, ils sont tout par le nombre : des
millions de milliards. Ils tuent un homme, un animal, un arbre,
une cité, un troupeau, une forêt, et nous n'y pouvons rien... Quel
effroyable tourbillon que ces mondes de petits êtres dont nous
n'avons encore aperçu que les géants qui mesurent tout au plus
quelques millièmes de millimètres !

« Leurs armées invisibles, innombrables. manifestent leur
puissance par la mort de tout ce qui vit. » (RAWTON).

Telle est l'application du principe de l'appropriation à fin d'accroissement et de régénération, ou de la loi d'absorption dans le
monde inorganique, dans le règne végétal et dans le règne
animal.

Avant d'exposer le second caractère que présente ce principe,
c'est-à-dire l'appropriation à fin de services, disons un mot du
résultat final de la lutte entre les diverses individualités connues et le milieu ambiant.

Relativement à la lutte en vue de l'adaptation, il a été dit que
les individus organisés, les mieux doués, résistent et se conservent le plus longtemps possible, les mieux doués, c'est-à-dire
ceux qui, grâce à la plasticité de leur organisme, peuvent se
modifier pour s'harmoniser plus ou moins parfaitement avec des
conditions d'existence nouvelles. Quant aux autres, à ceux qui
n'ont pas la propriété de s'adapter, ils succombent, après avoir
traîné une vie éphémère. quel que soit le règne organique
auquel ils appartiennent.

Ainsi, certaines plantes ne peuvent pas être cultivées sous tous
les climats ou dans n'importe quel terrain, en dépit des soins
assidus et de toute sorte.

La plupart des animaux des pays chauds ne réussissent pas à
s'adapter au climat froid de l'Europe septentrionale, et réciproquement certains animaux de cette contrée meurent, une fois
transportés sous les tropiques.

L'être humain ne fait pas exception ici. Si. les conditions
d'existence changeant, l'homme — après un certain temps de
lutte — ne parvient pas à s'adapter, il est fatalement condamné

à disparaître plus tôt que plus tard, vaincu par les éléments funestes du milieu qui l'environne.

Les Anglais succombent généralement aux Antilles et aux Indes. La race germanique s'éteint sous les climats tropicaux, même en Algérie. Les Hollandais meurent dans la Malaisie, à Java et à Sumatra. A Madagascar, aucune race européenne ne résiste, de même dans l'archipel malais et dans la Cochinchine [1]. Le désastre que promène, à l'heure où nous parlons, le paludisme dans les rangs de l'armée expéditionnaire française semble confirmer cette observation, en ce qui concerne Madagascar.

Avec le refroidissement progressif de l'Islande, la population blonde y décroît. Pour la même cause, les Esquimaux diminuent dans le Groenland [2].

Il y a plus. Même alors que la vie se trouve assurée chez l'individu, par suite d'une adaptation originelle ou acquise postérieurement, après un changement de climat, par exemple, le moment arrive fatalement où — son organisme étant vieilli et usé — il est voué à une destruction prochaine. Revenir à son point de départ pour repasser par les diverses phases de développement par lesquelles passent tous les êtres organisés, serait le seul moyen qui permettrait de vivre éternellement. Mais c'est là un pouvoir en dehors du domaine des individualités organisées aussi bien qu'inorganiques. Incapables désormais de lutter contre les éléments destructeurs du milieu, toute activité cesse bientôt en elles, alors c'est la vie qui s'est éteinte.

Mais, dira-t-on, une individualité inorganique est exempte de la mort. Erreur ! — Elle doit parfaitement mourir. Certes, si l'on considère les matières constitutives d'une planète, par exemple, on dira qu'elles sont impérissables, car la matière, en elle-même, n'a pas eu de commencement et n'aura jamais de fin. Envisagée, au contraire, dans les combinaisons à la suite desquelles la planète s'est constituée et dans ses rapports avec les lois naturelles qui la régissent, elle est certainement vouée à la destruction, au même titre que la plante et la bête. Les corps célestes, en effet, ne sont « qu'une forme, qu'un aspect, qu'un état spécial de la matière, soumis, comme toutes les autres combinaisons matérielles, à un commencement, à une durée, à une fin [3] ».

Pas n'est besoin de revenir sur le mode de formation de ces

---

[1] Voir le Dr Topinard. *L'Anthropologie*, p. 406 à 408.
[2] Id., p. 409.
[3] Jacolliot, *Genèse de la Terre*, etc., p. 167.

individualités débutant par le simple atome, passant par la masse
moléculaire, la nébuleuse, l'état gazeux et l'état liquide pour, enfin,
aboutir à ce degré de constitution nécessaire à leur permettre de
prendre définitivement position dans le champ incommensurable
où se déploie, intense, l'incalculable activité du monde sidéral.
Né, chaque corps est destiné, par la nature qui l'a engendré, à
être le théâtre plus ou moins ample de phénomènes variés s'accomplissant à sa surface comme dans son sein et consistant en
des modifications, en des transformations continuelles, autant de
manifestations éclatantes de la grande vie dont il est doué, vie
qu'il conserve le plus longtemps possible, sous l'application des
lois d'attraction, de gravitation et d'absorption qui gouvernent
l'univers entier.

Et quels événements peuvent entraîner l'extinction de cette
activité, de cette vie ?

Au milieu de ces fermentations, de ces bouillonnements, parfois de ces cataclysmes, signes de la vie intime de l'astre, « les
phénomènes de modifications ne s'arrêtent pas, les gaz de son
enveloppe atmosphérique continuent à se condenser, ses liquides
ne cessent pas de se combiner avec les minéraux et les métaux.
Tout subit une absorption continue qui, lentement, avec le secours
des siècles, amène l'astre à la solidification de tous ses gaz, de
tous ses liquides ; c'est le refroidissement complet qui peu à peu
se manifeste, et, comme l'arbre qui n'a plus de sève, comme le
vieillard dont les veines ossifiées ne charrient plus le sang nécessaire à la vie, l'astre en arrive à atteindre un tel degré de condensation qu'aucune atmosphère gazeuse ne circule plus entre
ses molécules, et qu'ayant perdu — par le passage à l'état solide de
tous ses agents les plus actifs de fermentation et de combinaison —
la possibilité de continuer à accomplir ses phénomènes de transformation, la *vie organique* finit par s'éteindre en lui... il est
mort [1] ! »

Mais, diront ceux qui ne savent pas, qu'est-ce qui prouve que
les choses se passent ainsi ? Quel astre a présenté ce phénomène
incroyable, pour faire trembler les riches de la terre à la pensée
du sort réservé à la planète qu'ils habitent et, conséquemment,
aux richesses accumulées dans leurs coffres-forts, comme à tout ce
qui fait partie intégrante de la terre ? — Oui, un astre, la lune,
a initié le savant à ce mystère demeuré longtemps dans l'inconnu.

---

[1] JACOLLIOT, même volume, p. 167.

La lune, en effet, nous offre en ce moment un exemple plus que probable de la mort d'une individualité sidérale, de la fin d'un monde. « La grande proximité de la lune a permis de reconnaître, au moyen de bons télescopes, les aspérités qui se trouvent à sa surface ; on peut même, à l'aide des meilleurs instruments, observer ce globe comme si l'on ne s'en trouvait éloigné que de quelques lieues seulement. Aussi, l'on connaît sa surface bien mieux que beaucoup de régions de notre terre. »

Ces paroles sont d'un maître, d'un esprit dont les capacités ne sauraient être mises en doute et dont les observations savantes sont connues du monde des astronomes actuels, cette déclaration vient de M. A. Quetelet, *directeur de l'Observatoire royal de Bruxelles, correspondant de l'Institut de France, des sociétés royales de Londres, d'Edimbourg, de Goettingue, de Copenhague,* etc. [1].

Après M. Quetelet, un autre grand esprit, M. Ed. Perrier, a écrit à ce sujet : « L'histoire des astres et de leurs métamorphoses est maintenant complète : le soleil et les étoiles nous représentent leur jeunesse ; la terre et la plupart des planètes, leur âge mûr. La *lune* froide et morne, presque entièrement solide, traversée par d'immenses cassures, nous offre l'image de leur décrépitude [2]. »

S'il est un élément indispensable à la vie des astres, c'est bien la couche de gaz, fluide élastique, qui les entoure, connue sous le nom d'atmosphère.

Chaque astre chez lequel l'activité sidérale est manifeste se montre, en effet, environné d'une atmosphère qui lui est propre, et d'où il tire une partie des éléments de son activité. L'atmosphère de tous les corps célestes qu'on a pu étudier étant reconnue semblable à celle de notre globe, il est justement admis que toutes les atmosphères existant dans l'espace jouent un rôle identique, chacune pour la planète qui s'y meut. En ce qui concerne notre sphère, son atmosphère se compose d'oxygène, d'azote, d'argon [3], d'acide carbonique, auxquels s'ajoutent, en quantité variable, des vapeurs d'eau, de l'hydrogène carboné, de l'ammoniaque, de l'acide azoteux, et des exhalaisons gazeuses échappées du sein du globe. Ce sont ces substances qui, continuellement en contact avec le sol, entretiennent l'activité de tout ce qui s'y trouve extérieurement comme intérieurement, partant celle de

---

[1] Voir A. QUETELET, *Eléments d'Astronomie,* éd. de 1847, p. 117.
[2] *Les Colonies animales,* etc., 1881, p. 7.
[3] Récemment découvert par deux chimistes anglais, MM. Rayleigh et Ramsay.

la planète elle-même. Du jour donc où l'atmosphère vient à lui manquer, la vie fatalement se retire de la planète. *Vixit!*

C'est précisément ce phénomène qui a été observé, en ce qui a trait à la lune.

Effectivement, « jusqu'ici, dit M. Quetelet, dans son ouvrage plus haut cité, les observations n'ont pu faire reconnaître l'existence d'une atmosphère autour de la lune. Les rayons qui viennent des autres astres devraient se trouver déviés en la traversant ; mais l'effet de la réfraction est entièrement inappréciable. On peut donc en conclure que, s'il existe effectivement une atmosphère, elle doit être à peu près nulle ; de là résultent plusieurs conséquences importantes. On doit admettre, par exemple, que la lune n'a point de liquide à sa surface [1]. »

M. Quetelet s'exprimait ainsi vers 1846. — Depuis, de puissants instruments, entre autres le *spectroscope* du célèbre astronome italien Ami, sont venus permettre d'apporter plus de précision dans les faits. Aujourd'hui on sait pertinemment que les particularités relevées sur la surface de la *reine des nuits*, partout hérissée d'aspérités montagneuses, sont des preuves que cette surface est solide et dure.

Oui, « notre satellite [2], comme dit M. Jacolliot, a perdu son atmosphère ; ses mers, ses gaz et ses liquides ont été absorbés, c'est certainement un astre en voie de complet assèchement, et l'heure suprême est bien proche, si déjà elle n'a pas sonné pour lui [3]. »

De ce qui précède, il résulte que les éléments du milieu ambiant détruisent, eux aussi, l'activité vitale chez les individualités inorganiques, tout comme chez les êtres organisés.

Pour ceux-ci, nous avons vu que les mieux adaptés aux conditions d'existence que présente le milieu résistent, se conservent plus longtemps que ceux qui le sont moins bien.

Il en est de même des corps célestes. La vie dure davantage au sein des individualités les mieux adaptées au milieu cosmique, c'est-à-dire celles qui, grâce aux éléments vitaux répandus en elles et dans leur atmosphère, sont plus en harmonie avec le milieu, aux agents destructeurs duquel elles opposent une résistance plus efficace et plus longue.

Cette extinction générale et future de la vie, en ce qui touche notre planète, n'a point échappé à Buffon, dans la grande ana-

---

[1] Même ouvrage, p. 117.
[2] Nous verrons plus loin que la lune est le satellite de la terre.
[3] *Genèse de la Terre*, etc., p. 169.

lyse qu'il fait des combinaisons de notre monde. « La quantité de la matière brute, qui a toujours été immensément plus grande que celle de la matière vivante, augmente avec le temps, tandis qu'au contraire la quantité de la matière vivante diminue et diminuera toujours de plus en plus, à mesure que la terre perdra, par le refroidissement, les trésors de sa chaleur, qui sont en même temps ceux de sa fécondité et de toute sa vitalité [1]. »

Il est une autre circonstance qui concourt à détruire la force vitale du globe terrestre, c'est la diminution lente, quoique invisible, des eaux qui se trouvent à sa surface, même celles de la mer dont le retrait a été constaté sur plus d'un point. « Il viendra donc un jour, dit aussi M. A. d'Assier, où les rayons du soleil perdront leur puissance, puis s'éteindront pour toujours. Une nuit éternelle enveloppera alors le globe, d'où toute végétation, par suite tout être vivant aura disparu : l'âge des ténèbres viendra clore le cycle des destinées de la planète. »

Mais, afin de rassurer les personnes qui pourraient s'effrayer à la pensée que notre globe s'attend au sort qu'a subi la lune, hâtons-nous de dire que les observations faites ont permis d'établir qu'à 10° du zénith [2] l'épaisseur de l'atmosphère terrestre est de 10.150 mètres, qu'à 90° elle est de 146.000 mètres. D'aucuns prétendent que la hauteur maximum de notre atmosphère est de 16 lieues, ce qui ferait 64 kilomètres, ou 64.000 mètres. Dans son ouvrage, *La Terre et les Mers*, L. Figuier donne 25 lieues ou 100 kilomètres ou 100.000 mètres. Quelle que soit l'épaisseur adoptée, nul être humain n'a pu jusqu'ici traverser cette atmosphère qui, probablement, s'étend fort au-delà de cette mesure [3]. Conséquemment, la masse atmosphérique qui enveloppe notre globe comptera encore des millions de siècles avant de s'épuiser comme celle de la Lune. Et, en regard de cet espace de temps, que sont les quatre-vingts ans que rarement il nous est donné de vivre ! — Donc, richards, jouisseurs, mes contemporains, des gens appartenant à une quantité innombrable de générations auront, après vous, le bonheur de répandre à flots la fortune colossale accumulée en ce moment chez vous, que la terre sera encore pleine de vie.

---

[1] *Histoire naturelle*, addition à l'article des variétés dans la génération, *in fine*.

[2] « Le point où la verticale d'un lieu va rencontrer la sphère céleste au-dessus de l'horizon. » BOUILLET, *Dictionnaire des Sciences, des Lettres*, etc.

[3] C'est à une hauteur de 8.600 mètres que les aéronautes Crocé-Spinelli et Sivel ont été foudroyés par l'apoplexie pulmonaire, le 25 avril 1875.

Ainsi, toutes les *combinaisons vivantes* de la matière sont appelées à mourir un jour, qu'elles se nomment planètes, plantes, bêtes ou êtres humains. Tous rapporteront à la nature les éléments que, pour les besoins vitaux de la forme qu'ils ont revêtue, ils avaient tirés de la nature.

Dans ce cas nouveau de destruction, la loi d'absorption trouve-t-elle son application ? Absolument ; c'est l'absorption physique.

« Quels que soient les états différents de la matière combinée, à tous s'attache l'idée d'un commencement précis, d'une durée plus ou moins persistante et d'une fin fatale. Sous aucune forme spéciale, la matière ne se combine d'une manière éternelle... Ainsi l'eau est un état, un aspect de la matière, constituée par la combinaison de deux parties d'hydrogène et d'une partie d'oxygène ; cette forme de la matière commence à exister quand la combinaison des deux gaz s'opère ; elle dure tout le temps que la combinaison reste permanente, et elle cesse d'exister quand *les deux gaz se désagrègent pour rejoindre*, à l'état simple, les immenses amas de matières cosmiques répandues dans l'espace [1] », amas qui les absorbent.

Le même sort est réservé aux éléments de l'astre mort.

En effet, « l'astre, desséché par la perte de tous ses éléments de cohésion et d'affinité, va, par le seul effet de l'attraction des corps qui l'entourent, se désagréger [2] ».

« On observe dans les astres, dit le célèbre physicien et astronome Janssen, tantôt des changements périodiques d'aspects, tantôt des altérations graduelles et même des destructions. »

Et que deviennent les particules ainsi détachées de ces corps ?

Désormais « bolides, astéroïdes, aérolithes, elles vont se dissiper dans l'espace et, — comme les molécules d'un être organisé qui se décompose sur la terre au profit d'autres êtres, — concourir, par la rencontre de nouveaux éléments, à la formation d'autres mondes [3]. » Et cela, en vertu des lois immuables de l'attraction et de l'absorption.

Ici encore, il nous faut parler de la lune qui, dit M. Perrier, « est déjà peut-être un cadavre dont les diverses parties, par le progrès du refroidissement, finiront par se disjoindre : l'astre sera remplacé par un amas de pierres météoriques » dispersées dans l'espace, destinées à être attirées et absorbées par des individua-

---

[1] JACOLLIOT, même volume, p. 166-167.
[2] *Id.*, 168.
[3] JACOLLIOT, même volume, p. 168.

lités constituées ou en voie de constitution, sous l'influence de ces mêmes lois qui, au même titre, commandent à tous les êtres organisés de l'univers terrestre.

Le milieu ambiant, effectivement, aborde aussi les éléments des êtres des deux règnes végétal et animal.

Nous n'ignorons pas que parmi les matières constitutives de ces êtres sont des substances chimiques solides, liquides et gazeuzes. Ces matières — qui leur viennent du milieu ambiant — font partie du sol et de l'atmosphère d'où elles sortent pour aller constituer, développer et régénérer leur organisme.

Que deviennent-elles, après que la vie s'est retirée de ces êtres ? Elles sont toutes absorbées par le milieu, les unes pendant, les autres après la décomposition qui précède toujours la désagrégation complète de l'organisme. De cette façon, les gaz remontent en partie à l'atmosphère, restent en partie dans le sol avec les substances solides ; et tous se trouvent ainsi absorbés par la nature, par le milieu dont ils renouvellent, augmentent les éléments constituants, lesquels seront absorbés de nouveau par d'autres êtres qui, à leur tour, subiront le sort de ceux qui les ont précédés, et ainsi de suite jusqu'à ce que s'épuisent tous les éléments vitaux indispensables à l'existence de notre planète et à celle de toutes les combinaisons matérielles qui en dépendent.

Les cas d'absorption d'individualités organisées par le règne inorganique ne sont pas rares. On n'a que l'embarras du choix. Nous allons en citer quelques-uns. Ainsi, il est de nos jours démontré que le bois, pourrissant sous l'action de l'oxygène et de l'hydrogène de l'eau, se transforme en humus qui conserve une portion de carbone auparavant contenu dans l'arbre, tandis que l'autre portion se change en acide carbonique et est absorbée le plus souvent par l'air atmosphérique. En outre, on sait que la terre végétale doit sa fertilité en partie à des substances qui, provenant des organismes végétaux et animaux en décomposition, pénètrent dans son sein, où elles sont absorbées par des matières chimiques nécessaires à la vie du monde organique. — D'autre part, quantité de débris de végétaux et d'animaux ont été trouvés dans des combinaisons minérales de natures diverses : *houille, ardoise, bitumes,* etc. Des terrains houillers de Lodève, dans l'Hérault, France, on a rencontré des restes de fougères, de gymnospermes, de conifères (*walchia*) et d'un reptile, *l'aphelosaurus lutevensis.* Les ardoisières de la même région renferment aussi des vachias; et souvent entre les feuillets de toutes les carrières d'ardoises on trouve des squelettes d'animaux, entre autres de poissons et de crustacés du genre trilobite. Des débris de batraciens ont été rencontrés dans les schistes bitumineux et pétrolifères de Muse, près Autun, dans la Saône, France.

L'analyse chimique de ces substances minérales révèle que la houille est essentiellement formée de carbone et de bitume associés à une certaine quantité de matières terreuses. Ce minéral se rencontre dans les terrains *de sédiment*, qui se composent de lits alternatifs de grès, d'argile et de calcaire. L'argile est un composé de silice, de carbonate de chaux, de magnésie et d'oxyde de fer ; le calcaire renferme de la chaux mélangée avec du carbonate.

L'ardoise se compose de matières talqueuses, du feldspath et de quartz. Le talc est du *silicate anhydre de magnésie*. Dans la composition du feldspath entre l'oxygène de l'alumine (combinaison de l'oxygène avec l'aluminium) ; dans celle des quartz, la silice naturelle, qui est une combinaison de silicium et d'oxygène. Certains quartz contiennent du fer et présentent des cavités remplies d'air, d'eau ou de substances volatiles. Une variété, le quartz hyalin, fait partie intégrante de certaines roches : le granit, le lyalomicte, etc. Le granit renferme du fer oxydé et chromé, puis du cuivre pyriteux, le cuivre contenant à son tour du chlore. Le lyalomicte a pour parties constituantes de la pyrite (combinaison de fer et de soufre), de l'étain et autres.

Quant au bitume, il se présente sous la forme d'un corps tantôt solide : l'asphalte ; tantôt mou : le malthe ou pissalphate ; tantôt liquide : le pétrole et le naphte. — En quantité indéterminée, ces bitumes contiennent du carbone, de l'oxygène, de l'hydrogène et de l'azote. L'asphalte se rencontre dans des filons métallifères. Le malthe est souvent uni aux grès, aux tufs basaltiques et aux argiles. Le tuf est un calcaire.

Au point de vue chimique, ces minéraux sont donc comparables aux êtres des règnes végétal et animal, puisque ce sont les mêmes matières qu'on y trouve, unies, il est vrai, à d'autres éléments spéciaux aux minéraux, aux plantes et aux bêtes.

Nul ne peut, certes, avancer, d'une façon péremptoire, que les végétaux et les animaux sont indispensables à la formation de ces minéraux qui ne se sont jamais constitués sous nos yeux.

Cependant, les substances constitutives de ces derniers étant, en partie, celles contenues dans l'organisme végétal et animal, et des restes de végétaux et d'animaux ayant été trouvés incorporés dans des couches de ces minéraux, n'est-on pas bien fondé à dire que des plantes et des bêtes ont contribué à les former, en apportant quelques-unes de leurs matières organiques à des matières diverses et inorganiques, renfermées dans le sein de la terre, qui les ont absorbées ?

Donc, il y a eu absorption des substances chimiques de ces plantes et de ces animaux par le règne minéral.

Conclusion. — « Ainsi, plus d'êtres à part dans la nature ; plus de chair, plus de sang, plus d'os, plus de muscles, en un mot, plus de matières différentes dans la constitution des êtres doués de vie ; rien que de l'hydrogène, de l'oxygène, de l'azote, du fer, du phosphore, de la chaux, des phosphates, des oxydes, etc., et tout cela simplement amalgamé dans des combinaisons plus parfaites chez les uns que chez les autres et produisant selon les cas des phénomènes plus complexes [1]. »

Cette identité de matières constitutives chez les êtres devait amener la destruction et l'absorption des uns par les autres. « S'il est, dit le même auteur, une vérité désormais scientifiquement établie, c'est cette loi générale d'absorption des trois règnes l'un par l'autre. »

Par l'absorption, les mondes se constituent ; par l'absorption, le premier règne s'est formé ; par l'absorption des minéraux, le règne végétal prend naissance, se développe et se régénère ; par l'absorption des végétaux, le règne animal également prend naissance, se développe et se régénère.

« Mais, ajoute M. Jacolliot, l'existence des animaux n'est qu'une succession de sombres drames, dont tous les actes se dénouent par la mort. Chaque espèce d'êtres, dans le règne animal, semble n'employer toutes les forces reçues de la nature qu'à préparer une matière organique de choix, destinée à être absorbée par les animaux d'une espèce supérieure qui, à leur tour, jouent le même rôle au profit d'autres êtres qui les dominent en force et en puissance,..... et ces drames de sang et de mort se déroulent paisiblement comme un effet naturel des lois qui dirigent l'évolution vitale, au milieu d'une nature toute chargée de poésie, de fleurs et de parfums [2]. »

Cependant, au lieu de demeurer dans une éternelle immobilité et de garder à toujours les éléments absorbés, le règne animal sur-

---

[1] Jacolliot, *Genèse de la Terre et de l'Homme.*
[2] *La Genèse de la Terre et de l'Homme,* p. 77-78.

tout les ramène au règne minéral, soit dans l'acte vital, soit après la désagrégation de l'organisme, restituant ainsi à la nature ce qu'il n'avait fait qu'emprunter à la nature. « Et cela devait être ainsi, car le règne minéral étant le grand réservoir où puisent les végétaux — si les animaux qui sont le sommet de l'évolution n'avaient point rendu à ce règne ce que les végétaux lui ont emprunté — en quelques millions d'années ou de siècles, le règne minéral tout entier eût été transformé en matière organisée, et ainsi les sources mêmes de l'organisme et de la vie n'eussent pas tardé à être taries par les transformations supérieures [1]. »

Donc, l'atome dans la molécule, la molécule dans la nébuleuse, le minéral dans la plante, la plante dans l'animal, l'animal dans l'animal, la vie dans la vie, voilà le drame sans fin qui se déroule sur la scène incommensurable et grandiose de l'univers connu, drame qui commence pour ne se clore que par les perpétuelles séries des interminables transformations de la substance amorphe.

« Mystère profond de l'être, cercle admirable dans lequel des forces et des lois inéluctables enferment la matière, ne permettrez-vous jamais à la science de soulever un coin du voile qui nous cache le secret de votre fonctionnement ? ? »

Science, patience, progrès, espérance.

II

APPROPRIATION A FIN DE SERVICES

L'appropriation à fin de services est, avons-nous dit, celle où les éléments constituants du vaincu sont employés à un besoin autre que celui d'accroissement ou de régénération. Ici encore, il y a destruction d'une individualité au profit d'une autre individualité.

Dans le règne végétal, nous avons vu des cas, à propos de la glycine, du chèvrefeuille et des lianes du Brésil.

La glycine a étouffé un pin, nous a appris M. Novicow.

« Le chèvrefeuille, qui n'a rien à gagner à la perte des arbustes qu'il enlace de ses rameaux, les fait dépérir en étranglant les tiges et en arrêtant la circulation des substances alimentaires.

[1] *Id.*, p. 521.
[2] *Id.*

Les lianes meurtrières du Brésil amènent fatalement la mort prématurée de l'arbre hospitalier ; elles en serrent le tronc dans de véritables anneaux en soudant les extrémités de deux rameaux qui, partis d'un même point, se rejoignent sur la face opposée [1].

Ces plantes, qu'on voit ainsi embrasser leurs congénères et les étouffer, n'étant point des parasites dans le sens rigoureux du mot, ne peuvent pas être soupçonnées d'avoir absorbé la substance vitale de leurs victimes.

Pourquoi alors ont-elles commis ces *crimes?* — Pour se faire de ces troncs désormais sans vie des supports qui, par une solide station, leur permettront de résister aux coups redoutables de l'aquilon.

Le végétal s'approprie donc ici le végétal, non afin d'accroître ou de régénérer son organisme, mais à fin de service.

Comme exemple d'appropriation à fin de services, parmi les bêtes, nous citerons le cas du *nélicourvi baya*, oiseau qui tue des lucioles et des vers luisants pour les enchâsser dans des boulettes d'argile bien placées à l'entrée de son nid. D'après le Dr de Courmelles, certaines parties du corps de ces insectes étant phosphorescentes, elles répandent, la nuit, une clarté qui tiendrait lieu de lumière à l'oiseau et éloignerait nombre de ses ennemis.

Rappelons aussi l'*ambryornis ornata* qui, comme ornement, met des insectes morts dans le parterre coquettement dressé devant son habitation [2].

Ce qu'il faut observer dans ces circonstances, c'est que ces oiseaux ne pensent même pas à se servir de la partie molle de leurs victimes comme aliment, contrairement à presque tous les oiseaux qui donnent la chasse aux insectes.

Les animaux ne détruisent pas non plus les plantes dans le but unique de se nourrir. Ils savent, quand surtout ils ne sont pas herbivores, les employer à d'autres besoins.

Quelques-uns, pour se faire un abri contre les intempéries ou contre leurs ennemis, creusent le tronc d'un arbre, au point d'occasionner parfois sa mort, après une agonie plus ou moins longue.

Tous ceux qui se sont occupés de la manière de vivre des castors savent que ces animaux, lorsqu'ils manquent de matériaux pour la construction de leur gîte, abattent des arbustes en les grignotant peu à peu et à tour de rôle.

---

[1] Vuillemin, *Biologie végétale.*
[2] *Les facultés mentales des animaux*, p. 285.

Cependant, cette œuvre de destruction n'est rien, en comparaison de celle de certains insectes.

Les uns creusent à l'intérieur des troncs de vastes et tortueuses galeries s'étendant jusqu'au cœur ; d'autres travaillent seulement entre l'écorce et l'aubier, où la matière est moins rebelle aux coups de dents.

« Ces infimes ravageurs, dit M. Pouchet, n'ont souvent pas plus de 4 à 5 millimètres de longueur ; aussi, comme leur corps est grêle en proportion, n'ont-ils besoin que d'un bien étroit boyau pour s'y promener tout à l'aise. Cependant, comme chaque insecte procrée beaucoup, le nombre des galeries creusées par une seule famille couvre parfois une large surface de l'arbre ; et, si l'espèce s'est multipliée à l'entour de celui-ci, son travail en détache totalement l'écorce et la fait tomber en poussière. »

Dans l'intervalle, l'arbre commence par languir, et bientôt toute vie cesse en lui ; mais le tronc, désormais un simple abri, n'étend plus dans l'espace que des squelettes de branches. Nombre de ces petits animaux sont renommés à cause des massacres que, de cette façon, ils accomplissent souvent dans les forêts.

« De tous ces graveurs de bois, ajoute M. Pouchet, c'est le *bostriche typographe* qui est regardé comme le plus dangereux. Il ravage de telle sorte les forêts d'épicéas que souvent pas un arbre n'échappe à ses atteintes [1]. »

Beaucoup d'oiseaux détruisent également des plantes pour construire leurs nids.

Ainsi, les *salanganes*, ou hirondelles de Chine, se servent de plantes marines, principalement de celles des genres *gelidium* et *sphærococcus*, qu'elles récoltent en rasant la surface de l'eau.

Les *mauris* agissent d'une façon analogue. Ces oiseaux arrachent même des touffes de mousses dont ils tapissent l'intérieur de leurs demeures. Le *pinson* et le *roitelet*, dans le même but, détruisent le lichen dont ils relient les branches avec de la toile d'araignée.

Rappelons enfin le cas de deux végétaux, l'*arum* et la *stapélie*, qui tuent des insectes.

« Les organes floraux de ces plantes, a écrit M. Rawton, sont si malheureusement disposés que le pollen ne peut être porté sur les pistils que par un secours étranger. »

Eh bien, quand des insectes viennent se poser sur leurs organes, ces plantes capturent ces petits êtres et parviennent à obtenir des

---

[1] *Mœurs et instinct des animaux.*

mouvements qu'ils font pour s'échapper le transport de la poussière fécondante sur leur pistil. Mais c'est au prix de leur vie que les insectes assurent ainsi la reproduction de ces plantes, car tous ceux qui tombent dans le piège succombent.

De tous les êtres organisés du règne animal, l'homme est celui qui applique sur la plus vaste échelle le principe de l'appropriation à fin de services; et le plus fréquemment l'appropriation de sa part est générale, quand il s'agit d'animaux surtout.

Effectivement, « l'homme, dit M. Novicow, détruit une masse d'êtres vivants, non seulement pour sa nourriture, mais encore pour la satisfaction de ses autres besoins ».

En ce qui concerne les plantes, nous pouvons rappeler que des forêts entières disparaissent sous la cognée pour fournir à l'espèce humaine le bois dont elle se chauffe, qu'elle brûle dans foule de circonstances, dont elle construit ses maisons, fabrique, en partie, ses outils, ses instruments et ustensiles divers, ses voitures, ses wagons, ses allumettes, etc., etc. D'autres plantes donnent le jus de leurs feuilles, de leur écorce ou de leurs racines dont on fait usage dans la médecine ou dans certaines industries. — Quelquefois ce jus servira à une fin criminelle, car il est souvent un poison des plus violents. Les peuplades sauvages savent en imprégner habilement leurs flèches.

Dans un but identique, l'homme tue aussi quantité d'animaux.

La peau du tigre, du lion, de l'ours, du loup, du renard et de mille autres bêtes que l'homme ne mange pas, rend des services divers à l'être humain.

Des animaux venimeux sont de même mis à contribution. Le fluide subtil que produisent les glandes maxillaires du *crotale*, du *moccason*, du *serpent corail*, de la *vipère* est employé, à l'instar du jus des végétaux vénéneux, à empoisonner des armes.

Sur les côtes de la Manche, on se sert des astéries, ou étoiles de mer, pour fumer les terres.

Des oiseaux comme le *colibri*, le *bouton d'or*, le *bengali* et des passereaux de la famille des psittacidés — qui n'ont guère de chair — seront recherchés pour la beauté de leurs plumes, dont l'industrie féminine tire de gros bénéfices annuels.

Voilà des cas d'appropriation simplement à fin de services.

Passons à l'appropriation générale.

III

APPROPRIATION GÉNÉRALE

Pour nous répéter, il y a appropriation générale quand le vaincu à la fois sert d'aliment au vainqueur et, d'une façon quelconque, satisfait chez celui-ci un besoin autre que le besoin d'accroissement ou de régénération.

Les cas d'appropriation générale sont bien plus fréquents que ceux des deux formes d'appropriation précédentes. On en trouve dans le règne végétal comme dans le règne animal. Ainsi, quelques parasites grimpants se conservent comme supports les troncs et les branches des végétaux dont ils ont absorbé les substances assimilables.

Plusieurs oiseaux qui se nourrissent d'insectes emploient à d'autres besoins non précisément des substances constitutives de leurs victimes, mais certaines matières provenant de leur corps. — Par exemple la *cisticole*, la *fauvette babillarde*, le *roitelet* mangent l'araignée et se servent de la toile qu'elle tisse, dans la construction de leurs nids. On peut donc dire qu'il y a ici appropriation générale, puisque ces insectes vivent et pour servir d'aliment à ces oiseaux et pour satisfaire chez eux un besoin autre que celui d'accroissement ou de régénération organique.

Mais c'est vers l'existence humaine qu'il faut se tourner pour trouver les exemples les plus caractéristiques d'appropriation générale. Quantité de plantes qui sont alimentaires fournissent en même temps à l'homme des matériaux pour des industries diverses. Entre autres, les jeunes pousses de la *prêle* se mangent en guise d'asperges, tandis que les menuisiers et les orfèvres polissent le bois et les métaux avec la tige de la plante. Les doreurs l'emploient également à adoucir le blanc servant de couche à l'or. — Il en est de même de l'*épine vinette* (*berberis vulgaris*), dont les fruits, dit Bouillet, font des confitures estimées et une espèce de vin ou plutôt de cidre. Cueillis verts, ils remplacent des câpres, et les feuilles de l'arbuste tiennent lieu d'oseille. D'autre part, le bois sert à faire des chevilles de chaussures, et les racines comme l'écorce donnent une couleur jaune recherchée dans la teinturerie.

Pareillement, l'homme se nourrit de certaines substances de quelques variétés de palmiers (dattes, noix de coco, vin de palmier, huile ou beurre, choux, fécules, etc.) et tire de ces végétaux des matières tinctoriales, des fibres textiles propres à la fabrication de tissus, de cordages, de nattes et de paniers. Avec leurs feuilles, il recouvre le toit de ses habitations et transforme en planches la partie dure de leur tronc.

Beaucoup d'animaux sont aussi l'objet d'une appropriation générale de notre part.

Outre sa chair, que nous mangeons, la peau, le poil, les cornes, les sabots et les os du bœuf sont autant de matières premières d'une foule d'industries. — On ne tire pas moins d'avantages du cheval. « Après sa mort, dit Bouillet, ses crins servent à faire des tissus ; son poil, de la bourre ; sa peau, des chaussures ; sa chair (quand elle n'est pas mangée), des engrais ; ses intestins, de la colle forte ; ses os, du noir animal, etc. »

Certaines parties de l'éléphant et du rhinocéros se mangent, mais ces pachydermes sont chassés particulièrement pour leurs dents et leurs défenses, dont le précieux ivoire fait l'objet d'un commerce étendu, évalué à plusieurs millions par an.

Le *mouton* procure également sa chair, sa peau, ses cornes, plus sa laine. C'est du mouton, dont la viande est loin d'être dédaignée, que l'on tire ce cuir si souple et si estimé connu sous le nom de *maroquin*. Dans le *renne* sauvage, l'Esquimau et le Lapon trouvent une nourriture abondante, tandis qu'ils font de la peau de cet animal un vêtement aussi solide que chaud.

Les plumes de tous les oiseaux qu'on mange sont mises à profit.

En Afrique, l'*autruche* à l'état sauvage est chassée pour sa chair aussi bien que pour ses plumes, d'un grand rapport. Le même sort est fait à d'autres oiseaux, par exemple au *faisan*, surtout au faisan appelé lophophore, remarquable par ses couleurs bleue et verte à reflets métalliques. « La beauté de l'oiseau cause sa perte ; il est très recherché des plumassiers, qui composent avec ses dépouilles des parures ravissantes, trop appréciées de nos élégantes [1]. »

« Ce n'est pas seulement pour servir à l'alimentation, a écrit Brehm, que les poissons sont capturés ; ces animaux fournissent encore divers produits à la médecine et à l'industrie. » — Avec la peau de la *raie*, on recouvre des étuis de cigarettes, des porte-

---

[1] B. d'Hamonville, *Vie des oiseaux.*

cartes, de petits coffrets. Des tubercules de la *raie bouclée*, les Hollandais tirent une colle servant à clarifier la bière. — De la vessie natatoire de l'esturgeon est extraite une ichthyocolle en usage dans quelques industries. Avec la peau de la *roussette* et de la *leiche*, les menuisiers et les tourneurs adoucissent leurs ouvrages en bois et en ivoire.

D'après M. Rondelet, cité par Brehm, le foie de la *centrine* (*centrina Salviani*), appelée aussi *cochon de mer*, se fond en huile qui peut servir pour mollir la dureté du foie de l'homme, et sert généralement à l'éclairage. Le fiel, mélangé avec du miel, est bon pour les cataractes ; le cuir est bon pour polir. La cendre du cuir est bonne contre la teigne.

La peau de quelques requins remplit de même la fonction du polissoir.

Sous le nom d'*essence d'Orient* se vendent les écailles d'un petit poisson appelé *ablette*. Elles servent à la fabrication des fausses perles. L'*huître* fournit ses vraies perles, comme la *tortue* son écaille ; le *lamentin*, sa peau dont on fait un cuir à la fois fort et souple ; la *baleine*, ses fanons ; et le cachalot, sa graisse pour l'éclairage.

Tel est le principe de l'appropriation avec les trois formes sous lesquelles il s'applique dans la lutte pour la vie.

Ainsi qu'on l'a constaté, tous les éléments de l'univers, que nous avons choisis dans des ordres divers, s'y trouvent soumis. Et ce qu'il importe de rappeler ici, c'est ce fait que partout et toujours l'être rudimentaire, l'être le moins parfait, le plus faible est comme chargé de la triste mission de préparer les matériaux nécessaires à l'être qui lui est supérieur, soit physiquement, soit moralement, mais surtout moralement.

CHAPITRE VII

ÉLIMINATION

Les individualités de l'univers se combattent donc, se détruisent les uns les autres, et le vainqueur s'approprie les éléments constituants du vaincu.

L'appropriation n'est cependant pas toujours le mobile qui pousse les individus à s'entrechoquer et à se détruire. Parfois celui-ci, à la recherche de ce qui est nécessaire à son existence, rencontre celui-là pour s'opposer à la satisfaction de ses besoins, l'un et l'autre ayant un même objectif, par exemple une proie qu'ils convoitent. De là, une concurrence où les individualités deviennent chacune un obstacle aux fins vitales poursuivies par l'autre. Ici encore, l'issue du conflit peut être la destruction de l'un des concurrents. Mais, s'il s'agit d'animaux, le plus faible sera souvent assez prudent pour éviter la mort en cherchant une fuite salutaire. Si, au contraire, les deux concurrents sont des végétaux, la lutte est inévitable, la mort en résulte et le plus faible succombe sans que ses éléments constitutifs servent à la satisfaction des besoins du plus fort.

Le but du destructeur est, par conséquent, de se débarrasser d'une individualité gênante, d'un obstacle aux fins vitales poursuivies.

C'est à ce résultat de la lutte pour la vie qu'on a donné le nom d'élimination.

L'élimination est directe ou indirecte.

I

ÉLIMINATION DIRECTE

L'élimination est directe quand le plus faible a succombé à la suite d'un choc ou, s'il s'agit d'êtres organisés, à la suite des violences que le plus fort a exercées contre lui.

Cette forme de l'élimination s'est manifestée incontestablement dans le monde inorganique d'abord.

Toutefois, il ne saurait en être question, dans la lutte entre les molécules et les nébuleuses, car ces individualités, n'étant pas des masses solides et définitives, attirent ou sont attirées, et absorbent ou sont absorbées. Un choc, dans le sens précis du mot, ne peut même pas se produire ici. Une rencontre de ces masses ne sera jamais suivie d'une élimination directe, parce qu'une réaction n'est pas possible. Tel n'est pas le cas pour les unités des systèmes planétaires qui, toutes, sont des corps solidifiés, dans toutes leurs parties extérieures du moins.

Ces corps attirent bien aussi, mais, en raison de leur nature de solides, toutes les substances ne sont pas pour eux absorbables. Ainsi, quand les aérolithes, les bolides ou d'autres corps météoriques, en traversant notre atmosphère et attirés par l'attraction de notre planète, tombent sur notre sol, ils ne pénètrent pas dans l'intérieur de la terre, ils ne sont pas absorbés, ce qui, au contraire, se produit, par exemple, pour les gaz, le fluide électrique, les eaux de pluie et, parfois, certains corpuscules qu'ils rencontrent sur leur passage, en sillonnant l'espace, et entraînent avec eux dans le sein du globe. En cas donc de choc entre des corps célestes à l'état solide, l'individualité vaincue, et dont les éléments ne pourraient pas être absorbés, serait détruite sans rien apporter à l'accroissement ou à la régénération du vainqueur, sans non plus contribuer à la satisfaction d'un besoin vital quelconque de celui-ci, c'est du moins ce qu'aucun fait n'a jusqu'ici contredit. Plaçons-nous, pour exprimer plus clairement notre pensée, dans l'hypothèse d'un choc de la sphère terrestre avec un autre corps céleste d'une constitution semblable à la sienne. La plus faible des deux masses, désagrégée, broyée, répandrait ses morceaux dans l'espace. Que deviendraient ses fragments? On ne sait. En tout cas, ils ne pourraient nullement être absorbés par le corps victorieux, qui se serait simplement débarrassé d'un obstacle rencontré sur son chemin, tout comme aurait fait une masse minérale en mouvement qui se serait heurtée à une autre masse plus petite qu'elle. Il y aurait donc élimination directe.

C'est le monde organique qui nous présente les exemples d'élimination directe les plus frappants.

A commencer par le règne végétal, si l'on excepte les parasites et les carnivores, qui forment la minorité, les plantes, dans leur œuvre de destruction, ne connaissent que le procédé de l'élimination en général. Quant à l'élimination directe, elle a lieu chez elles lentement. C'est un travail qui demande du temps, mais le but ne sera pas moins atteint.

Entre les plantes sauvages et les plantes cultivées, l'élimination directe n'est pas un fait rare. Lorsque le blé, par exemple, n'a pas les soins assidus du cultivateur, il ne peut, dans aucun terrain, résister aux mauvaises herbes. Ce cas a déjà été cité, dans le chapitre où il est question de la protection des faibles.

« Supposez, dit M. Vuillemin, un champ de blé abandonné à lui-même, sans que le laboureur travaille la terre ou sème de nouveau blé dans des conditions favorables : les mauvaises herbes, profitant des positions avantageuses qu'elles ont conquises à la faveur de circonstances exceptionnelles, ne tarderont pas à éliminer entièrement le blé. »

L'élimination sera directe, parce que les herbes sauvages, élevant leurs têtes à la surface du champ, maintiendront de leur poids et fixeront de leurs vrilles, comme un ennemi terrassé, le blé qui bientôt sera mort étouffé[1]. Il sera détruit, parce qu'il aura été un obstacle aux fins vitales de ces herbes, en absorbant la totalité ou une bonne part au moins des substances chimiques du sol ou en gênant leur développement par l'occupation d'une certaine étendue de terrain.

D'après Bouillet, la prêle des champs étouffe les plantes cultivées parmi lesquelles elle se trouve. Il en est de même de plusieurs variétés de chiendents, parmi lesquelles se remarquent celles dites *pied-de-poule*, *panic vert*, *panic glauque* et *panic verticillé*.

Puisque ces végétaux ne s'approprient point les substances des plantes qu'ils étouffent, il les tuent dans un but purement éliminatoire.

---

[1] Voir VUILLEMIN, *Biologie végétale*, p. 333.

Dans les combats entre animaux, les cas d'élimination directe abondent.

Avant d'en citer quelques-uns, faisons observer que l'action de s'opposer aux fins vitales d'un concurrent n'est pas le seul mobile capable de porter une bête à en éliminer une autre. En effet, dans le règne animal, il n'y a point parfois d'opposition de la part de l'un quelconque de deux individus, mais leur rencontre inspire à l'un ou à tous les deux une crainte qui peut aller jusqu'à la frayeur, quand surtout l'être est mis en présence d'un autre être ou d'un phénomène qui s'offre à lui pour la première fois, ou auquel il n'est pas encore habitué. Dans l'occurrence, il est en face de l'inconnu, que jamais l'on n'affronte que moyennant une bonne dose de force morale ou que poussé par une grave nécessité.

« Un cri plus retentissant que d'ordinaire, dit le Dr de Courmelles, un aspect insolite, en voilà souvent plus qu'il n'en faut pour effrayer les êtres vivants... C'est là le *misonéisme* — la haine du nouveau — terme que le professeur Ch. Richet propose de remplacer par celui, plus étymologique, de *néophobie* [1]. — C'est, dit le professeur Lombroso, la difficulté et le malaise qu'éprouve le cerveau de tous les animaux, aussi de l'homme et surtout de l'homme primitif ou de l'homme faible d'esprit, dans la perception de toutes les sensations qui sont nouvelles... Un singe affublé d'oripeaux, fruit de sa captivité, fut poursuivi par les siens [2]. »

« On a vu des enfants, dit à son tour M. Dumonteil, armés de trompettes et de tambours, mettre en fuite le roi des animaux, le lion, qui, d'ailleurs, n'est pas un mélomane [3] comme le serpent, la souris ou les araignées... Les Cambodgiens ont l'ingénieuse fantaisie de se débarrasser de « Monseigneur le Tigre », comme ils l'appellent respectueusement, en lui donnant un concert, ce qui n'est meurtrier que pour l'oreille. Armés de tam-tam, de gongs, de tambourins, de trompes et de crécelles, les assaillants, je n'ose dire les musiciens, forment un vaste cercle autour du fourré où les tigres font la sieste. Surpris dans leur sommeil, étourdis par ce tintamarre extravagant qui éclate comme une bombe au sein de la forêt, les tigres sont saisis d'une terreur folle, restent sur place, hésitent, tremblent, l'oreille basse, comme paralysés, ne songeant ni à fuir ni à se défendre. »

---

[1] *Revue des Deux Mondes*, 30 juin 1886.
[2] *Les facultés mentales des animaux.*
[3] Amant passionné de la musique.

En Russie, le même procédé, mis en usage, terrorise également les loups.

Dans sa frayeur, c'est presque toujours à la fuite que l'animal demande son salut contre le danger quelquefois chimérique dont il se croit menacé.

Cependant, sous l'empire de l'instinct de la conservation, l'être, quand il est poursuivi, puise parfois du courage dans sa frayeur même et devient alors plus féroce que jamais. Cela arrive quand l'individu désespère de se sauver la vie, en fuyant.

« L'animal qui fuyait se retourne brusquement et tente un dernier effort pour repousser l'ennemi.

« C'est ainsi que, si nous sommes menacés de la chute d'un corps pesant, notre premier mouvement est de nous en éloigner ; mais, si nous comprenons qu'il est trop tard, nous étendons les bras au-devant du danger, et nous essayons de l'écarter de nous. »

La peur qu'inspire un individu peut donc, comme l'opposition de sa part aux fins vitales d'un autre, être une cause de bataille. « De là l'idée de massacres inutiles destinés à se débarrasser d'êtres qui pourraient devenir des ennemis ! De là des attaques inutiles et injustifiées, des provocations sans mobile, des combats sans résultat appréciable [1]. »

Donc, deux circonstances peuvent pousser des animaux à se combattre dans un but purement éliminatoire : d'abord l'opposition d'une individualité aux fins vitales d'une autre, ensuite la crainte que la présence d'un être fait naître parfois chez un autre, ou le misonéisme.

Donnons maintenant des exemples, choisis au hasard.

Deux chiens, deux crocodiles, deux coqs, ne voulant point s'entendre pour partager entre eux une proie, se livrent bataille. L'un d'eux reste sur le carreau.

Un tigre et un lion se chargent avec impétuosité, cherchant chacun à éloigner son ennemi d'une caverne trop étroite pour les abriter tous les deux. C'est la lutte pour l'habitat.

Le plus faible, frappé à mort, ne respire bientôt plus.

Deux taureaux courtisent une même génisse, ou deux perruches, n'ayant pour compagnon qu'un perroquet, se jalousent. Après menaces de part et d'autre, les rivaux ou les rivales en viennent aux prises, et l'un des combattants est tué.

Dans ces trois circonstances différentes, nous sommes en pré-

---

[1] D^r DE COURMELLES, même ouvrage.

sence d'une élimination directe. Ici, en effet, le vainqueur ne touchera pas au cadavre du vaincu, car il n'a pas tué parce qu'il convoitait la chair de sa victime. La cause de la mort du plus faible est que, dans la premier cas, il s'opposait à ce que son adversaire s'appropriât une proie ; dans le second cas, à ce qu'il occupât un lieu lui offrant des garanties de sécurité ; enfin, dans le troisième cas, à ce que satisfaction fût donnée, chez lui, au besoin génésique.

Quant aux faits suivants, on ne saurait les justifier qu'en mettant la mort sur le compte de la crainte.

« Un *gibbon hylobate* saisit parfois — a vu M. Van Ende — un oiseau au vol et lui arrache la tête d'un coup de dent pour la recracher aussitôt en rejetant sa proie. La *vindita* entre en rage, à la vue d'un oiseau et l'égorge sans le manger. Le *chien* fait de même pour les *tatous ;* le *lion* tue le *soko*, le *cerf* de Virginie enlève la tête des *poulets* et des *canetons ;* l'*hippopotame* charge les *bœufs*, le *pécari* poursuit les *chiens*, le *rhinocéros* se rue sur tout ce qui bouge (tous, avec l'intention arrêtée de détruire); les *porcs* déchirent le *chien*, les *buffles* attaquent les grands carnassiers et l'homme, l'*ours marin* poursuit tout ce qui passe (encore avec l'intention de détruire), et tout cela sans but apparent[1]. » Quelques oiseaux se livrent également à ce genre de destruction.

Ainsi « le céréopsis attaque tout être vivant sans toucher aux victimes qu'il a faites. La *cigogne* se livre à une destruction platonique de crapauds[2]. »

Enfin, pour finir avec les aéricoles, rappelons les massacres qu'accomplit parmi les animaux domestiques la terrible mouche tsetsé qu'on n'a jamais surprise dévorant ses victimes.

Le procédé de l'élimination directe n'est point étranger à certains habitants des eaux.

Le Dr de Courmelles cite, parmi les éliminateurs marins, les épaulards qui attaquent et tuent parfois la baleine, sans tirer de sa mort aucun profit apparent.

« On regarde, dit Humboldt, la présence des gymnotes électriques comme la cause principale du manque de poissons dans les étangs et les mers des Slanos. Ils en tuent beaucoup plus qu'ils n'en mangent, et les Indiens nous ont dit que, lorsque, dans les filets très forts, on prend à la fois de jeunes *crocodiles* et

<hr>

[1] D[r] DE COURMELLES, même ouvrage.
[2] *Id.*

des gymnotes, ceux-ci n'offrent jamais de traces de blessures parce qu'ils mettent hors de combat les jeunes crocodiles, avant d'être attaqués par eux... Près d'Uritueu, il a fallu changer la direction d'une route, parce que les *anguilles* électriques s'étaient tellement accumulées dans une rivière, qu'elles tuaient tous les ans un grand nombre de mulets de charge qui passaient la rivière à gué. »

Entre les êtres des deux règnes végétal et animal, les cas d'élimination directe ne sont pas rares non plus. En voici quelques-uns.

Parlant du rhinocéros, M. Dumonteil s'exprime ainsi : « Cet énorme animal est stupide et farouche ; presque toujours en proie à de mystérieuses colères, à de formidables emportements, il s'attaque aux arbres, aux buissons, au sol, aux rochers, à tout... Il est le fléau des plantations et la terreur des animaux. »

Mayne-Reid raconte, dans *Les Vacances des jeunes Boërs*, une prouesse de ce pachyderme mis en fureur par un chasseur désarmé qui avait pu lui échapper, en gagnant le sommet d'un rocher.

« Au même instant, comme s'il avait voulu répondre à la pensée du jeune homme, le kéitloa, par une lubie soudaine, le rendit témoin de l'une des habitudes qui caractérisent son espèce.

Il y avait précisément en face de l'endroit où était le chasseur un épais buisson d'assez belle taille, et c'est contre ce nouvel adversaire que le rhinocéros dirigea sa fureur. Il se précipita, tête baissée, vers l'objet qui venait d'attirer son attention, frappa d'estoc et de taille, à droite, à gauche, brisa les branches avec ses cornes, foula aux pieds tout ce que ses sabots pouvaient atteindre, et témoigna d'une colère aussi grande que s'il se fût agi de combattre un ennemi acharné. Il continua cette attaque furieuse jusqu'à ce qu'il ne restât plus d'écorce sur les branches ou de branches au buisson ; en un mot, jusqu'à ce qu'il eût tout brisé, tout écrasé, tout anéanti. »

S'il est une autre bête dont l'existence nous offre des cas d'élimination directe vraiment curieux, c'est la fourmi agricole de l'Amérique, que nous avons déjà citée à propos de la prévoyance chez les animaux[1].

« Ces insectes, dit M. Ed. Lefèvre, vont même jusqu'à supprimer, dans leurs cultures, toutes les autres plantes pour ne

---

[1] Chapitre IV, § 1.

laisser croître et prospérer que celles qui leur fournissent les semences utiles. »

Les observations de M. Moggridge sur une autre variété vivant aux environs de Menton lui ont permis de constater le même fait. Le D' Girod en parle également, dans *Les Sociétés chez les animaux*.

« La fourmilière, dit-il, est entourée par un espace où ne croissent que le fumeterre, l'avoine, la linaire, la petite véronique. Ce sont là les plantes protégées par la fourmi et qui, chaque année, se ressèment sur place ; tous les autres végétaux sont arrachés des champs de la fourmilière [1]. »

En retour, il existe des végétaux qui éliminent aussi des bêtes. Ici, nous n'avons pas affaire à des plantes carnivores, mais à des plantes qui tuent des insectes sans tirer de leur mort aucun profit apparent.

C'est ainsi qu'on peut voir parfois au fond du calice des Aroïdées appelées *gobe-mouches*, plantes exhalant une forte odeur cadavérique, quantité de mouches ayant succombé sous une forêt de poils raides, acérés, qui couvrent les fleurs de ces végétaux.

Il en est de même de l'utriculaire qui retient et noie des insectes dans les vésicules que portent ses branches.

La plante dévore-t-elle ses victimes ?

« Il est permis, répond M. Vuillemin, d'en douter ; car les poils qui tapissent l'intérieur du sac sont exclusivement mécaniques, et sans analogie avec ceux qui, chez les plantes dites carnivores, sécrètent des sucs digestifs tels que la pepsine.

Il est probable qu'ici les pièges sont une arme purement défensive [2]. »

L'utriculaire accomplit donc un acte simplement éliminatoire, de même que l'*empusa musca*, petite entomophthorée qui, en automne, massacre quantité de mouches, en lançant sur elles ses spores meurtrières.

On doit en dire autant de cette moisissure qui tue les *phytonomus punctatus*, et du botrytis qui détruit les pucerons du genre *siphonophora*.

Mais voici l'éliminateur sans pareil, l'homme, l'être par excellence qui ne se fait nul scrupule de se débarrasser de tout autre être qu'il croit, à tort ou à raison, un obstacle à ses fins vitales.

---

[1] Voir le chap. V, § iv, à propos des fourmis et de la plante appelée mélampyre.
[2] *Biologie végétale*, p. 203.

Végétaux et animaux tombent sous ses coups, sans qu'il cherche à tirer de leurs éléments constituants un avantage quelconque.

Quand, dit M. Novicow, l'homme fut amené à domestiquer les plantes, c'est-à-dire à se livrer à l'agriculture, il fut dans l'obligation de défendre les plantes cultivées contre les plantes sauvages qui leur faisaient concurrence... Les plantes parasites, qui envahissaient les champs et diminuaient le produit de la récolte, furent détruites. »

De nos jours même, lorsqu'il veut établir des exploitations agricoles, le cultivateur se voit le plus souvent obligé de faire subir certaines préparations au sol, et d'abord de commencer par en extirper les mauvaises herbes qui n'auraient pas tardé à étouffer les jeunes pousses.

Par ces exploitations, le but de l'homme est de se ménager des réserves alimentaires et du bois pour ses divers besoins. Toute végétation capable de nuire aux plantes cultivées dans son jardin, aux arbres de la forêt, sera donc impitoyablement fauchée ; et les végétaux détruits — dont les éléments n'auront été d'aucune utilité pour l'homme —, auront été l'objet d'un acte purement éliminatoire.

Mais c'est surtout contre les bêtes que l'espèce humaine emploie le plus fréquemment le procédé de l'élimination, celles-ci étant plus dangereuses et plus nombreuses que les plantes nuisibles. Parmi elles, quadrupèdes, oiseaux, insectes et autres cherchent constamment à se nourrir aux dépens de l'homme, en s'attaquant à ses réserves de toute espèce, qu'il s'agisse de végétaux ou d'animaux ; et la part qu'elles prélèvent sur nos travaux n'est pas sans nous porter un préjudice considérable, en nous réduisant parfois à la famine.

M. Dumonteil rapporte qu'en Abyssinie un léopard étrangle jusqu'à trente brebis dans une seule nuit, et M. J. Gérard évalue à 200.000 francs la nourriture que, par an, absorbent les trente lions vivant dans la province de Constantine, en Algérie.

En Russie, rien que les loups, d'après M. Novicow, causent des dommages pour 150.000.000 de francs, dans une année.

Parlant des ravages des rats, M. C. Canet dit : « Noix à noix, le produit de l'arbre y passe ; grain à grain, ce sont des sacs de blé représentant des millions d'argent que messieurs les rats et mesdames les rates engloutissent. »

Cependant, ces bêtes ne sont pas les plus grands des malfaiteurs auxquels l'homme ait à disputer les fruits de ses peines. Les plus

terribles dévastateurs se rencontrent, par une bizarrerie du sort,
dans les rangs des plus petits.

« On sait, dit encore M. Novicow, les efforts faits dernièrement
en Algérie pour combattre les sauterelles... Les dommages causés
par les insectes sont immenses. Pour la France seule, M. Bourdeau
les évalue à 1.200.000.000 de francs par an. Le phylloxera a
causé pour plus de 10.000.000.000 (dix milliards) de francs de
pertes. »

« On a calculé, écrit aussi M. Pouchet, que ce petit insecte,
le charançon, à lui seul, dévore du blé dans les greniers de l'Europe
pour plus de 100.000.000 de francs. »

Comme on voit, les bêtes ne coûtent pas peu cher à l'homme ;
et les plus funestes ne lui sont d'aucune utilité. Aussi, les élimine-t-
il avec la dernière rigueur.

A une époque, les rats pullulaient à Paris et causaient de grands
ravages partout où ils pouvaient s'insinuer. « On dut opposer le
fer et le feu à ces légions furieuses... On tua, en quatre semaines,
dans un seul abattoir, 16.000 rats [1]. »

Ce n'est pas sans intérêt qu'on lira le passage suivant extrait
de l'ouvrage de M. Pouchet, que nous avons cité plusieurs fois
déjà.

« De tout temps, l'homme s'est efforcé de conjurer les redoutables invasions des sauterelles. Dans l'antiquité, de sévères lois
ordonnaient le massacre des sauterelles. Dans l'île de Lemnos,
comme tribut annuel, chaque particulier était forcé d'en apporter
au magistrat un certain nombre de mesures. Pline raconte que,
dans la Cyrénaïque, la loi contraignait même le peuple à leur faire
trois fois par année une guerre d'extermination. Le citoyen qui
s'y refusait était puni comme déserteur.

Le naturaliste ancien prétend qu'en Syrie on y employait parfois
les légions romaines. Ce fait s'est reproduit à diverses reprises
dans les temps modernes.

Virey dit qu'il y a peu d'années, en Transylvanie, on eut recours
aux soldats pour atteindre le même but. Des régiments entiers
ramassaient des sauterelles et quinze cents hommes n'étaient
occupés qu'à écraser, brûler ou enterrer leur moisson vivante.
Cela se passait en 1780. Mais, l'année suivante, le fléau reparut,
et ses ravages prenaient de telles proportions qu'on fut obligé,
pour le combattre, de lever le peuple en masse. Cependant une

---

[1] D' Girod, *Les sociétés chez les animaux.*

foule de campagnes n'en furent pas moins ruinées de fond en comble[1].

De nos jours, en Europe, principalement en Allemagne, une véritable guerre se poursuit contre ces ravageurs de forêts, les chenilles du papillon appelé *bombyce*.

« Ces chenilles se sont parfois tellement multipliées, que, pour préserver de la ruine toute la forêt, il faut entièrement les exterminer. Là, les bûcherons et toutes leurs familles, qu'on lève en masse, ne sont occupés qu'à écraser sur les troncs des arbres cette funeste lignée. Ailleurs, les autres circonscrivent de fossés les districts empoisonnés, afin d'arrêter l'invasion des chenilles... Lorsqu'elles les ont encombrés, on les y étouffe en masse, en les recouvrant de terre...

Si votre excursion se fait la nuit, un autre spectacle vous attend. Toute la forêt paraît embrasée. Dans chaque district brûlent quelques arbres, debout et isolés, semblables à d'effrayantes torches dont la flamme s'élève vers les nuages et éclaire sinistrement tout le site environnant... D'autres fois, mais c'est la ressource suprême, la forêt entière est la proie de l'embrasement... Une région forestière naguère fertile est dévorée par le feu : d'un tel amas de richesses, il ne reste plus qu'une immense montagne de cendre et de charbon... Les grands feux allumés dans les forêts sont dirigés contre les phalènes nocturnes; leur lueur les attire, et bientôt elles se trouvent grillées par la flamme en voulant trop s'en approcher... Toute cette guerre d'extermination dont nous venons de tracer le tableau succinct n'est dirigée que contre un petit nombre de nos ennemis, car, pour la plupart, ils savent se soustraire à l'empire du cultivateur, et leur formidable armée défie notre impuissance. »

— L'homme détruit donc directement des plantes et des animaux, non pour s'approprier leurs éléments constitutifs, mais pour assurer ses fins vitales auxquelles ces êtres sont des obstacles. Comme tels, ils sont éliminés directement.

---

[1] *Mœurs et instincts des animaux.*
[2] POUCHET, même ouvrage.

II

ÉLIMINATION INDIRECTE

Ainsi, dans l'élimination directe, l'ennemi frappe et tue son ennemi. Il y a, au contraire, élimination indirecte, toutes les fois que le plus faible ou, à bout de résistance, se détruit lui-même, ou succombe à la suite de certains faits, conséquences, il est vrai, de sa faiblesse et de sa défaite, mais sans l'intervention d'aucun acte de violence de la part du plus fort, du vainqueur, faits sans lesquels il n'y aurait pas eu de destruction. D'ailleurs, ces faits sont même parfois absolument indépendants de tout ce en quoi l'on est en droit de voir *un acte voulu* par le plus fort, lorsqu'il s'agit d'êtres organisés, bien entendu ; car, en ce qui a trait aux individualités inorganiques, il ne viendra, certes, à l'idée de personne de se demander si *un acte voulu* est pour quelque chose dans la concurrence vitale. Tout ici est l'œuvre uniquement de la nature dont on ne fait qu'expliquer le travail.

L'élimination indirecte, comme l'élimination directe, a certainement paru dans le monde inorganique d'abord. — Cependant, contrairement à ce que nous avons vu à propos de la dernière, qui ne peut avoir lieu qu'entre des corps célestes, corps composés, en majeure partie et extérieurement, de substances solides, l'élimination indirecte ne saurait trouver son application que dans la concurrence entre des masses gazeuses ou liquides ayant pour centre d'attraction un noyau, telles des masses moléculaires et des nébuleuses.

En quoi, effectivement, peut consister ici l'élimination indirecte ? dans la situation d'une individualité qui, du fait d'une autre individualité, mais sans avoir subi de chocs, s'est peu à peu désagrégée, avant d'avoir passé par toutes les phases de l'évolution et de parvenir au but final, c'est-à-dire au dernier degré de constitution dont sont susceptibles les individualités célestes. — Or, ce qu'on appelle un corps céleste est précisément une masse solidifiée, une individualité ayant atteint ce dernier degré possible de constitution. Donc, les corps célestes sont à l'abri de l'élimination indirecte.

Mais les choses changent, lorsqu'on envisage des masses moléculaires ou des nébuleuses dont l'état est tantôt gazeux, tantôt liquide. En effet, supposons en concurrence, par exemple, deux de ces masses. Chacune, nous le savons, attire à soi les matières cosmiques qui les entourent toutes, afin d'augmenter son volume et d'atteindre finalement la phase supérieure de l'évolution, d'arriver à se constituer en nébuleuse. — Que l'une des concurrentes, déployant une force attractive plus intense, parvienne à évoluer jusqu'à devenir un corps céleste, sans avoir absorbé pour cela les substances propres de sa rivale; celle-ci, se trouvant désormais privée de matières nécessaires à son développement, restera quelque temps stationnaire; puis, incapable de réparer les pertes continuelles qu'elle subit sous l'action des éléments du milieu ambiant (chaleur, pluie, vent, électricité, etc.), elle se dissoudra à la longue, ne laissant aucune trace de son existence. Dans ce cas, elle aura été indirectement éliminée par l'autre masse moléculaire avec laquelle elle s'était trouvée en concurrence, et qui est parvenue à ses fins en lui coupant, pour ainsi dire, les vivres.

Le même phénomène pourra se produire si, à la place des masses moléculaires, nous mettons en concurrence deux nébuleuses. L'hypothèse étant facile à rétablir, nous nous dispensons de nous y arrêter pour passer à l'élimination indirecte parmi les êtres organisés.

Ici, il y a, avons-nous dit, élimination indirecte d'abord si le plus faible, à bout de résistance, se détruit lui-même, laissant ainsi le plus fort maître du champ de bataille.

Nous pouvons, pour ce cas, tirer un premier exemple de la vie des *scorpions* qui savent se suicider, quand ils se voient privés de toute chance de salut.

Bien que d'aucuns contestent ce fait, des hommes dignes de foi — entre autres le Dr Bidie, chirurgien de l'armée anglaise dans les Indes — le soutiennent, l'affirment énergiquement. Et que de fois, alors enfant, je l'ai entendu dire, dans mon pays, par des personnes parlant d'après expériences et qui, sans être des docteurs Bidie, sont, elles aussi, dignes de foi ! D'ailleurs, n'avonsnous pas vu des animaux, pris au piège, se couper eux-mêmes le membre retenu?

Le *gnou* est également un animal peu soucieux de la vie, dès qu'il est en présence d'un péril insurmontable.

« Quand il voit, dit M. Dumonteil, que ses cornes sont impuissantes à vaincre et ses jambes à fuir, il se tue, préférant ainsi la mort à la captivité. D'un bond, il s'élance vers un précipice, fait une cabriole suprême, tombe et meurt comme il a vécu, en faisant la voltige. »

Si ce genre d'élimination indirecte est rare parmi les bêtes et inconnu aux végétaux, il n'en est pas de même de l'élimination où le plus faible ne se tue pas, mais succombe à la suite de certains faits, sans violence de la part du plus fort, faits indépendants quelquefois de la volonté ou de l'intention de celui-ci. Dans ce dernier cas, l'élimination est toujours lente, qu'elle soit l'œuvre de végétaux ou d'animaux.

En ce qui concerne les premiers, nous savons déjà qu'ils exercent les uns sur les autres une action indirecte, quand ils sont assez rapprochés, et que les mieux adaptés au sol coupent les vivres à ceux qui le sont moins bien. Il n'y a point ici prise de corps ; les individus sont assez isolés les uns des autres.

« Des plantes, dit M. Novicow, partiellement vaincues dans la lutte, sont obligées de se contenter des miettes du repas de la nature ; la quantité de lumière, qui leur est départie, est un minimum que les branches des géants veulent bien laisser filtrer jusqu'à elles ; les éléments du sol, qu'elles peuvent assimiler, sont aussi les restes de ce que les racines des géants n'ont pas pu absorber. Ces plantes vaincues continuent à vivre, mais elles rampent sur le sol, petites, annuelles et modestes. Dans nos forêts d'Europe, les fougères, par exemple, ont été battues par les chênes, les hêtres, les pins, etc. Dans d'autres contrées du globe les fougères, n'ayant pas rencontré des ennemis aussi redoutables, sont devenues des plantes arborescentes. »

Cette circonstance se produit aussi dans la concurrence vitale entre animaux et même au sein d'un animal.

Ainsi, dit encore M. Novicow, « il peut arriver qu'un ensemble de cellules parvient à accaparer une quantité de nourriture dépassant la mesure ordinaire ; il y a alors hypertrophie d'une part, atrophie de l'autre, c'est-à-dire un état pathologique. »

Les atrophiées sont celles des cellules qui ont eu une part de nourriture insuffisante.

« Le mot atrophie — qui signifie manque de nourriture — s'emploie, dit le physiologiste Robin, pour désigner le travail de désassimilation par lequel les éléments constitutifs d'un organe ou d'un tissu perdent au lieu de gagner et sont réduits considérablement dans leur volume. »

L'atrophie n'est donc autre chose que ce que nous venons de

constater chez les fougères vaincues par les chênes et autres, situation que l'on peut considérer comme une semi-élimination.

Mais cette semi-élimination est plus caractéristique encore, quand elle se produit dans la concurrence vitale entre animaux et offre une identité plus parfaite avec celle des végétaux qu'avec celle des cellules. Voici, par exemple, deux groupes d'animaux en concurrence pour la possession d'un territoire bien pourvu de substances alimentaires. Des combats sanglants ont lieu, et plus d'un champion est resté sur le carreau. Le groupe le plus faible n'est pas toujours décimé jusqu'au dernier individu. En butte à des assauts continuels, les survivants chercheront leur salut dans la fuite, ce qui peut arriver également si l'on suppose en lutte deux individus, au lieu de deux groupes. Quel que soit le cas, que résultera-t-il, lorsque le plus faible cédera ainsi pour éviter la destruction ? — Appartenant à une même horde, il souffrira la faim, si la lutte a pour cause la nutrition ; sa santé pourra être gravement atteinte, s'il a été privé d'un abri contre les intempéries ; enfin, son organe sexuel pourra s'en ressentir, s'il s'agit de lutte génésique. Privé surtout de nourriture, son organisme tout entier sera ébranlé, sa vigueur, son énergie ira diminuant sans cesse, il dépérira, incapable qu'il sera de régénérer ses éléments constituants.

Lorsque les conditions d'existence changent défavorablement pour le plus faible, il y a donc chez lui dépérissement. Mais, dira-t-on, cet état ne constitue pas une élimination.

Il n'y a pas élimination, en effet ; et on doit voir ici une victoire partielle, comme, une semi-élimination, ainsi que je l'ai déjà fait entendre. Cependant, nous allons constater que l'ensemble des circonstances qui suivent la défaite et qui ne sont point des actes de violence du plus fort, conduisent fatalement le plus faible à une destruction, à une élimination indirecte.

D'une manière générale, toute privation physique, même toute satisfaction incomplète des besoins matériels est, à la longue, une grave atteinte au fonctionnement régulier des organes et qui hâte le moment de la désagrégation de tout l'organisme.

Examinons le cas pour les végétaux.

Le lecteur se rappelle sans doute les lignes de M. Jacolliot que nous avons citées à propos de la lutte entre les plantes. — C'est un tapis de verdure émaillé de fleurs, unissant leurs couleurs et leurs parfums, au milieu duquel on a semé quelques poignées de graines de grands arbres qui ont poussé et d'où est sortie une forêt de chênes. « Bientôt, dit l'auteur, son épais feuillage absorbe la chaleur, la lumière, la vie que le soleil jette à longs flots dans l'espace, et c'est à peine si quelques reflets d'un jaune sombre et verdâtre arrivent jusqu'au sol où, décolorées et sans force, rampent les pauvres fleurs naguère resplendissantes de vigueur et de beauté. Dès la seconde génération, les pauvres plantes ne portent plus de graines, elles ne se reproduisent plus, et finissent par retomber dans la période régressive qui leur enlève une à une toutes les qualités si péniblement sélectionnées par des siècles d'existence ; leur dernière tige se sèche et disparaît sous une couche épaisse de feuilles mortes tombées de l'arbre, et sous ces détritus végétaux vont apparaître de nouveau les mousses et les champignons des premiers âges de formation, car eux, ils se plaisent dans l'humide obscurité des forêts. »

Les plantes qui formaient ce beau tapis de verdure sont donc mortes d'inanition, les chênes leur ayant coupé les vivres; ils les ont indirectement éliminées.

Entre les cellules animales dont il est plus haut question, il ne se passe pas autre chose.

Les plus faibles, en effet, ne trouvant plus une alimentation suffisante, dépérissent, meurent et sont ainsi indirectement éliminées de l'organisme.

C'est un sort pareil qui attend la bête et le troupeau.

Dans la bande, la bête — maltraitée par ses semblables qui, en raison de leur force, se sont accaparées de la totalité ou de la plus grande part des substances alimentaires — souffre de la faim, dépérit, meurt plus tôt que les autres et est ainsi indirectement éliminée.

Plus faible que sa rivale, « une bande d'animaux peut, dit M. Novicow, se réfugier dans une région moins avantagée : quitter, par exemple, les plaines herbeuses pour se retirer sur les montagnes. Mais, dans ce cas, confinée à un habitat offrant moins de ressources, elle se reproduit dans une mesure plus restreinte. Jamais, par exemple, les espèces d'animaux alpins n'ont constitué des troupeaux aussi nombreux que les bisons des prairies américaines ».

L'insuffisance de nourriture enlève donc ici au troupeau, peu à peu, la vigueur nécessaire dans l'œuvre de la reproduction. De plus, moins bien nourris qu'auparavant, les individus ne résistent que péniblement aux diverses circonstances funestes du milieu, par exemple, aux maladies, aux intempéries. Dans de telles conditions d'existence, les descendants naissent de plus en plus rachitiques, le nombre des cas de stérilité augmente de génération en génération, tandis que diminue parallèlement la moyenne de la vie. Si bien qu'arrive un moment où, exhalant le dernier soupir, le dernier rejeton de la bande clot l'existence de tout le troupeau, ainsi indirectement éliminé par son rival.

Le plus faible avait fui devant l'ennemi pour échapper à la destruction, mais l'éternelle faucheuse, la mort, attachée à ses pas, poursuivait son œuvre, l'acheva plus tard, mais l'acheva quand même.

Et tel est l'élimination sous ses deux formes dont l'une est la mort immédiate et l'autre la mort lente, mais aussi sûre que la première, sauf changement favorable dans les conditions d'existence.

———

CHAPITRE VIII

EXTINCTION D'ESPÈCES

L'extinction d'une espèce, même d'un genre ou d'une famille, soit sur une partie, soit sur toute la surface du globe, peut, avons-nous dit, être la conséquence de l'appropriation ou de l'élimination, ou des deux concurremment.

Hâtons-nous cependant de dire que telle n'est pas l'opinion de M. Jacolliot, du moins en ce qui concerne la lutte entre les êtres organisés. Pour ce savant, l'action du milieu seule a détruit et peut détruire une espèce. — Écoutons-le s'exprimer :

« Les végétaux absorbent les minéraux, les animaux absorbent les végétaux, et quelques-uns s'absorbent entre eux, puis ils rendent leurs emprunts au règne minéral, et ainsi s'établit le mouvement régulier d'échange entre les trois règnes qui est la loi fonctionnelle du monde organique et inorganique. Les variations géologiques et atmosphériques, soumises aux éternelles lois cosmiques qui dirigent la matière, engendrent de nouvelles conditions d'organisation et de vie qui ont leur action directe sur les êtres organisés, obligés de s'adapter aux nouveaux milieux ou de disparaître, et ainsi les espèces varient sans cesse aux dépens des individus; mais il n'y a là ni lutte, ni concurrence des espèces et des individus entre eux; *ce n'est pas par le fait d'une espèce qu'une autre espèce disparaît*, mais par sa non-adaptation à ces milieux. »

Voilà, selon M. Jacolliot, ce qu'il faut penser relativement à la cause de la disparition des espèces qui ne vivent plus; et, pour lui, cette cause est l'unique et la seule vraiment scientifique.

On serait étonné, à bon droit, de rencontrer sous la plume de ce savant une pareille explication, n'était la certitude qu'on a que M. Jacolliot s'en sert faute d'un argument plus solide pour dénier à Darwin la paternité du principe de la sélection par la concurrence vitale, et essayer d'infirmer le caractère de théorie nouvelle et scientifique reconnu à l'œuvre de l'illustre Anglais, au profit de la théorie de son compatriote, du Transformisme de Lamarck, qui certes n'a rien à envier à l'auteur de l'immortel ouvrage sur l'*Origine des espèces par voie de sélection naturelle*.

D'ailleurs, d'autres savants, en nombre considérable, ont parfaitement démontré que les vues des deux grands philosophes-naturalistes diffèrent, quoiqu'elles arrivent au même but; et, ajouterai-je, elles se complètent, ce que je fais ressortir dans mon dernier chapitre.

En attendant, trouve-t-on, nous demandons-nous, des faits qui contredisent l'opinion de M. Jacolliot et corroborent suffisamment celle que nous défendons, à savoir que, dans la lutte pour la vie, l'appropriation et l'élimination peuvent être la cause de l'extinction d'une espèce ?

Oui.

Mais, avant d'exposer ces faits, disons que, dans le cas qui nous occupe, — et quand il s'agit d'absorption, qui est une des faces de l'appropriation à fin d'accroissement ou de régénération, — on doit tenir compte de l'action destructrice du milieu ambiant comme des actes de violence exercés par les êtres organisés. Il y a donc, ici, deux ordres de faits dont l'un ne peut être pris en considération à l'exclusion de l'autre, sous peine de renoncer à trouver la cause de l'extinction de plusieurs espèces. En un mot, toutes les fois que l'influence du milieu est impuissante à expliquer une extinction, on doit, pour en avoir la cause, recourir à la concurrence vitale, et *vice versa*. D'autre part, nous envisageons l'extinction non seulement dans la lutte entre les espèces animales, mais aussi dans les combats qui ont lieu entre celles-ci et l'espèce humaine. D'ailleurs, M. Jacolliot n'a pas établi une exception, même pour ce dernier cas.

Passons maintenant aux exemples.

Les deux règnes végétal et animal nous en fournissent.

Parlons d'abord de l'extinction partielle.

En ce qui concerne les végétaux, nous avons déjà cité plusieurs cas d'extinction partielle, entre autres celui des plantes aquatiques des rivières de la France, totalement éliminées par l'*eloden canadensis*.

C'est dans le règne animal que les exemples abondent.

En Asie, il n'y a plus de *lions* dans toutes les régions du pays où les *tigres* ont établi leur habitat.

Les *mangoustes* (*herpetes griseus*) ont, aujourd'hui, exterminé les rats qui pullulaient à la Jamaïque, de même que les rats gris (*mus decumanus*), partis des bords de la mer Caspienne, ont envahi l'Europe, où ils sont sur le point de faire disparaître les rats noirs (*mus rattus*) qui infestaient cette partie du monde.

Au dire de M. Paul Laurencin, c'est l'oiseau appelé *martin-rose* qui a exterminé jusqu'à la dernière les sauterelles qui ravageaient les cultures de l'île Bourbon.

Les bêtes ne sont pas moins funestes pour des espèces végétales. Souvent un troupeau n'abandonne complètement un habitat qu'après y avoir détruit toutes les espèces alimentaires qui s'y trouvaient.

L'homme, à son tour, est, de tous les êtres organisés, celui dont la présence cause le plus de tort à la fois aux plantes et aux bêtes. La plupart des terrains, sinon tous les lieux où s'élèvent, depuis des siècles, de riches plantations et des villes somptueuses comme de misérables hameaux, étaient, jadis, couverts d'espèces sauvages, même cultivées, dont on ne trouve plus trace.

Pour ne citer qu'un exemple, et sans remonter jusqu'à l'origine, voyez, dans Paris, la distance s'étendant de la place de la Bastille à la place de la Concorde.

Sous Charles V et Charles VI, c'est-à-dire jusque vers 1422, le mur qui environnait la ville, sur la rive droite de la Seine, partant des bords du fleuve, non loin du Pont-Royal, s'élevait en formant un polygone irrégulier dont un des côtés laissait voir une large ouverture : c'est la porte Saint-Martin actuelle. L'autre extrémité de la muraille aboutissait à la trop célèbre prison qui a fait place à la colonne de la Bastille. Debout sur la plate-forme située à l'extérieur de la colonne, à une hauteur de 47 mètres [1], on embrasse un espace considérable, si l'œil se porte de la rue Turenne à la rue Vieille-du-Temple, commençant, perpendiculairement à la rue de Rivoli, près la mairie du IVe arrondissement. C'est à une partie de ce terrain qu'on avait donné le nom de « Les Tournelles », à cause du palais du même nom qui s'y trouvait.

« Au delà des Tournelles, dit M. A. Hugo, jusqu'à la muraille de Charles V, se déroulait, avec de riches compartiments de verdure et de fleurs, un tapis velouté de cultures et de parcs royaux, au milieu desquels on reconnaissait, à son labyrinthe d'arbres et

---

[1] La hauteur totale du monument est de 50 mètres.

d'allées, le fameux Jardin Dedalus, que Louis XI (1461-1483) avait donné à Coictier[1]. »

Il n'est pas besoin d'ajouter que, hors des murs, sur les deux rives de la Seine, seule la végétation couvrait le sol presque partout, en longeant le fleuve.

Et que voit-on maintenant à la place de ces superbes jardins et de ces plantes sauvages, d'espèces diverses? On ne voit que de hautes constructions : hôtels, maisons bourgeoises, magasins, gigantesques monuments dont la beauté et l'utilité surtout font oublier la royale magnificence du Jardin Dedalus et le frais gazon qui, au delà de l'enceinte, servait de tapis aux Parisiens, pour jouer à la boule, d'où le mot *boule-vert* de l'époque, devenu, par une légère modification, *boulevart* ou *boulevard*, en souvenir du nom de l'endroit où sont les grands boulevards actuels.

C'est cette transformation merveilleuse de Paris que P. Corneille, dans la comédie du *Menteur*, a sculptée en ces beaux vers mis dans la bouche de Dorante :

> Paris semble à mes yeux un pays de roman :
> Je croyais ce matin voir une île enchantée;
> Je la laissai déserte, et la trouve habitée.
> Quelque Amphion nouveau, sans l'aide de maçons,
> En superbes palais a changé ses buissons.

Tous ces végétaux ont donc disparu sous le souffle puissant de la civilisation, sans laisser peut-être, pour la plupart, aucun représentant sur le globe.

En outre, la géologie a découvert plusieurs espèces habitant actuellement certains pays et ayant fait partie de la flore de régions où elles ont laissé seulement des fossiles, d'où l'on a conclu que le climat de ces régions correspondait à celui de ces pays. Ici, la destruction est incontestablement l'œuvre des influences funestes du milieu, œuvre commencée, peut-être, par des animaux ou par l'homme.

Ainsi, à l'*époque secondaire* et dans le *terrain crétacé supérieur*, on a trouvé, à Aix-la-Chapelle (Prusse rhénane), des débris de deux genres de fougères qui n'y poussent plus : ce sont le *gleicheinia*, appartenant à cette heure à la flore du Cap de Bonne-Espérance et de la Nouvelle-Hollande; le *lygodium*, appartenant à celle de Java, du Japon et de l'Amérique du Nord. A Aix

[1] Ou Coyethier, médecin et homme de confiance du roi.

vivaient également des espèces d'*araucarias* qui ne se voient maintenant qu'en Australie.

A l'*époque tertiaire*, dans la partie supérieure du *terrain nummulitique* situé dans les collines de Chaumont et de Montmorency, en France, on a rencontré des restes de *palmiers-éventail* (*flabellaria*) ; et dans les lignites de la France centrale, en Auvergne, on a observé des traces de *cotonniers*, de petits *palmiers* et de *cactus* qui sont aujourd'hui des plantes de climats chauds, ou tout au moins très tempérés. — Tous ces exemples, pris parmi une foule d'autres, nous offrent des cas d'extinction partielle d'espèces végétales.

Quant aux animaux, si nombre d'espèces, utiles ou nuisibles, vivent encore, elles sont redevables de leur existence à la faculté qu'ont presque toutes les bêtes d'émigrer. Quoi qu'il en soit, plusieurs espèces, pourchassées par d'autres ou par l'homme, ont disparu des lieux qu'elles habitaient.

Ainsi « l'*orang* en Asie, le *gorille* en Afrique, ont fui devant les populations humaines qui les ont décimés et rejetés dans les forêts qu'ils habitent... Ils vont fuyant sans cesse devant l'homme, abandonnant chaque jour du terrain devant les invasions de l'ennemi[1]. »

« Le *lion* vivait encore en Grèce au temps de Xerxès ; il avait complètement disparu quatre siècles après. En Algérie, le lion a été exterminé dans les régions du littoral. Quand les premiers colons hollandais ont débarqué au Cap, les lions rôdaient, la nuit, autour de leurs campements ; aujourd'hui, il faut dépasser toute la zone colonisée pour retrouver cet animal dans cette partie de l'Afrique[2]. »

Chassé de la Grèce, le félin était devenu un hôte assidu du pays actuellement connu sous le nom de Turquie d'Europe. On ne trouve maintenant ses descendants que dans l'Inde, la Perse et l'Arabie.

On accomplit, tous les ans, une énorme destruction parmi les *éléphants* de l'Afrique dont l'ivoire est une marchandise des plus productive. Jadis, les Égyptiens et les Carthaginois en avaient domestiqué l'espèce qui, alors, occupait tout le nord de ce continent. Quelques années après l'arrivée des Hollandais et des Anglais dans cette région, il n'y restait plus un seul de ces pachydermes.

[1] D' GIROD, *Sociétés chez les animaux.*
[2] NOVICOW.

Les *aurochs*, bisons d'Europe (*bonassus bison*), forment une espèce de bœufs sauvages, qui vivent en nombre assez restreint au fond des forêts de la Lithuanie, en Russie. Ces animaux, en troupes nombreuses, fréquentaient, du temps des Gaulois, les bords de la Seine, de la Loire, du Rhône, de la Meuse, du Rhin, et se voyaient encore en Allemagne durant toute l'époque du moyen âge. Eux aussi ont reculé devant la civilisation.

Il y a un siècle, dit M. Dumonteil, l'Angleterre a tué son dernier loup.

« Poursuivi, pourchassé avec une violence inouïe, traqué sans quartier par l'homme, qui trouve dans sa peau un produit fort estimé, le castor a fui devant la civilisation, laissant peu à peu disparaître les derniers vestiges de sa merveilleuse industrie (l'art de construire)... En 1520, au dire d'Olaüs Magnus, évêque d'Upsal, le castor était encore commun sur le Rhin, le Danube, les bords de la mer Noire... Aujourd'hui, toutes les localités françaises où il abondait, la Saône, le Gardon, la Durance, la Bièvre, en sont dépourvues ; c'est à peine si l'on rencontre encore sur les bords du Rhône, entre Pont-Saint-Esprit et la mer, quelques rares individus de cette espèce.

« L'*ondatra*, recherché pour sa fourrure, disparaît comme le castor[1]. »

Jusqu'en 1802, époque où le navigateur Flinders découvrit Kanguroos, les *kangourous* l'emportaient en nombre sur toutes les bêtes qui formaient la faune de l'île. On n'y rencontre plus un seul de ces marsupiaux.

Plusieurs espèces marines ont également reculé devant l'homme. Selon Bouillet, la *baleine*, par exemple, qu'on pêchait jusque dans la Manche, pourchassée sans relâche, s'est maintenant cantonnée dans les mers polaires du nord.

Pour les animaux fossiles, on ignore, la plupart du temps, si c'est à l'homme ou aux changements survenus dans le milieu qu'il faut attribuer leur disparition des lieux où l'on a trouvé leurs ossements.

Du terrain pliocène du midi de l'Europe, on a exhumé les débris d'une espèce d'antilopes, le saïga, dont les représentants occupent actuellement les forêts de la Tartarie, en Asie.

On a aussi déterré en Europe des ossements de plusieurs espèces d'autres mammifères, par exemple de *rhinocéros mé-*

---

[1] Dr P. GIROD, *Les sociétés chez les animaux.*

garhines, *tichorhinus* et *Merkii*, l'hippopotames (*hippopotamus major*), d'hyènes (*hyænæu spela*), de panthères (*felis pardus* ou *felis antiqua*), de lions (*felis spelæa*), enfin d'ours (*ursus spelæus*). Ces animaux, pour la plupart, diffèrent de leurs congénères vivant actuellement en Asie et en Afrique. Ils appartiennent à *l'époque quaternaire* ou *pléistocène*.

Dans la partie supérieure du *terrain nummulitique, époque tertiaire*, on a rencontré un *opossum*, de l'ordre des marsupiaux, qui se trouvait particulièrement *en France*. Maintenant, l'opossum ne fait partie que de la faune de l'Amérique et de l'Australie. Les fouilles opérées dans le *terrain miocène* — embrassant, en France, Montmorency, Sannois, Fontenay-aux-Roses, Meudon, et dépendant aussi de l'époque tertiaire — ont mis au jour des restes de singes, de rhinocéros, d'hippopotames et d'autres espèces cantonnées en ce moment en Asie, en Afrique et en Amérique. Les rennes — qu'on range parmi les premiers animaux domestiqués par les hommes du début de l'époque quaternaire, en France — ne servent à l'heure actuelle d'animaux domestiques qu'aux Lapons, habitants de la partie la plus septentrionale de l'Europe, et aux Esquimaux, cantonnés dans le Groenland, en Amérique. Une grande *salamandre*, qui vit maintenant au Japon et au Thibet (pays de l'Asie centrale), a ses ancêtres dans le *miocène* de la Suisse, tandis que l'éléphant et le rhinocéros des Indes ont les leurs retrouvés chez les espèces retirées des terrains des bords de la Léna et du Viloni, en Sibérie. C'est parmi ces éléphants fossiles qu'a été trouvé le célèbre mammouth du Musée de Saint-Pétersbourg. Comme on voit, riche était la première faune européenne. Rappelons que le début du quaternaire de l'Amérique a eu, lui aussi, ses hyènes, qui ont laissé près de trois cents squelettes, plus ou moins complets, dans la caverne de Kinkdale, à 40 kilomètres de New-York.

Quelques espèces d'oiseaux ont de même disparu de certaines régions de l'Europe, comme le révèlent leurs fossiles Ainsi des débris rencontrés en Danemark dénotent que le *coq de bruyère* a vécu dans ce pays, au début de l'époque quaternaire. De nos jours, il faut aller jusque dans l'Asie septentrionale pour rencontrer le gallinacé. Il se voit très rarement du côté des Vosges, en France.

On sait que le *lamantin* est un mammifère marin qui n'habite actuellement que dans les eaux de l'Amérique et du Sénégal.

Des ossements du cétacé ont cependant été trouvés dans des couches géologiques de l'Europe. Il en est de même du *lépisosté*, dont les représentants ne vivent à l'heure actuelle qu'en Amérique, dans la partie septentrionale. C'est un des poissons qui ont laissé leurs traces dans le terrain tertiaire de l'ancien continent.

Tout récemment, en 1889, M. C. Canet, signalant plusieurs espèces d'oiseaux en voie de disparition en France, s'exprimait en ces termes : « L'*outarde*, le *héron*, la *cigogne* ont presque disparu des provinces où on les trouvait. La *perdrix* nous quitte. La *caille*, le *râle* des genêts, le râle à bec rouge, la *marouette*, la *bécasse*, la *bécassine*, le *pluvier*, le *vanneau*, désertent nos climats et s'en vont chercher leur vie ailleurs... Toutes ces espèces et bien d'autres fuient devant le Français qui, par le dessèchement des marais, le déboisement des coteaux, la chasse et le braconnage, les éloigne de lui chaque jour un peu plus. »

Si des bêtes, pourchassées, abandonnent le terrain à l'espèce humaine, on voit celle-ci, par contre, obligée fort souvent de renoncer à la lutte, vaincue par des animaux.

Ainsi, l'homme est incapable, depuis l'on ne sait combien de temps, d'élever même des abris de chasse dans cette région africaine occupée par l'éternelle mouche tsetsé, sans parler des lieux d'où l'ont chassé ses plus cruels ennemis, les microbes.

Dans la lutte pour l'existence, des espèces peuvent donc être éclipsées complètement du champ de bataille. Bien plus, elles finissent quelquefois par s'éteindre, non seulement dans un espace donné, mais encore sur toute la surface du globe, anéanties soit par une rivale plus puissante, soit par l'influence funeste des forces brutes du milieu.

Citons quelques exemples pris d'abord dans le règne végétal. Aucun botaniste n'ayant signalé l'extinction totale d'espèces parmi les végétaux connus depuis qu'a commencé l'époque géologique moderne, nous n'aurons à citer ici que quelques-uns des cas de disparition totale fournis par les époques précédant celle-ci. Tous doivent être attribués exclusivement à l'action des forces destructrices du milieu physique ou de la nature, puisque ces plantes ont laissé des fossiles.

Dans l'exposé ci-dessous, nous avons suivi l'ordre successif des époques, des terrains et des couches secondaires, en partant des premiers constitués ; et nous nous sommes servi, pour la classification, des abréviations suivantes :

Cl. : classe ; — fam. : famille ; — g. : genre.

Il importe de faire ici une observation, en vue de prévenir une erreur. Nous avons avancé, parlant de la succession des époques

géologiques, que chacune présente des terrains différents et constitués, les uns après les autres, à des intervalles de temps considérables. De cette déclaration on ne doit pas concevoir, toujours et
d'une manière absolue, que chaque terrain est couvert entièrement
par celui qui le suit. Si tous ceux des époques azoïque et paléozoïque
se trouvent maintenant dans le sein de la terre, il en est autrement,
à partir des couches du trias, de l'époque secondaire. Souvent, en
effet, les terrains formés après celui de trias — qu'on pourrait
croire, dans toute leur étendue, placés les uns sur les autres — se
montrent, en partie, à la surface actuelle du globe, quoique le point
de départ de chacun soit immédiatement sur celui qui l'a précédé
dans l'ordre de la constitution. Ainsi, le terrain jurassique, s'étant
formé avant, devrait être entièrement couvert par les crétacés.
Cependant le jurassique fait corps avec le sol découvert et actuel
de la Suisse. D'après cette remarque, on peut dire que la plupart
des terrains, sinon tous, suivent une direction inclinée.

Les vestiges les plus anciens des espèces éteintes se voient à
l'époque paléozoïque ou primaire, formée, relativement à la flore,
de trois terrains : le *dévonien*, le *culm* et le *houiller*.

Dans le terrain dévonien ont été trouvés des restes des fougères
les plus vieilles du globe. Ces végétaux, comme nous avons déjà
eu l'occasion de le dire, étaient au nombre de 160 espèces, à
cette époque, tandis qu'aujourd'hui l'on n'en connait que 60,
appartenant à une seule tribu. Bien d'autres espèces disparues ont
été trouvées dans diverses couches moyennes du dévonien de
l'Europe et de l'Amérique.

Le terrain de culm présente deux couches : une d'ardoise,
l'autre de silice. Les ardoises ont, comme espèces remarquables,
la *bornia laticostata* trouvée près de Meltsch, en Moravie. La
couche siliceuse avait, pour principale espèce, la *bornia esnosti*,
rencontrée à Enost, au nord-ouest d'Autun (France). Elles appartenaient au g. bornia, à la fam. des calamodendrées et à la cl. des
calamariées.

Le terrain houiller est, de tous, celui qui renfermait le plus d'espèces. Dans sa couche inférieure et sur plusieurs points du globe,
on a trouvé les espèces *asterophyllites foliosus*, g. astérophyllite,
fam. des astérophyllitées, cl. des calamariées ; *bornia radiata*,
g. bornia, fam. des calamodendrées, cl. des calamariées; *lepidodendron quadratum*, g. lepidodendron ; et *annularia Dawsoni*,
g. annularia, sous-fam. des annulariées, cl. des calamariées.

Dans la couche moyenne, on a retiré des débris de l'*annularia radiata*, g. annularia, sous-fam. des annulariées, cl. des calamariées ; du *lepidodendron aculeatum*, g. lepido. ; de plusieurs espèces de fougères, dont le nombre des sujets a atteint un développement considérable, enfin, du *sphenopteris Hœninghausi*, g. sphénopteris.

Les couches moyenne et supérieure étaient occupées, entre autres, par les espèces *calamites suckowi*, g. calamite (roseau), fam. des équisétacées, cl. des calamariées ; *annularia longifolia*, g. ann., fam. des ann., cl. des calam.; *asterophyllites tennuifolius*, *asterophyllites longifolius*, g. astérophyllite, fam. des asterophyllitées, cl. des calam., puis *arthropitus cannaeformis*, g. arthropitus, fam. des calamodendrées.

A elle seule, la couche supérieure a présenté plus de 19 espèces remarquables : le *calamites cisti*, g. calamite, fam. des équisétacées, cl. des calamariées ; l'*asterophyllites sphenophylloïdes*, g. astérophyl., fam. des astérophyl., cl. des calam. ; l'*arthropitus bistriata*, g. arthro., fam. des calamodendrées; l'*arthro. approximata*, g. *id.*, fam. *id.*; le *calamodendron striatum*, g. calamodendron, fam. des calamodendrées, cl. des calamariées ; le *calamodendron congenium*, g. *id.*, fam. *id.*, cl. *id.* ; les *sphenophyllum angustifolium, bifidum, stephanense* (de Saint-Etienne), *quadrifidum*, g. sphenophyllum. « Les sphenophyllum, dit M. B. Renault, étaient des plantes aquatiques ou des plantes de marais, croissant en touffes épaisses, formant des *espèces* de buissons, comme les joncs de nos marais, et pouvant, suivant le milieu et les conditions topographiques, être tantôt presque complètement immergées, tantôt aériennes [1]. »

Cette couche contenait encore les espèces *sigillaria brardi*, g. clathraria ; *sigil. spinulosa*, g. leiodermaria ; *sigil. tessellata, microstigma, syringodendron pachyderma*, g. favularia ; *sigil. duoreuxi*, g. rhytidolepis. Ces six espèces étaient de la fam. des sigillaires.

« Les sigillaires ont formé de vastes forêts, dont quelques-unes, mises au jour par divers travaux de chemin de fer, ont montré des troncs de grand diamètre et encore enracinés [2]. »

Ces végétaux, dit le même auteur, ont reçu le nom de sigillaire à cause de la forme particulière des cicatrices foliaires qui ressemblent aux empreintes que l'on obtient à l'aide d'un sceau ou d'un cachet.

---

[1] B. RENAULT, docteur ès sciences, aide-naturaliste au Muséum d'Histoire Naturelle, lauréat de l'Institut. *Les plantes fossiles*, p. 262-263.
[2] B. RENAULT, même ouvrage, p. 281.

La plupart de ces plantes sont, en effet, remarquables par la variété et la délicatesse des dessins que présentent toutes leurs parties, principalement leur écorce. Leurs tiges s'élevaient en colonne soit lisse, soit cannelée, ou encore « portant des cicatrices dont la régularité et l'élégance pourraient défier la main du plus habile sculpteur[1] ».

Ces cicatrices présentaient la forme tantôt de treillis (*clatrum*), tantôt d'un hexagone (*favulus*), tantôt de rides longitudinales (du gr. *rutis*). — Ce qu'il y a de plus frappant ici, c'est que le dessin des branches et des feuilles diffère parfois de celui du tronc. Les figures suivantes, qui représentent des parties de lepidodendrons, nous en donneront une idée.

Fig. 14
Écorce de lepidodendron aculeatum.

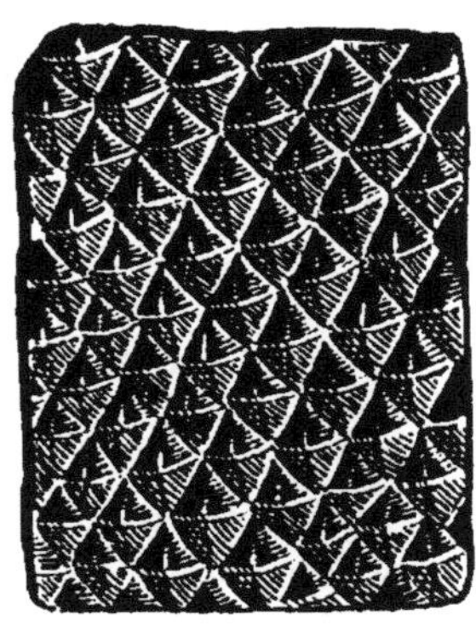

Fig. 15
Écorce de lepidodendron quadratum.

Toujours à la couche houillère supérieure appartenaient d'autres fougères, par exemple l'espèce *sphenopteris acutiloba*, g. sphenopteris.

A. partir de la couche moyenne de l'époque primaire, jusqu'au terrain *permien*, époque secondaire, y compris la couche houillère supérieure, on a rencontré, comme espèce principale, l'*asterophyllites equisetiformis*, g. astérophyl., fam. des astérophyl., cl. des calamariées.

« Ces plantes, d'après M. Renault, étaient d'une organisation faible et peu résistante. »

[1] *Id.*, p. 295.

L'espèce *arthropitus gigas*, g. arthro., fam. des calamod., commençait à la couche houillère supérieure pour se prolonger dans les formations permiennes.

Au dire de l'auteur déjà cité, cette espèce est celle qui se rapproche le plus des gymnospermes actuelles.

Comme on voit, l'époque paléozoïque ou primaire, et surtout son terrain houiller, a possédé une flore riche et des plus belles.

Si nous portons maintenant nos investigations sur l'époque secondaire, qui offre, pour la flore, quatre terrains, nous nous trouverons en présence, d'abord, du terrain permien, présentant, outre les espèces déjà connues, le *callipteris conferta*, g. callipteris, cl. des fougères.

Les grès du trias d'Antully, à l'est d'Autun, ont vu croître principalement l'espèce *equisetum pellati*, g. equisetum, fam. des équisétacées, cl. des calamariées.

Dans le crétacé inférieur se trouvait l'*equisetum Buchardti*, appartenant au même g., à la même fam. et à la même cl. que l'espèce précédente. — D'après Schimper, cet equisetum se rapporte quelque peu à l'equisetum ramosissimum qui vit actuellement.

Dans le crétacé supérieur prédominait l'ordre des protéacées, dont on compte de 60 à 70 espèces de genres éteints pour la plupart [1].

Quant à l'époque tertiaire, son terrain miocène, formé de marnes, a présenté les espèces *equisitum Braunii*, et *equisetum Parlatorii*, tous deux du g. equisetum, fam. des équisétacées, cl. des calamariées.

Le terrain éocène, qui suit le crétacé supérieur, n'offre rien de frappant, en ce qui concerne notre sujet.

Enfin, entre la couche supérieure de l'éocène et celle inférieure du pliocène, se voit une accumulation de marnes, de grès, et de sables marins qui a conservé, dit M. Jacolliot, les vestiges d'une foule de végétaux, principalement des conifères et des dicotylédones, dont la plupart n'existent plus.

A l'époque tertiaire succède l'époque quaternaire ou pléistocène. A partir de cet endroit, on constate seulement des extinctions partielles. Telle espèce qui a disparu sur un point du globe se retrouve sur un autre point. Cela provient, à n'en pas douter, de

---

[1] JACOLLIOT, *Genèse de la terre*, etc., p. 268.

ce que les conditions générales d'existence étaient presque les mêmes, sinon absolument identiques dans tous les lieux où l'espèce se trouvait à un moment, et que ces conditions sont venues à changer plus tard, dans le lieu où s'est accompli l'extinction. Mais parfois aussi une espèce reparaît dans le milieu d'où d'abord elle s'était éclipsée sous l'influence de circonstances instables. C'est ce qui ressort des lignes suivantes de M. B. Renault :

« A partir des terrains crétacés (époque secondaire), il y a possibilité de voir reparaître une espèce dans une localité où elle s'était éteinte sous l'influence de perturbations passagères, par son retour des contrées où les conditions d'existence étant restées les mêmes, cette espèce avait persisté. C'est ainsi que l'on peut citer certaines espèces de plantes de pays tempérés qui ont réapparu dans des points qu'elles avaient été obligées de quitter pendant la période glacière, et continuent d'y vivre maintenant[1]. »

Toutes les espèces de végétaux citées et choisies parmi celles des trois époques primaire, secondaire et tertiaire n'ont nulle part, sur la surface actuelle du globe, un seul rejeton. Même le genre et la famille auxquels chacune a appartenu ne donnent plus signe d'existence, sauf cependant le genre equisetum, qui se retrouve dans les prêles, et l'equisetum ramosissimum, plantes de notre époque.

Quelques sujets, échappés à la mort, ont pu peut-être se transformer et donner naissance à quelques espèces connues de notre temps, mais l'espèce primitive n'est plus.

Le même phénomène a eu lieu pour plusieurs espèces d'animaux. Mais ici la question de l'extinction totale se montre sous sa forme complète, car nous avons des cas dérivant à la fois de la lutte entre espèces et de l'influence du milieu physique.

Commençons par les espèces vaincues dans la lutte.

Si les exemples nous font défaut dans la lutte entre les bêtes, celle entre les bêtes et l'espèce humaine nous fournit, au contraire, des cas nombreux. Ainsi, « aux îles Mascaraignes (la Réunion, Maurice et Rodrigue), l'homme civilisé, a écrit le Dr P. Gervais, a anéanti plusieurs sortes d'oiseaux, particulièrement le *dronte* et le *solitaire*, qui étaient d'assez grande taille... Peu de siècles avant l'arrivée des Européens à la Nouvelle-Zélande, les naturels établis dans cet archipel avaient exterminé les *dinornis*, gigantesques oiseaux[2], appartenant au même ordre que les

---

[1] Même ouvrage, p. 310.
[2] La longueur du tibia, 3 pieds de long, fait comparer leur taille à celle d'un éléphant.

casoars et les *autruches*, dont ce point du globe nourrissait plusieurs espèces.

« De même aussi l'homme avait antérieurement éloigné des côtes de la Scandinavie, sur lesquelles il était commun, le grand pingouin (*alca impennis*), et il l'a, depuis lors, entièrement détruit. »

A propos de cet oiseau, M. d'Hamonville s'exprime en ces termes : « Il se reproduisait sur les îlots escarpés et déserts de cette partie de l'océan comprise entre le Labrador et la Norvège, spécialement près de Terre-Neuve, de l'Islande, des Orcades et des Hébrides. Ils étaient très communs au xvi° et au xvii° siècles, et offraient aux navigateurs de précieuses ressources alimentaires... Ils en firent des massacres inutiles qui diminuèrent l'espèce avec une rapidité d'autant plus grande que chaque couple ne pondait qu'un œuf par an. Tout indique que cette espèce est aujourd'hui éteinte et ne doit plus figurer sur la liste des êtres vivants. »

Pour finir avec les espèces les plus rapprochées de nous, citons le mammifère marin appelé *rhytine* ou *stellère*, qui, dit Bouillet, paraît avoir disparu depuis le commencement de ce siècle. Ces animaux, assez voisins des lamantins, étaient jadis très communs dans le détroit de Behring et aux environs des îles Kouriles et Aléoutiennes. Ils étaient recherchés surtout pour leur graisse.

Voici ce qu'en dit à son tour le naturaliste Quenstedt, cité par le D' W.-F.-A. Zimmermann : « Cette espèce avait été découverte par un voyageur du nom de Steller, en 1741... Le stellère (*rhytina Stelleri*) était fort abondant dans les parages du détroit de Behring. Les matelots, ayant mangé et trouvant sa chair exquise, en firent grand bruit à leur retour sur le continent ; il s'ensuivit une chasse si acharnée qu'en 1768, à peine vingt-sept ans après que Steller eut fait connaître et décrit ce cétacé, l'espèce avait complètement disparu. »

Quant aux espèces dont l'existence ne nous a été révélée que par des fossiles, elles se comptent par centaines.

Nous en nommerons quelques-unes prises parmi celles des animaux occupant un rang élevé dans l'échelle, au point de vue de l'organisation.

Si nous partons de l'époque paléozoïque, qui offre la première manifestation de la vie animale, nous rencontrerons, comme espèces éteintes, d'abord rien que des restes d'animaux aquatiques. Ce sont surtout des crustacés auxquels on a donné le nom de *trilobites*, et que d'Orbigny classe en *euryptéridées, ogygidées, odontopleuridées, olénidées, harpésidées, calyménidées,* et *asaphi-dées.* Une carapace ayant la forme d'un bouclier ovale les caractérise. Ceci est pour le terrain cambrien.

Dans celui qui suit, le silurien, on a découvert particulièrement les débris d'un groupe de poissons, des *cestraciontes,* qui s'est maintenu intact jusqu'au début de l'époque secondaire. Certaines plaques trouvées avec ces débris font croire que, parmi ces animaux, il s'en trouvait à tête cuirassée.

De nos jours, on n'en connaît qu'une espèce, le cestracionte de Philipp, cantonné en Australie.

La couche inférieure du dévonien a présenté des traces d'un animal aérien, le *télerpeton,* que l'on suppose appartenir à la classe des batraciens.

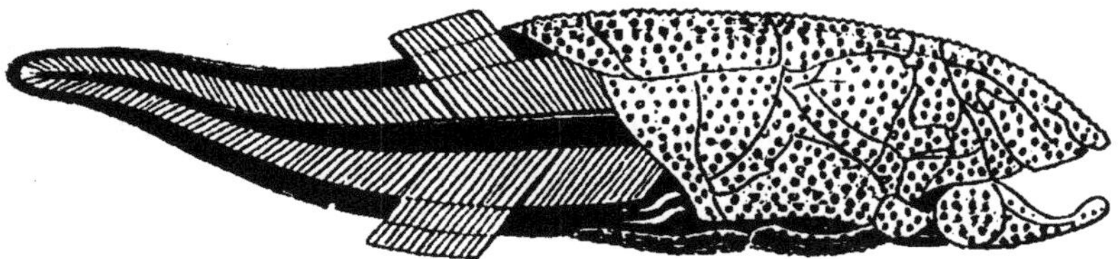

Fig. 16. — Coccosteus..

Vers le milieu de ce terrain se montrent généralement des poissons, les *coccosteus,* les *cephalaspis,* les *scaphaspis* et les *pteraspis,* dont le signe distinctif était tantôt une cuirasse, tantôt une carapace les couvrant ou complètement ou en partie (*fig.* 16).

Les cephalaspis cessent d'exister dès le commencement de la couche carbonifère, où apparaissent les premiers animaux connus pouvant vivre exclusivement à terre. C'était toute une classe de batraciens, dont les *archégosaures* représentaient le type le plus remarquable. L'une des espèces a reçu le nom d'*archegosaurus latirostris.* A cette couche appartient aussi le plus ancien des reptiles parus en Europe, l'*aphelosaurus lutevensis,* trouvé en France et contemporain d'un batracien auquel on a donné le nom d'*actinodon.* D'après M. Sauvage, le carbonifère a renfermé des poissons cartilagineux du groupe du *cestracionte* et d'autres qui, par leur organisation, rappelaient les chimères des eaux arctiques et antarctiques. Les plus remarquables sont les *paléoniscidées,* formant une famille dont les nombreuses espèces caractérisent la faune ichtyologique de toute cette époque et se voient jusque dans une partie de l'époque secondaire. Nous parlerons plus loin de leur aspect.

Nous sommes maintenant sur le terrain permien. Il ouvre l'époque secondaire. Les débris y dominant sont ceux des batraciens, entre autres du fameux *labyrinthodon* ou *mastodonsaurus*, se rapportant au *télerpeton* et à l'archégosaure.

Les poissons sont ici représentés par le *megalopleuron* et surtout les *paléoniscidées*, dont il est plus haut question. Selon la description qu'en fait M. Sauvage, ces derniers animaux avaient une forme massive et trapue. Ils ont formé un sous-ordre, les *lépidostéidées*, dont les seuls descendants sont les *lépidostées* actuels de l'Amérique du Nord.

Le terrain triasique, ou de trias, offre des vestiges d'autres batraciens, entre autres les *labyrinthodontes*, parmi lesquels se signale le *cheirothérium*, mot qui signifie animal à main (*cheiros-thérion*). La disposition de ses membres extérieurs fait croire que nous sommes en présence d'un batracien, d'une grenouille monstre, à tête quelque peu allongée et ayant une gueule largement fendue, armée de deux rangées de longues dents. On pense aussi que le cheirothérium était un amphibie. Avec lui ont vécu des reptiles dont les principales formes se trouvent chez le *zanclodon*, le *phytosaure* et les genres *simosaure*, *nothosaure*, *pistosaure*, etc.

Dans le jurassique ont été rencontrés des ossements de plusieurs genres de mammifères terrestres. Ce sont les *phascolothérium*, les *thylacothérium* et les *plagiaulax*. Les reptiles ont fourni les *mégalosaures*. Quelques-uns étaient aptes au vol, ce sont les *ptérodactyles*, « monstres qui paraissent justifier toutes les légendes des temps antiques sur les dragons ailés... Le cou, formé de sept vertèbres cervicales, dénote un mammifère; les membranes qui servent au vol et s'étendent entre les pieds de devant et ceux de derrière appartiennent à une famille déterminée de mammifères, celle des vespertiliens [1], tandis que, d'après la structure du pied, on doit ranger le ptérodactyle parmi les reptiles... C'était une sorte de lézard volant [2]. » Dans leur nombre se distinguent le *ptérodactylus spectabilis* et le *rhamphorhynque* (*fig.* 17).

A côté de ces êtres bizarres, il faut placer ce reptile, véritablement gigantesque, appelé *iguanodon*. Ses os rajustés permettent de lui attribuer une longueur de 20 *mètres* au moins. Iguanodon

[1] De la famille des vespertilionidées, volatiles comme les chauves-souris.
[2] ZIMMERMANN, *Le monde avant la création de l'homme*, p. 6-7-176.

est le nom de toute une espèce dont les individus auraient eu souvent jusqu'à 75 pieds [1] de long. « Ses dents peuvent se comparer à *des scies* aiguisées des deux côtés. Les yeux, ayant le diamètre d'une assiette ordinaire, étaient placés tantôt sur les côtés de la tête, tantôt plus ou moins vers le milieu [2]. »

L'iguanodon avait une corne plantée au-dessus du nez (*fig.* 18).

Fig. 17. — Ptérodactyle volant.

C'est également dans le jurassique qu'ont été découverts les genres *téléosaure, hylæosaure* (*fig.* 18), *mosasaure* et *mégalosaure*. « Leur forme, dit M. Zimmermann, était celle des crocodiles, mais plus élancée et plus agile ; la longueur, de 25 à 40 pieds, dont 4 à 6 pour la tête ; la gueule, fendue bien au-delà des oreilles, pouvait avoir jusqu'à 6 pieds d'ouverture et faire une seule bouchée d'un animal de la taille d'un bœuf ordinaire...

C'est au genre mosasaure qu'appartient l'énorme saurien, le *mosasaurus*, nommé animal de Maëstricht, parce qu'il a été trouvé près de cette ville, capitale de la province de Limbourg, en Hollande.

---

[1] Prenant pour modèle le pied de Paris valant 0ᵐ,32484, nous aurons une longueur de plus de 24 mètres.

[2] ZIMMERMANN, même ouvrage, p. 176-177.

Dès cette étape de la période secondaire, l'existence des oiseaux est certaine. Au nombre de leurs représentants se voit l'*archæopteryx*. Cet oiseau a été trouvé dans le calcaire lithographique de Solenhofen, en Bavière. « C'est un être bizarre qui tient à la fois des reptiles et des oiseaux. » « Aussi étrange que les reptiles contemporains, dont il réunissait plusieurs caractères, dit Contejean, cet oiseau avait une queue allongée, formée d'un grand nombre de vertèbres continuant l'axe dorsal, et chacune d'elles était munie de deux plumes latérales [1]. »

Au dire de M. A. Troussart, la tête était petite avec de grandes orbites ; le bec était armé de dents implantées dans les alvéoles, comme chez les odontornithes [2].

Dans le monde des eaux s'élèvent au premier rang les *plésiosaures*, les *pliosaures*, les *ichthyosaures*, etc. Le plésiosaure est remarquable par son cou, dont l'attitude rappelle le cou du cygne qui nage.

Les plésiosaures formaient diverses espèces, entre autres celles dites *plesiosaurus dolichoderius*, dont la forme très élancée approche quelque peu de celle que présente une femelle de serpent en gestation, puis *plesiosaurus macrocephalus* (*fig.* 18). Quant à l'ichthyosaure, « dont on retrouve les débris dans tous les terrains jurassiques, mais particulièrement bien conservés et complets dans ceux d'Angleterre, il avait une longueur de 15 à 20 pieds, dont près d'un cinquième, c'est-à-dire de 3 à 4 pieds, pour le crâne seulement [3]. » — Sa gueule portait « des dents coniques, courbées et très pointues, dont le nombre s'élève jusqu'à cent cinquante... Ses yeux, de la grosseur d'un boulet de canon du plus fort calibre, devaient lui donner un aspect tout à fait terrifiant... Les quatre membres avaient encore ceci de singulier, qu'ils étaient cuirassés comme un gantelet, tandis que le reste du corps se trouvait dépourvu d'armure défensive [4]. » S'il est une circonstance extraordinaire et digne d'être connue, c'est la découverte d'un embryon fossile dans la cavité du bassin d'un ichthyosaure exhumé à Somersetshire par M. Chaining Pearce, naturaliste anglais. Le cas est unique dans les annales de la science géologique.

Les poissons d'alors, nageant avec ces sauriens marins qui, sans doute, leur donnaient la chasse, ont reçu les noms de *leptolepis*.

---

[1] BREHM. *Les races humaines*, p. 8.
[2] *La Grande Encyclopédie*, vol. III, p. 632.
[3] ZIMMERMANN, p. 167.
[4] ZIMMERMANN, p. 167-168.

Fɪɢ. 18. — Hylœosaure.   Plésiosaure.   L'iguanodon.

de *pholidophores*, de *lepidotus*, de *tetraponolepis*, de *dapedius*, de *pycnodus*, de *lephiostomus* et de *ptychodus*. Ils n'offrent aucun trait digne de l'attention.

Quittant le jurassique et parvenu aux terrains crétacés, on se retrouve en face de la plupart des reptiles précédemment cités, mais avec eux vivent les *mosasaures* et les *léiodons*, qui sont des types nouveaux. En fait de poissons, on remarque le genre *ptychodus*, déjà rencontré. Dans les ardoisières, formant comme une transition entre les époques secondaire et tertiaire, se trouvent enfermés plusieurs genres dont les quatre cinquièmes sont éteints.

Plaçons-nous maintenant à l'époque tertiaire, l'une des plus riches en animaux terrestres. Elle présente plus de cinquante espèces de quadrupèdes, dont on doit la connaissance à la rare patience de Cuvier, qui a mis un soin soutenu dans la reconstitution de leurs débris. Ce qu'il faut ici noter d'abord, c'est que tous les reptiles mentionnés plus haut ont disparu des êtres vivants, laissant la place aux mammifères carnivores dits *palæocyon primævus*, *palæonictis gigantea* et à deux quadrupèdes qui sont déjà des soupçons de la race chevaline. Ils se nomment *coryphodon* et *lophiodon*, et faisaient partie de la faune européenne, de même que les *paléothériums*, les *anaplothérium*, les *xiphodons gracile* et les marsupiaux du genre *pérathérium* ayant vécu dans les régions correspondant à celles actuelles des collines de Chaumont et de Montmorency, en France. A cette même contrée appartenait un animal que Blainville a nommé *artocyon primævus*, dont on ne possède que le crâne. Il y avait également des carnivores du genre *amphicyon*, des *mastodontes*, des *dinothériums* et des *anchithériums*. Trois d'entre eux méritent une mention spéciale : le paléothérium, l'anoplothérium et le dinothérium. Le premier se signale par la conformation des os de la tête, qui lui donne « la plus grande ressemblance avec le tapir; sa taille ordinaire correspondait à celle du cheval, mais on en trouve des espèces de grandeurs diverses, notamment dans l'Amérique du Nord; une de ces familles formait la transition du tapir au rhinocéros [1]. »

« L'anoplothérium (du gr. *anoplos*, sans armes) avait le pied fourchu comme le cerf et le chevreuil. La plus grande espèce était, à peu près, de la taille de ce dernier... Sa forte queue rappelle le kangourou... Le squelette de cet animal se distingue par

---

[1] ZIMMERMANN, même ouvrage, p. 220.

une crête placée au-dessus des épaules : peut-être avait-il une bosse comme le chameau. » Quant au dinothérium (du grec *deinos*, terrible ; *ther* ou *thérion*, bête féroce), il avait des dimensions colossales, et, comme armes offensives et défensives, deux dents fortement saillantes, dirigées vers la terre. « La tête était longue de 3 1/2 pieds et large de 2 1/2. La longueur totale du corps a dû être d'environ 25 pieds... La structure de la tête indique que le dinothérium était muni d'une trompe [1]. »

Ici, les oiseaux ne sont pas rares. Ils constituent une dizaine d'espèces, et parmi eux dominait l'énorme *gastonensis parisiensis*, dont le tibia et le fémur, exhumés aux environs de Meudon, dépassent grandement ceux des plus hautes autruches actuelles. — La faune américaine de ce temps n'était pas moins remarquable par sa variété. Elle possédait, par exemple, le *carcharodon megalodon* et un colossal mammifère marin, le *zeuglodon*.

Les poissons caractéristiques de l'époque sont les *pycnodontes*, du genre ganoïde, qui fréquentaient les parages de Londres, tandis que, dans les eaux qui baignaient le sol sur lequel s'est élevé celui actuel de Paris, vivaient les *hemirrhynchus*, dont il n'est resté pas même le représentant d'une espèce.

Enfin, nous voilà à l'époque pléistocène ou quaternaire, qui nous fournit les dernières traces des espèces éteintes, parmi les antédiluviennes. Comme ici l'existence de l'espèce humaine ne fait pas de doute, puisqu'on trouve partout des instruments qui dénotent qu'elle a eu à lutter contre des fauves, on doit attribuer à l'être humain, dès ce moment, une part importante dans l'œuvre de destruction qui s'est accomplie à cette époque dans les rangs des bêtes.

C'est l'Amérique principalement qui semble avoir été le théâtre où s'est écoulée la vie des animaux des plus grandes tailles appartenant au quaternaire. Au nombre des édentés figurent le *mégathérium*, le *mylodon robustus*, le *mégalonyx*, le *scélidothérium* et le *machairodus neogœus*.

Trois d'entre tous attirent l'attention, ce sont le mégathérium, le mégalonyx et le mylodon. Les débris du premier animal, colossal, ont été trouvés dans le terrain d'alluvion du Rio de la Plata. Ils existent en squelette au musée de Madrid. « C'est, dit Zimmermann, l'animal le plus lourd et le plus massif que l'on puisse voir... Sa conformation est gauche et grossière ; le développement

---

[1] *Id.*, p. 219-220.

du bassin, entre les membres postérieurs, était tel que l'animal ne pouvait pas les rapprocher. »

Le mégalonyx a été trouvé dans une caverne de la Virginie, par Jefferson, président des États-Unis. La bête était de la même famille que le mégathérium. « Un autre squelette complet de mégalonyx a été mis à nu dans la vallée du Mississipi, dans un état de conservation si parfaite que les cartilages, encore adhérents, n'étaient point putréfiés [1]. »

« Le squelette du mylodon, surnommé *robustus*, découvert dans le limon rougeâtre des *pampas*, sur les bords du Rio de la Plata, près de Buenos-Ayres, a été transporté à Londres, où on le conserve au Surgeons' College ; il a la taille du rhinocéros [2] ».

La faune diluvienne de l'Australie a connu le *nototherium*, le *diprotodon* et le *thylacoléo*. Les dessins qu'en donnent les géologues montrent que ces quadrupèdes atteignaient des dimensions énormes.

« Dans l'Inde, on a trouvé les débris fossiles d'un animal que, d'après une idole (*Siwa*) adorée dans ces parages, on a nommé *Siwathérium*... Ç'a dû être un monstre étrange et formidable. D'après le crâne, il avait la taille de l'éléphant... mais les autres parties de la tête ne présentent d'analogie avec aucun animal connu. Cette tête était surmontée de quatre puissantes cornes, dont deux au haut du front, et les deux autres, beaucoup plus grandes, vers la région des sourcils, toutes les quatre fortement divergentes et plantées sur des apophyses du crâne, lesquelles, à elles seules, donnent à la tête un aspect tout à fait insolite et terrifiant [3]. »

La faune quaternaire de l'Europe comptait aussi des quadrupèdes remarquables, dont on trouve actuellement, en partie, les descendants sur plusieurs points du globe. — Quelques-uns cependant, et ceux des plus grandes dimensions, n'ont laissé que des ossements. A cet égard, M. P. Gervais dit ceci : « Qu'on suppose les grands animaux de l'Afrique ou de l'Inde s'éteignant comme l'ont fait nos espèces européennes de grande dimension, et l'on aura une idée des pertes qu'a subies, sous l'influence de changements de climats aussi bien que par l'action destructrice de l'homme, la faune européenne telle qu'elle existait pendant l'époque pléistocène [4]. »

---

[1] Zimmermann, même ouvrage, p. 235.
[2] Id., p. 5 et 233.
[3] Id., p. 222.
[4] *Cours élémentaire d'histoire naturelle. — Botanique et Géologie*, p. 120, 121.

La figure 19, dont nous empruntons le dessin à M. L. Jacolliot, permet de suivre l'ordre dans lequel la faune s'est développée parallèlement à la formation successive des diverses époques géologiques. Le lecteur peut facilement y distinguer plusieurs des animaux dont nous avons donné plus haut la description, entre autres : l'hylæosaure, le plésiosaure, l'archéoptérix, du jurassique ; le xyphodon, le paléothérium et le zeuglodon, de l'époque tertiaire.

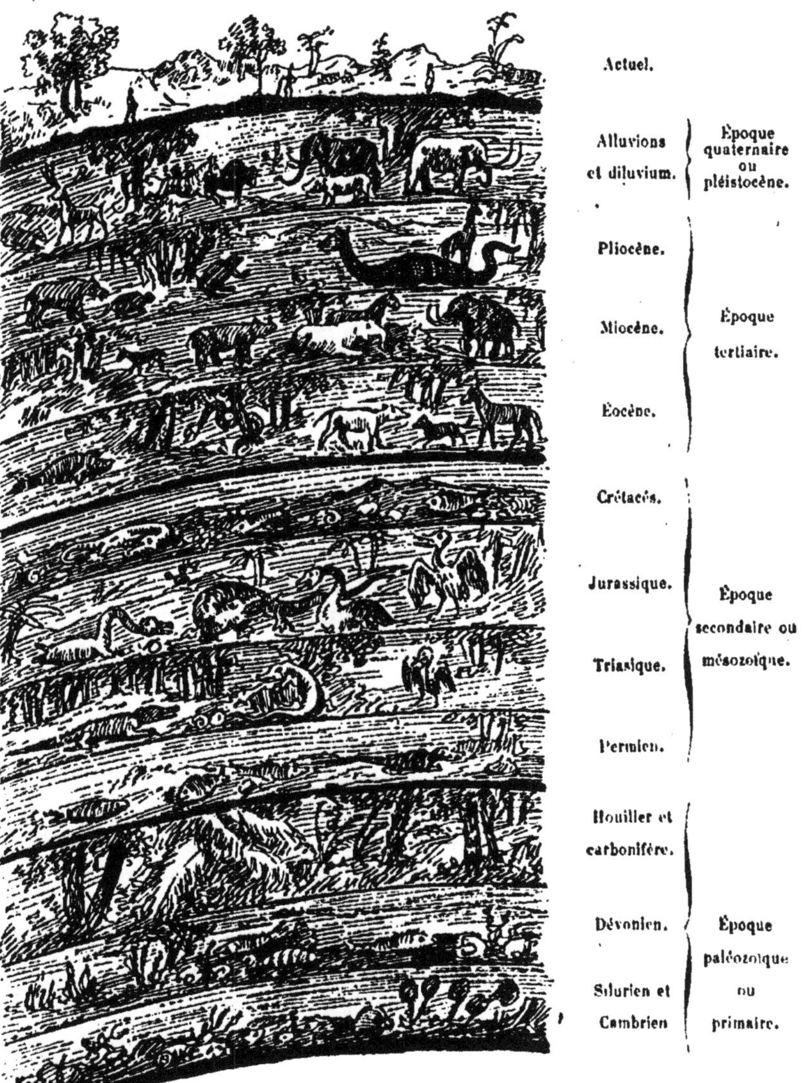

Fig. 10. — Faune de chaque époque et de chaque terrain géologique.

Tels sont les faits. Leur éloquence est d'une limpidité trop manifeste pour que nous nous arrêtions à les commenter ici. Nous nous contenterons de les prendre pour base de la conclusion suivante :

Dans la lutte pour l'existence, soit à cause de l'appropriation, soit à la suite de l'élimination, ou des deux concurremment, — et, en ce qui concerne l'absorption, qu'il s'agisse d'individualités organisées ou d'éléments inorganiques du milieu ambiant, — des espèces s'éteignent et disparaissent de toute la surface du globe, vaincues de la grande et éternelle bataille dont les trois étapes sont : agrégation ou combinaison, développement, désagrégation, toujours en vue de l'interminable transformation de l'impérissable matière.

Comme on l'a constaté, la destruction de quelques espèces, parmi les bêtes, est due à l'homme. Si l'on excepte les animaux plutôt nuisibles qu'utiles, on doit regretter cette œuvre d'extermination, quand on considère surtout l'homme civilisé, qui est capable de comprendre la nécessité de l'existence des êtres dont il tire un avantage réel.

Cependant, rien, jusqu'à présent, ne peut refréner la frénésie avec laquelle on se livre à la chasse et à la pêche de certaines espèces utiles. Le dérèglement s'y donne une telle carrière que l'on peut répéter, par exemple pour l'éléphant, l'auroch, la baleine et bien d'autres, ces paroles de M. Dumonteil à l'adresse du lion : « Il s'en va, le progrès a porté un coup terrible à sa race. Les temps approchent où l'on va défricher les ravins, couper les forêts, percer les montagnes, arroser les déserts ; et le roi des animaux, exproprié par la civilisation, répondra par un dernier rugissement aux sifflements vainqueurs des locomotives, qui viendront retentir jusqu'au fond de son dernier repaire. Alors, le lion s'en ira d'un bond suprême rejoindre dans l'abîme des âges les races à jamais disparues. »

C'est là le dernier mot de l'appropriation ou de l'élimination. Des siècles avant que se fussent scientifiquement établies la théorie du Transformisme et celle de la sélection naturelle, ou lutte pour l'existence au sein de la nature, un poète avait écrit ces paroles qui étonnent aujourd'hui le monde des savants : « Dans les premiers siècles, nombre d'espèces d'animaux ont dû disparaître sans laisser aucune trace, car tous ceux qui vivent de nos jours ne doivent la plupart leur conservation qu'à la ruse, à la force ou à l'agilité qu'ils ont apportées en venant au monde, tandis que d'autres vivent encore grâce à la protection dont ils sont

l'objet de notre part, à cause des utilités que nous en tirons...
D'ailleurs, pourquoi aurions-nous protégé ceux qui n'ont reçu de
la nature aucune qualité leur permettant une vie indépendante
et qui ne nous sont point utiles? — Enchaînés par les lois de la
fatalité, ces animaux ont servi de proie à leurs ennemis, jusqu'à
ce que la nature ait entièrement détruit leurs espèces [1]. »

Voilà ce que disait Lucrèce, plusieurs années avant la naissance de Virgile, des siècles avant Jésus-Christ. C'est à propos
de ce passage du poème *De la Nature des Choses* que M. Ed. Perrier a
exprimé cette pensée : « N'est-il pas remarquable que le poète
latin, exactement comme le fera plus tard Darwin, attribue au
libre jeu des forces de la nature, à l'impuissance des êtres imparfaits à soutenir la lutte contre de mieux doués, la disparition des
êtres mal venus? — Lucrèce a parfaitement compris le rôle
important de la *lutte pour la vie* dans la disparition des espèces [2]. »
— Et, exposant sommairement la doctrine même de l'immortel
naturaliste anglais, M. Perrier parle en ces termes : « Darwin
met nettement en lumière les effets de la concurrence vitale, de
la lutte pour la vie ; il montre tous les êtres vivants obligés de
conquérir ou de défendre leur place au soleil, mettant à profit
pour cela les moindres avantages, ne réussissant à vivre et à se
créer une postérité que s'ils l'emportent sur des concurrents
moins aptes à soutenir la bataille. »

Oui, « le fait même de la lutte pour la vie... est indiscutable.
C'est bien vaincues dans cette lutte, que les espèces disparaissent [3]. »

Voilà la réfutation de l'opinion de M. Jacolliot.

En résumé, on doit dire que l'univers est un vaste ensemble
de combinaisons qui se forment et se déforment perpétuellement,
sous l'action même des éléments qui le composent et que la main
habile de la nature façonne de mille manières. En sorte que
l'auteur de la Bhâgavad-Pourâna — cet impérissable monument
de la philosophie et de la littérature indiennes — se faisait l'interprète fidèle d'une vérité de tous les temps et de toute la création,
quand il écrivait ces mots éternels : « Incréé lui-même, le souverain des êtres créés conserve et détruit les unes par les autres
les créatures créées par lui et soumises à son empire ; c'est un jeu
auquel il ne donne pas plus d'attention que ne ferait un enfant. »

[1] *De Natura Rerum*, liv. V.
[2] PERRIER, *Le Transformisme*, p. 11.
PERRIER, *Les colonies animales.*

CHAPITRE IX

SUBORDINATION DU PLUS FAIBLE

Nous venons de voir que les individualités, pour se pourvoir des éléments indispensables à la conservation de l'existence, sont obligées de se combattre et de se désagréger, de se détruire. La désagrégation, la destruction n'est cependant pas toujours la conséquence de la défaite. Tout en tirant un profit réel du plus faible, souvent le plus fort se garde bien ou semble se garder de le faire disparaître; il préfère ou semble préférer que sa victime vive et prospère le plus longtemps possible, afin qu'elle puisse subvenir, dans une proportion égale, aux besoins passagers ou permanents auxquels il a à satisfaire.

Seulement, il la tient dans une dépendance plus ou moins rigoureuse; alors se réalise ce que nous appelons une subordination.

On a compris, dès le début, que nous envisageons ici les êtres organisés, et principalement ceux du règne animal, chez lesquels se trouve une somme de conscience relativement grande. Toutefois, il est permis de dire, sans hésiter, que la nature — qui, la plupart du temps, a pour nous des secrets impénétrables — nous offre des faits de subordination qu'on ne peut autrement qualifier que d'inconscients, parce qu'ils s'accomplissent au sein du monde inorganique, comme pour nous convaincre de l'application générale de cette autre loi qui régit les éléments de l'univers connu et, peut-être aussi, inconnu.

Qu'elle ait lieu dans le domaine organique ou inorganique, la subordination implique la situation d'une individualité conservant le mouvement, le principe de vie qui est en elle, mais servant, dans une durée plus ou moins longue, en quelque sorte, d'instruments aux fins vitales d'une autre individualité; et ce qu'il importe d'observer ici, c'est l'exercice d'une action unilatérale, prépondérante, non l'exercice d'une action suivie d'une réaction égale.

De même que l'appropriation à fin de service, la subordination présente des aspects et des degrés de complexité divers, selon qu'elle est le fait d'une individualité inorganique ou organique, selon qu'il s'agit d'un être organisé appartenant au règne végétal ou au règne animal, enfin, dans le règne animal, selon que le plus fort est un individu d'un ordre supérieur ou inférieur, au point de vue de l'organisation cérébrale.

Voyons la subordination d'abord dans le monde inorganique.

I

MONDE INORGANIQUE

En ce qui a trait au monde inorganique, la subordination procure deux résultats à l'individualité qui subordonne : l'accroissement de son *activité* vitale et la conservation de son existence.

Nous trouvons des exemples de ce genre de subordination dans la lutte entre les atomes et dans celle entre les mondes célestes.

En effet, étant la *masse* la plus petite sous laquelle il est possible à un corps, dans l'univers entier, d'exister, masse en elle-même aussi indivisible qu'impalpable, l'atome ne possède pas une individualité susceptible de subir une destruction. Après le choc, l'atome dont le mouvement est le plus faible ne peut, par conséquent, qu'être subordonné par le plus fort, dont il suit la direction, l'impulsion, dès qu'il tombe sous la puissance de la force attractive de son vainqueur[1] ; et cela se produit, même quand il y a absorption d'une masse moléculaire, d'une nébuleuse ou de certaines substances d'un corps céleste qui ne sont que des groupements divers d'atomes. — C'est ce qu'exprime M. Novicow dans les lignes suivantes :

« La matière, dit-il, est indestructible ; aucun atome ne peut périr ; la victoire n'est donc ici qu'une transformation de mouvement. C'est, si l'on peut s'exprimer ainsi, une question de centre

___

[1] Il ne faut pas perdre de vue que la force et la faiblesse, en ce qui concerne les phénomènes célestes, résident dans l'intensité de l'attraction qu'engendre le mouvement.

de gravité. Les atomes *du groupe vaincu* se trouvent amenés à parcourir certaines trajectoires nouvelles, dépendant du centre de gravité du système victorieux. »

Quant aux masses moléculaires et aux nébuleuses en lutte, la subordination ne saurait se concevoir. Ces agglomérations, masses gazeuses ou liquides, incapables de subir un choc, partant d'exercer une réaction, ne peuvent chacune qu'absorber, quand sa force d'attraction est plus intense que celle de la masse adverse, ou qu'être absorbées, dans la situation contraire, ou encore qu'éliminer ou qu'être éliminées indirectement, ainsi que nous l'avons exposé dans le chapitre VII, § II. — On en doit dire autant des gaz en lutte au sein de la nébuleuse devenue une masse en ignition.

Mais tout autre est le cas des corps célestes. Le même phénomène observé après la cessation de la lutte entre les atomes se produit parfois, mais en grand, lorsqu'il s'agit du résultat de la lutte entre ces corps et lorsqu'il ne s'ensuit ni appropriation, ni élimination directe de l'un par l'autre.

En l'absence de ces deux résultats, le corps le plus faible sera subordonné par le plus fort.

Établissons, pour le démontrer, cette hypothèse :

Notre système solaire — dont nous verrons plus loin l'organisation — effectue ses mouvements dans l'espace.

Mais voici qu'un corps, resté jusqu'ici en dehors du rayon de son attraction, attiré maintenant par lui, pénètre sur son domaine. Sa cohésion est-elle imparfaite ? ce corps sera ou absorbé en partie ou directement éliminé. Si sa constitution est, au contraire, suffisamment ferme pour lui permettre d'échapper à une désagrégation, il entrera aussitôt dans le giron de notre système, se mettant à graviter autour de celle de ses unités dont la force attractive a le plus d'intensité ; il deviendra, pour me servir du terme technique, son satellite. Du même coup, les conditions de mouvement auxquelles il était primitivement soumis seront changées : sa trajectoire sera autre, autre aussi sa vie astronomique qui perdra son indépendance ou se trouvera placée sous une hégémonie nouvelle, s'il faisait d'abord partie d'un autre système ; mais il conservera son individualité de corps céleste. Il peut cependant arriver que celle-ci subisse quelque modification du fait même de son passage dans ce milieu nouveau. Même dans ce cas, le corps ne cessera pas d'être un corps céleste et soumis à la loi de subordination.

C'est de cette manière que notre système solaire s'est constitué. Effectivement, à mesure que se formait chacune des unités qui le composent, elle se rapprochait de la planète dont elle subissait la force attractive et s'est mise, à un moment donné, à graviter autour d'elle, venant ainsi se placer sous sa subordination et accroître l'intensité de sa vie.

De nos jours, tous ces corps, exécutant des mouvements réguliers, s'attirent en raison directe de leur masse et en raison inverse du carré de leur distance, ce qui revient à dire que les plus gros entraînent les plus petits et que le domaine du pouvoir attractif de chacun perd de son étendue dans une proportion égale à son éloignement du subordonné, éloignement élevé au carré.

Telle est l'application de la loi de subordination au sein du monde inorganique.

II

MONDE ORGANIQUE : LES VÉGÉTAUX

Si nous la considérons maintenant parmi les êtres organisés, la subordination nous apparaîtra sous une forme plus complexe. D'abord, la subordination peut être exercée avec ou sans coercition. Quand elle est coercitive, le subordonné est tenu dans une dépendance étroite; il n'est même plus maître de tous ses mouvements. Le plus faible devient parfois, il est vrai, l'objet de certains soins de la part de son oppresseur, mais ils n'enlèvent nullement à son état le caractère de la subordination, puisque, sa situation étant défavorable, le captif s'arracherait certainement à la servitude, s'il en avait le pouvoir.

C'est dans une pareille situation que sont, par exemple, des animaux qu'on est obligé d'enfermer ou d'attacher constamment pour en tirer le service qu'on désire.

Dans la subordination sans coercition, le plus fort, c'est-à-dire le plus habile, le plus intelligent ou le plus rusé laisse au subordonné toute liberté. Ce qui alors constitue la subordination, c'est l'action unilatérale de celui qui subordonne. Il tire un profit quelconque du plus faible, il exploite la faiblesse, l'impuissance ou l'infirmité d'un autre, sans le détruire et aussi sans lui donner aucune compensation. Il y a ici absence complète de réciprocité de service.

Toutes les fois qu'un être organisé dépendra d'un autre dans l'une ou l'autre de ces deux conditions, il y aura subordination. Comme a fort bien dit M. Rawton, « les mers (et aussi la surface de la terre) foisonnent de citoyens besoigneux qui, par paresse ou faute d'engins convenables, s'accrochent à la fortune d'autres citoyens plus actifs ou mieux outillés. On y compte aussi par centaines les pauvres diables faibles de constitution, manchots ou perclus, qui sollicitent les miettes de la table des forts, et les bandes de mendiants qui ne peuvent vivre ou élever leurs familles sans le secours charitable des voisins. »

Lorsque donc un individu sera dans l'impuissance de pourvoir par lui-même aux nécessités de l'existence et qu'il n'aura pas l'aide volontaire du voisin, il cherchera à le vaincre par la force physique ou par tout autre moyen, afin d'en tirer la satisfaction que réclament ses besoins vitaux. — C'est là l'origine du parasitisme qui ne tue pas.

Examinons la question, d'abord en ce qui concerne le règne végétal.

Trois motifs peuvent porter une plante à subordonner une autre : le premier tient au besoin d'accroissement ou de régénération organique ; le second est d'ordre génésique, c'est la reproduction ; le troisième se rapporte à la station, c'est le besoin d'un support.

Relativement au besoin d'accroissement ou de régénération, il faut distinguer les individus qui vont chercher leur nourriture dans l'organisme même de celui dont ils exploitent l'existence de ceux qui ne font que s'approprier les parties inutiles à la vie du subordonné ou dont il n'a que faire.

C'est en vue de se procurer des substances alimentaires que le *gui*, les *orobranches*, les *mélampyres* et plusieurs *orchidées* s'at-tachent au tronc ou aux racines de quelques végétaux.

« Le gui envahit de grands arbres capables de subvenir long-temps à ses besoins. De plus, il étale dans l'air un vert feuil-lage et n'emprunte le secours de son hôte que par l'intermédiaire des racines. L'orobranche s'attaque seulement aux parties sou-terraines et laisse la plante qu'elle rançonne absorber librement l'acide carbonique de l'air. Les mélampyres des champs n'exigent des graminées qu'une partie de leur aliment, car à leurs feuilles normales ils joignent un certain nombre de racines capables de puiser directement les sucs de la terre. De telles espèces sont à demi parasites, et peuvent, à la rigueur, se passer de l'être... Le *Neottia nid d'oiseau* n'attaque point le hêtre; il se contente des feuilles dont l'arbre s'est dépouillé, j'allais dire des miettes tombées de la table de son puissant voisin [1]. »

Le second motif de la subordination se rapporte, avons-nous dit, au besoin de la reproduction. Le *lichen* et l'*euphorbia* nous en offrent deux exemples.

Le premier est une plante à la fois cryptogame, c'est-à-dire dont l'organe de la reproduction est caché (grec *kruptos*, caché; *gamos*, mariage) et amphigène ou à double origine (grec *amphô*, deux; *gennaô*, je produis).

Le lichen, en effet, forme le passage de l'algue au champignon ou, si mieux l'on aime, est l'alliance d'une algue et d'un champignon.

« Que l'algue dépérisse, dit M. Vuillemin, le champignon languit; celle-ci reprend-elle le dessus, les forces du champignon se relèvent; *un certain équilibre* se maintient dans leurs relations. Mais un fait capital révèle la *subordination* de l'algue tant que l'*association* subsiste [2] : c'est que ses organes propres de reproduction deviennent aussi rares que ceux du champignon sont exubérants... L'algue est à peu près soustraite à la vie de son espèce au profit exclusif du champignon [3]. »

La situation de l'*euphorbe* est plus défavorable encore que celle de l'algue.

« On observe, dit le même auteur, des plants d'*euphorbia cyparissias* (de la famille des cyprès) à feuilles courtes, jaunâtres, peu rameux, que l'on prendrait à première vue pour une espèce différente. Ils ne portent point de fleurs. Tous les individus qui offrent cet aspect ont leurs organes envahis par le mycélium d'une urédinée (champignon parasite) dont les acidies couvrent les feuilles de l'euphorbe de coussinets orangés. Ce type déformé d'angiosperme avec le cryptogame dont il est attaqué forme un tout au point de vue biologique... Mais le parasite est seul capable de se reproduire; l'euphorbe, dont il s'est fait un support vivant, ne subsiste que pour lui et n'est pas moins sacrifiée que si elle était immédiatement détruite [4]. »

---

[1] VUILLEMIN, *Biologie végétale.*
[2] Nous verrons ultérieurement qu'il existe, en effet, une sorte d'association entre ces deux végétaux.
[3] *Biologie végétale*, p. 370.
[4] *Id.*, p. 364, 365.

Nous trouvons, enfin, chez le lierre, une xemple typique du troisième motif pouvant amener la subordination d'une plante par une autre : le besoin d'une solide station. Cet arbrisseau prend rang parmi les plantes qualifiées de parasites faux, parce qu'elles cherchent, en raison de la faiblesse de leurs tissus, seulement un appui chez les végétaux auxquels elles s'accrochent, sans porter atteinte à l'existence de leurs hôtes, sans même rien tirer des substances vitales de ceux-ci.

« Le lierre ne demande aux arbres qu'un support, et les racines, transformées en crampons, n'ayant aucun rôle dans la nutrition de la plante grimpante, ne sauraient nuire à son hôte [1]. »

Par ses vrilles, la vigne sauvage se prend également à des végétaux à sa portée, tout en respectant leur vie. Et combien grand est le nombre des plantes grimpantes qui vivent de la sorte !

III

LES BÊTES

Entre animaux, la subordination se présente sous une forme plus complexe encore. Ici, outre le besoin d'accroissement ou de régénération, le besoin génésique et celui de protection, que nous venons d'examiner, la subordination peut aussi avoir pour motifs l'exécution de travaux et même la satisfaction d'un désir de luxe. C'est de nouveau au parasitisme que nous devons nous adresser pour trouver les exemples répondant au premier cas, et en les comparant nous reconnaissons que les animaux parasites constituent trois groupes : l'un embrassant ceux qui se nourrissent des substances constitutives de l'individu aux dépens duquel ils vivent; le second comprenant les parasites qui s'approprient seulement les produits de l'exploité; le troisième, enfin, qui compte tous ces êtres qu'on entasse sous le qualificatif de pique-assiette, c'est-à-dire ceux qui se contentent des miettes du repas de celui à la fortune duquel ils s'attachent.

Ainsi, il est des abeilles qui vivent de maraude et de brigandage. « Elles fondent parfois, dit le Dr Romane, quatre ou cinq à la fois sur une honnête abeille, la tiennent par les pattes, la pincent pour

---

[1] VUILLEMIN, *même ouvrage*.

lui faire déployer la langue, qu'elles sucent à tour de rôle, après quoi elles la laissent partir [1]. »

Quelques fourmis se conduisent d'une manière à peu près analogue, à l'égard d'une espèce de *pucerons* qui, grâce à leur organisme, savent produire un liquide sucré avec le suc de toutes sortes de plantes. Ces fourmis — qui connaissent cette précieuse vertu des pucerons — en font de véritables vaches à lait. A ceux qui vivent en liberté, elles donnent la chasse et s'en emparent pour traire cette miellée. Il y a plus. « Dans les années où il y a disette de pucerons, les fourmis recherchent ces petits êtres avec soin ; elles les capturent et les dirigent dans leurs demeures, ou font acte de propriétaires et affirment leurs droits en parquant le bétail sur des branches d'arbres voisines de leurs cités, et les entourent de murs construits en terre. » (RAWTON.)

« J'ai vu bien souvent, dit aussi le Dr Girod, sur les tiges de l'euphorbe à feuilles de cyprès, des pavillons en terre cimentée enveloppant plusieurs branches couvertes de pucerons. — Dans ce cas, un couloir suit la tige principale et donne accès dans l'étable élargie. — Souvent un chemin couvert relie l'étable à la fourmilière... Ces espèces (les *lasius* et les *myrmica*) s'adressent aux pucerons qui vivent sur les parties aériennes du végétal ; mais il y a des pucerons de racines, et le *lasius flavus* qui les élève est arrivé à leur faire produire une quantité suffisante de miel pour n'avoir plus besoin de s'éloigner du nid, en quête d'autres aliments [2]. »

« L'observation de ce curieux spectacle, ajoute M. Rawton, à la suite des lignes rapportées plus haut, a été si souvent répétée depuis qu'il n'est pas possible d'émettre un doute et de supposer une interprétation erronée. »

Mais les exemples de subordination les plus frappants nous sont fournis par les bêtes qu'on appelle proprement des parasites. Celles-ci s'attachent d'une façon permanente sur le corps de leur hôte d'où elles tirent leur nourriture, sans cependant songer un instant à lui ôter la vie.

Certaines espèces d'abeilles sont, par exemple, obligées d'entretenir un parasite, un pou (*braula cœca*) qui les force à lui dégorger du miel. « L'observation suivante, dit M. Lespès, ne laisse aucun doute à cet égard... Quand le pou veut manger, il se porte vers la bouche de l'abeille, où l'agitation de ses pattes, munies d'ongles

---

[1] *L'intelligence chez les animaux.*
[2] *Les sociétés chez les animaux*, p. 239

crochus, produit une titillation désagréable peut-être, tout au moins une excitation des organes buccaux, qui se déploient un peu au dehors et dégorgent une gouttelette de miel que le pou vient lécher et absorber aussitôt. »

Il n'est pas un animal terrestre ou aquatique, appartenant à un ordre élevé, sur le corps ou à l'intérieur duquel on n'ait trouvé au moins une espèce de parasites. La tératologie [1] signale même des êtres, les monstres unitaires imparfaits, qui restent attachés au corps de leur mère, y vivant en parasites.

Le second groupe, avons-nous dit, comprend les individus qui s'attaquent aux produits du subordonné. Nous en avons cité plusieurs dans des chapitres précédents, entre autres le blaireau, le ratel, le papillon tête de mort et les bourdons, qui font le métier de piller le miel des abeilles, sans jamais attenter à leur vie, sauf quand ils sont obligés de se défendre, dans le cas où les propriétaires cherchent à s'opposer au pillage de leurs réserves alimentaires.

Le petit renard de l'Afrique, le fennec, vit également aux dépens de l'autruche, dont il dévore les œufs. Nombre de reptiles en font de même à l'égard de certains oiseaux.

Enfin, c'est le tour des pique-assiette. Leur cas est au moins tolérable.

La *donzelle*, minuscule poisson de la famille des anguilliformes, vit dans le corps d'une holothurie et prélève une part sur les captures de ce zoophyte.

« Le *mulle*, ou rouget barbu, au dire de Brehm, est toujours accompagné d'un autre poisson nommé *sargue*, qui, tandis que le mulle fouille la vase, dévore toute la nourriture qu'il en fait sortir [2]. »

On a observé, sur la coquille du petit crustacé nommé pagure, un cirrhipède, autre petit crustacé, et toute une colonie d'hydractinies. « C'est, dit le Dr Girod, toute une basse-cour qui recueille les miettes du puissant voisin. »

Des bêtes en subordonnent aussi d'autres, en vue de la satisfaction du besoin de la reproduction, mais la subordination s'exerce autrement que chez les végétaux. — La bête a recours à la bête en se servant à la fois de quelque produit de son industrie et de l'aide inconscient de son être. Les lignes qui suivent élucident notre pensée.

Quelques paresseux ou ignorants, par exemple certains indi-

---

[1] Branche de l'histoire naturelle consacrée à l'étude des anomalies, des monstruosités.
[2] *Les poissons et les crustacés.*

vidus de la famille des cuculidés et de celle des fringillidés, dont le *coucou* et le *moineau* sont les représentants les plus connus, n'entendent goutte à la question de construire une demeure conjugale. — L'un se contente de laisser la mère coucou déposer sa progéniture sous le toit de la femelle d'un oiseau qui devient alors bonne d'enfants et mère nourricière, sans même que son consentement ait été préalablement sollicité. — Quant à Mgr Pierrot, il dit bonnement à sa femme qui désire un logement: « Puisque l'injustice de la nature nous a refusé le don de l'architecture, empare-toi de la maison de la voisine et installe-toi tranquillement dans son lit. — Oh ! on viendra sûrement pour t'en chasser de vive force. Dans ce cas, proteste à grands coups de bec. — Ces gens-là ne voulant rien savoir de la belle doctrine du *communisme*, disons-leur hautement : la force ou la ruse prime le droit ! »

Plusieurs variétés de coucou sont, en effet, réputées pour ce genre de parasitisme, ainsi les *chysoccyx chalcites* de l'Afrique et le *cuculus canorus* de l'Europe. Ces coucous, rapporte plus d'un ornithologiste, ont la singulière habitude, après avoir pondu chacun ses œufs sur le sol nu, de les prendre dans son bec et d'aller, profitant d'un moment d'absence, les déposer dans le nid d'un autre oiseau — dans celui soit du *rouge-gorge*, du *bouvreuil*, de la *bergeronnette grise*, soit du *verdier*, du *rossignol*, de la *fauvette* ou de l'*alouette des champs* — qui les couve et élève les petits coucous, si laids, souvent, hélas! au détriment de sa progéniture qui, jetée au bas du nid, devient la proie d'un affamé quelconque.

D'après les observations de M. d'Hamonville, la femelle du coucou sait fort bien où sont ses petits, et, lorsque la mère adoptive, qui est généralement un oiseau de moindre taille, ne suffit plus pour alimenter les petits instrus devenus forts, la vraie mère, à l'insu de l'inconsciente éleveuse, vient l'aider, et de nid en nid apporte à ses enfants les grosses chenilles et les insectes velus qui doivent devenir leur nourriture ordinaire.

Des oiseaux autres que des coucous agissent, pense-t-on, de même, par exemple l'*édolio* et l'*indicateur* ou *guide au miel*.

— Quoique le fait ne soit pas fréquent, on trouve quelques bêtes subordonnées à d'autres qui en font des travailleurs pour l'exécution de certains travaux.

« Le sentiment louable de la dignité personnelle a des manifestations diverses que nous retrouvons chez l'animal. S'il est accompagné de l'idée de domination, c'est l'ambition, et l'animal impose sa tyrannie aux autres.... L'égalité n'existe pas plus dans le monde des bêtes que dans le monde humain ; les forces sont inégalement dispensées aux êtres de la nature, même à ceux de la même espèce, du même genre, de la même famille. Et qui dit inégalité de force dit proctecteur et protégé, oppresseur et opprimé, maître et esclave [1]. »

C'est en vertu de ce principe vrai — dont nous avons, du reste, maintes fois constaté l'application — que nous allons voir des bêtes pratiquer un véritable esclavage à l'égard d'autres bêtes.

Mais faisons observer d'abord qu'on ne trouve ici que des exceptions, car ce genre de subordination suppose une organisation cérébrale parvenue à un degré de développement assez considérable, ce qui n'est pas commun chez les bêtes, surtout celles appartenant à un ordre physiologiquement supérieur. Il est, en effet, à remarquer que, parmi les bêtes, celles qui sont les mieux douées corporellement ne sont nullement celles dont les actes dénotent la plus grande dose d'intelligence. Ainsi, l'analyse anatomique et les mœurs des abeilles prouvent amplement que, au point de vue cérébral, *l'abeille sociale* est éminemment mieux douée que l'éléphant. — Sous ce rapport, au dire de M. Félix Dujardin — professeur à la Faculté des Sciences de Reims — la fourmi est encore plus remarquable.

« Les fourmis présentent, dit M. Huber, des ganglions cérébraux d'une dimension extraordinaire. »

Darwin, qui, on sait, a approfondi l'existence des bêtes, n'a pas été moins frappé de l'organisation cérébrale de ces insectes. « Leur cerveau, a-t-il écrit, est un des plus merveilleux atomes de matière qu'on puisse concevoir, peut-être même plus merveilleux que le cerveau humain. »

Si nous avons attiré l'attention sur la fourmi particulièrement, c'est qu'elle est la bête qui nous offre l'exemple rare et le plus frappant de la pratique de l'esclavage chez les bêtes.

Dans une fourmilière, on rencontre, entre autres groupes, celui des ouvrières, dont nous verrons plus loin le rôle.

« Il y a des espèces, dit M. Meunier, dans lesquelles, outre les ouvrières appartenant à cette espèce, on trouve des domestiques ou des esclaves, comme on voudra les appeler. La *fourmi sanguine* va à la recherche des nids de la *fourmi gris cendré* et de la *fourmi mineuse*, les bloque, en fait le siège, leur donne l'assaut,

---

[1] D[r] DE COURMELLE, *Les facultés mentales des animaux*, p. 286, 287, 288.

les envahit, s'empare des larves et des nymphes, les transporte dans sa demeure et fait travailler pour elle les ouvrières qui en résultent. L'*amazone* fait bien plus. La fourmi sanguine se mêle aux travaux des *gris cendré* et des *mineuses*, qu'on trouve dans ses habitations ; l'amazone ne travaille pas ; ses esclaves, pris parmi les deux espèces qu'on vient de nommer, travaillent pour elle. [1] »

Voici ce que dit à son tour le Dr de Courmelles, au sujet de cette espèce : « Les amazones (*polyergus rufescens*) battent les fourmis et s'emparent de leurs larves, qui seront élevées dans l'esclavage ; elles aiment le bien-être, et chaque polyergus a un personnel compliqué ; les esclaves apportent à manger, lèchent les maîtres pour enlever la poussière qui s'attache à leurs poils, les nettoient, les transportent lors des émigrations..... On trouve chez d'autres fourmis l'amour du luxe, de l'inutile, au sens strict du mot ; en effet, on y rencontre de petits charençons aveugles, sans doute gardés pour leur odeur délicate et fine qui parfume la fourmilière [2]. »

D'autres bêtes, enfin, faibles, incapables de pourvoir elles-mêmes à leur sécurité, chercheront une protection en grimpant sur le dos ou en pénétrant dans l'oreille d'un colosse qui, sans s'en douter, deviendra ainsi une forteresse inexpugnable ou un vrai bouclier vivant.

Ce sont les animalcules de cette catégorie que le savant Van Beneden appelle des commensaux, pour les distinguer des parasites.

D'après lui, les commensaux cherchent sur d'autres animaux, non leur nourriture, mais leur habitation.

Parmi eux, Bouillet range les *fiérasfers*, petits poissons *malacoptérygiens*, qui vivent sur les *holothuries* ; les *pinnotères*, petits crabes qu'on trouve dans les *moules* ; certains *cirrhipèdes* (*tubicinella, diadema* ou *coronula*), qui se fixent sur la peau des *baleines*.

« Un petit *palémon*, au dire du Dr Girod, se laisse enfermer dans le palais de cristal de l'*euplectella aspergillum* (animal du genre mollusque, à coquille bivalve), où il trouve protection et, sans doute, des conditions favorables pour son alimentation [3]. »

Telle est la subordination dans le règne végétal et dans le règne animal.

---

¹ *Les animaux à métamorphoses*, p. 227, 228.
² *Les facultés mentales des animaux*, p. 285.
³ *Les sociétés chez les animaux*, p. 272.

IV

LES BÊTES ET LES PLANTES

Aux individus de ces deux règnes, opposés l'un à l'autre, la subordination s'applique pareillement.

Nous citerons un petit nombre de cas pour passer à l'espèce humaine.

En ce qui concerne la subordination en vue de satisfaire le besoin de nourriture, nous ne ferons aussi que rappeler que certaines bêtes se nourrissent, non pas d'une plante, mais de ses fruits, de ses feuilles, même de ses fleurs ou d'un suc recueilli à l'intérieur de celles-ci, ce qui ne porte aucune atteinte à la vie du végétal lui-même.

La subordination des plantes aux bêtes, soit comme moyen de protection, soit en vue de la satisfaction du besoin de la reproduction, est encore un fait à la connaissance du commun des mortels.

Qui ne sait, en effet, que certains animaux construisent leurs demeures sur des branches ou dans des troncs d'arbres qui les garantissent à la fois contre leurs ennemis et les intempéries ? Mais il est des cas qui méritent d'être particulièrement cités, à cause de la grande analogie qu'ils présentent avec ceux que nous aurons à mentionner, en parlant de l'homme.

Plusieurs oiseaux, pour être sûrement protégés, construisent leurs nids sous les fourrés, sur des plantes épineuses ou se servent de branchettes et de feuilles de ces plantes. — L'idée, si je puis m'exprimer ainsi, qui a dirigé ce choix est incontestablement l'efficacité de ces pointes comme moyen de protection.

A l'instar de quelques oiseaux, le pic, par exemple, nombre d'insectes, sans les tuer, creusent le tronc des arbres sur lesquels ils établissent leurs retraites obscures. D'autres encore, comme des chenilles, s'enferment dans une feuille enroulée autour d'elles et collée avec leur bave.

Voici deux autres bêtes dont l'industrie n'a pas manqué de frapper bien des naturalistes d'étonnement et d'admiration. Il s'agit de la *fauvette couturière* et du crabe appelé dromie, sur lequel nous avons déjà eu l'occasion d'appeler l'attention.

C'est à propos de cet oiseau que M. Pouchet a écrit le passage

suivant : « Cette charmante espèce exotique prend deux feuilles
d'arbre très allongées, lancéolées, et en *coud exactement* les bords
en surjet, à l'aide d'un brin d'herbe flexible, en guise de fil. Après
cela, la femelle remplit de coton l'espèce de petit sac que forment
ces feuillles, et dépose sa gentille progéniture sur ce lit moelleux

Fig. 20. — Nid de la fauvette couturière.

que berce doucement le plus léger souffle du vent. Ce nid, qui
est extrêmement rare, mais dont j'ai vu quelques spécimens au
musée Britannique, est un véritable chef-d'œuvre d'intelligence[1]. »
La figure ci-dessus représente ce nid.
Ils sont, d'ailleurs, nombreux les auteurs, ornithologistes et
autres, qui vantent le talent de l'oiseau de l'Inde.

[1] *Mœurs et instincts des animaux*, p. 357.

Le Dr de Courmelles en parle dans son livre : *Les facultés mentales des animaux*. Bouillet aussi en fait mention dans son *Dictionnaire des Sciences*, etc., au mot « couturière ». Inutile d'ajouter que c'est à cette particularité que ce passereau doit son nom.

Quant au petit crustacé, le dromie, on sait qu'il se colle sur le dos, dans un but connu déjà, des branchettes de plantes marines qui y prennent racines, poussent et arrivent à former une végétation en pleine activité.

Des poissons également subordonnent des végétaux à leurs besoins. Les uns, comme l'épinoche et l'épinochette, construisent leurs nids sur les branches des plantes aquatiles ; d'autres passent leur existence en s'abritant sous les rameaux ou en s'installant dessus, comme font les *périophthalmes*, les *hippocampes* et les *syngnathes-aiguilles*.

V

L'HOMME, LES PLANTES ET LES BÊTES

C'est maintenant le tour du grand bipède, de l'être qui, non satisfait de se croire le maître de tous les êtres, semble n'attendre que la conquête du pouvoir de dire, d'une manière absolue, ce que c'est que son idole, Dieu, pour se proclamer lui-même ce Grand Introuvable qu'il cherche, dès sa naissance, sans répit, l'homme enfin, le plus parfait des animaux, arrive sur la scène du monde pour imposer sa loi, à lui, aux autres animaux. — D'ailleurs, après l'avoir créé à son image, *selon le propre terme de l'homme*, l'Auteur de l'univers ne lui dit-il pas, en l'envoyant en possession du globe : « Croissez et multipliez-vous, remplissez la terre, et vous l'assujettirez et dominerez sur les poissons de la mer, sur les oiseaux du ciel et sur tous les animaux qui se meuvent sur la terre [1]. »

Pour l'être qui interprète la création conformément à ses besoins, ce n'est pas bête du tout.

Au nom du Créateur, l'homme donc va exercer son pouvoir absolu ; et, plus qu'aucun, il saura tirer parti d'autres êtres infé-

---

[1] Bible, *la Genèse*, chap. i, vers. 28.

rieurs à lui, sans porter nulle atteinte à leur vie ; il saura les subordonner. Voyons-le à l'œuvre.

Relativement aux végétaux, nous n'avons aucune particularité à signaler ; et nous y arrêter serait pour revenir sur des faits rapportés à propos de la subordination des plantes par les bêtes.

Seulement, nous ferons ressortir, entre la subordination par les bêtes et celle par l'homme, cette différence qu'il convient de ne pas passer sous silence, à savoir que les bêtes subordonnent le végétal, sans aucun souci de ce qui peut advenir de son existence, tandis que l'être humain, mettant de la réflexion et du jugement dans son acte, ne néglige pas son subordonné et le ménage assez pour faire durer le plus longtemps possible les avantages qu'il en tire.

La subordination des bêtes par l'homme mérite, au contraire, une attention particulière. Elle revêt des aspects variés, en raison même de la multiplicité des besoins de l'espèce humaine ; et de tous, celui qu'il est obligé de penser à satisfaire d'abord est le besoin de nourriture.

Sous ce rapport, si quelques oiseaux n'offrent pas une chair suffisamment nourrissante ou délicate pour être l'objet de notre part d'une appropriation à fin d'accroissement ou de régénération organique, leurs œufs, par contre, constituent un aliment des plus riches, aussi des plus recherchés. Les vanneaux, par exemple, sont dans ce cas. « Cet oiseau est, paraît-il, un assez piètre régal, sa chair n'étant ni assez grasse, ni assez tendre. Mais il n'en est point de même de ses œufs, qui sont un mets délicieux. Les gourmets de tous les pays se sont dit la chose, et, coûte que coûte, il leur en a fallu ; les Belges et les Hollandais ne se sont pas fait tirer l'oreille ; ils ont fait argent de leurs œufs de vanneaux [1]. »

A la recherche de sa subsistance, l'être humain, soit par raffinement dans la bonne chair, soit à cause de la pauvreté, pousse parfois la subordination à la bizarrerie. Les œufs ne suffisant plus à le sustenter, il ira jusqu'à imaginer de s'approprier des nids comme nourriture. Des nids ! — Oui, les nids de cette hirondelle de Chine qu'on nomme *salangane*.

Les salanganes récoltent des plantes marines qu'elles avalent et rejettent ensuite, mêlées à leurs sucs digestifs, qui en font une matière glutineuse, une espèce de mortier dont elles construisent leurs nids. C'est à cette circonstance que l'oiseau des mers de

---

[1] C. CANET, *Cri de guerre contre l'insecte*, p. 225.

Chine doit le nom de *collocalia*, signifiant nid de colle, que lui ont donné quelques ornithologistes.

Eh bien, chose incroyable! « les nids de salangane ont, dit M. Pouchet, acquis une grande célébrité à cause de l'usage que l'on en fait en Chine pour l'alimentation. Là, ces nids sont l'indispensable ornement de tout repas de luxe; leur prix est fort élevé. aussi les particuliers qui possèdent des cavernes fréquentées par les salanganes en tirent-ils des revenus considérables. Dans le potage, hachés en petits fragments, ils remplacent le riz ou le tapioca; leur goût a la plus grande analogie avec ce dernier... Il y a peu d'années, ces nids comestibles tant recherchés étaient, après le ginseng[1], l'article le plus cher du commerce de l'empire chinois, où il s'en consommait annuellement quatre millions. Un propriétaire d'une caverne placée près d'un volcan, à Java, en extrayait chaque saison pour plus de 50.000 florins de Hollande[2]. »

Avec l'extension de jour en jour plus grande que prennent les relations commerciales de l'Europe avec l'Asie, les nids de salangane, depuis longtemps introduits dans quelques pays occidentaux, n'y sont pas un comestible bien rare. Comme le thé, les Chinois les sèment dans toutes les villes qu'ils envahissent pacifiquement. J'en ai vu, à Paris, à l'étalage de plusieurs débitants de produits alimentaires exotiques, par exemple, rue de Rivoli et au Palais-Royal, chez Chevet.

Tout en exerçant ici un acte de subordination, l'homme laisse la bête en liberté. Souvent il la tient en captivité. Tel est le cas du poisson appelé *remora*, qui possède au sommet de la tête un appareil en forme de poche, au moyen duquel il peut se fixer fortement à des corps étrangers, à un rocher, à un navire ou autres (*fig.* 21).

« De même qu'on prend en plein champ, écrit Gesner, le lièvre avec des chiens de chasse, de même qu'on s'empare des oiseaux avec l'autour et des animaux de proie, de même certaines peuplades capturent les poissons marins à l'aide d'autres poissons exercés à cette chasse. On a décrit deux sortes de ces poissons chasseurs. »

A l'une d'elles appartient précisément le remora. « Ce der-

---

[1] Plante d'une saveur aromatique employée comme tonique et stimulant. Après le thé, c'est le végétal le plus répandu dans l'Orient. Les Chinois, les Japonais, les Tartares, même les habitants de certains pays de l'Europe et de l'Amérique en font une consommation plus ou moins grande.

[2] *Mœurs et instincts des animaux*, p. 264-267.

nier animal est attaché sur les navires, en un point où l'air n'arrive pas, car il ne peut supporter ni l'air, ni la lumière. Lorsqu'on aperçoit une bête dont on désire s'emparer, que ce soit une tortue ou un poisson, on relâche la corde, de telle sorte que l'animal fond sur son ennemi, se colle à lui à l'aide de sa poche, qui le retient si fort que la proie ne peut plus s'échapper ; alors on retire la proie et l'animal, et ce dernier lâche sa capture, aussitôt qu'il sent l'air et aperçoit la lumière [1]. »

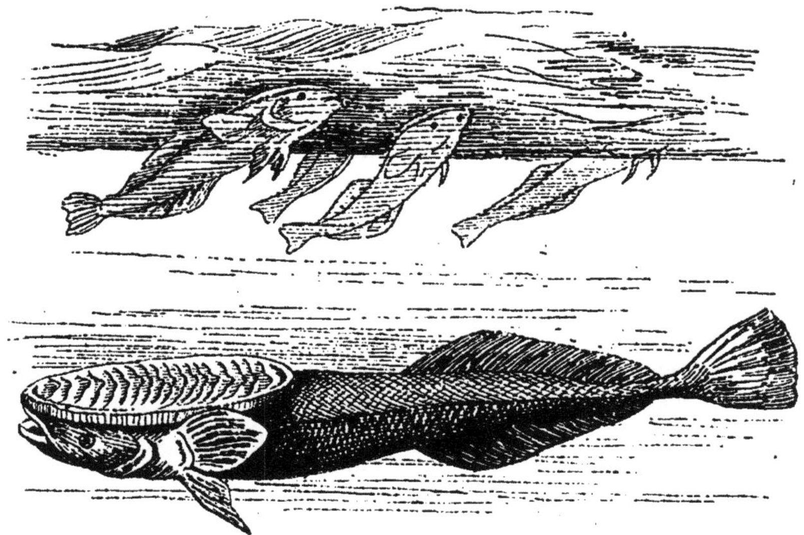

Fig. 21. — Remora.

Nous devons rappeler ici le cas d'un autre poisson dont il a déjà été question, le *maigre*, qu'on tient en captivité et dont on se sert pour capturer ses congénères, grâce à son chant.

L'homme a subordonné d'autres bêtes, non plus afin de se procurer des aliments, mais en tant qu'instruments, soit pour faire fortune, soit pour combattre des animaux considérés comme ennemis dangereux, soit, enfin, dans un but hygiénique.

On se souvient sans doute des assauts de chant dont nous avons parlé et auxquels les pinsons savent se livrer. On s'intéresse vivement à cette particularité dans les pays du nord de l'Europe, en Belgique principalement.

« Là, dit M. Moreau, il existe des concours de chant de pinsons.

[1] Brehm. *Les poissons et les crustacés*, p. 289, 290.

Le prix appartient à celui qui a fourni le plus grand nombre de refrains dans un temps donné. »

D'autres espèces sont exploitées pour leurs plumes, par exemple la *fuligule eider* (*fuligula mollissima*). — Cet oiseau, du genre canard, fournit, en Europe, le duvet souple, léger et chaud dont on fait les édredons. — Le mot édredon sert, d'ailleurs, à désigner la bête elle-même.

On sait que les habitants de beaucoup d'îlots tirent des revenus assez ronds de cet engrais que leur procurent les oiseaux marins sous le nom de guano.

Voici un autre cas de subordination, analogue à celui du pinson, mais qui doit être réprouvé, à cause de son caractère barbare. Je veux parler de ces insectes appelés *mantis*, appartenant à l'ordre des *orthoptères*. Comme la plupart des insectes, les mantis sont très belliqueux. — Or, pour gagner de l'argent, « les Chinois, dit M. Canet, gardent ces insectes dans des cages de bambou et les font battre, comme ailleurs on fait battre les coqs ».

On en doit dire autant des petits poissons connus sous le nom de *combattants*. Très querelleurs, ils se font la guerre toutes les fois qu'ils se rencontrent. A l'exemple des Chinois avec leurs insectes, les Siamois ont su tirer profit du mauvais instinct de ces petites bêtes. Les mettant aux prises, « ils parient, dit Brehm, des sommes considérables et vont souvent jusqu'à jouer leur personne, leur femme, leurs enfants. — Le droit de montrer des poissons de combat est affermé et rapporte chaque année un revenu fort important au roi de Siam. Les animaux de combat appartiennent à une variété dressée depuis longtemps pour cet objet [1]. »

L'Asiatique n'a donc pas à envier les combats de coqs de l'Européen et de l'Américain. Dans ce genre de sport, l'Anglais, dit-on, tient aujourd'hui le haut du pavé.

L'homme utilise aussi des bêtes pour combattre d'autres bêtes ses ennemies. A ce sujet, nous rappellerons le *martin-pêcheur*, auquel les habitants de l'île Bourbon doivent leur délivrance des sauterelles.

Dans la colonie anglaise du Cap, les colons emploient l'oiseau appelé *secrétaire* à la destruction des serpents.

Parfois l'homme va jusqu'à chercher l'aide de bêtes que d'abord il considérait comme des ennemies irréconciliables.

---

[1] *Les poissons et les crustacés*, p. 342.

Ainsi, « dans la région du Chélif, près de la frontière de la Tunisie, les lions, dit M. Novicow, étaient nombreux; on leur fit une chasse d'extermination. Quand ils devinrent plus rares, les sangliers se mirent à pulluler à tel point que les cultivateurs demandèrent la protection du lion, leur ancien ennemi. »

De même, l'*étourneau*, dans l'Amérique du Nord, est utilisé par les agriculteurs contre le *ver blanc*; en Hongrie, le pierrot, contre les chenilles; en Allemagne, le même pierrot, ou moineau, également contre les chenilles et les papillons qui les engendrent.

De nos jours, si l'homme réussit à vaincre certaines maladies microbiennes, n'est-ce pas avec le secours de microbes auxquels il fait subir au préalable des modifications plus ou moins grandes? C'est l'application du principe des homéopates : *similia similibus curantur*.

L'espèce humaine subordonne encore d'autres animaux, dans un but hygiénique. — C'est ainsi qu'en Afrique les hyènes ne sont point l'objet d'une élimination, parce qu'elles préservent les habitants de ce continent de la peste, en enlevant, la nuit, les matières organiques en décomposition qui encombrent les voies publiques.

Les différentes espèces de vautours répandues dans tout l'Extrême-Orient jouent le même rôle que les hyènes, depuis Constantinople jusqu'au Gange.

L'homme donc, au lieu de détruire certains animaux, les subordonne à ses besoins et en tire des avantages divers. — Pour ceux qu'il tient en captivité, il ne s'impose qu'un léger sacrifice pour leur entretien, et ce qui constitue ici la subordination, c'est l'absence de liberté. Quant aux bêtes qu'il laisse libres, il s'abstient simplement de leur ôter la vie, parce qu'elle lui est utile, et ce qui alors constitue la subordination, c'est l'absence d'une réciprocité de service réel, car les immondices et les êtres nuisibles dont ces bêtes débarrassent l'homme ne sauraient être considérés de sa part comme un service à elles rendu.

Si l'espèce humaine sait subordonner des plantes et des animaux à ses besoins, ceux-ci, à leur tour, tirent aussi parfois de l'être humain des avantages considérables, sans compromettre son existence. Dans ce cas, la subordination qu'ils exercent est simplement à fin d'accroissement ou de régénération organique, et tout se résume ici dans le parasitisme.

Les parasites de l'être humain sont nombreux et très connus. Parmi les végétaux, nous citerons le *microspore d'Ardouin*, qui est la source de la maladie appelée teigne décalvante. « Il suffit, dit Ch. Robin, qu'un point de la peau soit atteint pour qu'en peu de jours une plaque de 3 à 4 centimètres soit couverte par ce champignon. »

Selon Bazin, cette maladie débute, en général, par le cuir chevelu; elle peut ensuite gagner les sourcils, les cils, les favoris, les moustaches, etc.

On connaît encore la plantule appelée *puccinie*, qui vit sous l'épiderme et constitue l'une des maladies de la peau. Le *trichophyte tonsurant* (*trichomyces tonsurans*) cause la chute des cheveux; le *microspore de la mantagre* attaque plutôt la barbe et particulièrement celle du menton et de la lèvre supérieure. L'*achorion* de Schœnlein se développe, non seulement sur la peau de la tête, mais aussi sur la face, les épaules et dans le conduit auditif. Le *microspore pellicule* (*microsporum furfur*) détermine l'affection dite *pityriasis discolor*. Tous ces végétaux microscopiques sont des champignons.

La famille des algues fournit le leptomite épidermique (*leptomitus epidermidis*) observé sur une main percée par une balle, après que le membre eût été soumis quelque temps à l'irrigation continue. Le *leptomite utéricole* (*leptomitus utericola*) a été trouvé accolé à la muqueuse de quelques granulations enlevées par M. Gueneau de Mussy, au col d'un utérus. Pour ces plantules et pour d'autres encore qui vivent sur le corps de l'homme, voyez l'ouvrage du Dr Moquin-Tandon : *Eléments de Botanique médicale*.

Quant aux animalcules parasites du corps humain, ils sont assez communs pour que nous n'ayons pas besoin d'en mentionner. « On trouve, dit Bouillet, des vers parasites dans presque tous les organes de l'homme, jusque dans l'œil et le cristallin : on en connaît vingt-huit *espèces* [1]. »

Une infinité de petits êtres, végétaux et animaux, vivent donc aux dépens de notre corps, sans que nous puissions souvent les en déloger. Et quel mal nous font ces infiniment petits? Peuvent-ils causer notre mort ? — Tous ceux qui viennent d'être nommés se contentent de nous rançonner, en absorbant une faible partie de notre chair ou de notre sang, perte que, avec la plus grande facilité du monde, nous réparons constamment, avec usure même. Et ce prélèvement a lieu sans qu'il en résulte pour nous d'autre

----

[1] *Dictionnaire des Sciences*, etc., au mot « parasite ».

inconvénient qu'un chatouillement, que des démangeaisons et, au pis aller, qu'une infirmité. — Puisqu'ils ne nous tuent pas, nous nous trouvons simplement subordonnés à leur besoin de nourriture.

Pour clore ce chapitre, il nous reste à dire quelques mots des êtres organisés considérés quant au milieu ambiant.

VI

LES ÊTRES ORGANISÉS ET LES ÉLÉMENTS DU MILIEU AMBIANT

Nous sommes déjà bien au courant des relations existant entre les êtres organisés et les éléments du milieu qui les environnent, et de l'influence décisive que ceux-ci exercent sur leur organisme, soit au moment où l'agrégation se fait, soit dans le cours du développement des divers organes, soit dans les modifications que ces éléments y apportent, soit, enfin, quand ils interviennent pour accomplir l'œuvre de la désagrégation. En un mot, les êtres vivants demeurent sous la dépendance étroite et continuelle du milieu où ils se trouvent.

Cependant, ce n'est point avec une passivité absolue qu'ils subissent cette action prépondérante de la nature. — Déjà nous en avons vu plusieurs apporter aux éléments du lieu dont ils ont fait leur habitat des modifications tendant à les accommoder à leurs fins vitales. Dans la circonstance, on peut dire que les êtres organisés subordonnent, en quelque sorte, ces éléments à leurs besoins.

C'est ainsi que, en vue d'en faire une solide station, « certaines espèces végétales rongent littéralement les rochers calcaires. Telle est une algue voisine des *rivulaires*, l'*euactis calcivora*, qui trace des sillons flexueux sur les pierres plongées dans l'eau des lacs. D'autres creusent de véritables fossettes dans la roche qui leur sert de support [1]. »

Les plantes qui ont recours au vent et à l'eau, auxquels elles confient le transport de leur pollen ou de leurs graines, subordonnent aussi ces éléments à leur besoin de reproduction.

Mais c'est dans le règne animal qu'on trouve en plus grand

---

[1] VUILLEMIN, *Biologie végétale.*

nombre, et d'une façon plus manifeste, des cas de subordination du milieu.

Par exemple les bêtes qui creusent des trous dans le sol, sur le flanc des montagnes et ailleurs, pour s'abriter contre leurs ennemis et les intempéries, ne font que subordonner ces éléments de la nature à leurs besoins.

Des animaux tels que le lièvre, le lapin, la taupe, se creusent des terriers.

Le mygale se fait un trou dans la terre, en forme de puits, profond de 1 décimètre, et le tapisse à l'intérieur avec un fil soyeux.

Des batraciens pratiquent, non loin de la berge, également des puits remplis d'eau où ils s'abritent avec leur progéniture. Dans le même but. certaines bêtes utilisent les fentes des rochers, entre autres la mélipona, dont nous avons déjà parlé, qui place ses rayons de miel dans des crevasses de rocher.

Quelques oiseaux, tels que le *gypaète barbu*, la *niverolle des neiges*, l'*aigle royal*, le *cormoran huppé*, le *pétrel glacial*, etc., établissent leurs nids dans les fentes des rochers ou des falaises.

Des animaux savent tirer parti même des cours d'eau.

« On a vu, dit le Dr de Courmelles, des souris utiliser la bouse de vache ou la cavité d'un champignon sec comme un radeau pour le transport sur l'eau de leurs provisions... Mais c'est dans les célèbres ouvrages des *castors* que la transformation intelligente de la matière est surtout remarquable ; l'adaptation au régime aquatique a déterminé, chez ces animaux, le développement d'un véritable génie dans l'appropriation de leur demeure à ce milieu spécial. Il leur arrive d'intercepter le cours d'une rivière et d'arrêter le cours de tous les ruisseaux qui s'y rendent, transformant en marais le sol environnant, qui se prête alors à leurs travaux. Ils créent des écluses avec du bois, de la vase, des broussailles, les réparent quand il en est besoin. La vase leur sert de mortier pour joindre et affermir les morceaux de bois et les broussailles... Ils détachent les branches des arbres qu'ils abattent avec leurs dents, les coupent en morceaux, les transportent vers l'eau et les font flotter jusqu'à leurs huttes, où ils les emmagasinent [1]. »

M. Troussart, dans *La Grande Encyclopédie*, donne beaucoup de détails sur les travaux du castor. « Voici comme il procède : une ou plusieurs centaines de castors se réunissent au bord d'un lac ou du confluent d'une rivière, dans l'endroit qui leur semble

[1] *Les facultés mentales des animaux*, p. 268, 269, 277.

le plus favorable à leur installation. C'est là qu'ils construisent leurs habitations. Pour cela, ils commencent par couper de jeunes arbres, à l'aide de leurs fortes incisives, en amont du point où ils veulent bâtir. Pendant qu'ils rongent l'arbre circulairement, à 1 pied environ au-dessus du sol, ils écartent les débris du bois avec leurs pattes, et calculent savamment ce travail, de manière que l'arbre tombe toujours du côté de l'eau, puis ils le dépouillent grossièrement de ses branches et le font flotter, en nageant, jusqu'au point voulu. »

En outre, personne n'ignore que plusieurs animaux terrestres, quadrupèdes aussi bien qu'oiseaux, vont, dans les moments de forte chaleur, s'étendre dans l'eau pour se rafraîchir le corps.

Les bêtes ne font pas faute non plus d'utiliser — et, certes, d'une façon qu'on peut dire consciente — la vertu de certains agents naturels, par exemple celle de la chaleur du soleil et celle du vent.

A propos des *fourmis agricoles*, le lecteur peut lire les lignes suivantes, dans l'ouvrage du Dr Girod, que nous avons cité plus d'une fois : « Après la récolte, les graines seront portées au soleil ou soumises à l'action de la terre mouillée, suivant que l'on voudra retarder ou activer la formation du sucre [1]. »

Beaucoup d'oiseaux, lors de l'incubation, savent aussi tirer parti des effets calorifiques du soleil.

« Le *télégalle* (*telegallus lathami*) fait un vaste monticule d'herbes, de feuilles, de débris de bois, y creuse une cavité, pond ses œufs et recouvre le tout de feuilles. Le mâle et la femelle restent auprès du nid pour surveiller les œufs et leur assurer la température voulue. Ils les couvrent ou les exposent à l'air, suivant l'intensité de la chaleur du soleil. »

A la suite de leurs observations, tous les naturalistes s'accordent à dire que les *autruches* agissent d'une manière analogue.

Parlant de l'émigration des *écureuils*, M. Pouchet a écrit :

« Des voyageurs assurent qu'en Amérique et en Laponie, quand un fleuve leur barre le passage, chaque membre de la famille errante transforme en radeau quelque fragment de bois ou d'écorce, déploie sa large queue au vent, en guise de voile, et que la petite flottille vivante, emportée par le souffle du zéphir, atteint le rivage opposé [2]. »

Les *istiophorus*, poissons du genre des acanthoptérygiens, ordre

---

[1] *Les sociétés chez les animaux*, p. 235.
[2] *Mœurs et instincts des animaux*, p. 292.

des squamodermes, famille des scombéroïdes, savent de même se servir du vent comme agent de locomotion.

Les Hollandais, à cause de cette particularité, les appellent *poissons à voile*; et, dans Brehm, ils sont désignés sous le nom de *voiliers*. — D'après Valenciennes, cité par Brehm, et d'après Bouillet, ces bêtes ont la faculté de relever et de rabaisser en forme d'éventail leur dorsale, très haute, qu'ils emploient comme une voile pour prendre le vent quand ils nagent, ce qui permet de les voir d'une lieue en mer.

Dans son livre, *Les colonies animales*, M. Ed. Perrier a décrit un petit animal marin qui agit d'une manière presque identique, c'est la *physale*, appelée aussi *galère*, ou encore *vessie de mer*. « Les galères ou physales montrent tout d'abord une sorte de ballon allongé, aux reflets d'un violet brillant, qui peut atteindre la grosseur d'une outre de cornemuse, flotte à la surface de l'eau et présente à l'action du vent une large crête membraneuse, vivement colorée, lui servant de voile. »

Ces seuls exemples suffisent, je pense, à confirmer cette assertion que les bêtes savent, dans une certaine mesure, subordonner des éléments du milieu ambiant à leurs besoins vitaux.

Quant à l'homme, les entreprises qu'il a réalisées dans cet ordre d'idées le placent à juste titre au sommet de l'échelle des êtres.

« Comme l'horizon mental de l'homme, dit M. Novicow, est beaucoup plus élevé que celui de l'animal, il prévoit la possibilité d'adapter son milieu à ses besoins dans une mesure bien plus considérable. »

Quoi qu'il en soit, il est bon de se rappeler que le lumineux éclair de pensée qui a mis l'homme sur la voie de ses hautes destinées n'a pas jailli de bonne heure de son cerveau ; et par homme je n'entends point désigner l'être qu'on se figure velu des pieds à la tête, dépourvu de langage et se tenant dans la position horizontale plus ou moins, l'être qu'on qualifie de « bête humaine », mais bien celui dont les traces ont été trouvées dans les couches les plus anciennes de l'époque quaternaire. — C'est ce dernier être, transformation, si l'on veut, du premier, qui vraiment a fait la conquête du grand titre d'humain, car c'est lui qui, par ce qu'il a su accomplir, mérite qu'on le regarde comme le premier ayant tenté de mettre en œuvre le germe de ce qu'aujourd'hui l'on nomme civilisation, la civilisation considérée, non pas au sein d'un groupe, d'un agrégat, mais quant à l'espèce tout entière.

L'esprit humain, à cette étape de son évolution, est plongé dans une obscurité profonde. Le surnaturel l'enveloppant partout, son imagination primitive se fait un être mystérieux et supérieur de chacun des éléments encore indomptables pour lui et dont la plupart se coalisent avec ses propres passions pour lui imposer leur tyrannie dans toute sa rigueur.

Mais, après une assez longue servitude, l'homme, ainsi que j'ai déjà eu l'occasion de le dire, commence par se croire libre, parce qu'il s'est aperçu — ayant quelque peu interrogé la nature et en ayant obtenu quelques réponses favorables — que ses passions sont confondues avec lui-même. Fatale erreur ! — C'est à ce moment que les premières passions instinctives, appelant d'autres passions instinctives, vont faire sentir plus que jamais le poids de leur domination. Cette espèce de liberté qui semble pénétrer son individualité n'est que l'assouplissement de l'homme à l'esclavage. Au lieu de les briser, le temps lui avait rendu ses chaînes légères.

Donc, l'homme n'avait pas compris que ses passions, au fur et à mesure qu'il gravissait l'échelle de l'interminable perfectionnement, allaient augmentant sans cesse et en proportion de ses besoins, de ses fantaisies, tandis que continuaient de le presser de toutes parts la faim, la soif, le vent, la pluie, le chaud, le froid et mille obstacles incessants contre lesquels son activité se heurtait incessamment aussi.

Par trait de temps, lentement, il s'accoutume cependant à triompher de ces obstacles, à se servir des forces mêmes de ses redoutables ennemis pour les vaincre ;... et sa faiblesse lui ayant appris que ce que fait un seul en dix jours peut être réalisé en un jour par plusieurs, il convie son semblable à la besogne. Les forces se réunissent, s'unissent, s'appuient, se consolident, et l'œuvre marche avec un entrain, une vigueur, une promptitude et une harmonie dignes de ceux d'en haut.

Bientôt, il fait la conquête des sciences et parvient, par une application intelligente, à dominer ses anciens tyrans et à les subordonner à ses besoins.

C'est ainsi que l'être humain, se débarrassant des entraves de son enfance et prenant triomphalement possession d'abord de la surface extérieure du globe, l'a transformée en y établissant des constructions diverses, d'immenses exploitations agricoles et en y traçant des sentiers, des chemins, des routes reliant des points diversement distants les uns des autres et lui permettant de tirer des lieux différents par les matières qu'ils fournissent tel parti qu'il trouve avantageux.

Après la surface, ce sont les entrailles de la terre qu'il explore. Écartant une faible partie de la croûte terrestre, il exploite les carrières de toute sorte, dont les éléments lui servent à construire depuis les œuvres monumentales jusqu'à celles les plus minuscules, qui ou le mettent à l'abri des fauves, ses ennemis, et des intempéries, ou lui donnent les moyens de développer ses hautes facultés intellectuelles et morales, ou, enfin, charment ses loisirs.

Descendant à de plus grandes profondeurs, il en extrait des métaux pour la fabrication d'abord de ses armes, ensuite des outils variés, de la monnaie, des machines, des appareils de diverses natures dont les avantages sont inappréciables.

A l'origine, pour subvenir aux nécessités de l'existence, il ne connaît que l'emploi des forces dont ses organes extérieurs sont doués, puis de celles de quelques bêtes de somme ; et leur efficacité est très bornée. Son intelligence s'étant, enfin, familiarisée avec les forces de la nature, il songe à porter son attention sur les effets qu'elles produisent autour de lui.

Alors les éléments jusqu'ici les plus rebelles, les plus énergiques, vont désormais fléchir sous sa puissance intellectuelle, en fournissant leurs vertus, qui seront appliquées à mille besoins.

SOLEIL. — Les premiers agents naturels que l'homme a subordonnés sont certainement la chaleur et la lumière que répand à profusion le soleil. L'être humain n'a pas dû tarder à faire servir à ses besoins les effets calorifiques de l'astre, et cela d'autant qu'ils jouent un rôle prépondérant sur tout ce qui dépend de notre planète. N'est-ce pas en partie sous l'action de la chaleur que les êtres du règne végétal sortent de leur enveloppe, que les plantes grandissent, que les fleurs s'épanouissent, se transforment en fruits qui mûrissent par elle ? — Par elle aussi, les êtres du règne animal accomplissent en grande partie leurs fonctions vitales ; par elle encore, le liquide, le solide et le gazeux peuvent se prêter réciproquement leur aspect respectif. L'existence de cet agent est donc pour l'homme, pour l'homme primitif surtout, une condition à la fois de vie, de richesse et de bien-être.

Voyons comment il a su tirer profit des précieux effets du soleil.

De tous les éléments du milieu ambiant, le froid a dû être celui qui a le plus tourmenté l'homme, à un moment donné. Comme alors il était inexpérimenté, il a dû, en conséquence, utiliser le mieux qu'il a pu la chaleur que lui dispensait la nature sur les points où sévissait la rigueur des hivers. — Cette utilisation a donc consisté pour l'homme, en premier lieu, à se placer là où l'astre dardait ses rayons, auxquels il présentait aussi, afin de la faire sécher, la peau de bête qu'il possédait comme vêtement et qui se trouvait trempée par la pluie.

Son intelligence se développant avec l'expérience acquise, il s'appliqua à faire produire par cette chaleur des effets plus considérables, en modifiant plus ou moins les rayons solaires. Ainsi, il parvint, au moyen de glaces et des lentilles de verre, à concentrer l'action de ces rayons et à leur faire déterminer la combustion. Tout le monde connaît le miroir ardent, dont l'invention est attribuée à Archimède, qui s'en serait servi pour brûler la flotte romaine à Syracuse. Après lui, Proclus en fit usage et incendia les vaisseaux de Vitalien devant Constantinople.

Au dire de Pline, on pouvait, de son temps, brûler des étoffes et cautériser des plaies au moyen de la lentille de verre [1].

La seconde vertu du soleil, celle de répandre la lumière, a également été très utile à l'homme, cet « animal terrestre et aérien qui, comme a écrit Strabon, a besoin de beaucoup de lumière ».

Obscure par sa nature, la terre n'a connu pour première clarté durable que celle répandue par les astres et principalement le soleil.

« Cet éclairage céleste suffisait aux besoins des animaux, et la grande généralité des espèces n'en connaît pas d'autre... Cette lumière si précieuse et si douce, « la joie des yeux », ainsi que l'appelle Bossuet, l'homme l'a de tout temps adorée comme la manifestation d'une puissance supérieure qui semble transparaître à travers son éclat révélateur. Le nom même de Dieu (Divinité) atteste, parmi les transformations des croyances qui l'ont tour à tour redit, le culte primordial de la pure lumière. Dans son acception originelle, il signifiait simplement le Lumineux [2]. Les plus anciens objets de culte ont été ce ciel resplendissant de clartés et les astres qui le parcourent en nous dispensant la lumière, présent divin... Le soleil, centre et pivot du système planétaire, exerce, comme foyer éclairant, une influence souveraine sur le monde que nous habitons... Les êtres vivants dépendent de celle que nous envoie l'astre radieux et qui, par suite des mouvements propres du globe, détermine l'alternance des jours et des

---

[1] Chapitres xxxvi et xxxvii de son *Histoire naturelle*.
[2] Au radical *div*, briller, se rattachent le sanscrit *déva*, divinité ; le grec *téos*, et le latin *deus*, dieu.

nuits, l'ordre des saisons et la diversité des climats. Simple réflecteur des rayons solaires, la lune éclaire en partie nos nuits avec une intensité qui varie selon le cours de ses phases[1]. »

L'homme a su tirer d'autres avantages de la lumière du soleil, pour les besoins de plusieurs industries. En concentrant dans un appareil une certaine quantité de la lumière de l'astre, il reproduit l'image des objets sur des plaques de métal, de verre ou de papier. C'est l'art photographique.

Feu. — L'être humain a donc connu les bienfaits de la chaleur et de la lumière, d'abord grâce à ce foyer pivotant dans l'espace. Cependant l'homme devait être promptement amené à reconnaître, l'insuffisance du soleil, en raison de la durée limitée de ses effets à la surface du globe, à cause soit de la faiblesse, soit de l'absence complète de sa chaleur et de sa lumière, à cette période de l'année où la température plus ou moins basse, et l'obscurité plus ou moins profonde de l'hiver se font vivement sentir. Pour y suppléer et avoir même un agent plus efficace, il fallait trouver un autre élément. Mais par quel moyen parvenir à produire la chaleur et la lumière, plongé qu'est l'esprit humain dans les ténèbres de la nature et plus encore dans l'obscurité de son ignorance ?

Il y est néanmoins arrivé, avec le temps et l'aide de la nature. Comment la nature l'a-t-elle aidé ?

Le phénomène qui, après les rayonnements des masses cosmiques, produisit de la chaleur sur la surface du globe a certainement été celui de la combustion produite en dehors de toute action humaine ; et parmi les causes auxquelles on peut attribuer ce phénomène s'accomplissant sur la terre, il en est deux dont la priorité, ici, ne saurait être mise en doute : c'est la foudre et le volcan.

Tombant au milieu de la forêt, le fluide céleste, communiquant à des amas de matières sèches des éléments de la combustion, fit naître ce que nous appelons le feu. Les laves volcaniques, jaillissant si souvent, à l'origine, des entrailles de la terre, s'élevant dans l'espace en tourbillons de flamme et de fumée et se répandant ensuite en larges nappes incandescentes, mirent également l'homme en présence d'immenses brasiers.

Pour commencer, il a assurément cherché à se rendre compte de cette matière rouge qui s'offrait à lui ; mais, par suite de la douleur qu'il ressentit en y portant peut-être la main, il était

---

[1] L. Bourdeau, *Les forces de l'industrie.*

arrivé à l'avoir en horreur et s'en écartait, frappé de terreur,
toutes les fois qu'il la rencontrait. Ainsi font les enfants inexpé-
rimentés et les animaux. Plus tard, l'expérience et la réflexion
aidant, l'homme a surmonté sa frayeur, s'est approché avec pru-
dence de son ennemi imaginaire, l'a examiné avec plus d'attention, car il y sentait un élément utile; et le feu, primitivement
craint, observé maintenant avec curiosité et reconnu utile, fut,
enfin, mis à profit. Comme à ce moment il était impuissant à le
produire par lui-même, l'homme s'appliqua à conserver le feu,
en y jetant les matières reconnues propres à l'entretenir; et à une
phase supérieure, dans la marche ascendante de l'humanité,
« le soin d'alimenter les foyers, qui exigeait une vigilance continuelle, devint une fonction religieuse, et des collèges de prêtres
furent chargés de prévenir l'extinction du feu... Le *feu sacré*
devait brûler en permanence sur les autels des Perses, des Chal-
déens, des Grecs, des Romains, des Égyptiens [1]. »

Il est aussi dit formellement, au chapitre VI, vers. 12 du *Lévi-
tique:* « Le feu brûlera toujours sur l'autel, et le prêtre aura
soin de l'entretenir, en y mettant le matin de chaque jour du
bois, sur lequel ayant posé l'holocauste, il fera brûler par dessus
la graisse des hosties pacifiques [2]. »

Ce culte assidu, dont est ainsi l'objet le feu devenu sacré, se
rencontre encore de nos jours chez les Guanches, aux Canaries,
chez les Péruviens et les Australiens. S'il faut en croire les Parsis
de l'Inde, on doit remonter au temps de Zoroastre, aller à plus de
quatre mille ans en arrière, pour trouver les premières lueurs du
feu qu'ils entretiennent actuellement dans leurs temples. C'est
par une transmission de cette coutume qu'une lampe éclaire
continuellement le sanctuaire de plusieurs cultes actuels, entre
autres du culte catholique : c'est *la lampe éternelle.*

Voilà donc l'homme en possession du feu, dont il fait un agent
des plus précieux, l'employant de mille manières. Il commence
par utiliser la chaleur qui s'en dégage, pour réchauffer son corps
engourdi par le froid et pour sécher son vêtement de peau inondé
d'eau de pluie. Désormais, l'être humain se portera partout où
ses moyens de locomotion pourront le conduire, muni de son foyer.

Possédant le feu, il peut aussi éclairer la caverne qui l'abrite ;
et si l'on tient compte de l'idée première qu'expriment les mots,

---

[1] BOURDEAU.
[2] Le mot hostie a ici son sens primitif et désigne la bête, quelquefois le prison-
nier de guerre, qu'on immolait à la divinité, dans certaines circonstances

on dira même que, dans le passé, la lumière a eu une part bien plus grande de l'attention et de la méditation de l'homme que la chaleur. Le mot *foyer*, en effet, vient du *focus* latin, dérivé lui-même du *fos* grec, voulant dire lumière, d'où les termes phosphore, phosphorescence, phosphoreux, etc. Foyer exprime donc l'idée, non de feu ou de chaleur, mais de lumière.

Du jour où il eut cet élément à son service, l'être humain pouvait plus facilement et mieux se nourrir. La chair des animaux, certaines herbes et racines — qui, dans leur état de crudité, ont dû souvent lui répugner — devinrent dès lors ses aliments les plus réguliers. En outre, comme dit encore M. Bourdeau, « en même temps qu'il corrigeait l'âpreté des climats froids et des saisons rigoureuses, le feu donnait à l'homme le moyen de s'ouvrir un passage à travers la végétation confuse qui couvrait la surface de la terre... Une torche à la main, il avance en détruisant les bois stériles, les fourrés épineux, les herbes des steppes, met en fuite les fauves épouvantés et prépare pour la culture les plaines où croîtront plus tard des moissons. »

Déjà, la hache et les autres outils en pierre, taillés au moyen de la pierre, sont dans les mains du futur roi de la création. Des siècles se sont écoulés, quand « la métallurgie, impossible sans le secours du feu, découvrit des procédés pour fondre et épurer les minerais, couler les métaux, les amollir, les souder, les tremper, composer des alliages et donner à ces corps, d'un emploi si général, la forme qu'ils se prêtent à recevoir échauffés pour la garder refroidis ».

A une époque moins éloignée que celle de la pierre taillée, « le même agent servit encore à durcir la brique et les poteries, à fondre le verre, à calciner la chaux et le plâtre, etc. ».

En ayant recours, pour se chauffer et s'éclairer, à la chaleur et à la lumière du soleil, puis à celles du feu communiqué aux matières inflammables par la foudre et la lave vive du volcan, l'homme, tout bien considéré, fait preuve d'une intelligence qui, certes, ne dépasse guère l'instinct de la bête, car celle-ci se chauffe de la même façon, éclaire aussi ses pas à la lueur du soleil et à la flamme d'un brasier, utilise, comme la fourmi agricole, la chaleur du soleil pour préparer ses grains alimentaires ou subvenir, comme certains oiseaux, au besoin de la reproduction, dans le travail de l'incubation.

Employant le feu aux fabrications industrielles énumérées plus haut, l'homme, déjà, en ce qui concerne cet élément, montre bien qu'il est au-dessus de la bête. Cependant, il a un autre grand progrès à réaliser, pour se révéler éminemment supérieur à elle; après s'être rendu compte de la cause et des effets du feu, il lui reste à pouvoir le produire à volonté, afin de l'avoir à sa convenance partout où il se trouverait et en aurait besoin. L'idée d'accomplir ce prodige a sûrement germé dans le cerveau de l'homme dès l'instant où, la nécessité du feu s'étant présentée, il s'en trouva privé, ne possédant pas celui qui flambait dans sa caverne, ou du jour où il reconnut qu'il était gênant pour lui d'être obligé, cheminant seul, à une grande distance de sa demeure, d'avoir dans une main ses armes défensives et dans l'autre un énorme tison, ce qui ne pouvait qu'entraver la liberté de ses mouvements. — En présence de cet inconvénient et peut-être de beaucoup d'autres plus ou moins graves, l'homme donc devait ambitionner de pouvoir instantanément produire du feu, imitant ainsi la nature. Et il y parvint. Mais son ambition s'était-elle réalisée avant qu'il sût travailler, par exemple, les métaux, ou a-t-il commencé à les travailler avec le feu dont l'avait armé la foudre et le volcan? — Nul ne saurait nous renseigner. Ce qui est certain, c'est ce fait que l'homme est parvenu à déterminer instantanément la combustion, par le seul secours de ses mains dirigées par son intelligence. Et ce qui est probable, c'est cet autre fait qu'il a dû obtenir ce résultat à un moment et dans une circonstance qu'il n'avait pas consacrés à le chercher.

Comment alors cela s'est-il fait?

On peut supposer que l'être humain, assis sur le sol nu ou sur un tas de matières sèches et inflammables, a communiqué des étincelles aux poils de la peau de bête qui l'enveloppait ou à ces matières. Mais des étincelles venues d'où? de la pierre qu'il taillait pour en faire simplement une arme. De là le procédé du briquet, qui fut imaginé et perfectionné à la longue.

M. Bourdeau suppose, lui, que ce procédé a été le second de tous ceux employés primitivement, admettant comme procédé le plus ancien, le premier connu, le frottement prolongé d'un morceau de bois très sec contre un morceau de bois très dur, procédé aujourd'hui en usage sur plusieurs points du globe.

Vu l'observation, la réflexion, les recherches et la patience que suppose cette dernière méthode, je crois que le premier homme qui sut produire instantanément du feu n'était pas assez expérimenté pour y songer, et cela d'autant plus que, en dehors d'une recherche positive du pouvoir de déterminer la combustion, on ne voit pas une autre circonstance de nature à porter l'homme primitif à passer peut-être une demi-heure, un quart d'heure au moins, à frotter l'un contre l'autre deux morceaux de bois d'où auraient jailli, par hasard, des étincelles.

Je pense donc qu'on est plus fondé à croire que l'être humain est arrivé à déterminer lui-même la combustion, sans le vouloir précisément, et qu'il l'a déterminée dans une circonstance et à un moment où le temps nécessaire se trouvait réalisé dans le travail même qu'il exécutait, c'est-à-dire la taille de la pierre. Notre manière de voir, d'ailleurs, s'accorde avec ce que l'archéologie appelle les âges de la période anté-historique : l'âge de pierre, époque où l'homme ne se servait que d'ustensiles et d'armes en silex ou en pétrosilex ; l'âge de bronze, où les instruments en bronze avaient remplacé les grossiers instruments en pierre; l'âge de fer, où l'usage de ce métal se substitue à celui du bronze. Dans l'âge de pierre lui-même, qui est le plus ancien, on trouve l'âge de la pierre taillée d'abord, ensuite celui de la pierre polie. Pour admettre l'opinion de M. Bourdeau, il faudrait établir un âge ayant précédé l'âge de pierre et qu'on nommerait l'âge de bois, période pendant laquelle l'homme aurait su, non pas se servir d'un bâton pour lutter contre les fauves, mais travailler le bois comme il a travaillé la pierre. M. Jacolliot a, il est vrai, proposé de reconnaître cet âge sous le nom de l'*âge des forêts*, époque où, dit-il, les forêts suffirent à la satisfaction des besoins de l'homme et où il y trouva, entre autres choses, des armes dans les branches d'arbres. — Même alors — et sans retirer à la manière de voir de cet écrivain une parcelle de sa valeur — il faudrait admettre aussi que l'homme savait transformer le bois en outils, en scie, par exemple, pour scier le bois, et qu'il le pouvait par le seul secours du bois. Dans ce cas, il eût été possible à l'être humain, sciant du bois avec du bois, d'en faire jaillir, à la longue, des étincelles et, du même coup, de déterminer, par hasard, la combustion. En a-t-il été ainsi? — Personne ne le sait, tandis que chacun est à même de constater que l'homme primitif a travaillé la pierre et que celle-ci, de tout temps, laisse échapper des étincelles, étant heurté contre certaines matières dures.

D'autre part, l'opinion de M. J. Deniker, exprimée dans *La Grande Encyclopédie*, au mot feu, est que ces deux procédés ont paru en même temps.

Au demeurant, ce qu'il importe ici d'observer, c'est la conquête faite par l'homme du pouvoir de produire à volonté et instantanément du feu.

Cette conquête fut aussi celle de la lumière voulue et instantanément produite, car, comme dit avec justesse M. Bourdeau, « les deux effets résultent du même principe d'action ».

Désormais, l'homme était capable de s'éclairer ; et, avec les progrès accomplis dans la recherche et la découverte des substances les plus propres à l'éclairage, il a, depuis, obtenu des résultats et des avantages que ne donnent ni la lumière du soleil ni la lueur d'un brasier.

Avec M. Bourdeau, nous dirons encore : « Nul trait ne marque plus nettement le point de départ de la civilisation et la limite précise où l'espèce humaine s'est détachée du monde animal. En franchissant ces pas décisifs, notre race a fait preuve de perfectibilité et, dégagée de ses langes, est entrée dans une carrière de développement sans terme assignable... La première clarté que, par une inspiration de son intelligence, l'homme parvint à faire jaillir du sein de la nuit, clot l'ère de l'animalité ténébreuse et inaugure le règne de l'esprit dans le monde. C'est le jour de la raison qui se lève. »

Eau. — Après la chaleur et la lumière du soleil, l'eau est le second agent naturel que l'être humain a su subordonner à ses besoins. — Cet élément est un de ceux qui se trouvent soumis à une très grande mobilité et qui, dans cet état, offre une constance remarquable.

Tantôt il se montre à nous sous la forme d'une bande plus ou moins large, enserrée entre deux portions de terrains et circulant, tranquille, selon la déclivité du sol, présentant l'aspect, pour me servir du mot de Pascal, d'un chemin qui marche. Tantôt, escaladant une multitude d'obstacles et produisant un grondement terrifiant, il se précipite d'un sommet situé à plusieurs pieds du sol et tombe en bouillonnant, avec un fracas qui dénote la chute d'un poids considérable. Parfois, enfin, il nous laisse voir une nappe à étendue infinie, dont la surface, la plupart du temps, se soulevant peu à peu, entre finalement dans des convulsions étranges et enfante, par millions à la fois, des monstres épouvantables, nés vieillards à la tête blanchie, mais pleins d'une fougue indomptable et faisant des bonds impétueux, plus rapides que les plus rapides coursiers. On dirait autant de bataillons se succédant sans cesse, lancés à l'assaut du continent qu'ils ont reçu mission de démolir, afin d'étendre un empire. Tous ces mouvements intermittents ou continus, réguliers ou accidentels, et accompagnés de bruits sourds ou retentissants, ne sont que la manifestation d'une puissance qui, au début, a effrayé l'homme et s'est ensuite révélée à lui comme un auxiliaire inappréciable.

En effet, du jour où il était parvenu à se rendre un compte assez exact de cette mobilité des cours d'eau et.de l'océan, l'esprit humain y avait reconnu une force précieuse qu'il fallait utiliser.

Ce fut l'eau des fleuves et des rivières qu'il commença par mettre à profit. Considérons-la d'abord de 1° à 30° au-dessus de zéro, température à laquelle on la trouve dans les usages les plus fréquents. De 10° à 12°, où elle réunit tous les .caractères d'une excellente boisson, l'eau douce s'impose comme une condition impérieuse de la vie de l'organisme humain. En outre, élément éminemment efficace contre les inconvénients de la chaleur, sa vertu rafraîchissante est une ressource indispensable aux habitants des pays chauds et nécessaire pour ceux qui occupent les régions du globe soumises aux vicissitudes presque extrêmes des saisons. Du sud au centre de l'Europe, les bains froids sont très désirés dans le fort de l'été. Cependant, lorsque l'ardeur du jour, sous les tropiques surtout, dépasse une certaine limite, la température même de l'eau atteint un tel degré d'élévation que son action sur la chaleur atmosphérique devient pour ainsi dire nulle. En cette occurence, après avoir exploité les sources de chaleur, l'homme devait chercher celles où il était possible de rencontrer la fraîcheur. En conséquence, il eut recours de bonne heure aux régions situées à proximité des hautes montagnes au sommet desquelles. transformée en glaciers, l'eau se conserve, pendant l'été, sous cette forme solide, jusqu'au retour de la saison froide.

Il faut remonter au temps d'Hippocrate pour trouver, d'une façon certaine, l'application de la glace à des besoins de l'homme. On s'en servait alors pour rafraîchir plutôt les boissons.

Mais ici encore, l'être humain, amené à constater l'insuffisance de la nature, dut s'appliquer à y suppléer, ainsi qu'il l'avait fait pour la chaleur et la lumière du soleil et pour celles de son feu primitif. — Aujourd'hui, par des procédés ingénieux, il peut congeler de l'eau à n'importe quelle saison, sous quelque climat que ce soit, et obtenir même une température bien au-dessous de la plus basse jusqu'ici constatée au sein de la nature brute. Ainsi, à Yarkoust, en Sibérie, le froid descend, au plus, à 58°; à Verkoïask, Wild, à 63°. — Or, M. Wroblewski, d'après une communication faite en 1884, à l'Académie des Sciences de Paris, a pu produire une température de 186°.

En dehors de l'emploi de la glace comme anticalorique pour le corps, elle sert à la conservation de certains aliments, entre autres la viande. Elle peut également concourir à la guérison des blessures et combat énergiquement un bon nombre d'affections corporelles. A cette heure, sous les zones les plus chaudes du globe, en Afrique, en Amérique, en Asie, en Océanie, la glace, en plein été, est d'un emploi journalier dans les grandes villes.

D'autre part, nous avons vu que la coction par le feu a permis à l'homme de faire des aliments de beaucoup de substances que, sans cela, il ne pourrait manger. Dès l'abord, il ne sait utiliser, à cette fin, que le charbon ardent. Mais quelques-unes de ces substances ne peuvent point subir la cuisson nécessaire, étant placées sur le charbon allumé. — Or, la température de l'eau étant susceptible d'être élevée à un degré suffisant à déterminer cette cuisson, l'homme sut en user pour faire cuire la plupart de ses aliments.

Il y a plus. Chauffée, l'eau satisfait à mille autres besoins. D'une façon générale, les liquides, à cause de leur mobilité moléculaire, se mettent, mieux que les solides, en état d'équilibre et servent, pour cette raison, de puissants véhicules de chaleur. Ayant reconnu cette vertu des liquides, l'homme s'empressa d'employer l'eau, en élevant sa température, à combattre le froid, après s'en être servi, à une température basse, contre la chaleur. — C'est dans le but d'exploiter le principe calorifique de l'eau que le thermosiphon a été imaginé. Des quartiers entiers, dans plusieurs villes des Etats-Unis de l'Amérique du Nord, sont maintenant chauffés à l'aide de cet appareil.

Par la subordination de l'eau, l'être humain est donc arrivé à vaincre à la fois la chaleur et le froid et à sauvegarder sa santé.

Disons à présent un mot de l'application de cet agent aux pratiques industrielles.

Nous voyons d'abord l'homme réussir, par son secours, à surmonter cette première conséquence de la chaleur : la sécheresse.

Voici, par exemple, un terrain qui semble propre à la culture, car une belle végétation sauvage y pousse à merveille.

Celle-ci est détruite, et le sol, remué, humecté par la pluie, reçoit des semences et bientôt se couvre d'une plantation resplendissante de verdure, grâce à la clémence de la saison. Peu après, toute cette nouvelle et riche végétation menace de disparaître sous les feux brûlants du soleil, qui vient durcir la terre. Pour sauver la moisson, en combattant la sécheresse, il convient d'avoir, durant tout le jour, de l'eau fraîche en abondance. Mais n'ayez crainte. Longtemps déjà, l'expérience et la prévoyance ont conseillé de profiter de la fluidité du liquide élément pour, au moyen de quelques artifices de nivellement, l'obliger à changer sa marche et à couler précisément dans la direction de cette plantation où on le savait indispensable. A la faveur de l'eau ainsi captée, le soleil ne tuera pas les végétaux utiles cultivés pour l'alimentation et d'autres besoins de l'homme.

Nous savons que l'être humain, depuis un laps de temps, est accoutumé à se tenir, à s'étendre dans l'onde vive d'une rivière ou d'un fleuve pour rafraîchir son corps énervé par la transpiration. Tandis qu'il se livrait à cette immersion salutaire, il apprit qu'il pouvait, tranquillement assis sur le tronc d'un arbre déraciné, se laisser aller au gré du courant. Les cours d'eau devinrent dès lors pour lui un instrument de locomotion. En premier lieu, c'est la conduite d'un radeau qu'il leur confie, mais, du même coup, la navigation sur le liquide mouvant était créée. De la rivière et du fleuve cette trouvaille fut transportée sur l'océan et perfectionnée en conséquence.

D'un autre côté, la pratique de l'art nautique n'avait pas tardé à enseigner à l'homme que l'eau, de la sorte en mouvement, recélait une force motrice bien autrement puissante que celle fournie par ses muscles. Alors, cessant de les meurtrir à se servir du pilon et du moulin à bras, il fabrique le moulin actionné par l'eau, sous l'impulsion de la roue hydraulique.

Peu après, l'eau sort du moulin pour entrer dans l'usine : et désormais un progrès très notable est réalisé au profit de la conservation de l'énergie humaine. Avec beaucoup moins de dépense physique, l'homme moud son grain, broie les végétaux dont il veut extraire le jus, scie le bois, foule et feutre la laine qu'il veut transformer en tissu. Dans la fabrication du fil, c'est à l'eau que dorénavant sera laissé le soin de faire aller la *mule-jenny*. — Maintenant, l'intelligence seule, à la vérité, sentira la nécessité de quelque effort, quand il s'agira de déchiqueter et de réduire en pâte le chiffon de linge destiné à la fabrication du papier. Les ouvriers de Vulcain n'ont plus besoin de s'éreinter à soulever d'énormes marteaux pour aplatir le fer rougi à blanc, à tendre les ressorts de leurs bras pour laminer, tréfiler et actionner les souffleries : tout cela est devenu l'œuvre de la force puissante et

économique de l'eau. Enfin, grâce à la *presse* hydraulique que
Pascal a léguée à l'humanité, on comprime, sans grande peine,
des masses colossales de fourrages, de coton, de laine, de pièces
de drap et autres, et on soulève, sur les chantiers de radoub, des
navires énormes.

Prenant pour base le même principe de la pression de l'eau,
Edoux a donné le moyen de faire fonctionner l'ascenseur avec
facilité et économie.

Ainsi, l'eau, acquise aux besoins de l'homme, lui rend ces
services considérables auxquels il n'est pas nécessaire d'en
ajouter d'autres à notre disposition pour montrer son inappré-
ciabilité.

Comme a écrit M. Bourdeau, « il y a peu de travaux que, maintenant, l'industrie ne puisse faire exécuter par des cours d'eau,
partout où elle en dispose, et l'âge moderne a vu les bords des
rivières se peupler d'usines qui ont transformé leur aspect ».

De toutes les conséquences qui résultent de l'utilisation des
cours d'eau, la plus importante est certainement celle se rapportant à la force hydraulique comparée à la force physique de
l'homme.

Donnons-en une idée.

« En 1860, la France comptait 108.000 établissements mus par
l'eau, et leur force réunie représentait au moins celle de
2.000.000 d'hommes [1]. »

« Le Niagara précipite, à la cataracte du Fer-à-Cheval,
100.000.000 de tonnes d'eau par heure, d'une hauteur de 47 mètres.
Le poids d'une pareille masse liquide égale la force de
16.800.000 chevaux-vapeur [2]. Pour élever à la même hauteur le
même volume d'eau, il faudrait dépenser 266.000.000 de tonnes
de houille, ce qui est à peu près la quantité actuellement consommée dans le monde entier. La chute du Niagara suffirait donc
à faire marcher les usines, les locomotives et les steamers de tous
les peuples civilisés [3]. »

Telle est la puissance de cet élément que l'homme est parvenu,
après les recherches de plusieurs centaines d'années, à subordonner si avantageusement à des besoins si variés et si impérieux.

GAZ ATMOSPHÉRIQUES. — L'air est aussi un agent de la nature

[1] N. de BUFFON, *Traité des usines mues par l'eau.*
[2] Force correspondant à peu près à celle réunie de 92 400.000 chevaux réels.
[3] SIEMENS, *Revue scientifique* du 5 mars 1881.

dont l'être humain a su tirer des avantages d'une très grande importance.

« Considéré, dit M. Bourdeau, dans son état général d'équilibre, l'air, à raison de sa pesanteur, exerce des pressions et représente de la force. »

Mais pour utiliser cette pression et cette force, il fallait commencer par trouver le moyen d'emmagasiner l'air, ce qui a été obtenu par le physicien allemand Otto de Guéricke, grâce à la *machine pneumatique*, sorte de pompe permettant, non seulement de le recueillir, mais encore d'accroître et de diminuer à volonté la pression de l'air, selon qu'on opère sa condensation ou sa réfraction.

Expérimenté, cet appareil a donné des résultats satisfaisants dans la transmission des dépêches. Celui qui fonctionne dans les bureaux postaux de Paris, depuis 1865, lance les dépêches avec une vitesse de 1 kilomètre par minute, sous une pression de $0^m,15$ à $0^m,20$ de mercure.

C'est pareillement l'air qui, enfermé dans des tubes et refoulé par l'eau, permit de creuser les deux tunnels des Alpes, longs de 12 et de 15 kilomètres.

S'il est une autre application de la force des gaz atmosphériques qui mérite l'attention, c'est bien celle réalisée dans l'invention du siphon. Voici en quoi elle réside.

Il y a longtemps que la physique a reconnu que le poids de l'atmosphère, égalant celui d'une colonne de mercure de 76 centimètres de hauteur, met en mouvement un liquide qu'on soustrait par place à sa pression. Tel est le principe sur lequel est basé le siphon, appareil consistant en un tube recourbé de manière à présenter deux branches de longueur inégale. En vertu de notre principe, si l'on place l'extrémité de la branche la plus courte dans un récipient contenant un liquide et que, par l'extrémité de l'autre branche tournée vers le bas, on aspire, le liquide, passant dans la première branche, s'introduira dans la seconde, sous la pression exercée sur sa surface par le poids de l'air extérieur. Un pareil instrument ne pouvait manquer de rendre de grands services. C'est ainsi que nous le voyons employé à détourner l'eau des rivières, à exécuter certains travaux hydrauliques exigeant le déplacement de l'eau, à transvaser des liquides, à remplir des bouteilles d'eaux gazeuses, enfin, à mille autres usages qu'il est superflu d'énumérer ici.

D'autre part, l'expérience a démontré que l'air chaud, à volume égal, est moitié moins lourd que l'air froid. Si donc on introduit à l'intérieur d'un globe une quantité d'air chaud dont le poids, joint à celui du contenant, ne surpasse pas le poids de l'air ambiant ou atmosphérique, ce globe, laissé libre, s'élèvera dans les nues, sous l'application de cette loi, découverte par Archimède, que tout corps plongé dans un fluide éprouve de bas en haut une poussée égale au poids du fluide qu'il déplace. Partant de là, les frères Montgolfier, après avoir introduit de l'air chaud dans un globe de papier verni ou de taffetas, au moyen d'une petite ouverture ménagée à sa partie inférieure, parvinrent, le 5 juin 1783, à le faire s'élever dans l'air, et jetèrent ainsi, par l'invention de l'aérostat, les bases de la navigation aérienne.

Quelques mois après — la chimie avait déjà bien fait connaître les propriétés de l'hydrogène — un professeur de physique, du nom de Charles, eut l'ingénieuse inspiration de remplacer l'air chaud par l'hydrogène, qui, tout en permettant également l'ascension, était reconnu avoir sur l'air l'avantage d'être plus économique, plus durable et d'offrir plus de sécurité.

En effet, pour obtenir et entretenir l'air chaud, une dépense de combustible était indispensable, et la quantité de substances à dépenser, dont il était possible de se munir, déterminait seule la durée de l'ascension. Or, pour voir que cette quantité n'était pas bien grande, il suffit de se rappeler que c'est la nacelle, panier en fil de métal, qui devait à la fois la contenir et porter l'aéronaute. De plus, on était ici obligé, afin d'alléger d'autant le ballon, d'employer comme combustible de la paille hachée ou une éponge imbibée d'alcool. De tels éléments n'exposaient pas peu la vie du voyageur, déjà assez compromise par le seul fait de s'aventurer dans cette immensité si féconde en commotions atmosphériques.

Tout autres sont les conditions de l'hydrogène, qui, isolé de l'oxygène, est quatorze fois et demie plus léger que l'air froid, partant, sept fois et plus que l'air chaud lui-même. En outre, introduit dans le ballon avant le départ et en masse suffisante, on n'a qu'à intercepter toute issue à l'hydrogène pour qu'il y dure beaucoup plus longtemps que l'air chaud. L'hydrogène, par conséquent, devait être préféré, surtout en raison de son poids, qui procure une force ascensionnelle plus grande.

Cela établi avec certitude, il restait quelque chose à trouver : l'instrument capable de fournir la masse de gaz nécessaire à remplir un globe donné. A cet effet, le savant professeur imagina un appareil à fabriquer de l'hydrogène, et un plein succès couronna le premier essai qu'on en fit.

Au perfectionnement résultant de l'appropriation de l'hydrogène, le physicien en ajouta d'autres, dont les plus importants sont l'emploi d'une étoffe de soie enduite d'un verni la rendant imperméable, l'usage de *lest* permettant d'alléger le poids de l'aérostat, à mesure qu'on en jette, pour s'élever davantage, enfin, l'invention de la soupape placée au sommet du ballon, destinée à faciliter, mue par une corde, l'évacuation partielle de l'hydrogène quand on veut, diminuant ainsi son volume, faire descendre le ballon.

A partir de ce moment, on pouvait dire que *l'art aérostatique* était créé, et la conquête, par l'homme, de l'espace éthéré définitivement inaugurée.

Dès que le maniement de l'aérostat devint assez facile, ce nouvel instrument de locomotion passa du domaine privé dans celui de l'État.

C'est à dater de l'année 1794 qu'on le voit figurer dans les opérations militaires, particulièrement à la bataille de Fleurus, où le Français Coutelle, mis en observation, put, pendant huit heures, fournir des renseignements sur les manœuvres des Autrichiens qui assiégaient cette ville.

Aujourd'hui, le ballon militaire, captif ou libre, est regardé comme une acquisition importante pour les opérations d'une armée en campagne. Aussi, fait-on de constants efforts, afin d'y apporter les progrès désirables et possibles. A cet effet, les principaux États de l'Europe, entrés dans la voie tracée par la grande République étoilée de l'Amérique, ont créé, pour leurs corps d'armée, un service d'aérostation. L'armée française possède un parc affecté à cela, près Paris, à Meudon. Une Commission établie en Allemagne, dans le même but, travaille activement depuis plusieurs années. Elle a inauguré ses études et essais en 1876.

L'Angleterre a son service d'aérostation militaire à Woolwich. La Russie a déjà commencé une organisation semblable. Enfin, l'Autriche s'est livrée assez récemment à des études tendant aux mêmes fins.

En présence d'un tel mouvement, que de plus en plus viennent éclairer les lumières de la science, on peut prévoir un brillant avenir pour la navigation aérienne.

Mais il est un vœu que doit former ici toute âme généreuse et rangée sous le drapeau de l'humanité. Ce vœu est que ces progrès réalisés et à accomplir ne servent qu'au bien de la paix et au bonheur de l'espèce humaine !

A part ces applications de la force des gaz atmosphériques, il y a à signaler, en outre, les services que rend la pression de l'air dans l'usage des pompes qui permettent d'élever l'eau jusqu'à une certaine hauteur. Ces pompes sont maintenant répandues par tout le monde.

Beaucoup de machines actionnées également par l'air ont été inventées pour des besoins divers. Ainsi, outre celle, basée sur le système de la machine pneumatique, au moyen de laquelle on met en mouvement des horloges du genre de celles qu'on voit sur tout le parcours des grands boulevards de Paris, il existe d'autres machines utilisées dans la fondation des piles de pont, dans l'aérage des galeries de mines profondes, des scaphandres, des cloches à plongeurs, etc.

La vertu dynamique de l'air est donc déjà, pour l'homme, une force d'une puissance considérable.

Vent. — Cependant son emploi ne se borne pas aux seules applications que nous venons de voir. Se manifestant aussi sous une forme que nous appelons *vent*, l'air devient un moteur très énergique.

« Mieux encore que l'eau, l'air, dit M. Bourdeau, est un type de mobilité, parce que ses molécules, au lieu d'être liées par une demi-cohésion, sont indépendantes et portées à se repousser élastiquement. L'océan gazeux qui nous entoure constitue l'agent le plus actif de mouvement dans la nature et comme le moteur principal de la mécanique du globe... C'est encore lui qui, sur les plages, soulève les vagues. »

Ce qu'on est convenu d'appeler vent n'est donc autre chose que la résultante des poussées élastiques que se donnent les molécules de l'air, poussées qui provoquent certains mouvements chez divers corps de la nature.

Mais quelles sont les causes déterminantes de ces poussées?

Ce sont, tantôt les différences de densité que présentent des points opposés de l'atmosphère, par suite de l'échauffement inégal, par les rayons solaires, des points correspondants de la surface de notre planète; tantôt la condensation des vapeurs atmosphériques; tantôt les commotions électriques se produisant dans les moments d'orage; tantôt, enfin, le déplacement des molécules de l'air, sous l'influence de la rotation du globe terrestre.

De plus, il importe de faire observer que les deux gaz principaux qui entrent dans la composition de l'atmosphère sont doués de certaines vertus. L'azote a celle, par exemple, d'éteindre les corps en combustion, et l'oxygène, au contraire, celle de déterminer ou d'activer la combustion. Aussi ce dernier s'appela-t-il autrefois *air de feu*.

« Comme le phénomène de la combustion se réduit, dit M. Bourdeau, à une oxydation des combustibles, il exige, pour s'accomplir, une quantité déterminée d'oxygène qui peut être fournie par l'air ambiant, si le foyer est ouvert, ou doit, s'il est clos, y être projetée. Sa durée et, conséquemment, son intensité dépendent de la vitesse avec laquelle l'air se renouvelle autour du corps qui brûle. »

Lorsque donc l'air en déplacement, autrement dit le vent, se trouve en contact avec certaines substances en feu, l'oxygène qu'il y apporte active la combustion. Il y avait, par conséquent, un avantage précieux à tirer de l'agitation de l'air, pour quelques-uns des travaux dans lesquels est employé le feu, pour ceux où il est nécessaire d'activer à volonté la combustion.

C'est en vue de profiter de cette propriété du vent qu'on a imaginé de mettre certains foyers en relation avec l'air atmosphérique, au moyen de conduits par lesquels le vent descend jusqu'à ces foyers. Un ressort se fermant, s'entr'ouvrant ou s'ouvrant, appliqué à ces conduits, permet d'avoir plus ou moins juste la quantité de souffle qu'on désire. De sorte que, grâce au vent, l'homme peut facilement se procurer un feu plus ou moins fort, une chaleur plus ou moins vive et une clarté plus ou moins intense.

Par le vent, l'être humain peut encore combattre assez efficacement l'ardeur de l'atmosphère, car le vent possède la vertu de tempérer les chaleurs atmosphériques, en déterminant ce qu'on appelle la fraîcheur, principalement dans les lieux à l'abri des rayons solaires, à l'ombre, comme on dit. Dans ce but, on se sert également de conduits destinés à mettre l'intérieur des habitations en communication avec l'air atmosphérique.

D'autre part, le déplacement des masses moléculaires aériennes engendre une véritable force dont l'intensité varie avec la vitesse que ces masses mettent à parcourir l'espace, l'impulsion une fois reçue.

« Le vent moyen parcourt 7 mètres par seconde. Il devient fort à 15 mètres; impétueux, à 20. Quand il arrive à 27, il souffle en tempête, et, à 36, en ouragan. A la vitesse de 15 mètres par seconde, il ne connaît plus d'obstacles, brise les arbres et renverse les monuments [1]. »

De là la terreur qu'il inspire à l'homme primitif, qui y voit un être supérieur, et les justes craintes qu'il fait naître chez l'homme civilisé, qui espère arriver un jour à trouver le moyen d'annihiler ses effets désastreux.

D'un autre côté, le vent suit, le plus ordinairement, la direction horizontale. Sa force alors pousse tous les corps mobiles qu'elle rencontre, dans cette direction qui est toujours celle que suit l'homme, quand il se transporte sur l'eau.

« La civilisation ne pouvait manquer d'exploiter cette force qui s'offre à elle en tous lieux et presqu'en tout temps. Il y avait là des conquêtes dynamiques à tenter [2]. »

L'esprit humain le comprit de bonne heure, je crois.

« L'avantage d'être porté par le courant, quand on le suivait, était, continue M. Bourdeau, compensé par l'inconvénient d'avoir à lutter contre lui à la remonte ou même à la traversée, et cette force, dont la direction est invariable, ne servait qu'en un sens, alors qu'il fallait pouvoir aller et venir en tous. La navigation a donc été obligée de chercher ailleurs que dans le cours d'eau la puissance impulsive nécessaire pour assurer la liberté de ses mouvements. »

D'où la subordination du vent d'abord, après celle des cours d'eau et de l'océan.

« Après avoir, dit plus loin M. Bourdeau, constaté l'action du moteur aérien sur les corps flottants, on apprit à l'utiliser au moyen de surfaces mobiles, aisées à étendre ou à resserrer, et la *voile* fut inventée. Dès lors, le navigateur, dispensé de ramer, put se reposer sur le vent du soin de le conduire où il désirait aller. »

Et par les progrès réalisés dans l'art nautique, de l'invention de la voile à ce jour, « les navires ouvrent au vent des surfaces dont l'étendue se compte par milliers de mètres carrés, puissant levier grâce auquel ils fendent les eaux avec une aisance et une rapidité merveilleuses. »

Désormais, l'homme n'a qu'à dire : *Lève l'ancre !* — Et, selon la force du vent : *A toutes voiles !... Portez plein !... Louvoyez !... Arrisez !...* — pour que, sous la coque les déchirant, les ondes se

---

[1] Bourdeau.
[2] Id.

fendent, blanches d'écume. Encore quelques centaines de nœuds et on a perdu terre. Bientôt alors se fait entendre ce cri joyeux : *Terre !* suivi de ces commandements : *Barre au vent !... Arrivez !... Mouillez !... Amenez en bande !*

Et l'on est transporté d'un point du globe sur un autre, après avoir franchi une distance colossale, en faisant des centaines de milles par jour.

La navigation ayant révélé à l'homme l'efficacité du vent comme force motrice, des esprits ingénieux et pratiques ne devraient pas tarder à en chercher l'application à des fonctions industrielles, et d'autant que son emploi est plus économique que celui des cours d'eau et des combustibles.

Essayé à titre de moteur pour les moulins, l'agent aérien donna des résultats au-dessus des espérances. Mais la grande difficulté de son utilisation consistait, en la circonstance, à changer la marche rectiligne du vent en un mouvement circulaire, puisqu'il fallait lui faire suivre le déplacement rotatoire de l'arbre de la machine. Cette difficulté fut facilement vaincue par l'invention d'un système de voiles disposées en hélice. De plus, au moyen d'un pivot sur lequel est posé la cage du moulin et d'un bras de levier, les voiles peuvent toujours être tournées du côté d'où vient le vent, s'il change de direction dans le cours de l'opération de la mouture. Un perfectionnement accompli dans la suite vint permettre aux moulins de s'orienter d'eux-mêmes, de régler tout seuls leur marche et de s'arrêter, quand le vent acquiert une vitesse excessive. Le moulin à vent une fois établi dans plusieurs pays privés de cours d'eau, ou qui n'en avaient pas suffisamment, les habitants de ces pays pouvaient entreprendre la culture des céréales destinées à la production des farines ou augmenter le nombre des plantations déjà existantes. C'est ainsi que le moulin à vent est devenu le trait caractéristique des campagnes de la Hollande. L'immortel poème de *Don Quichotte de la Manche* nous dit assez combien nombreux étaient ces moulins, en Espagne, du temps de Cervantès.

La puissance de ce levier est si grande qu'on songea de bonne heure à l'utiliser dans beaucoup de travaux autrement ardus que celui de moudre les grains. Il sert de même à scier le bois, à élever l'eau, à débarrasser des terrains des masses d'eau qui les rendent improductifs ou incommodes pour l'hygiène.

En 1840, il y avait en Hollande 12.000 moulins à vent affectés à l'assèchement des terres cultivées et périodiquement envahies par les eaux pluviales, qui furent aisément refoulées dans la mer.

Grâce à ces moulins, les habitants des Pays-Bas purent aussi transformer d'immenses marécages en terres appelées *polders*, où peu après s'élevèrent de riches plantations de garance.

Enfin, pour donner une idée de la puissance de ce moteur, qu'il nous suffise de dire que, sur leur petit territoire de 32.999 kilomètres carrés et avec leur population de 4.366.100 âmes, les Hollandais possèdent 25.000 moulins à vent qui, dans la force productive générale du pays, entrent pour un contingent égal à la force réunie de 1.200.000 ouvriers.

À part les avantages ci-dessus, rappellerons-nous celui que l'homme tire du vent, pour la navigation aérienne ?

On sait, en effet, que plus fort est le vent, plus rapide est la vitesse des ballons. Aussi les derniers modèles sont-ils munis de voiles. Mais ici la plus étonnante comme la plus intelligente application de la vertu propulsive du vent réside dans cet appareil locomoteur appelé aéroplane, dû aux savantes combinaisons de l'aéronaute allemand Otto Lilienthal. Avec cet instrument — dont il ne nous est malheureusement pas possible de donner la description, faute de renseignements exacts — l'inventeur « a réussi, dit un écrivain, à franchir dans les airs des distances relativement importantes, s'élevant parfois à des hauteurs assez grandes, et parvenant à diriger avec précision sa marche dans l'espace. M. Lilienthal n'emploie comme propulseur que le vent lui-même ; il se conduit comme un véritable cerf-volant, et son vol n'est que du vol plané. » — De là le nom d'aéroplane donné à cette merveilleuse invention.

Disons en terminant que l'observation et l'application des effets du vent ont appris à l'homme la manière de le produire artificiellement, suppléant ainsi, dans une certaine mesure, à l'insuffisance de la nature, qui n'est pas constamment prodigue de ce souffle. — Lorsqu'il en a besoin dans quelques circonstances, par exemple celle d'augmenter l'intensité ou la vitesse de la combustion, et qu'il en est privé, l'être humain recourt à son propre souffle, qu'il lance assez abondamment par la bouche. — Ce procédé, encore employé, est parfois remplacé par celui qui consiste à lancer son haleine au moyen d'un calumet, ce qui en empêche la dispersion et en facilite la concentration sur une surface donnée. Pour les foyers très étendus d'abord, ensuite pour ceux de la plus petite dimension qui se puissent trouver, le soufflet a été inventé et est venu permettre à l'homme de ne plus s'inquiéter du tout de l'absence totale du vent naturel, même dans les travaux les plus considérables, entre autres ceux des hauts fourneaux.

Enfin, n'oublions pas que la femme sait s'éventer avec son mouchoir et, plus encore, son éventail, qui, tout en produisant cette douce haleine garantissant son minois dont la chaleur menace d'altérer la fraîcheur, caressent son odorat en l'encensant de l'arome exquis qui les imprègne souvent pour le bonheur, mais aussi, hélas! pour le malheur de l'homme qu'il grise, enivre et jette, haletant, fou, stupide, aux pieds de celle qui l'a ravi.

Un coup d'éventail parfumé a perdu le day d'Alger et donné l'Algérie à la France.

Tels sont les principaux avantages que l'espèce humaine a su tirer de la subordination du vent.

Vapeur. — Cette force, conquise et utilisée, n'était cependant pas tout ce que l'homme pouvait rêver de meilleur, car son application est, en somme, assez restreinte, et le vent lui-même n'est pas d'une régularité suffisante à répondre aux conceptions que chaque jour enfantait le cerveau humain, dont l'activité créait chaque jour aussi des besoins nouveaux. La découverte d'une autre force était nécessaire, d'une autre force capable de procurer à l'homme le loisir de satisfaire les exigences de sa perfectibilité depuis longtemps affirmée. Ce qu'il fallait principalement à la force nouvelle, pour être considérée comme un progrès sur celles déjà connues, c'était de ne pas avoir leurs inconvénients, plutôt d'en avoir moins, tout en réunissant leurs avantages à toutes. D'ailleurs, les améliorations accomplies jusqu'alors dans les conditions générales de l'existence avaient amplement préparé l'esprit humain à la recherche et à la découverte d'un tel levier. Enfin, après de longues observations et des expériences réitérées, le monde s'était vu doté de la vapeur.

Si l'on tient compte de l'emploi journalier que, depuis un temps immémorial et en maintes occasions, l'homme faisait de la chaleur et de l'eau, éléments générateurs de la vapeur, on dira que la découverte de celle-ci comme moteur était inévitable.

« Envisagée dans ses effets dynamiques, la réduction de l'eau en vapeur sous l'influence du feu développe, par suite d'un changement d'état physique, une force considérable sous forme de gaz élastique [1]. »

[1] Bourdeau.

C'est ce que, on ne peut dire vers qu'elle époque, avaient fort bien indiqué les mouvements, par exemple, du couvercle d'une marmite contenant de l'eau qui bout. Quel observateur eut le premier l'idée d'expliquer scientifiquement ce phénomène ? — Nul ne le sait. — Ce qui est certain, c'est que Salomon de Caus, ingénieur français, conçut, dès 1615, la pensée d'utiliser la vapeur d'eau comme force motrice. Mais, pratiquement, pouvait-on obtenir dans ce sens un résultat satisfaisant ? — Oui, car, continue M. Bourdeau, « l'eau, vaporisée à 100°, occupe 1.700 fois plus de volume que liquide à la température de 4°,1, où est son maximum de densité... Alors qu'à la température normale d'ébullition, 100°, la pression est seulement de 1^k,033 par centimètre carré, elle arrive à 10^k,33 à 181°,6, et atteint 1.033 kilogrammes, à 516°,76. — A ce degré, qu'on peut encore dépasser, la force de dilatation de la vapeur ne trouverait guère d'obstacle dans la nature [1]. »

Donc, une pareille force, soit pour la célérité, soit comme vertu propulsive, ne pouvait être négligée, d'autant qu'elle est facile à emmagasiner et à diriger, se pliant ainsi aux fonctions les plus variées.

Les propriétés de la vapeur connues, restait à doter l'activité de l'homme des instruments propres à lui permettre d'en tirer profit, ce à quoi des esprits supérieurs se mirent à penser. — Alors parurent bientôt « des appareils avec ou sans condenseur, à détente ou sans détente, à basse ou à haute pression, avec ou sans balancier, horizontaux ou verticaux, rotatoires, oscillants, etc., de manière à obtenir dans des conditions données tous les degrés voulus de puisssance ou de vitesse... Ce sont des contrefaçons d'êtres animés, capables d'imposer à des substances inertes un fonctionnement régulier. Leur ossature de fer, leurs organes d'acier, leurs muscles de cuir, leur âme de feu, le souffle haletant de vapeur ou de fumée, le rythme de leurs mouvements, parfois même leurs cris stridents ou plaintifs, qui expriment l'effort et simulent la douleur, tout contribue à leur donner une animation fantastique, fantôme et rêve d'une vie inorganique [2]. »

Après tous ces heureux résultats, l'heure des grandes applications ne tarda pas à sonner ; et, depuis longues années, des machines mues par la vapeur, « sous nos ordres, étreignent la matière entre leurs bras puissants, la brisent, la broient, la pétrissent, la façonnent et la transforment au gré de nos désirs ».

[1] BOURDEAU.
[2] BOURDEAU.

Bien avant cette dernière découverte, l'homme savait exploiter les mines diverses que la terre recèle dans ses entrailles ; des montagnes de minerais déjà s'étaient écroulées sous ses efforts. Mais à mesure qu'il entrait plus avant dans l'intérieur du globe, des masses d'eau envahissaient les trous énormes et béants qu'il y pratiquait, menaçant de l'engloutir. Aussitôt parut en Angleterre, vers la fin du xviie siècle, une machine à vapeur qui — en lieu et place des équipes de cinq cents chevaux attelés à des manèges, et dont on se servait pour tirer, à grands frais, des seaux descendus dans les mines de houille — permet aujourd'hui d'enlever ces eaux avec économie et plus de facilité. Cette machine, dont on doit l'invention à Samuel Morland, perfectionnée par Savery, sous le nom de *Fire engine*, fut rendue plus parfaite encore, en 1705, par le serrurier Newcommen, qui l'appela *Machine atmosphérique*. Dans la suite, elle subit beaucoup de modifications, qu'y apportèrent les progrès de la science mécanique et sous la main habile, entre autres, de l'Écossais Watt. Elles ont été telles que l'appareil a pu être employé au desséchement des marais et à l'épuisement des eaux de grands lacs. C'est par lui que les Hollandais parvinrent, de 1848 à 1853, à supprimer le lac de Harlem, qui couvrait 18.000 hectares entre cette ville, Amsterdam et Leyde.

A côté de cette machine est à mentionner la *pompe à vapeur* de MM. Perrier frères, construite en 1781 et perfectionnée en 1852. C'est elle qui, élevant l'eau d'un bassin en communication avec la Seine, permet de distribuer cette eau dans plusieurs quartiers de Paris.

De nos jours, c'est par millions qu'on compte les variétés d'instruments qui, mis en mouvement par la vapeur, accomplissent les travaux que l'homme veut exécuter.

Dans les usines d'abord, la vapeur a, depuis longtemps, remplacé l'eau, soit pour broyer les minerais, battre, étirer, laminer les métaux, soit pour les forger, les couper, les tréfiler, les réduire en barres, plaques, feuilles et fils de dimensions diverses, après avoir elle-même mis en mouvement des souffleries gigantesques. Tout cela est exécuté par la vapeur actionnant des mécanismes ingénieux auxquels l'homme confie, son intelligence dirigeant, depuis les travaux préparatoires jusqu'à ceux destinés à porter la dernière perfection à toutes les œuvres métalliques sorties de ces établissements.

« A raison de ses avantages comme puissance et rapidité d'effets, la vapeur convenait à merveille aux besoins de la locomotion et devait, enfin, procurer à l'homme, si longtemps captif dans l'étendue, le libre parcours sur la surface du globe. »

Avant d'arriver aux voies ferrées actuellement en usage, rappelons que, le premier, Newton eut l'idée, en 1680, d'appliquer la vapeur comme force locomotrice, en imaginant un jouet de physique consistant en une chaudière sphérique munie, à sa partie supérieure, d'un tuyau saillant placé dans la position horizontale, montée sur roues et projetant en arrière sa vapeur, sous l'action d'un foyer allumé au-dessous de la sphère. La minuscule machine avançait par un effet de recul.

Quatre-vingt-neuf ans après, en 1769, Cugnot (Nicolas-Joseph), ingénieur et mécanicien français, fabriqua sa voiture à vapeur, conservée jusqu'à ce jour, comme objet de curiosité, au Conservatoire des Arts et Métiers de Paris. L'inventeur fut suivi dans cette voie par un nommé Macerone, qui, soixante-quatre ans plus tard, 1833, fit l'essai d'une voiture automobile pouvant parcourir à l'heure six à huit lieues. — Déjà deux mécaniciens anglais, Trevithick et Vivian, avaient, en 1802, fait tirer une voiture de charbon, dans le pays de Galles, par une locomotive, quand, aidé de cette invention, Stephenson, en 1829, fabriqua sa locomotive appelée *La Fusée*. « Dès lors, la grande industrie des chemins de fer était née, et, en moins d'un demi-siècle, elle a pris de prodigieux développements. »

Nul n'ignore qu'à cette heure le monde civilisé doit aux chemins de fer une part considérable de la grande somme de bien-être tant matériel que moral dont il jouit.

Cependant, la première invention qui permit d'éprouver avec succès la puissance de la vapeur, comme agent de locomotion pratique, est loin d'être celle où l'utilisation de cette force a acquis le plus de développement. Il y a là une circonstance qui met bien en relief ce fait que la réussite complète d'une entreprise industrielle dépend avant tout des améliorations économiques qu'elle procure, améliorations pouvant satisfaire les besoins les plus urgents et les plus généraux de la société. En effet, tandis que les chemins de fer occupent depuis longtemps une des places prépondérantes parmi tous les leviers mis au service de la civilisation, ce ne fut que cent six ans après son invention (1769-1875) que la voiture à vapeur commença seulement à se montrer aux regards de la foule ébahie, avec l'apparition du véhicule de M. Bollée. Comment! une voiture qui marche sans chevaux! — Est-il possible!

— En 1884, M. de Dion faisait à son tour circuler la sienne dans Paris, en même temps que M. Serpollet y exhibait son élégant phaéton, et M. Peugeot, sa voiture à pétrole. Depuis, ces véhicules, devenus assez communs, ne fournissent plus un sujet d'attroupement aux gens avides de connaître, ni même à la troupe des badauds de Paris, toujours présente et compacte partout.

Dans un concours organisé, en juillet 1894, par l'Administration du *Petit Journal*, on vit s'aligner, à titre de concurrents, quinze fabricants, au nombre desquels il faut signaler MM. Peugeot, Panhard, Levassor, qui se partagèrent le premier prix, et de Dion, qui eut le second.

Par ces deux genres de véhicules, les voitures et les chemins de fer, auxquels nous ajouterons quelques tramways, la vapeur rend à l'humanité des services inappréciables dans la locomotion sur terre.

Mais « c'est dans son application aux transports par eau que la machine à vapeur devait réaliser ses dispositifs les plus puissants et les plus parfaits. Il y avait, pour la navigation, un avantage énorme à se soustraire, par l'emploi d'un moteur facultatif, au supplice de la rame ou au caprice du vent. »

La vapeur, après avoir servi à tordre l'énorme câble destiné à retenir le vaisseau à l'ancre, va lancer sur les flots impétueux la demeure ambulante elle-même.

C'est à un nommé Blasco de Garay qu'on fait remonter, en 1545, le premier exemple de l'usage d'une machine à vapeur pour la marche d'un bateau. On n'a aucun document établissant l'exactitude de cette assertion ; et c'est à l'année 1707 qu'il faut aller, si l'on désire savoir les tentatives historiques. La plus ancienne revient à Papin, dont tout le monde connaît le succès, avec son bateau *La Fulda*. — Après les siennes, on eut les expériences d'un inventeur français, Périer, qui construisit à Paris, en 1775, un bateau mû par la vapeur, ayant ainsi ouvert la voie au marquis de Jouffroy, dont le pyroscaphe marcha sur le Doubs, en 1776, et sur la Saône, en 1780.

Enfin, Fulton vint. — Comme tous ceux qui suivent la trace de leurs devanciers, sans oublier que l'être humain est essentiellement perfectible, le grand mécanicien américain fut plus heureux que ses prédécesseurs, quoique leur étant redevable de son triomphe.

Au début, il fut incompris et mal accueilli en Europe, surtout par l'*Empereur*, qui semblait traiter de folie toute entreprise ne lui paraissant pas avoir pour effet immédiat de renverser les trônes qu'il ambitionnait de piétiner et de noyer les peuples dans le sang. — Arrivé en Amérique, Fulton lança sur l'East-River, à New-York, en 1807, *Le Clermont*, qui le transporta à Albany. — De 1811 à 1812, l'invention franchit l'Atlantique, s'arrêta en Angleterre, où Bell mit sur le chantier le premier steamer qui connut ce qu'on nomme maintenant des passagers. — Finalement, inauguré en 1819 par un voyage effectué de Savannah (Géorgie) à Saint-Pétersbourg (Russie), la navigation transatlantique prit son essor, en 1840, avec l'installation définitive de la Compagnie Cunard, qui organisa un service régulier entre Liverpool et New-York.

Il est superflu de dire qu'au moment où nous écrivons ces lignes « la civilisation dispose, grâce à la vapeur, d'une liberté de mouvement, d'une facilité de transports et d'une célérité de parcours qu'aucun des âges précédents n'aurait pu prévoir ni osé rêver [1] ».

De la navigation sur l'eau, la vapeur a été transportée dans celle aérienne. Ici, la première expérience, due à M. H. Giffard, eut lieu en 1852. Son aérostat, mesurant 2.500 mètres cubes, était muni d'une machine à vapeur et filait 3 mètres par seconde. Après M. Giffard, nous citerons M. Maxim, d'Angleterre, qui a imaginé un aéroplane de dimension colossale, actionné par une chaudière à vapeur. C'est une sorte de machine volante.

S'il est une autre branche de l'activité économique des nations qui attendait la venue de ce Messie, c'est bien l'art agronomique. Les avantages qu'il a su tirer de la vapeur ne sont pas peu importants. — Depuis un laps de temps, la tâche consistant à défricher le sol avait dépassé les bornes des pouvoirs réunis de l'homme et de la bête. Aussi, la nouvelle force y a suppléé de nos jours avec un succès au-dessus de tous les résultats qu'on avait espérés. Déjà tout un matériel mécanique se trouve dans les mains du laboureur.

Le plus remarquable de ces appareils est, sans conteste, la locomobile. Elle actionne la batteuse, le hache-paille, le coupe-racines, le van, le pressoir, etc.

Dans maintes plantations des pays de l'Europe et de l'Amérique du Nord, c'est la charrue à vapeur qu'on voit actuellement fonc-

[1] Voir BOURDEAU.

tionner, traçant plusieurs sillons à la fois, œuvre que ne saurait accomplir l'antique araire lentement traîné par des bœufs ou des chevaux.

Par le secours de la vapeur, on moud aussi les grains pour la fabrication de la farine, on pétrit la pâte pour le pain, on scie le bois et les pierres, façonne l'argile, réduit les chiffons en bouillie pour faire du papier. « Adaptée par Watt au travail des industries textiles, la vapeur file et tisse toutes sortes de substances... Elle tord avec un égal succès les filaments impalpables... exécute les modes de tissages les plus divers, tricote, broche, fabrique la dentelle, les filets de pêche, etc... Beaucoup d'aliments se cuisent à la vapeur, à moins de frais que dans l'eau bouillante. — L'air surchauffé, ou *vapeur sèche*, sert à opérer la cuisson du pain dans les fours *aérothermes*, à dessécher les légumes et les viandes de conserve, à extraire des substances grasses, à carboniser le bois en vases clos, etc. »

Appropriée à beaucoup d'autres travaux, la vapeur n'a pas donné des résultats moins satisfaisants. Par elle, on fait fonctionner des dragues, des excavateurs, des rouleaux compresseurs pour le nivellement des voies publiques. Enfin, il faut mentionner sa grande utilisation dans la mise en mouvement des pompes à incendie, qui, après avoir reçu le jour en Amérique, en 1841, se sont répandues dans toutes les villes importantes du monde civilisé. N'oublions pas non plus de dire que la vapeur sert également dans l'imprimerie, dans la gravure et dans l'apposition des dessins coloriés sur les tissus comme sur les papiers de tinturerie.

Ainsi, cette force réalise tous les avantages dont nous avons parlé au début ; et ce qu'elle présente surtout de remarquable, c'est la grande étendue de son application. Mais, afin de donner une idée plus complète des services immenses qu'elle rend à l'humanité, il nous faut comparer sa puissance avec la puissance physique de l'homme, de même que nous l'avons fait quand il s'est agi de l'eau et du vent.

« En 1849, une statistique parlementaire dénombrait dans la Grande-Bretagne 108.113 machines fixes, dont le travail équivalait à celui de 30.000.000 d'hommes, chiffre que n'atteignait pas alors sa population réelle... En 1860, on estimait que la production des machines industrielles dans la Grande-Bretagne représentait le travail de 1.200.000.000 (un milliard deux cent millions) d'ouvriers, c'est-à-dire beaucoup plus que l'humanité actuelle (comprenant environ 1 milliard quatre cent millions d'êtres) ne pourrait fournir de main-d'œuvre, défalcation faite des non-valeurs [1]. »

« Une locomotive, conduite par un mécanicien et un chauffeur, traîne un poids utile de 300.000 kilogrammes, à la distance moyenne de 150 kilomètres en un jour. Le même travail, exécuté par des hommes (à raison de 700 kilogrammes, transporté sur un sol uni à 1.000 mètres de distance en un jour) exigerait 64.000 porteurs. Les 20.000 locomotives que comptait l'Europe en 1869 remplaçaient donc 1.280.000.000 (1 milliard deux cent quatre-vingt millions) d'hommes [2]. »

« Une *mule-jenny*, dirigée par un ouvrier, fait le travail de 500 bonnes fileuses du siècle passé, et, en 1867, on calculait que, si tout le coton filé dans la Grande-Bretagne avait dû l'être à la main, il n'aurait pas exigé moins de 91.000.000 d'ouvriers [3]. »

L'application de la vapeur au service des pompes à incendie a donné un résultat digne aussi d'attention. Ces pompes projettent, avec continuité, un jet d'eau à 66 mètres de hauteur et à 90 de distance horizontale, tandis que le jet de l'ancienne pompe à bras atteignait à peine le tiers de cette distance.

Enfin, au point de vue de l'économie, si nous examinons les établissements destinés à la mouture, nous verrons que, « dans les mieux aménagés, le travail automatique se règle avec une telle perfection que le grain est broyé sous la meule, la farine blutée, ensachée et pesée sans qu'il soit besoin de main-d'œuvre, et le visiteur peut parcourir un de ces établissements modèles en pleine activité sans y rencontrer un ouvrier. Comme dans les contes de fées, le travail se fait de lui-même et n'exige qu'une surveillance intermittente [4]. »

Après avoir parlé des machines de l'Angleterre, M. Bourdeau ajoute : « Des progrès analogues accomplis dans toutes les contrées industrielles expliquent le prodigieux essor qu'a pris la force productrice des peuples civilisés et le rapide accroissement de la richesse publique. »

ÉLECTRICITÉ. — Tous ces éléments mobiles de la nature que nous venons de passer en revue nous ont présenté leur utilité

[1] BOURDEAU.
[2] A. PERDONNET, *Notions générales sur les chemins de fer.*
[3] Michel CHEVALIER, *Rapport du Jury international*, 1867.
[4] BOURDEAU.

soit comme force motrice, soit en qualité de source de chaleur, soit, enfin, comme foyer de lumière.

Exploitant la force motrice de la vapeur, l'homme parvient, du même coup, à se procurer de la chaleur. En dehors de ce cas, aucun des éléments naturels déjà signalés ne peut produire un double effet. N'en existerait-il pas un capable cependant de fournir à la fois de la force motrice, de la chaleur et de la lumière, apportant de la sorte à l'être humain, entre autres avantages, celui de disposer d'un appareil plus économique que tous ceux qu'il possède jusqu'ici ? — Cette interrogation renferme tout un problème. A la suite des efforts, des tâtonnements, il a été résolu, et le résultat obtenu s'exprime dans un mot : *électricité*.

Il ne faut pas croire toutefois que l'homme a de l'électricité une connaissance aussi parfaite que celle qu'il a acquise sur les éléments analysés plus haut. Tout ce qu'il sait avec certitude, c'est que « cette puissance mystérieuse, partout répandue et continuellement active, se dégage de tous les ordres de phénomènes mécaniques, physiques, chimiques et biologiques, intervient pour les modifier et détermine entre les corps des réactions infinies qui embrassent le monde entier... Pourtant la civilisation était, depuis un temps immémorial, en possession du feu et de la lumière, qu'elle ignorait jusqu'à l'existence d'actions électriques ou magnétiques [1]. »

Est-ce à dire pour cela que l'homme ne se soit trouvé, à partir d'une époque qu'on ne peut rétablir, dès son apparition sur le globe, en présence de manifestations éclatantes du fluide invisible ? — Nullement. — Les éclairs, l'orage, la foudre, les aurores boréales, le feu Saint-Elme, etc., sont autant de conséquences qui traduisent, pour ainsi dire, l'existence de l'électricité. Mais des siècles sans nombre s'étaient écoulés, accumulés sur la vie de l'espèce humaine que l'esprit de l'être humain ne voyait encore dans tout cela que la voix menaçante, que les traits terrifiants, que la main vengeresse du Grand Introuvable qui a façonné l'univers, quand, au contraire, la puissance d'où émanait tout cela « est à la fois le centre de l'attraction la plus énergique, le moteur le plus précis et le plus prompt, le foyer de la chaleur la plus intense et de la plus vive lumière, un agent de composition et de décomposition, enfin, un facteur physiologique important [2] ».

[1] BOURDEAU.
[2] *Id.*

Le premier effet de l'électricité dont l'être humain ait su se servir, sans pour cela en avoir eu une conscience raisonnée, est la propriété magnétique du fluide. A une date très reculée, depuis 2634 ans avant Jésus-Christ, les Chinois l'utilisaient effectivement, dans un petit appareil muni d'une aiguille aimantée flottant sur l'eau et indiquant la position du sud. Cette espèce de boussole leur facilitait la traversée des déserts. D'autre part, l'antiquité a eu quelque idée d'une substance résineuse, aromatique, d'une couleur jaune et de la consistance de la cire, à laquelle des savants ont donné le nom d'ambre jaune, par opposition à une autre substance, provenant de certains cachalots, qu'ils nommaient ambre gris. L'ambre jaune — qu'on croit produit par une espèce de conifères — est une matière fossile trouvée particulièrement dans les terrains de l'époque tertiaire où abonde le lignite. C'est Thalès qui découvrit sa propriété d'attirer les corps légers, sous l'influence de la chaleur qui s'en dégage à la suite du frottement.

Il faut aussi rappeler que les Grecs possédaient une *pierre magnétique*, un minerai qu'ils tiraient de la Lydie, surtout de Magnésie et d'Héraclée. De là le nom d'*héracléenne* par lequel ils la désignaient. « Cette pierre, dit le poète athénien Ion, non seulement attire les anneaux de fer, mais encore leur communique la vertu de produire eux-mêmes un effet pareil et d'attirer d'autres anneaux. »

C'est là tout le résultat que les Anciens étaient arrivés à faire produire par l'électricité ; et c'est après l'avoir tiré de l'ambre jaune que les Grecs donnèrent à celui-ci le nom de ἤλεκτρον (*élektron*) d'où est venu le mot électricité, tandis que celui d'ambre est de provenance arabe, *anbar* (Bouillet) ou *anber* (Larousse).

De l'Orient, l'aiguille aimantée fut introduite chez les Arabes, qui, à leur tour, l'apportèrent en Occident, dans la période du moyen âge.

Perfectionée par le navigateur italien Flavio Gioja, l'invention chinoise avait fait ses preuves sur la Méditerrannée avant l'année 1300, quand parut l'immortel Génois qui lui donna la consécration dans l'art nautique, en franchissant, d'une manière sûre, grâce à elle, l'immensité de l'Atlantique, 1492. Colomb venait, enfin, de jeter sur l'abîme des flots le pont invisible de la pensée qui devait relier désormais les deux mondes jusqu'alors inexistants l'un pour l'autre. Depuis, l'électricité, sous cette forme, est devenue un auxiliaire indispensable pour les voyages au long cours, aussi bien que pour l'exploitation scientifique des mines et les excursions à faire dans les régions étendues et inconnues.

Ainsi, l'effet magnétique de l'électricité était, depuis plus de trois cents ans, au service de l'humanité voyageant, quand Gilbert, médecin anglais, vint, en 1600, frayer la voie aux vraies études sur les phénomènes électriques, en démontrant que le soufre, le verre, les résines, la cire à cacheter et d'autres matières possèdent également la propriété attractive de l'ambre. Après lui, il y eut bien d'autres expériences, par exemple celle d'Otto de Guéricke, faite en 1670. Elle a été décisive, car elle avait produit des étincelles. — L'appareil qui le conduisit à ce résultat consistait en un globe de soufre mis en rotation au moyen d'un axe, de façon à se frotter contre un autre corps. C'était, en quelque sorte, l'ébauche d'une machine électrique.

Avant d'arriver à Galvani, citons Hawkesbee, qui remplaça, en 1709, le globe de soufre par un cylindre de verre; Cunéus et Muschenbrock, à qui l'on doit la découverte, en 1746, de la *bouteille de Leyde*; Ramsden, opticien anglais, qui substitua au cylindre un disque de verre tournant entre des coussins. Ses expériences furent faites en 1768. — Quant à Galvani, il s'appliqua avant tout à chercher l'effet de l'électricité au point de vue dynamique. Expérimentant sur des grenouilles, il vit leurs muscles se contracter au contact de deux métaux pris comme agents conducteurs du fluide. — C'est à la suite de cette importante découverte que fut inventée la pile de Volta, appareil composé de disques de zinc et de cuivre disposés par couples, en formes de colonne, et ayant entre eux des rondelles de drap humectées d'eau acidulée. — Plus tard, on acquit la certitude qu'il existe deux espèces d'électricités, l'une positive, qui se développe par le frottement du verre poli avec la laine; l'autre, négative, qui s'obtient par le frottement de la résine avec de la laine également. On sait, de plus, que deux corps qui ont la même espèce d'électricité se repoussent, alors que deux autres s'attirent, s'ils renferment chacun une espèce contraire.

A partir de Volta, le pouvoir d'opérer le dégagement du fluide électrique n'était plus un mystère. Mais, en ce qui concernait les applications dont il était susceptible, on n'avait encore aucune lueur de renseignement certain et précis, car il fallait tout d'abord en disposer en quantité assez grande, comme on disposait, par exemple, de la vapeur.

Et « c'était, dit M. Bourdeau, un problème délicat que de trouver le moyen d'emmagasiner l'électricité, toujours prête à se disperser et à se répandre, afin d'en composer des approvisionnements qu'on pût ensuite débiter à volonté ».

Cependant, après des recherches et des calculs poursuivis avec persévérance, M. Planté est parvenu à résoudre le problème, en construisant l'appareil connu sous le nom d'*accumulateur*.

Marchant sur ses traces, MM. Faure, Houston, Rousse et bien d'autres physiciens en ont imaginé qui, grâce aux perfectionnements réalisés, conservent assez longtemps la quantité d'électricité obtenue, quantité en rapport avec la dimension de chacune de ces machines.

Quoique encore faibles, quant à cette dimension, elles rendent des services considérables.

Du domaine de la théorie, le fluide ne tarda pas alors à tomber dans celui de la pratique. Voyons donc les principaux prodiges qu'on en a su tirer, en le faisant passer du laboratoire dans l'atelier ; et considérons-le d'abord au point de vue dynamique.

En conséquence, établissons au préalable ce point important :

On a observé depuis fort longtemps que nombre d'éléments, de corps, ont la propriété de laisser pénétrer entre leurs molécules un fluide qui les entoure et de le transmettre à d'autres éléments, à d'autres corps. Cette propriété a reçu le nom de *conductibilité*. Lorsque la pénétration s'effectue facilement, on dit que l'élément ou le corps est bon conducteur. Dans le cas contraire, il est mauvais conducteur.

C'est en vertu de ce principe que certains corps, en contact avec le sol, absorbent une part de la chaleur ou de l'électricité contenue dans son sein ou lui transmettent tout ou partie de celle qu'ils renferment.

Le métal est éminemment conducteur de l'électricité. L'air humide la conduit aussi assez bien.

Ces connaissances ont permis à l'homme de réaliser, pour son bien-être, d'immenses progrès.

Le premier exemple à citer est l'emploi de l'électricité comme moyen de neutraliser la foudre. Tout le monde sait que cette heureuse application est due au génie de Franklin, qui, ayant découvert le pouvoir des pointes en général sur l'électricité sillonnant l'air, dans les moments d'orage occasionné par la chaleur atmosphérique, conçut, en 1752, l'idée du paratonnerre, cette tige d'acier destinée à préserver des effets de la foudre l'édifice sur lequel elle est verticalement plantée en sentinelle vigilante.

Pour nous bien faire comprendre, présentons l'hypothèse suivante :

Voici une maison au faîte de laquelle s'élève cette tige dont la pointe plonge dans l'atmosphère et dont la base est mise en communication avec le sol par un fil métallique un peu isolé du toit et de la façade le long de laquelle il descend pour aller pénétrer dans la terre. Qu'arriverait-il si, parti de l'atmosphère, le fluide venait à prendre la direction du toit? — Il arriverait que, en l'absence d'un paratonnerre, la foudre tomberait sur la maison, fendrait la toiture, y mettrait même le feu, peut-être aussi pénétrerait jusqu'à l'intérieur du bâtiment, brisant, broyant, pulvérisant et asphyxiant tout sur son passage. Au contraire, rencontrant l'électricité dégagée par la pointe, le fluide suivrait la tige, puis le fil, et irait se perdre dans les entrailles du sol, sans seulement déceler sa présence par la plus légère secousse.

Grâce à l'électricité, l'homme préserve donc sa vie et sa demeure de la foudre.

« Mis de la sorte dans l'impuissance de nuire, dit M. Bourdeau, l'agent électrique ne devait pas tarder à être asservi et chargé de fonctions diverses. »

Examinons-le comme force motrice.

« Un fil métallique transmet l'action électrique avec une vitesse, pour ainsi dire instantanée, de 300.000 kilomètres par seconde, qui dépasse tout ce qu'on avait pu jadis concevoir... Dès qu'on aborda l'étude des phénomènes du magnétisme et de l'électricité, on pressentit la possibilité de s'en servir pour correspondre à distance [1]. »

Bien avant que cette possibilité devînt la réalité, il existait un appareil inventé par Amontons et perfectionné, en 1792, par les frères Chappe. C'était le télégraphe aérien, consistant en un ensemble de signaux se transmettant d'un poste à un autre.

Déjà un grand nombre de systèmes analogues s'était répandu dans plusieurs pays, sans parler du Céleste-Empire, où le procédé, en ses grandes lignes, était connu à une époque très reculée, quand, soupçonnée d'abord par Franklin, la question du télégraphe électrique fut posée, en 1774, par Lesage, physicien génois. En quelques années, l'idée avait envahi l'Allemagne (1794), l'Espagne (1798), la France, sous l'impulsion d'Ampère, pour aller recevoir

[1] Bourdeau.

le baptême d'application à Saint-Pétersbourg, en 1833, sous la direction de Schilling.

Depuis, l'Angleterre, l'Amérique, l'Allemagne, la France, la Belgique, enfin tout le monde civilisé s'appropria l'invention devenue le domaine du genre humain. Elle est basée sur ce principe que l'électricité, circulant autour d'une tige de fer parfaitement pur, communique au métal les propriétés de l'aimant, c'est-à-dire le pouvoir, par exemple, d'attirer certains corps. — En effet, si vous enroulez autour de cette tige l'une des deux extrémités d'un fil de cuivre dans lequel passe un courant électrique établi par une pile en communication avec l'autre extrémité du fil, vous verrez aussitôt la tige attirer et faire se coller à elle tout fragment de métal placé au point voulu dans son voisinage, parce qu'elle est devenue un aimant des plus énergiques.

Faites cesser ensuite les relations, en isolant le fil de la pile, et vous verrez votre tige, désaimantée, laisser tomber naturellement le fragment qu'elle tenait captif. — C'est de cette manière que, placé dans un lieu quelconque, on est arrivé à produire dans un autre lieu donné, au moyen de deux morceaux de métal dont l'un est électrisé ou aimanté, des mouvements d'avance et de recul pouvant s'effectuer en des intervalles voulus, je veux dire calculés d'avance. Eh bien! grâce à ces mouvements, on peut aujourd'hui faire connaître instantanément sa pensée à un individu se trouvant à une immense distance de soi, en les faisant agir sur un appareil portant des signes conventionnels.

Tel est le principe sur lequel repose cet appareil merveilleux qui relie actuellement entre eux des points divers de certains pays sous le nom de télégraphe électrique, et des régions les plus éloignées du globe, sillonnant les profondeurs de l'océan sous le nom de *câbles sous-marins*, transmettant, avec une rapidité vertigineuse, la pensée humaine de l'Europe en Amérique, en Asie. en Afrique et en Océanie.

C'est à propos du télégraphe électrique que M. Bourdeau a écrit les lignes suivantes : « Il serait difficile d'apprécier dans le présent, et plus encore dans l'avenir, les conséquences d'un mode de communication qui, supprimant entre les hommes l'obstacle de l'étendue, leur donne le moyen de correspondre instantanément à toute distance. »

L'auteur dit encore : « Plus merveilleux que le télégraphe électrique, qui transmet des signes connus d'idées, le téléphone, sorte de télégraphe acoustique, transmet la parole même avec ses intonations, son timbre, son accent, et permet à des interlocuteurs de converser de vive voix à des centaines de kilomètres d'éloignement. »

Ici donc, c'est la pensée vibrante que l'électricité a reçu mission de transporter d'un lieu dans un autre.

« Dès 1882, plus de vingt-cinq villes, en Amérique, étaient pourvues d'un réseau téléphonique. Paris comptait, à la même date, 2.000 kilomètres de lignes [1]. »

Ce n'était qu'un début. En effet, ce mode de communication, qui a à peine soixante ans d'existence, n'a pas été long à faire la conquête du monde civilisé tout entier, grâce surtout à l'essor rapide qu'il a pris dans l'Amérique du Nord, sous la main habile d'un grand physicien, du plus grand électricien de la fin de ce siècle, Edison, à qui, du reste, on en doit l'invention. S'il est permis d'en juger par la rapidité de son expansion, on peut affirmer que le téléphone est appelé à supplanter même le télégraphe, car on s'occupe en ce moment de l'appliquer à la communication au travers de l'Atlantique, au moyen d'un appareil enregistreur inventé par Edison : le phonographe. Quels en seraient alors les avantages sur le télégraphe actuel? — Ils consisteraient en ceci, qu'il y aurait moins de retard dans la transmission des opérations qu'on effectue à distance et exigeant célérité; qu'on pourrait communiquer sans crainte d'indiscrétions, les communications se faisant directement; qu'enfin on serait plus sûr d'avoir exactement la pensée exprimée par celui avec qui l'on correspond, les échanges de pensées ayant lieu verbalement. Dans tous les cas, l'avenir du téléphone peut, d'ores et déjà, être envisagé sous le jour le plus favorable.

Il est une autre application de la force motrice de l'électricité qui mérite une mention toute particulière. C'est celle relative aux instruments de locomotion.

Déjà la grande navigation des temps modernes était, en bonne partie, redevable de ses progrès à l'électricité, par l'usage de la boussole, quand on eut l'idée d'employer le fluide comme moteur. Jusqu'ici, son emploi est restreint à la navigation sous-marine où il a donné les résultats les plus satisfaisants, dans les expériences faites sur un bateau sous-marin de construction française, *Le Gymnote*, qui a pour propulseur un moteur électrique alimenté par des accumulateurs assez puissants.

[1] BOURDEAU.

Sur ce modèle, on en construit deux autres, *Le Gustave-Zédé* et *Le Morse*, tandis que bientôt sera lancé officiellement un troisième du même genre, *Le Goubet*, qui porte le nom de son constructeur.

Si, de la navigation sous l'eau, nous passons à la navigation aérienne, nous trouverons encore l'électricité utilisée à titre d'agent propulseur. Le premier essai date ici de 1883. On le doit à MM. Gaston et Albert Tissandier, qui sont parvenus, à l'aide d'une simple pile, à opérer, à l'exposition d'électricité qui eut lieu le 8 octobre de la même année, une magnifique ascension dans leur ballon mesurant 28 mètres de long, 9 mètres de diamètre et cubant 1.060 mètres. Il est aussi remarquable par l'hélice dont il est muni.

Du bateau et de l'aérostat, l'électricité s'est transportée sur les voies ferrées et dans les voitures libres.

Elle a fait ses preuves dans la locomotive électrique de M. Heilmann, qu'on a vu fonctionner, en France, sur le réseau de l'Ouest, puis sur la ligne allant de Paris au Havre. A cette heure, on connaît plusieurs projets tendant au remplacement de la vapeur par l'électricité, sur les instruments de transport.

Ainsi, « on installe en ce moment, en Amérique, à Baltimor, nous apprend l'*Almanach Hachette*, une ligne de 11 kilomètres, traversant la ville, partie à ciel ouvert, partie en souterrain, dont les trains seront remorqués par une locomotive électrique d'un nouveau système, qui prendra directement le courant sur un conducteur aérien. La locomotive pèse 96 tonnes ; sa vitesse normale, de 24 kilomètres à l'heure, pourra atteindre 80 kilomètres.

« La Compagnie Paris-Lyon-Méditerranée a fait construire, pour augmenter également ses vitesses, 10 locomotives dites *à bec*. Toutes les surfaces offrant une résistance au vent seront revêtues de masques inclinés à 45°. »

A la suite d'heureuses expériences faites, quelques années auparavant, sur un petit tramway électrique que j'ai vu marcher sur l'avenue des Champs-Elysées, les tramways du même genre ou analogues ont pris aujourd'hui une extension considérable en France. On en voit surtout à Marseille et à Clermont-Ferrand, près Paris. Cette dernière ville vient de leur ouvrir ses portes par le fonctionnement de ceux qui effectuent le trajet de la Madeleine, de l'Opéra et de la Porte-Maillot à Saint-Denis.

Aux Etats-Unis de l'Amérique du Nord, ils sont devenus d'un emploi presque général.

Depuis quelque temps, on voit également circuler dans Paris

plusieurs types de voitures électriques, tant pour le transport des colis que pour celui des personnes. Les plus connues sont celles de M. Jeantaud, pouvant accomplir un voyage de 30 kilomètres, à la vitesse maxima de 20 kilomètres à l'heure, sur un chemin bien plat.

A part ces principales applications, l'électricité, toujours comme force, sert au nettoyage des minerais en grains, au moyen de l'*électro-trieuse*, qui élimine les matières étrangères mêlées aux minerais ; dans l'expérimentation de certains travaux métalliques pour lesquels on emploie la *balance d'induction*, qui fait connaître les disparités de composition ou de structure, puis les inégalités d'un alliage ; dans les appareils agricoles, par exemple, la charrue munie d'un moteur, et le *sasseur électrique*, qui sépare, lors de la mouture, le son de la farine ; dans la filature, où les métiers électriques de Bonnelli et de Maumené opèrent le brochage des tissus de soie ; dans la teinturerie, où, sous forme d'*électro-chimique*, elle exerce une puissance réactive sur les couleurs et rectifie les alcools ; dans le transport des produits en quantité considérable et où le travail de chargement et de déchargement est activé par des grues électriques ; dans la balistique, où elle permet d'apprécier la vitesse d'un projectile aux divers points de sa trajectoire ; dans l'astronomie, où, au moyen de l'appareil de M. Van Rysselberghe, elle facilite une précision appréciable du temps, en donnant, par suite d'une centralisation des observations faites, l'état de l'atmosphère, de moment en moment, sur une étendue assez vaste ; dans la transmission des heures d'une horloge type à d'autres horloges et aussi dans la mise même en mouvement d'autres horloges, au moyen de courants ; dans la photographie, où le *télégraphe photographique* de M. Bidwell reproduit à distance les ombres et les clairs de l'image produite en la chambre obscure ; dans la sténographie, où le *phonographe* note, grave et fixe à volonté les paroles d'un discours ou d'un chant. Ici est à citer le *mélographe répétiteur* de M. Carpentier, qui enregistre et répète les improvisations musicales.

A côté de toutes ces applications de l'électricité comme dynamique, nous devons placer le rôle qu'elle joue, en tant qu'intermédiaire appelé à transporter sur un point donné une force à l'état brut dans la nature. Ainsi, à Bellegarde, le fluide transporte, au moyen de *câbles télodynamiques* en fils d'acier, et à une distance de 900 mètres, 1.200 chevaux-vapeur empruntés à la chute du Rhône.

Tels sont les profits que l'homme a su jusqu'ici tirer de la force de l'électricité.

Comme source de chaleur, le fluide est également un agent des plus précieux. A cet égard, M. Bourdeau a écrit, après quelques remarques sur l'utilisation de la chaleur solaire : « Quant à la chaleur des courants électriques, elle n'est pas moins remarquable par la soudaineté de sa production que par son excessive intensité... En combinant divers moyens, la combustion des gaz, la concentration des rayons solaires et des décharges d'électricité, la science arrive à fondre les substances les plus réfractaires, à volatiliser les plus fixes et à dissocier les plus stables. »

A ce propos, il est bon de signaler les résultats récemment obtenus par un des membres les plus distingués de l'Institut de France, M. Moissan, qui « a continué, pendant l'année 1895, les savantes expériences qu'il a entreprises sur l'utilisation des températures excessivement élevées qu'il obtient avec le four électrique qu'il a imaginé. — Ce four développe une température qui atteint et dépasse même 3.000°. A cette colossale température, les métaux réfractaires fondent ; la chaux, la silice, le charbon distillent. M. Moissan a volatilisé des métaux, tels que le platine, le cuivre, l'or, le fer, le manganèse, l'aluminium [1]. »

Dans les travaux du tirage des mines, la chaleur de l'électricité est d'un usage courant et d'un grand secours. D'abord sa puissance de pénétration permet de creuser, dans des masses de roche ou des blocs de houille, des trous dans lesquels on introduit des matières explosives. Ensuite, au moyen de fils métalliques d'où jaillissent des étincelles, on fait éclater de loin ces masses, parvenant, de cette façon, à faciliter considérablement l'exécution des travaux civils et militaires où ces blocs énormes constituaient au paravant des obstacles invincibles. — Par le même procédé on arrive à faire éclater à une distance de plusieurs kilomètres des machines infernales, par exemple des bombes, des torpilles, etc.

Capable de détruire, la chaleur électrique se prête également à arrêter ou à prévenir la destruction. Grâce à elle, en effet, « les avertisseurs d'incendie entrent d'eux-mêmes en action — lorsqu'elle dépasse un certain degré, suffisant pour fondre un intermédiaire isolant — et appellent ainsi des secours dès que le danger se produit [2]. »

A New-York et à San-Francisco, on a obtenu mieux que cela.

[1] L'*Almanach Hachette*, année 1896.
[2] BOURDEAU.

« Lorsque le sergent de garde appuie sur le bouton avertisseur, l'alarme sonne dans toute la caserne des pompiers et réveille tous les hommes. Les lumières, qui étaient restées au bleu, sont haussées au blanc, les locaux s'éclairent, l'eau monte bouillonnante de la chaudière dans la pompe à vapeur, les harnais suspendus tombent sur les chevaux. A San-Francisco, l'automatisme est poussé jusqu'au point que les couvertures du lit se rejettent d'elles-mêmes, découvrant les pompiers endormis[1]. »

La puissance calorifique de l'électricité constatée, il restait à trouver le moyen de l'utiliser dans le chauffage des maisons. Ce résultat a été obtenu, l'année dernière, par un électricien anglais qui, le 15 janvier, est parvenu à chauffer un théâtre de Londres. On doit s'attendre à voir bientôt l'électricité remplacer tous les appareils de chauffage en usage jusqu'ici, car le fluide inépuisable, pouvant aujourd'hui être tiré presque gratuitement de l'atmosphère, son emploi sera plus économique.

Après la chaleur, nous devons dire quelques mots de la lumière électrique. C'est surtout en qualité de foyer de lumière que le fluide a été jusqu'à présent le plus apprécié.

Si l'on considère l'éclairage au gaz, on dira avec M. Bourdeau : « Sa matière première fait défaut sur des territoires immenses, et le transport grève de frais onéreux le prix de revient de la lumière... L'emploi même du gaz n'est pas exempt de désagréments et de périls. Il infecte l'air et la terre de ses émanations, et la moindre fuite peut occasionner de redoutables explosions. De plus, il répand une chaleur incommode, fatigue les yeux par une lumière sans fixité et n'a pas assez d'éclat pour illuminer de grands espaces... Il y avait donc un dernier souhait à former, une lumière idéale à découvrir qui unît le plus d'avantages et le moins d'inconvénients possible ; qui résultât, non plus comme celles qui précèdent, de la combustion de substances coûteuses à produire et sujettes à s'épuiser, mais d'une transformation de forces naturelles gratuites et sans cesse renouvelées ; qui, enfin, possédât un éclat facultatif allant de la clarté douce et tempérée, que réclament les usages communs, au resplendissement nécessaire pour éclairer de vastes milieux. Cette source de lumière, sur l'exploitation de laquelle on est autorisé à fonder de grandioses espérances, la science l'a fait jaillir de l'étude des effets de l'électricité... qui développe un pouvoir éclairant supérieur à celui de

____

[1] Voir le journal *L'Éclair*, 9 juillet 1895, article intitulé : *Incendie de la rue Rochechouart*.

tous les anciens luminaires, non seulement par son éclat, qui rivalise avec le resplendissement des astres, mais encore par son économie et son absence presque complète d'inconvénients. »

Découverte par le chimiste anglais Humphry Davy, en 1813, expérimentée en Angleterre par Staite et Pétrie; en France, par le physicien Foucault, en 1848, la lumière électrique reçut l'année suivante un si grand perfectionnement qu'on put s'en servir pour produire un effet de soleil dans une représentation théâtrale, à l'Opéra; et, dix ans plus tard, à la suite d'un nouveau perfectionnement qu'y apporta Serrin, l'électricité, devenue mode d'éclairage, épandait, de la cime d'un phare, sur les ténèbres de l'océan, sa clarté tutélaire comme flambeau de la navigation. Du rivage, elle passa bientôt sur les hunes, d'où ses jets pénétrants jaillissent pour aller, dans les obscurités de la nuit, à travers le brouillard, explorer l'horizon; et maintenant elle est un aide puissant de la Marine de guerre.

A cette heure, dans les centres civilisés du monde, son expansion se fait avec une rapidité sans cesse croissante. La lustrerie électrique est la merveille du jour. Aux États-Unis de l'Amérique du Nord, l'éclairage au moyen de tout autre substance est chose rare, dès qu'on quitte les foyers de la classe misérable de la population. Les grandes capitales de l'Europe : Londres, Paris, Berlin, sont déjà engagées dans cette voie.

Grâce à l'enveloppe de verre qui environne la flamme et la soustrait à tout contact avec les gaz inflammables, la lampe électrique constitue la meilleure dont on puisse se munir dans les travaux des mines. Aussi, les Anglais l'utilisent dans leurs exploitations houillères, depuis plus de dix ans.

Enfin, appliquée dans l'industrie sous forme d'électro-chimique, la lumière électrique fait des dessins sur des plaques de métal qu'elle-même grave après.

Et que dire des fameux rayons de Röntgen qui, concentrés dans le tube du Dʳ Crookes, permettent de photographier des objets à travers les corps opaques? — On sait que cette application de la lumière électrique, devenue la question du jour, passionne depuis le simple profane jusqu'aux illustrations des Académies des sciences et de médecine, en passant par le monde si actif des physiciens modernes. — Chacun, grâce aux comptes rendus des journaux, ayant eu le loisir de suivre tout ce que l'on sait encore de cette si importante découverte, nous ne devons en parler que pour mémoire et que pour souhaiter de rapides progrès à toutes les branches des connaissances humaines appelées à en tirer parti, notamment la science médicale.

Grande donc est la puissance de cette fée, dont l'éblouissement fait ombre à l'auréole magique de la reine des nuits, et dont le nom sert à bien marquer l'esprit éminemment progressiste de ce siècle. On l'appelle « le siècle de l'électricité », comme on dit le siècle de Périclès, le siècle d'Auguste, le siècle de Léon X, le siècle de Louis XIV.

Voilà les principales applications de ce fluide, comme force, chaleur et lumière. Ne sommes-nous pas dans le vrai en disant que l'électricité est une résultante de tous les agents de la nature que nous avons précédemment passés en revue?

« Cette force, hier encore ignorée, est simplement à l'essai ou, pour mieux dire, à l'étude. Laissons la science étendre la connaissance de ses effets, la pratique en multiplier les applications, et l'on verra l'électricité prendre la prééminence dans un ordre économique entièrement renouvelé [1]. »

Les résultats jusqu'ici obtenus, en moins d'un quart de siècle, donnent effectivement le droit de nourrir de grandioses espérances qui, pour le triomphe éclatant de la civilisation, non pas de tels peuples, mais de l'humanité, ne manqueront pas de devenir quelque jour de sublimes réalités.

Conclusion. — Partant de l'enfance de l'espèce humaine pour arriver à sa virilité, nous avons suivi l'homme dans ses grandes victoires sur le milieu ambiant en général. Il a successivement subordonné à ses fins vitales les propriétés du soleil et le feu lui fournisant la chaleur et la lumière; l'eau, l'air, le vent, la vapeur, enfin, l'électricité, qui a donné son nom à ce siècle.

Comme dit encore M. Bourdeau, « l'empire que l'homme a su se faire sur les forces brutes de la nature met à sa disposition un pouvoir supérieur en étendue à celui des animaux auxiliaires. L'agitation des milieux ambiants, si longtemps inutile et souvent contraire à nos intérêts, maintenant travaille pour nous et contribue à notre richesse... Une pareille extension d'activité mécanique ne se traduit pas seulement en accroissement de richesse : elle a aussi pour effet d'assurer la liberté progressive des travailleurs. La nature, en imposant à l'homme une continuelle dépense d'efforts, l'avait fait esclave de ses besoins, condamné, pour y

[1] Bourdeau.

subvenir, à la fatigue et à la douleur. Sa rédemption graduelle s'accomplit par la conquête des forces et le développement des machines... En remplaçant de la sorte le labeur physique par le travail de l'esprit, la civilisation change le sort de l'espèce, car il y a loin de l'homme, simple agent de mouvement, qui avait la brute pour égale et des forces aveugles pour supérieures, à l'homme devenu agent de direction, qui commande aux divers moteurs et les contraint de le servir. Cette domination établie par un être faible sur les puissances de la nature est le triomphe de la raison dans le monde » et, d'une manière plus claire, le triomphe de l'esprit sur la matière.

Ce n'est pas que celles de ces puissances que l'être humain a subjuguées soient absolument affranchies de toutes leurs irrégularités, de tous leurs inconvénients. Non ; mais elles sont désormais, dans une mesure considérable, maîtrisées et subordonnées à ses besoins les plus impérieux. Par elles, l'humanité se fraie sa voie, lancée qu'elle est à la poursuite de ses hautes destinées.

Insensé ! s'écrie Virgile, menaçant de la colère des dieux l'impie Salmonée, qui a osé vouloir imiter les nuages en soulevant de la poussière, et l'inimitable foudre, en heurtant son pont d'airain avec les sabots de ses coursiers. Et dans le livre de Job, pour montrer au grand personnage déchu son impuissance en face de la toute-puissance divine, l'Éternel lui dit : « Commanderas-tu aux tonnerres et partiront-ils dans l'instant ; et, revenant ensuite, te diront-ils : Nous voici [1]. » — Depuis des siècles, l'homme, par la poudre, a simulé les nuages et a non seulement imité le bruit, mais produit des effets bien plus désastreux encore que ceux du *non imitabile fulmen* du poète ; et, par le télégraphe électrique, il a fait une réponse péremptoire au défi jeté à sa face dans la personne de Job. L'être humain donc, par l'action qu'il exerce sur le monde extérieur, a surpassé les divinités d'autrefois et, ainsi que nous l'avons déjà fait entendre, il ne lui manque que le pouvoir de dire, d'une manière absolue, ce que c'est que son idole, Dieu, pour se proclamer lui-même ce Grand Introuvable.

Oui, l'homme a conquis tout cela sur la nature, et tout cela ne constitue qu'une faible partie de ses plus belles conquêtes, qui toutes proclament hautement sa supériorité intellectuelle sur les autres êtres de la création, de même qu'elles sont les signes écla-

---

[1] *Bible*, Job, chap. XXXVIII, vers. 35. — Traduction de Saci.

tants de ses triomphes dans la grande arène où il combat sans trêve pour l'existence.

Il importe de ne pas perdre toutes ces choses-là de vue, car elles figurent, pour une part importante, parmi les armes formidables dont fait usage l'être social, tout comme le groupe humain, dans la lutte pour la vie, tant dans la lutte violente que dans les combats pacifiques sur le terrain matériel ou économique, intellectuel et moral.

CHAPITRE X

L'ÉQUILIBRE DANS LA LUTTE POUR LA VIE

Nous venons ainsi d'exposer les aspects divers de la lutte pour l'existence, en ne considérant que le jeu des forces dont sont douées les individualités inorganiques ou organiques.

Nous les avons vues jusqu'ici livrées à une guerre impitoyable, sans laquelle le fonctionnement des lois de la combinaison et l'accomplissement des fonctions vitales paraissent n'être plus possibles au sein de la nature, du moins dans leurs manifestations en rapport avec nos sens soit au physique, soit au moral.

Assistant à des combats sans trêve et sans merci, nous avons vu aussi — comme résultats de la plupart des rencontres — les individus ou s'approprier leurs éléments constitutifs ou s'éliminer, au point de détruire totalement une espèce, ou, enfin, se subordonner. Dans tout cela éclate la violence à des degrés divers; et toujours la victoire reste au plus fort, au mieux doué ou au plus apte.

En présence de ces chocs incessants se produisant surtout entre les êtres du monde organique, « ne semble-t-il pas que chaque espèce est créée pour la perte de quelque autre et que bientôt la vie de tant d'individus à tendances contradictoires doit entraîner une gigantesque destruction de tout ce qui s'agite sur la terre [1] ? »

On serait, en effet, tenté de le croire, mais il n'en sera rien. La nature, prévoyante, a su mettre son œuvre à l'abri d'une telle catastrophe. Effectivement, il n'y a pas que des chocs au sein de la création. L'antipathie ne se conçoit pas sans l'existence de la sympathie, tout comme l'inimitié sans l'amitié, la guerre sans la paix. Oui, la nature a rendu impossible cette destruction géné-

---

[1] VUILLEMIN. *Biologie végétale.*

rale des individualités, en établissant entre elles un certain équilibre vital plus ou moins stable et résultant d'une juste pondération des forces, créant des rapports nécessaires à la conservation, non pas de l'individu, qui est volontiers sacrifié, mais de l'espèce à laquelle il appartient.

Pour que cet équilibre se réalise, il faut ou que tout antagonisme cesse, ou qu'à un moment donné la somme des actions et celle des réactions s'égalent.

L'équilibre présente trois formes, que nous allons analyser dans des paragraphes et un chapitre spéciaux.

I

ÉTAT DE PAIX

La forme la plus simple que revêt l'équilibre réside dans l'état de paix. C'est la situation dans laquelle vivent momentanément ou d'une manière permanente des individus ou des groupes se tenant dans le voisinage des uns des autres, chacun à la recherche de ses moyens d'existence, sans penser à nuire à l'autre.

Cette situation s'observe d'abord parmi les êtres appartenant à une même espèce, dans le règne végétal comme dans le règne animal. Cela explique pourquoi l'on rencontre souvent, sur une étendue plus ou moins considérable, rien que des plantes d'une espèce, dont tous les individus, par leur vie prospère, dénotent qu'entre eux existe l'état de paix le plus parfait qui se puisse concevoir. Au nombre des plantes qui vivent ainsi se remarquent les *bruyères communes* ; l'*elodea canadensis*, si souvent citée déjà ; plusieurs espèces de *champignons* et de *mousses* ; la plante marine appelée sargasse, du groupe des algues brunes, qui remplit à elle seule toute la mer entre les îles du Cap-Vert et les Canaries, à laquelle on a donné, pour ce motif, le nom de « *mer des Sargasses* ».

En ce qui concerne le règne animal, si l'on considère d'abord, dans l'organisme d'un individu, le système cellulaire d'un organe, on constatera que là l'état de paix se réalise à la suite d'une série d'actions et de réactions. — Le fonctionnement régulier de ce système n'est, en effet, autre chose que la conséquence d'une sorte d'état de paix existant entre les diverses cellules. C'est ce que

M. Novicow exprime en ces termes : « Tant que, dans la lutte
entre les cellules d'un organisme, il se maintient entre elles
comme une espèce d'équilibre, comme une pondération des forces,
l'organisme est à l'état de santé. »

A certains moments, la paix règne également parmi les bêtes,
qu'il s'agisse de fauves ou d'animaux domestiques, eux que nous
avons vus si souvent s'entrechoquer avec la dernière outrance !

Il importe de faire observer qu'il n'est pas ici question de ces
bêtes vivant par bande ou horde, auquel cas on est en présence
d'une forme d'équilibre supérieure à celle de l'état simplement
de paix.

Quoique se tenant toujours isolés les uns des autres, quelques
quadrupèdes ne se font point la guerre, lorsqu'ils se rencontrent,
par exemple les chiens, les chats domestiques qui ne sont pas à un
même maître. Mais, de toutes les espèces animales, ce sont celles
des oiseaux qui fournissent les cas les plus nombreux. Ainsi, les
freux, comme nous le savons, sont des oiseaux batailleurs, jaloux
de la possession exclusive du coin de bois, où, par couples, ils se
tiennent. — La femelle ne tolère dans le voisinage aucune de
ses congénères. « Du moment, dit Goldsmith, que la femelle
commence à pondre, les hostilités cessent; de tous les habitants
du bocage qui la traitaient naguère plus ou moins durement, pas
un ne songe maintenant à la molester : elle peut élever sa nichée
en toute tranquilité. »

Dans la même circonstance, les tisserins, les mahalis et bien
d'autres ne se nuisent pas non plus. Au moment de la ponte,
des branches voisines supportent plusieurs nids, sans que des
querelles éclatent entre les membres de chaque espèce.

Quelquefois la paix s'établit même parmi des individus d'espèces
différentes, qui paraissent, de prime abord, n'être point faits pour
se tolérer dans le voisinage des uns des autres et qui, la plupart
du temps, ne se rencontrent dans un lieu que pour entrer en
hostilité.

« Sous ce rapport, écrit M. Novicow, il se produit, dans le même
lieu comme une hiérarchie de végétaux. A côté des plantes les
plus puissantes, d'autres, plus modestes, vivent et prospèrent, parce
qu'elles se contentent de jouer un rôle secondaire. »

Entre animaux d'espèces différentes, le même fait se produit.

« La faune ornithologique est d'une telle richesse dans le nord
de Stromœ et d'Osterœ que c'est par millions, dit le Dr Girod,
que l'on voit les oiseaux couvrir les falaises ou les rochers,

Puffins, pingouins, guillemots, goélands, tétrels, plongeons, cormorans, se donnent rendez-vous sur ces rivages. »

S'il est deux autres oiseaux qu'on a lieu de s'étonner de trouver dans un même endroit, c'est l'*orfraie* et la *quiscale* (*quiscalus versicolor*), passereau de la famille des *sturnidés*, voisin de la pie.

« Ces petits oiseaux, a écrit Wood, au lieu de fuir les oiseaux de proie, occupent courageusement le nid de l'orfraie... L'orfraie leur permet de s'établir dans ces espaces laissés libres par les branches qu'il a posées et qui lui appartiennent; plusieurs groupes de quiscales s'y abritent comme d'humbles vassaux autour du château de leur suzerain, déposent leurs œufs, élèvent leurs petits et vivent en bonne harmonie avec les maîtres du lieu... Il est curieux que cet oiseau, ayant la faculté de construire son nid, ne manque jamais de partager la maison de l'orfraie, lorsqu'il s'en trouve une dans les environs. »

Le cas de la mouche tsetsé est à citer. Tandis que le bœuf, le cheval, le chien ne peuvent subsister là où habite cet insecte, l'éléphant, le zèbre, le buffle et toutes les espèces de gazelles et d'antilopes y abondent, sans être l'objet de ses attaques. D'après M. Novicow, les éléphants africains se cantonnent de préférence dans la région occupée par la mouche venimeuse, parce que précisément l'homme, ne pouvant y pénétrer qu'à pied, peut plus difficilement les poursuivre.

M. B. Rousse, professeur d'histoire naturelle, cite, dans son ouvrage sur l'instinct et les mœurs des animaux, un exemple authentique d'un chat qui vivait en très bonne intelligence avec des colombes, des alouettes et des rouges-gorges, qui voltigeaient près de lui, sans que le chat ait jamais tenté de leur faire le moindre mal; la colombe se posait même sur son dos, et les autres petits oiseaux lui disputaient souvent des menus débris ou quelque léger insecte qu'il avait surpris.

La chouette et la marmotte sont des bêtes qui ne se ressemblent pas du tout. « Les deux animaux, dit Pouchet, n'habitent point ordinairement ensemble; seulement, dans un danger commun, la marmotte et l'oiseau se blotissent au fond du même souterrain, où parfois on les trouve environnés d'hôtes les plus inattendus, au milieu d'une compagnie de crapauds, de serpents à sonnettes et de lézards. »

Un autre exemple d'harmonie qui ne laisse pas d'étonner est celui que présentent les fourmis et deux autres petits insectes :

.e podure, de l'ordre des aptères, et le cloporte, genre de crustacé.

D'ordinaire, les fourmis ne tolèrent dans leurs habitations aucune espèce de bêtes, sauf celles pouvant leur être utiles. Ces insectes pourtant vivent au milieu des fourmis en parfaite harmonie, au dire du Dr Girod.

Enfin, si nous portons notre attention sur les animaux domestiques, nous n'aurons pas moins lieu d'être surpris de voir vivre en pareille harmonie des bêtes dont quelques-unes semblent, d'habitude, n'exister que pour assouvir la férocité ou la voracité d'ennemis irréconciliables. Mais il est juste de dire aussi que, sans l'intervention de l'homme, cet état de choses ne se fût peut-être jamais réalisé.

Les oiseaux, en général, paraissent naturellement voués à la haine du chat, tout comme le petit félin, puis les moutons, les chèvres et autres, à celle du chien. Il n'est pas rare pourtant de voir un chat se promener au milieu d'une basse-cour, dans la compagnie d'un chien, et cela grâce à l'éducation qu'ils ont reçue de l'homme, de même que celui-ci a appris au canidé à ne pas attaquer le troupeau. Tout le monde connaît la docilité des chiens dont s'accompagnent les bergers.

Si nous considérons maintenant des individus appartenant aux deux règnes organiques, nous verrons qu'ici encore l'état de paix s'établit quelquefois. Effectivement, toutes les bêtes ne sont pas herbivores, et les plantes carnivores ne forment qu'une minorité. De plus, les herbivores ne se nourrissent pas de toutes sortes de plantes, et les plantes carnivores, de toutes espèces de bêtes.

Quand des animaux et des végétaux qui ne sont pas des antagonistes se trouvent dans un lieu, les individus de chaque règne poursuivent paisiblement leurs destinées, sans se porter préjudice. Donc il y a ici comme un état de paix entre eux.

Passant à l'existence humaine, envisagée dans ses rapports avec celle des plantes et des bêtes, nous constatons encore la possibilité d'un état de paix.

Certaines plantes, en effet, n'étant d'aucune utilité pour l'homme, il ne les détruit pas, à moins que leur voisinage ne constitue un obstacle, auquel cas elles seront éliminées. Différemment, nous les laissons en paix et elles, en retour, ne troublent d'aucune façon notre sécurité.

Quant aux bêtes, et j'entends ici parler de celles dont nous ne tirons nul profit, quant à elles, leur existence s'écoule tranquillement dans notre voisinage, si elles ne nous inspirent aucune crainte et si nous ne les inquiétons pas davantage. Mais, rares, elles se rencontrent particulièrement dans la classe des oiseaux.

Les hirondelles, par exemple, qui n'ont rien à redouter de l'être humain, établissent leurs berceaux contre nos demeures. Les *rouges-gorges* de l'Europe passent tout l'hiver blottis dans les chaumières des paysans. A cette période de l'année, c'est également sous le toit de l'homme que les moineaux viennent chercher un abri contre le froid.

« Sous les tropiques, dit justement le D' Girod, où les affreux serpents (et aussi les couleuvres) guettent les petits oiseaux et brisent les œufs dans les nids, une quantité d'espèces viennent nicher près des habitations humaines, car la présence de l'homme éloigne les reptiles. »

Telle est la première forme que revêt l'équilibre dans la lutte pour vivre. C'est l'état de paix existant entre des individus soit d'une même espèce, soit d'espèces, soit de règnes différents. Il résulte du simple voisinage, sans aucune manifestation de relations.

II

AGRÉGATS A UNION

L'équilibre peut se présenter sous un autre aspect, se manifester sous une forme plus parfaite que celle dont il vient d'être question. Effectivement, les individus parfois ne se sentent point satisfaits de vivre en bonne harmonie et se laissent dominer par l'influence d'une puissance occulte qui les porte jusqu'à établir entre eux certaines relations déterminées, cessant ainsi d'être absolument indifférents les uns aux autres. Dans la circonstance, on dit qu'ils forment un agrégat. Sous cette forme nouvelle, chaque être apporte son individualité qui, unie à celles des autres, concourt à constituer une masse, une agglomération dont les parties sont en rapport d'une façon quelconque. Cependant, aucune ne s'inquiète du sort des autres, soit au point de vue de la nutrition, soit quant à la sécurité ou même à la reproduction.

D'autre part, l'agrégat aura l'un de ces deux caractères : ou les

membres composants se trouveront liés entre eux physiquement,
d'une manière permanente ou non ; ou bien ils seront séparés
l'un de l'autre ou les uns des autres.

Dans le premier cas, il y a un agrégat à union, c'est-à-dire un
groupement où chaque individu est soudé plus ou moins complètement à son voisin ou à ses voisins, à la suite de certaines
modifications organiques originelles ou s'étant produites postérieurement à la naissance.

Entre végétaux, l'agrégat à union seul est concevable, car
c'est seulement là qu'il est possible de dire que *réellement* les individus sont en relations.

« Des plantes nées côte à côte s'enchevêtrent parfois à tel point,
dit M. Vuillemin, qu'un assemblage finit par simuler un individu
unique... Il n'est pas rare de voir deux *hêtres* ou deux *ormes*
appliquer naturellement leurs branches l'une contre l'autre, les
souder intimement ensemble et réaliser une greffe naturelle. »

Le mot greffe ne doit pas induire en erreur et faire prendre
pour un agrégat à union, dans le sens donné ici à cette expression, la juxtaposition d'une plante et d'une branche tirée d'une
autre plante, branche que l'on fait pousser en l'unissant au corps
de la première plante sous le nom de greffe. La branche peut
croître et devenir, comme son hôte, un individu, mais elle sera
plutôt un parasite, produit artificiellement, puisque c'est de son
support qu'elle tirera ses substances alimentaires. Ce sera encore, si
l'on veut, un nouvel exemple de subordination, à fin de nutrition,
provoquée par l'homme, ou bien une juxtaposition dans laquelle il
se fera un échange de services entre les deux individus artificiellement unis. Dans le second cas, il se produira alors une autre
forme de relation, supérieure à celle de l'agrégat et dont il sera
ultérieurement parlé.

Dans l'agrégat à union, les individus donc, quoique liés, pour-
voient à leurs besoins en agissant chacun pour soi, sans souci de
ce qui peut advenir de son ou de ses voisins.

A l'instar des hêtres et des ormes, les *saules* forment aussi
souvent un agrégat à union. « Nous avons vu, dit encore M. Vuillemin, avec quelle facilité, en transformant une ligne de ces
arbustes en balustrade vivante, d'une seule pièce, on fait d'une
collectivité pour ainsi dire un simple individu. La tendance à la
fusion de plusieurs *thalles*[1] est poussée si loin chez les champi-

---

[1] L'organe qui porte la fructification.

gnons que, dans bien des espèces, l'appareil végétal qui semble correspondre à un individu provient d'un grand nombre de spores. »

Des relations de ce genre s'établissent également entre individus du règne animal, mais parmi les êtres inférieurs, sous le rapport de l'organisme. Ces agrégats prennent le nom de colonies. Les membres de celles-ci ont comme particularité la communauté d'origine : frères et sœurs, ils sont unis entre eux physiquement et unis tous à leur mère, de sorte qu'on peut dire qu'ils viennent par bourgeonnement.

Parmi ces colonies se remarquent celles formées par les *tuniciers* et les *coralliaires*.

Les tuniciers comprennent une classe de mollusques, renfermant deux familles, dont une embrasse les *acidies*. Celles-ci fournissent un exemple frappant d'agrégat à union, dans le genre des botrylles, dont les colonies se rencontrent en croûtes épaisses sur les algues et les rochers. D'après les tableaux qu'en présente M. Ed. Perrier, le nombre des individus de chaque groupe varie, et ils sont disposés de manière à réaliser la forme d'une sorte d'étoile dont le centre est un orifice commun. C'est cet orifice, par où se fait l'expulsion des substances excrétées, qui constitue le point de ralliement des membres de la colonie. A part cela, les individus n'ont aucun rapport entre eux.

« Les branches de *corail*, si estimées comme parures, avec leur solidité, leur apparence végétale, leur teinte magnifique, ont longtemps été une énigme pour la science... En réalité, les branches de corail ne sont que l'axe solide dépourvu de vie par lui-même, d'une colonie de polypes. » Ce sont les individus de ce groupe des gorgonidées qu'on nomme coralliaires. Les coralliaires offrent des cas d'agrégat à union dans les genres comprenant les *vérétilles* et les *pennatules*, que M. Perrier a étudiés en détail (*fig*. 22).

« Les vérétilles, dit le savant professeur, ont l'aspect d'une longue massue, dont un tiers est dépourvu de polypes, tandis que les deux autres tiers, plus renflés, portent un nombre considérable de ces animaux, incapables de se cacher dans la masse charnue sur laquelle ils prennent naissance... Chez les pennatules, l'axe se raccourcit de nouveau et s'épaissit... Des crêtes obliques s'épanouissent en larges feuilles latérales, serrées les unes contre les autres, soutenues par des nervures rayonnantes, formées de longs spicules et portant les polypes sur l'une de leurs faces. Ces feuilles

s'élargissent et s'allongent graduellement, du sommet de la tige
jusque vers son milieu, pour diminuer ensuite et laisser finalement un espace nu assez allongé, exactement comme le font les
barbes d'une plume; il en résulte pour la colonie une ressemblance réelle avec une grande plume d'oiseau, de là le nom de
pennatules et aussi de plumes de mer sous lesquels on désigne
ces étranges zoophytes... Dans aucune de ces colonies, les polypes
composants ne perdent
leurs personnalités. Elles
proviennent chacune d'un
œuf unique et conservent
toujours une forme rigou-
reusement définie, com-
posée, à la vérité, de
polypes indépendants,
mais offrant, en outre,
des parties qui produisent
ces polypes et dont aucun
d'eux ne peut revendi-
quer la propriété, des parties qui sont, en d'autres
termes, des organes de la
colonie et non des dépen-
dances des polypes. Tou-
tefois, ces parties com-
munes n'établissent au-
cun lien psychologique.
Chaque polype semble
ignorer totalement l'existence de ses voisins;
aucune sensation com-

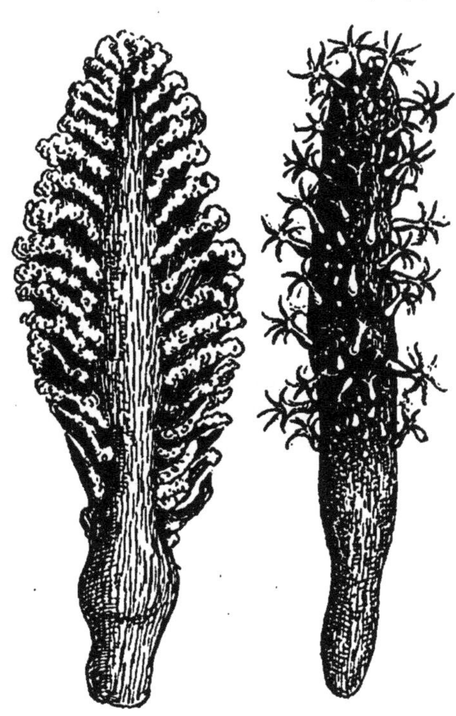

Fig. 22. — Coralliaires pennatules et vérétiles.

mune, aucun mouvement combiné ne paraît pouvoir se produire
dans cet assemblage d'êtres tous identiques et vivant chacun pour
soi... Les divers individus se suffisent à eux-mêmes; leur individualité demeure distincte. »

A côté des colonies de botrylles, de vérétilles et de pennatules,
qui sont des animaux maintenant classés, doivent être aussi
signalés ces êtres que M. Perrier qualifie d'intermédiaires, c'est-
à-dire tenant à la fois des végétaux et des animaux. Ce sont les
anthophysa, les *uvella*, les *codosiga* et les *dinobryon*, qui se
groupent également en colonies plus ou moins nombreuses.

« Les anthophysa forment de gros capitules [1] sphériques à l'extrémité de tiges plus ou moins ramifiées et flexueuses; les uvella et les codosiga se disposent en bouquets au sommet d'un long pédoncule. Les dinobryons, dont chaque individu possède un étui qui lui est propre, vivent en colonies ramifiées, arborescentes, d'une grande élégance... Chacun des individus composants conserve, d'une façon complète, sa personnalité, et ne contracte avec ses voisins qu'une union en quelque sorte mécanique; il en est tout à fait indépendant au point de vue physiologique. »

Tels sont les agrégats à union formés par des animaux et qui, dans la circonstance, prennent le nom spécial de colonies.

III

SOCIÉTÉS

Quand les agrégats ne sont pas à union, les membres composants sont, avons-nous dit, séparés l'un de l'autre ou les uns des autres. Selon notre perception, les animaux seuls sont aptes à en constituer. C'est à cette forme d'agrégation, plus parfaite que la première, que les naturalistes méthodiques réservent particulièrement le nom de société, et que M. Novicow a adopté.

A l'égard des groupements à union, nous avons parlé de l'indépendance de chaque membre vis-à-vis des autres, en ce qui concerne les fonctions vitales. — Cette indépendance est plus manifeste encore, quand il s'agit d'individus qui vivent en société, car ils sont indépendants, non seulement sous le rapport de ces fonctions, mais aussi en ce qui regarde leur personne physique même.

En effet, « la transition entre la colonie animale, que nous considérons comme un individu, et la société animale, se fait par transition insensible. On appelle généralement société un ensemble d'êtres vivants dont chacun, en particulier, est perceptible à notre regard et qui est séparé des autres membres du groupe par des espaces également appréciables pour nous [2]. »

« Ce sont des individus libres, dit le Dr Girod, qui se rap-

---

[1] Disposition spéciale, sur la tige, de plusieurs fleurs composées.
[2] Novicow.

prochent d'individus libres comme eux et forment des sociétés.
Dans ce cas, chaque élément associé conserve une complète
liberté d'action ; il peut, dans une certaine mesure, se séparer de
l'ensemble et mener une vie indépendante ou entrer dans de
nouvelles combinaisons sociales. »

Mais quelle est alors la base des rapports sociaux ? — Elle est
purement morale et se traduit par certains mouvements, par
exemple, qui témoignent que les individus sont en relation, en
communication quant aux sentiments, aux idées.

« Il est extrêmement difficile, dit encore M. Novicow, de
déterminer ce que c'est qu'une société.

« Un amas de grains de sable ne peut, certes, pas être appelé de
ce nom. Le simple contact des parties composantes ne forme pas
une société, il faut *une action réciproque* de ces parties les unes
sur les autres. »

C'est de la sorte que se comportent les uns à l'égard des autres
des animaux domestiques appartenant à une même espèce, ayant
ou non des auteurs communs.

Qui n'a déjà vu des chiens, vivant en bonne intelligence, se
mettre à courir les uns après les autres et à tour de rôle, comme
font les enfants qui s'amusent ? — Les chats savent aussi s'amuser entre eux, surtout quand ils ne sont âgés que de quelques
semaines.

Il n'est pas besoin de multiplier ici les exemples, car, tous,
nous assistons chaque jour aux manèges des animaux désireux
d'entrer en relation, manèges incompréhensibles pour nous, la
plupart du temps, mais qui ne sont pas moins des signes évidents
de leur sociabilité.

Des êtres d'espèces différentes même contractent parfois des
liens sociaux dénotant jusqu'à une profonde sympathie. Cela
arrive surtout lorsque, dès l'enfance, ils y ont été préparés par
l'éducation.

Les exemples en sont si nombreux que l'on ne peut les révo-
quer en doute. « J'ai lu quelque part, dit le naturaliste B. Rousse,
qu'un petit cochon d'Inde était devenu ami si intime avec
un chat et un chien, qu'il venait régulièrement en hiver partager
avec eux le coin de la cheminée, où il se livrait à une foule de
petites familiarités et d'agaceries que ceux-ci recevaient fort
bien [1]. »

---

[1] *Instinct, mœurs et sagacité des animaux.*

Qui n'a eu l'occasion d'être témoin de scènes semblables ?

Longeant, un jour, l'avenue d'Orléans, à Paris, j'avisai un rassemblement de gens qui tantôt stationnaient, tantôt se mettaient en marche, hâtant plus ou moins le pas, tandis que se succédaient, rapides, des gestes, des attitudes diverses et des soubressauts qui paraissaient l'expression d'un état d'âme pas ordinaire. — Tout cela, certes, était de nature à attirer même celui qui d'habitude donne le moins de prise aux exhibitions fantastiques qui ont lieu à tous les instants de la journée et du soir sur les voies passantes de la capitale, on dirait en mouvement perpétuel.

Comme la plupart des promeneurs ou des affairés se trouvant sur mon chemin, je me laissai dominer par la curiosité et conduire vers le théâtre des événements. S'agit-il d'une rixe ? — Est-ce un pauvre diable en ribote, dont les excentricités, comme toujours, font rire aux anges les badauds parisiens ? — C'était tout simplement un individu qui promenait un énorme chien et un petit singe. Mais la cause des ébats de tout ce monde n'était autre chose que des tours acrobatiques que le chien faisait exécuter par son ami le singe, un moment à califourchon sur son dos, un autre moment accroché à lui la tête en bas, sous son ventre, ou cramponné à son cou, pourléchant le museau du dogue, l'embrassant, ainsi que pensaient bien haut quelques témoins de cette scène vraiment comique et qui témoignait d'une longue et profonde intimité entre ces deux bêtes pour l'ordinaire ennemis mortels. D'ailleurs, les exemples de chiens vivant dans la société des singes ne sont pas rares. Les dresseurs d'animaux en tirent grands bénéfices dans les cirques et les foires.

M. V. Meunier, dans son ouvrage sur *Les Grandes Pêches*, parle assez longuement d'une parfaite intimité qui a existé entre un phoque et deux petits chiens du Muséum d'Histoire Naturelle, ceux-ci, par taquinerie, montant sur le dos de l'amphibie, aboyant après lui, le mordillant même, légèrement, lui de répondre à ces marques d'amitié par de petits coups de pattes tout à fait inoffensifs, et « qui avaient plutôt pour objet de les exciter que de les réprimer... Lorsque le froid se faisait sentir, tous ces animaux se couchaient très rapprochés les uns des autres, afin de se tenir chauds mutuellement. »

Il est d'autres bêtes, peu apprivoisées généralement, chez lesquelles cependant se rencontre souvent de l'affection pour des congénères qui semblent, par leurs mœurs, n'avoir aucun penchant sympathique particulièrement à l'égard de celles avec lesquelles on les voit faire échange de sentiments intimes.

« M. Toscan a raconté, dit le Dr de Courmelles, l'amitié touchante qui a lié pendant longtemps un lion de la ménagerie du Muséum et un jeune chien. »

Au moment où j'écris ces lignes, les visiteurs du Jardin d'Acclimatation de Paris assistent à un spectacle des plus curieux, auquel, moi aussi, j'ai assisté, en compagnie de quelques-uns de mes compatriotes, qui peuvent me contredire, si j'exagère. Je veux parle· des exercices amusants et assez variés qu'un dompteur américain, récemment engagé par l'Administration de cet établissement, fait exécuter aux animaux d'une petite ménagerie composée de lions, tigres, jaguars, panthères, ours, chiens et autres quadrupèdes de faible taille, tous placés dans une même cage dans laquelle ils se promènent librement, s'amusent à courir les uns après les autres, à se faire des niches en se mordillant la queue, les oreilles, en se donnant de légers coups de pattes, tout en roulant pêle-mêle sur le plancher. — Jamais ces jeux, qui rappellent parfois ceux des enfants adultes, ne dégénèrent en querelles. — D'ailleurs, dès que l'un d'eux, fatigué, désire se reposer, il n'a besoin que d'une insignifiante démonstration, il n'a, par exemple, qu'à ouvrir sa large gueule armée de grandes dents, pour qu'on voie son partenaire, quel qu'il soit, quitter la partie, se porter vers un autre ayant encore de l'entrain ou aller, lui aussi, se coucher ou s'*asseoir* tranquillement sur une banquette qui lui est spécialement destinée.

La sociabilité de certaines bêtes se donne également libre carrière parfois, quand elles se trouvent dans le voisinage de l'être humain.

Les personnes qui fréquentent les jardins de promenade de Paris peuvent tous les jours voir, principalement au Luxembourg, les moineaux venir familièrement, au premier appel, se poser et prendre des miettes de pain sur la main des visiteurs. Quant aux oiseaux tout à fait domestiqués, entre autres les colombes et quelques passereaux de volière, ils *se perchent* volontiers sur les épaules et les bras de leur maître pour prendre la becquée qu'il leur offre.

Mais voici un cas bien plus frappant et qui montre jusqu'à quel degré est cultivable la sociabilité même du fauve.

Le dompteur américain dont nous parlons plus haut ne fait pas qu'habituer ses bêtes à vivre en société. Il se tient en personne au milieu d'elles, tout comme s'il se fût agi d'animaux domestiques.

Chiens, lions, tigres et ours surtout passent continuellement entre ses jambes, s'accrochent à ses vêtements, grimpent, quand il est assis, sur ses genoux et lui lèchent la figure, en signe de caresses. Il va jusqu'à leur présenter des morceaux de sucre qu'il tient entre ses lèvres et qu'ils prennent sans que leur maître ait besoin de faire le moindre mouvement pour se garantir d'un coup de griffes ou de dents. Et voulant qu'ils exécutent quelque tour, il n'a qu'à les appeler successivement par leur nom et, par un geste, qu'à indiquer à chacun ce qu'il doit faire pour que le tour soit aussitôt et exactement joué.

Après un si beau résultat, se peut-il que l'atavisme, un jour, vienne rompre les frêles mailles de cette éducation qui a coûté tant d'efforts patients, et pousser le fauve à assouvir l'instinct sanguinaire inhérent à sa race ? — C'est là le plus souvent, dit-on, le dernier mot sur lequel le rideau tombe. Quel que soit l'oracle de Calchas, nous sommes ici en présence de vrais lions, de tigres et de panthères réels qu'on voit courir, se rouler sur leur plancher, qu'on entend grogner, rugir et pousser des rauquements, sans inspirer même de l'inquiétude à leur maître.

Ces seuls exemples suffisent, je pense, à montrer que les bêtes sont capables de se constituer en société, c'est-à-dire de former un agrégat où les individus entrent en relation et font échange de sentiments, d'idées, de sympathies, tout en gardant leur liberté complète les uns vis-à-vis des autres. — Enfin, nous avons vu qu'entre elles et l'être humain, la vie en société est pratiquée aussi à un haut degré.

Nous passons maintenant à une troisième forme, encore plus parfaite, que peut revêtir l'équilibre. Elle se réalise quand les individus, non seulement font échange de sentiments, mais, en outre, profitent de leur proximité pour se rendre mutuellement service. Avec le Dr Girod, je réunis les agrégats de cette troisième catégorie sous la dénomination d'association.

L'analyse de cette nouvelle forme de l'équilibre exigeant un plus ample développement que les deux premières, nous lui consacrerons un chapitre spécial.

CHAPITRE XI

ASSOCIATIONS

Avant de montrer des individualités agissant en associées, esquissons les traits généraux de ce genre de groupement.

Toute association constitue un état où des individualités établissent entre elles des rapports à la suite desquels elles exercent les unes sur les autres une action favorable et accomplissent des actes dont chacune est appelée à tirer un avantage quelconque pour sa propre conservation et celle de toute la communauté. La base du groupement réside donc ici dans une mutualité de services tendant au bien individuel et au bien collectif.

Caractérisant cette sorte d'agrégation, le Dʳ de Courmelles s'exprime en ces termes : « Les associations ne peuvent exister qu'à la condition que l'égoïsme individuel ne nuise pas aux autres. En outre, si l'individu se soumet, abdique sa part d'autorité, il doit recevoir autre chose en compensation [1]. »

Et le Dʳ Girod dit à son tour : « Profiter des avantages que peut offrir un hôte donné, et rendre en même temps à son hôte les services dont on est capable, tel est le principe des associations mutuelles [2]. »

S'il est une autre observation importante à faire, c'est celle-ci que l'association doit être considérée comme une résultante de l'agrégat à union et de la société, puisqu'on y trouve les deux caractères distinctifs des deux formes précédentes de l'équilibre. En d'autres termes, dans l'association, les individualités peuvent ou être unis physiquement, ou demeurer à l'état d'isolement, car, encore une fois, ce qui la caractérise, ce qui y est essentiel,

---

[1] *Les facultés mentales des animaux.*
[2] *Les sociétés chez les animaux.*

c'est ceci que, entre les éléments associés, il y a action et avantage réciproques.

Ces considérations générales établies, exposons maintenant le mode d'organisation de quelques-unes des associations qui ont été observées, étudiées profondément par des hommes compétents et sur lesquelles tout doute est désormais levé.

En lisant les lignes qui précèdent, le lecteur a dû ne porter son attention que sur les êtres organisés, en particulier sur ceux appartenant au règne animal. — Tout ce que nous avons dit s'applique pourtant à certaines individualités inorganiques également. Le monde inorganique, en effet, nous présente déjà quelques combinaisons qui sont de véritables associations, inconscientes, c'est vrai, mais dont il est utile d'avoir connaissance, parce qu'elles expliqueront à l'avenir bien des phénomènes organiques, en même temps qu'elles justifieront le caractère universel qu'on est unanime à reconnaître au principe de l'association considéré dans son essence.

Parlons donc d'abord du monde inorganique.

I

MONDE INORGANIQUE

Dans ce qu'on appelle monde inorganique, « deux corpuscules en contact peuvent, dit M. Novicow, se trouver de force égale, soit que cette égalité, purement mécanique, dépende seulement de la masse, soit qu'elle dépende de l'affinité chimique ou biologique. — Dans ce cas, aucun des corpuscules n'absorbe l'autre. Chacun garde sa personnalité distincte. Mais si leur contact produit un avantage pour tous les deux, ils peuvent demeurer associés... Cependant, les unités ayant formé une association vont se trouver dans des conditions de milieu entièrement nouvelles et subir des actions diverses. Cela amènera entre elles une différenciation inévitable qui produira un système nouveau. Chaque corpuscule subira l'incidence des forces environnantes et jouera un rôle particulier ; alors il s'établira entre eux une *hiérarchie*, une *subordination mutuelle*. » Dans ce cas aussi, ils réaliseront une association à union.

Eclairons cette loi fondamentale par des exemples tirés de cer-

tains phénomènes astronomiques, l'astronomie constituant un
vaste domaine où nous rencontrons des éléments inorganiques
associés et dont les relations concordent avec ce que nous allons
dire des éléments constitutifs des associations entre êtres organisés.

Commençons par les atomes.

« Tous les atomes de l'univers, a écrit M. Novicow, se trouvent
en relation entre eux. Tous exercent une action quelconque
les uns sur les autres, mais ces actions varient d'intensité
et deviennent parfois si faibles qu'elles échappent à nos sens
grossiers. »

L'exactitude de cette observation peut se vérifier en maintes circonstances où, à défaut d'une perfection suffisante de la vue, nous
parvenons, grâce à des instruments d'optique perfectionnés, à
nous rendre compte de choses qui, sans cela, nous semblent
inexistantes.

En ce qui concerne les atomes, on sait que chacun, « en même
temps qu'il est soumis aux lois de la gravitation universelle, possède
en lui la force d'attraction qui est inhérente à la matière et forme
la première loi d'agrégation des corps [1] ».

Donc l'atome, sous l'action de cette force, peut s'approcher de
l'atome et, ne possédant point le pouvoir d'absorber son semblable,
s'unir à l'atome pour constituer la première association à union
qui ait pris naissance dans l'univers. — Mais ce phénomène n'a
lieu qu'après la disparition de toute cause de conflit et que quand
est achevée la juxtaposition des unités atomistiques. Cela étant,
on doit dire que le résultat, inconsciemment produit, est, à l'avantage de chaque atome, la constitution d'une individualité supérieure quant à la masse et à la puissance nécessaire pour résister aux influences environnantes.

De la même manière et d'une façon identique, des associations peuvent se former entre des masses moléculaires
inorganiques, comme cela arrive pour certaines substanses
chimiques. Le sel commun, dit sel de cuisine, sel marin, muriate
de soude, etc., peut ici nous servir de type. Analysé, le sel, en
effet, donne comme composants du chlore et du sodium ou na-
trium, deux corps simples dont le premier est gazeux à la température ordinaire et d'un jaune verdâtre, et le second blanc, mou
et métallique. Aussi, le sel est-il quelquefois désigné sous le nom
de chlorure de sodium. Mises en contact, aucune des deux subs-

<hr>

[1] L. JACOLLIOT, *La genèse de la terre et de l'homme*, p. 36.

lances n'ayant le pouvoir d'absorber l'autre, elles s'associent et forment cette substance nouvelle que nous appelons sel. — Qu'advient-il, au contraire, quand le contact a lieu pour le platine et l'hydrogène, par exemple? — Il advient que le platine absorbe dans ses pores l'hydrogène, qui alors change d'état et, de gazeux, devient liquide.

L'avantage qui résulte ici pour le sodium et le chlore est que l'association leur permet de résister à l'action dissolvante de certains éléments. — Ainsi, le sodium s'oxyde rapidement à l'air. Associé, il échappe à l'oxydation, de même que le chlore, en la circonstance, se conserve dans tout milieu non liquide ou humide, alors qu'isolé il se liquéfie à 0° à la pression de 6 atmosphères. — L'association procure donc aux deux substances un avantage qu'elles n'ont pas, à l'état d'isolement.

Quant aux nébuleuses, elles sont absolument inaptes à produire entre elles un tel groupement, puisque ces masses, dans leur individualité, gazeuses ou liquides, sont destinées fatalement à cesser d'être, soit sous l'influence de la loi d'absorption, soit à la suite de la condensation de leurs substances. La nébuleuse est absorbée ou se transforme en corps céleste.

Tel n'est pas le cas pour les corps célestes eux-mêmes, au point de vue des systèmes qu'ils concourent à former. — C'est ici que nous trouvons, quant au monde inorganique, le plus bel exemple d'association où les individualités demeurent isolées les unes des autres.

A cet égard, on se souvient sans doute de tout ce que nous avons écrit relativement aux luttes entre les individualités sidérales, luttes à la suite desquelles se sont constitués ces groupements de corps nommés systèmes planétaires. Chaque système consiste en un monde autour duquel un ou plusieurs autres, subordonnés à lui, gravitent sous le nom de satellites.

On compte d'abord le système solaire qui se compose du Soleil, dont les satellites sont Jupiter, Saturne, Uranus, Neptune, Mercure, Vénus, la Terre, Mars et plus de deux cents petites planètes invisibles à l'œil nu, parmi lesquelles est Camille, découverte par l'astronome Pogson, qui l'a ainsi dénommée en l'honneur de M. Camille Flammarion[1].

A part le système solaire, on connaît jusqu'ici cinq systèmes planétaires : celui de Jupiter, qui comprend cette planète autour de laquelle tournent les satellites Io, Europe, Ganymède et Cal-

---

[1] Voir JACOLLIOT, *Genèse de la terre*, etc.

listo; celui de Saturne, qui compte Saturne avec ses satellites Mimas, Encelade, Téthys, Dioné, Rhéa, Titan, Hypérion et Japet, sans parler de l'anneau de la planète centrale, anneau qui gravite à l'instar d'un satellite; le système uranien, qui se compose d'Uranus et des satellites Ariel, Umbriel, Titania et Obéron ; le système neptunien, qui comprend Neptune, autour duquel gravite un satellite non encore dénommé. Il a été découvert par l'astronome anglais William Lassel, en 1846. Enfin, nous avons le système terrestre, formé par la Terre, avec la Lune pour satellite.

Comment ces groupes se sont-ils constitués?

Nous savons que, durant la longue période de leur condensation, les corps célestes luttent entre eux sous l'influence de causes plus ou moins durables, entre autres le besoin d'absorption de matières cosmiques nécessaires à leur développement. A un moment donné, ces matières se sont trouvées épuisées jusqu'à la distance à laquelle s'étend la force attractive du corps victorieux. D'où disparition de cette cause de lutte.

« Les causes perturbatrices étant de plus en plus éliminées, les corps du système solaire se mirent à parcourir des trajectoires de plus en plus constantes. Il s'est opéré comme un compromis entre les différents compétiteurs, et des mouvements coordonnés ont remplacé des mouvements désordonnés [1]. »

Ce que dit M. Novicow du système solaire s'applique à tous les systèmes planétaires.

Mais dans quelles conditions s'opèrent ces mouvements coordonnés? M. Jacolliot répond : « Nous avons vu que tous les corps s'attirent en raison de leur masse ; or, le Soleil étant la masse la plus importante de tout notre système, comme conséquence, tous les corps devraient se précipiter sur lui, s'ils n'étaient retenus par une force de projection qu'on a appelée *force centrifuge.* »

La force sous l'influence de laquelle les corps attirés se dirigent vers le Soleil se nomme *force centripète,* c'est-à-dire force qui tend à les amener vers le centre solaire (latin : *petere,* gagner ; *centrum,* le centre).

Puisque, sous l'action de cette force, les corps attirés par le Soleil ne vont point se jeter sur l'astre, il est de toute évidence que, dans le sens contraire, s'exerce une autre force. Elle prend le nom de force de projection, ou force centrifuge, c'est-à-dire

[1] Novicow.

force qui tend à éloigner les corps du centre solaire (latin : *fugere*, fuir ; *centrum*, le centre).

C'est également sous l'influence d'une force centripète que chacun des satellites gravite autour de sa planète et grâce à l'influence d'une force centrifuge qu'il ne va pas s'y heurter.

La force centripète donc correspond à l'attraction qu'exercent le Soleil, Jupiter, Saturne, Uranus, Neptune et la Terre sur leurs satellites.

Alors, à quoi correspond la force centrifuge qui éloigne ces satellites du corps attirant ? — D'abord à l'impulsion primitive que chacun a reçue et qui le fait circuler dans l'espace, ensuite à l'attraction qu'exercent aussi sur chacun les autres corps placés dans son voisinage, attraction opposée à celle de la planète attirante, enfin, aux attractions contraires qu'exercent sur celle-ci d'autres corps de l'espace. Ainsi, tandis que le Soleil attire dans un sens la Terre, elle subit, dans des sens divers et contraires, l'attraction de Vénus, de Mars, de Jupiter et d'autres planètes, sur lesquelles elle réagit à son tour. — C'est ce qu'expliquent les lignes suivantes de M. Novicow : « Notre Terre subit l'attraction du Soleil ; le Soleil, à son tour, subit l'attraction des étoiles de notre amas stellaire ; notre amas stellaire subit les attractions des autres, et ainsi de suite. »

Du fait que les corps attirés ne vont pas se jeter sur ceux qui les attirent, résulte cette vérité scientifique que la force de projection, ou force centrifuge, se dégage avec une puissance égale à celle de la force centripète. « On conçoit dès lors que, la force centrifuge et la force centripète étant égales, tous les corps, attirés et repoussés par des forces égales, continuent à graviter dans un *équilibre constant* [1]. »

De cette égalité de forces qui se neutralisent, dit encore l'auteur, naît l'équilibre universel.

Donc « les différentes attractions se sont pondérées, neutralisées, détruites réciproquement, et les corps du système ont fini par acquérir des mouvements rythmiques d'autant plus permanents que les causes perturbatrices ont été plus radicalement éliminées [2] ».

Tel est l'équilibre parmi les corps célestes.

Peut-on donner à cet état le nom d'association ?

[1] Jacolliot, même ouvrage.
[2] Novicow.

Absolument. — En effet, encore avec M. Jacolliot, supposons pour un instant que le Soleil vienne à disparaître ; la Terre et les planètes, animées de leur force de projection, continueraient leur course en ligne droite, sans jamais s'arrêter, ni diminuer de vitesse.

Il n'est pas besoin de se demander si une conflagration dans l'univers eût été la conséquence d'un tel état de choses, de ces courses désordonnées, sans but et sans lois directrices.

Mais il n'en sera rien, grâce aux principes de l'attraction et de la gravitation universelles, d'où découle l'équilibre.

Or, entre les individualités célestes, il y a échange de services, en vue de réaliser cet équilibre. Donc, les corps célestes forment comme une vaste association où les diverses parties constituantes sont isolées les unes des autres et agissent autant pour le bien individuel que pour celui de la collectivité.

<h2 style="text-align:center">II</h2>

<h2 style="text-align:center">MONDE ORGANIQUE</h2>

Nous occupant maintenant du monde organique, nous nous trouvons transportés sur un domaine plus riche encore en associations, et nous nous retrouvons en face des deux modes de groupement qui viennent de s'offrir à notre observation, c'est-à-dire l'association à union et l'association où les parties ne sont point liées physiquement.

Mais, de plus, l'association se forme ici ou pour un temps limité, ou d'une manière permanente.

Pour un temps limité, les êtres se rassemblent en vue de poursuivre un but et se séparent aussitôt qu'il est atteint ou quand ils reconnaissent qu'il n'y a pas possibilité de l'atteindre, sans que chacun s'inquiète ensuite de ce qu'il advient de ses anciens compagnons.

Nul lien durable n'assure, par conséquent, la persistance du groupement. — Dans l'association permanente, au contraire, les individus s'unissent par des liens étroits qui persistent jusqu'à ce qu'un seul membre survive aux autres, les entreprises, pendant ce temps, s'exécutant à mesure qu'elles s'offrent à l'activité de la communauté. D'ordinaire, certains faits, par exemple la construction d'une demeure commune ou d'habitations fort voisines, viennent donner la consécration aux liens moraux déjà existants et faire naître une solidarité invariable et indissoluble.

C'est en envisageant ce second aspect de l'association que M. Vuillemin dit que les individus qui s'y soumettent sont quelquefois si bien adaptés à cette vie en commun qu'ils ne sauraient s'y soustraire, même alors qu'ils en ont la faculté.

Si nous abordons l'étude des associations à union d'abord, nous en constaterons au sein même de l'organisme, où elles peuvent être simples ou complexes.

Sans remonter jusqu'à l'atome organique, à la molécule et au protoplasma chez l'animal, nous parlerons, pour commencer, des associations formées de cellules ou plastides.

Déjà nous avons dit que les cellules ou plastides présentent la première forme douée d'une vie propre et capable d'une évolution supérieure.

Ce sont des agglomérations moléculaires et organiques qui ont reçu la faculté de se reproduire comme de vivre isolément, auquel cas il n'y a pas association. Mais aussi, nées les unes des autres, elles peuvent demeurer unies et présentent alors depuis la forme la plus simple jusqu'à la plus complexe.

« Tous les embranchements nettement séparés du règne animal commencent, en effet, par des formes simples, permettant, dans les embranchements inférieurs, transitoires, et constituant des formes larvaires dans les embranchements supérieurs [1]. »

La première forme d'association cellulaire et la plus simple qu'on rencontre est celle désignée par M. Perrier sous le nom de *méride*. C'est un groupement double de cellules qui s'observe, par exemple, dans l'*olynthus primordialis*, de la classe des éponges ; dans la *protohydra leuckarti*, du groupe des polypes ; dans le *nauplius*, parmi les arthropodes.

Comme les plastides ou cellules, les mérides se reproduisent, vivent isolément ou s'associent. « De même que nous avons appelé mérides les associations de plastides, nous appellerons *zoïdes* toutes les associations de mérides [2]. »

Ce second degré d'association, plus complexe que le précédent,

---

[1] Ed. Perrier, *Le Transformisme*, p. 155.
[2] *Id.*, p. 160.

peut donner naissance à une combinaison plus complexe encore.

En effet, « les zoïdes peuvent croître, bourgeonner et se multiplier par voie agame [1] », comme les mérides.

« Si les zoïdes demeurent unis, ils constituent ce que nous appellerons un *dème*. Les dèmes peuvent se présenter, comme les zoïdes, sous la forme collective ou sous la forme individuelle. »

La forme individuelle est celle de l'animal parfait dans son genre. « Dans ce dernier cas, les différents zoïdes composant un animal ne sont autre chose que les *régions de son corps* [2]. »

Enfin, si nous nous trouvons, à la suite de bourgeonnements, en présence de ce qu'on nomme les organes extérieurs et parfaitement caractérisés, nous aurons un animal appartenant à un des ordres d'animaux supérieurs.

Plus que jamais, les membres de l'association sont indissolublement unis.

« Toutes les parties, liées entre elles par une solidarité de plus en plus grande, finissent par devenir inséparables. Ce ne sont plus les parties, c'est la *colonie* elle-même qui mérite désormais le nom d'individu [3]. »

Comme pour marquer une transition entre l'association à union et celle où les individus vivent séparés les uns des autres, la nature a créé des êtres pouvant tantôt mener une vie solitaire, tantôt faire partie d'un groupe avec adhésion physique.

« Si l'on cherche de semblables associations dans la série animale, on rencontre déjà chez les protozoaires des groupements de cellules qui, d'abord libres et indépendantes, se rapprochent et forment des associations plus ou moins compactes [4]. »

Parlant des *monères* et de la *monobia confluens*, M. Perrier nous apprend qu'à côté des groupes on trouve très fréquemment des individus isolés.

« Ces individus, ajoute le savant, ne sont pas, du reste, condamnés à un isolement perpétuel : leur forme même semble indiquer qu'ils sont en voie de division et s'apprêtent à fonder des colonies ; on les voit aussi, quand ils rencontrent une colonie

---

[1] Consistant en bourgeonnement, c'est la gemmiparité : ou en scission, qui est la scissiparité. Dans le second cas, l'animal se sépare en deux ou un plus grand nombre de parties semblables qui vont chacune où bon lui semble, vivant et se reproduisant de la même manière.

[2] PERRIER, *Transformisme*, p. 160, 161.

[3] PERRIER, *Les colonies animales*, etc., p. 113.

[4] Dr GIROD, *Les sociétés chez les animaux.*

déjà formée, *souder* leurs pseudopodes [1] à ceux de quelqu'un des individus associés et prendre rang dans la colonie.

« Ainsi, dans les *monobia*, l'association n'a rien d'essentiel ni de permanent ; elle peut se former ou se défaire suivant les circonstances. Faut-il admettre que la volonté des individus composants soit pour quelque chose dans ces alternatives ? »

L'auteur répond à sa question par l'affirmative et observe que les mouvements qu'opèrent les individus associés émanent de l'intérieur et que la fusion de deux pseudopodes n'est pas fatale, quand a lieu leur rencontre.

« Une volonté suppose, d'ailleurs, ajoute-t-il, des sensations, obscures peut-être, mais réelles ; et l'on comprend alors que les divers individus d'une colonie, ayant chacun tout ce qu'il faut pour mener une vie indépendante, demeurent ensemble, s'isolent ou se réunissent après s'être séparés, suivant que les circonstances sont plus propres à l'un ou l'autre des genres de vie qu'ils peuvent mener [2]. »

Le même fait se produit dans certaines associations de polypes, dans celles des *bougainvilleas*, des *clodonemas*, etc.

Ces associations comptent, sous forme de bourgeons, trois catégories d'individus et une enveloppe, semblable à une fleur, qui les abrite tous.

« La limpide corolle de cette fleur animale palpite comme un cœur ; bientôt la fleur s'agite, se détache, se sauve, et, délaissant pour toujours la vie monotone de ses parents demeurés fixés au sol, nage dans l'eau qui l'entoure avec tous les caprices d'un papillon... C'est bien un véritable animal, ayant sa volonté, sa conscience, possédant tout ce qu'il lui faut pour vivre et vivre longtemps. Cet animal est désigné sous le nom de *méduse* [3]. »

Cette particularité de la méduse nous mène aux associations où les individualités vivent séparément.

Nous n'en citerons pas ici, car il en est longuement question plus loin.

Il nous reste à montrer que de semblables groupements constituent de véritables associations, je veux dire des agglomérations où chaque individu trouve un avantage quelconque.

« Dans les associations, dit le Dr Girod, interviennent, entre les individus réunis, un échange d'idées et une entente préalable

---

[1] Filaments tenant lieu de pieds.
[2] *Les colonies*, etc., p. 63, 64.
[3] Ed. Perrier, *Le Transformisme*, p. 172.

vers un but déterminé... Il se manifeste une véritable volonté
d'utiliser les forces et les aptitudes des individus associés. »

Alors s'observent des agglomérations dans lesquelles on trouve
soit une seule fonction, soit deux ou un plus grand nombre
d'occupations différentes, et depuis le groupement où les composants remplissent tous la même ou les mêmes fonctions jusqu'à
celui au sein duquel se montrent des individus ou de petits groupes
distincts et affectés chacun à une tâche spéciale. C'est, dans le
dernier cas, l'application du grand principe économique qu'on
nomme *la division du travail*.

Voyons, en premier lieu, quelques associations à une seule
fonction.

1° Associations à une seule fonction

Nourriture. — Le premier mobile de l'association chez les
êtres organisés a, sans doute, été, aussi loin qu'on pourrait remonter dans l'histoire du règne organique, le besoin de nourriture, de
même que la nécessité de se nourrir a été la première cause de
leurs conflits.

Sous ce rapport, l'association, comme a écrit M. Novicow, commence aux échelons les plus inférieurs de l'animalité.

Examinons d'abord des associations à union.

Les *monères* présentent un cas de groupement de ce genre,
dans le groupe appelé *myxodictum social*, composé d'individualités
distinctes. « Ce sont, dit M. Perrier, de petits grumeaux plus ou
moins sphériques, entourés de toutes parts de pseudopodes ramifiés et rayonnants... L'association est un phénomène consécutif
qui n'exclut pas une individualisation complète des sphérules et
qui ne se produit que parce qu'elle est, dans certains cas, avantageuse, ayant pour conséquence de *faire profiter tous les individus
associés des bonnes captures de chacun.* »

Pour cela, « les courants protoplasmiques charrient de l'un à
l'autre les particules alimentaires. C'est le communisme dans toute
l'acception du mot [1] ».

Plusieurs groupes de coralliaires, entre autres celui connu sous
le nom de *tubipore*, offrent un phénomène identique.

« Les tubipores de l'océan Pacifique constituent des masses

---

[1] Ed. Perrier, *Les colonies animales*, p. 62.

compactes, formées de tubes calcaires cylindriques, presque droits, de couleur rouge foncé, dans chacun desquels habite un polype. Des planchers calcaires continus unissent de loin en loin tous ces tubes entre eux, et un réseau vasculaire[1] assez complexe met les divers polypes en rapport étroit de nutrition les uns avec les autres. »

Comment s'effectue la nutrition ?

« Le réseau envoie vers chaque polype un certain nombre de branches, plus fines que les autres, venant s'ouvrir directement dans la cavité viscérale. Ainsi, les matières alimentaires élaborées par tous les individus passent aussitôt dans le système vasculaire commun et sont également réparties dans toutes les régions de la colonie ; c'est (encore) le communisme dans toute l'acception du mot[2]. »

On en doit dire autant du *rhipidodendron*, groupement composé d'infusoires flagellifères. Ici, la coopération est même bien plus manifeste.

« Une merveilleuse activité règne dans ce petit monde ; l'eau ambiante, constamment fouettée par les flagellums vibratiles, circule rapidement autour de lui, apportant sans cesse l'air nécessaire à la respiration et les matières alimentaires que chaque infusoire saisit au passage[3]. »

Si, des groupes à union, nous portons nos regards sur ceux où les individus sont, physiquement, indépendants les uns des autres, nous en trouverons parmi les animaux inférieurs comme dans les rangs de ceux les plus parfaits en organisation et depuis l'association à deux membres jusqu'à celle où le nombre des associés atteint un chiffre considérable.

Ainsi, le petit insecte appelé *scarabée doré*, ou *bousier*, fait de la proie qu'il trouve en son chemin une boulette, afin de la conduire facilement, en la roulant, à l'endroit où il pourra, en toute sécurité, la dépecer. — Parfois il est incapable, étant seul, de la rendre à destination, soit à cause de la pesanteur de la masse, soit en raison des aspérités du sol. Alors, vite, il court chercher un de ses pareils.

« Les deux copains travaillent comme associés ; l'un poussant, l'autre tirant, ils achemineront la boule en lieu sûr, et s'accouderont à la même table[4]. »

[1] Formé de vaisseaux ou canaux.
[2] Perrier, *même ouvrage*, p. 276, 277, 292
[3] *Id.*, p. 132.
[4] Rawton.

D'autrefois, il s'agit d'une proie à capturer. Ici, le plus souvent, l'effort d'un seul est insuffisant, quand surtout il faut livrer bataille ou déployer beaucoup d'habileté et d'activité. Alors les bêtes organisent des associations présentant des degrés divers de complexité : l'alliance momentanée, la famille, le troupeau, la bande.

« Les *loups* s'unissent en meutes, dit le Dr Girod, pour réduire le bœuf ou le cheval. »

D'après le capitaine Franklin, les loups forment une ligne, pour envelopper les rennes et les pousser vers les précipices où ils dévorent leurs cadavres. « Nos *chiens* de chasse, fait-il observer, manifestent au plus haut point cette entente pour la poursuite et l'attaque du gibier. Aussi retrouvons-nous dans les chiens sauvages des habitudes semblables. »

Les *colsuns* forment l'espèce la plus connue de ces derniers.

Selon Brehm, à la chasse, ils se distinguent des loups par leur courage et les bons rapports où ils vivent entre eux.

« Dès que la meute a aperçu une proie, elle la poursuit avec persévérance et se divise pour lui fermer la retraite. »

Parmi les bêtes à plumes, on peut citer les *pélicans blancs*, qui savent également s'associer, en vue d'une pêche. Nous en avons déjà parlé dans le chapitre v, § 5.

Le monde des eaux offre aussi des associations analogues, par exemple chez les dauphins gladiateurs. « Ils se montrent très voraces, entreprenants, dit M. Rawton, et ne craignent pas d'attaquer la baleine... Une bande de ces maraudeurs des mers entoure l'énorme cétacé, le harcèle, le fatigue de morsures et le force à ouvrir une gueule de 4 mètres de diamètre. C'est le moment attendu. Alors tous se précipitent, à l'envi, sur la langue épaisse et molle du monstre, la déchirent en lambeaux, la dévorent à belles dents. »

Jusqu'ici les individus que nous avons vus associés sont tous semblables. — Quelquefois aussi des bêtes appartenant à des espèces différentes se groupent en vue de pourvoir à leur subsistance ; elles s'entendent, du moins, pour agir, de telle sorte qu'on est fondé à dire qu'elles s'associent.

Ainsi, certaines *fourmis* et un coléoptère du nom de *clariger* sont des associés dignes de notre attention.

Parlant de ces insectes d'espèces différentes, M. Rawton dit que les intérêts qui lient leur existence ont été confirmés récemment par des observations ingénieuses dues au pasteur Muller.

« Ce naturaliste, intrigué à la vue d'une *association* si singulière, emporta chez lui, dans un grand bocal de verre, une fourmilière complète, avec la terre, les mousses et les habitants, clavigers et fourmis... A l'aide d'un pinceau trempé dans l'eau et dans le miel délayé, il humecta les parois du vase et des brins de mousse ; puis il déposa çà et là quelques fragments de sucre et des fruits murs, afin que chaque bestiole pût trouver nourriture à son goût. Les fourmis arrivèrent successivement et se mirent à attaquer avec avidité l'eau et les provisions. Quelques clavigers survinrent et passèrent outre, sans s'occuper nullement de participer au festin.

« Le naturaliste songeait à trouver un autre aliment pour les clavigers, qui n'avaient touché à rien de ce qui avait été mis à leur disposition, lorsqu'il en vit un faire la rencontre d'une fourmi gorgée de nourriture. Les deux insectes restèrent immobiles. M. Muller redoubla d'attention, et il fut témoin du fait le plus inattendu... Chaque fois qu'une fourmi repue rencontrait un claviger affamé, celui-ci flairait la nourriture et demandait sa part en dressant tête et antennes, qu'il dirigeait vers la bouche de la fourmi. Après un palper réciproque, le coléoptère ouvrait la bouche, et la fourmi l'emplissait de la nourriture qu'elle dégorgeait... Après quoi, la fourmi se mettait ordinairement en train de lécher les bouquets de poils que le claviger porte sur le dos... Les clavigers, de par leur nature, ne peuvent se nourrir que de matières ayant éprouvé un commencement de digestion dans le corps de la fourmi. Mais ces substances élaborées ensuite dans l'intérieur du petit coléoptère, exsudées, perlant aux poils du dos, deviennent pour la fourmi un nectar délectable... *Il y a échange de bons procédés et de services rendus.* » — Donc, association.

ALLIANCES OFFENSIVES ET DÉFENSIVES. — Le second mobile qu'on trouve le plus fréquemment au sein de l'association entre animaux réside dans la défense.

« De la peur et du sentiment de son impuissance à se défendre seul, dit le Dr de Courmelles, naît, pour l'animal, l'idée de l'association. »

Se rapprochant de ses semblables, il forme avec eux une masse résistante, forte, capable de triompher des dangers, grâce à la combinaison des efforts et des ruses de tous, alors que chaque individu pris en particulier succomberait sous la puissance de l'ennemi commun, être organisé ou élément du milieu ambiant. — Sur ce point donc, chaque associé trouve chez son coassocié un agent de sécurité; et il importe d'observer que, dans cette circonstance surtout, l'association est tantôt pour un temps limité, tantôt à perpétuité.

Donnons quelques exemples d'abord de groupements du premier type. — On en trouve principalement parmi les animaux migrateurs.

« Pour beaucoup de bêtes, le lieu privilégié est où elles ont toujours vécu ; mais, pour beaucoup d'autres, il faut des migrations vers des localités plus propices, migrations souvent fort régulières, dictées par les saisons, qu'il s'agisse de noces prochaines ou de fuite devant les frimas.

« L'union fait la force, dit un vieil adage, aussi évident pour les animaux que pour l'homme. Aussi l'être faible qui a devant lui les longues routes à parcourir, où abondent les brigands de toutes sortes, recherche ses semblables pour former avec eux des bandes plus capables de résister aux attaques. »

Alors, même des animaux qui, d'ordinaire, ne vivent qu'en société, se rapprochent et constituent une véritable association, comme s'ils avaient conscience de ce fait que le salut est dans la multitude.

Parmi les associations de ce genre se distingue celle que forment les *bisons* de l'Amérique.

« Rien, dit M. Pouchet, n'offre peut-être un spectacle plus imposant que les immenses troupes de bisons qui traversent les savanes de la Louisiane. Quand les décrets de la Providence en ont marqué l'instant, l'un de ces sauvages mammifères s'érige en chef de la troupe émigrante. Ses mugissements retentissent dans les vallées du Meschacébé, et il rassemble bientôt autour de lui une troupe formidable prête à le suivre à travers le désert. »

C'est par milliers, paraît-il, qu'on compte le nombre de ces intrépides voyageurs.

La troupe organisée, un bruit sourd, signal du départ, sort de la profonde poitrine du chef, et tous se mettent en marche.

L'ennemi, quel qu'il soit, vient-il leur barrer la route ? Massés autour du chef, les cornes menaçantes, ils s'élancent, têtes baissées, renversent tout ce qui ose opposer une résistance à leur impétuosité. Bientôt la trombe vivante a disparu, ne laissant sur son passage qu'une traînée de poussière flottant dans l'air qui vibre encore sous l'écho de ses mugissements terrifiants.

L'émigration des *lemmings*, espèces de rongeurs, ne mérite pas moins l'attention. Ces petits animaux, dont la grosseur n'atteint pas tout à fait celle des rats, vivent dans la Laponie.

« A certaine époque de l'année, ces aventuriers, poussés par un mystérieux instinct, descendent des montagnes par troupes si nombreuses que, sur des espaces considérables, la campagne est absolument couverte par leur armée grouillante et serrée. Toujours marchant sans trêve ni relâche, aucun obstacle ne les arrête, ni les fleuves, ni les lacs, ni les bras de mer; cent ennemis les déciment, cent dangers les menacent, rien ne les rebute; les longs rubans vivants que forme leur troupe n'en continuent pas moins d'avancer vers le lieu qu'ils veulent fatalement atteindre [1]. »

« Ils vont, dit aussi le Dr Girod, vers la mer du Nord et le golfe de Bothnie, poursuivis par les renards, les ours, les gloutons, les oiseaux de proie. Le renne lui-même poursuit le lemming. »

Mais « tous ces émigrants, ajoute M. Pouchet, sont animés d'une vaillance qu'on ne s'attendrait pas à trouver dans de si faibles créatures. Ils s'avancent en lignes droites, gravissent les rochers, passent les fleuves à la nage et se défendent contre quiconque les attaque. L'homme lui-même ne les effraye pas en leur barrant le passage ; leurs dents impuissantes mordent son bâton. »

Après les lemmings, citons, pour mémoire, les surmulots, sorte de rats, qui agissent d'une manière analogue, et arrivons aux oiseaux.

Parmi ces derniers, les oies et les grues accomplissent de ces courses qui tiennent du prodige. Durant leur voyage aérien, elles n'ont pas à lutter seulement contre les rapaces divers qui les assaillent et l'être humain qui les guette au passage, mais aussi et surtout contre certains éléments du milieu ambiant, tels que le vent et les orages. De là les formes variées qu'en volant elles donnent aux lignes qu'elles combinent, cherchant celle capable de leur permettre de lutter avec le plus d'avantage.

« L'arrangement qu'affectent les oies en traversant le ciel, lorsqu'elles se rendent dans une partie éloignée, décèle chez elles, dit M. Pouchet, certaines combinaisons mentales. Toutes se trouvent placées à la suite les unes des autres, sur deux longues lignes obliques qui forment un angle aigu en avant, dis-

[1] Pouchet, *Mœurs et Instincts des animaux.*

position la plus favorable pour fendre l'air. Et comme l'individu placé à la tête de la phalange déploie plus d'efforts pour ouvrir la route, quand il se trouve fatigué, on le voit s'abaisser, prendre le dernier rang, tandis qu'un autre lui succède... J'ai reconnu aussi que, lorsque ces voyageurs, exténués de fatigue, se reposaient sur les bords du Nil, de place en place, tout autour de leurs masses tassées et endormies, il y avait d'immobiles sentinelles qui, l'œil au guet et l'oreille attentive, observaient les environs et donnaient l'éveil à tout le camp, aussitôt que quelque ennemi s'en approchait. Nos chasseurs tentèrent, mais toujours en vain, de les surprendre. Longtemps avant qu'elles se trouvassent à portée du fusil, on voyait ces vedettes vigilantes élever le cou, observer l'approche, hésiter quelques instants, en battant des ailes, puis, enfin, s'envoler en jetant un léger cri, alors toute la troupe émigrante les suivait. »

Les grues font mieux encore, à ce que rapportent nombre de naturalistes, entre autres Buffon, dont les assertions ont été confirmées par le Dr Girod.

« Les grues, a écrit le premier, portent leur vol très haut et se mettent en ordre pour voyager ; elles forment un triangle à peu près isocèle, pour fendre l'air plus aisément. Quand le vent se renforce et menace de les rompre, elles se resserrent en cercle, ce qu'elles font aussi quand l'aigle les attaque... On observe de temps en temps un mouvement dans l'ensemble. L'oiseau de tête cède sa place à un autre et se porte à l'arrière pour bénéficier à son tour de cette position où le vol est plus facile par la moindre résistance de l'air. »

A son tour, le Dr Girod dit : « Cette tendance à adopter une forme géométrique plus favorable à la progression dans l'air est une première indication d'une entente raisonnée entre les individus associés. »

Les animaux marins émigrent et savent de même s'associer pour entreprendre leur voyage. Dans la circonstance, les *cachalots*, par exemple, ont depuis longtemps fait connaître leur procédé.

D'aucuns prétendent, de plus, que, selon une habitude aujourd'hui hors de doute, les émigrants, au nombre de trois cents parfois, sont dirigés par un chef nageant en tête de la bande.

Malheur alors aux baleines, aux phoques, aux requins, même aux pêcheurs qui tentent de contrarier leur marche.

A part ces animaux qui se groupent pour faciliter leur déplacement, on en trouve d'autres qui, quoique sédentaires, ne s'associent pas moins dans un but de défense, qu'ils appartiennent ou non à une même espèce.

Des oiseaux présentent souvent des cas d'association d'espèces différentes.

« La réunion pour la défense se montre chez les petits oiseaux contre les rapaces diurnes ou nocturnes qui les poursuivent[1]. »

« Tous les oiseaux diurnes, fait observer Brehm, haïssent les strigiens : hibou et chouette ; on dirait qu'ils ont à se venger des attaques de ces rapaces de nuit. — Lorsqu'un strigien se montre, tous les oiseaux diurnes donnent des témoignages d'une excitation extrême : les petits oiseaux font retentir l'air de leurs cris ; toute la forêt est en émoi. Une espèce appelle l'autre, toutes accourent, harcèlent l'oiseau nocturne de leurs cris ; les plus forts même lui donnent des coups de bec. »

Ainsi, il n'y a pas de doute que les bêtes savent s'associer dans un but de défense commune, comme dans celui de pourvoir à leur subsistance. Mais les exemples fournis jusqu'ici ne montrent que des associations formées pour un temps limité.

Après la fuite ou la mort de l'ennemi ou la cessation du danger à conjurer, l'association est dissoute, et chacun s'en va de son côté. S'agit-il d'animaux habitués à vivre en société, par couples ou petites familles ? Chaque paire ou chaque famille regagne son canton, sauf à se rapprocher de nouveau, les circonstances l'exigeant.

Outre ces agglomérations momentanées, il s'en trouve quelques autres ayant un caractère absolument permanent.

D'ordinaire il faut, dit le Dr de Courmelles, l'action combinée de l'affinité et du danger commun pour créer une association durable.

Ici, l'association se forme également entre individus du règne animal, d'une part, et, de l'autre, entre ceux du règne végétal. Mais, entre les êtres des deux règnes, il existe cette différence primordiale que les animaux agissent d'une façon, pour ainsi dire, consciente, tandis que les plantes obéissent à une force qui nous est encore inconnue, mais en laquelle on ne peut, en tout cas, voir ce qu'on nomme le phénomène-conscience. De plus, elles s'associent plutôt contre les mauvaises influences des éléments du milieu ambiant que contre les êtres organisés.

« La lutte a pour conséquence de créer la solidarité, avance

---

[1] Dr P. Girod, *Les sociétés chez les animaux.*

M. Vuillemin; et nous trouvons des alliées parmi les espèces végétales... La ronce protège de ses épines le buisson qui soutient ses tiges trop grêles... Les arbres forestiers protègent de leur ombre les herbes qui couvrent le sol d'un moelleux tapis, et ces végétaux. rampant sur le pied des chênes ou des hêtres, empêchent une évaporation funeste pour les racines. »

D'autres fois, les individus, pour réaliser une force de résistance suffisamment puissante, s'entrelacent par leurs rameaux. Ainsi font quelques plantes grimpantes, non parasites, et les grands arbres autour du tronc et des branches desquels elles tournent leurs spirales verdoyantes.

M. Vuillemin nous cite un exemple remarquable.

« C'est ainsi, dit-il, que, pour braver les terribles tempêtes des tropiques, les arbres les plus majestueux de la forêt vierge joignent la puissance du chêne à la souplesse du roseau en servant de support aux lianes et aux vignes sauvages.

Ces dernières, après avoir grimpé jusqu'à la tête du géant, laissent retomber leurs tiges flexibles comme des cordes, les fixent au sol dans plusieurs directions et amarrent solidement l'arbre qui les soutient. »

Pour corroborer ces paroles, nous rapporterons ici les lignes suivantes, extraites d'une œuvre inédite d'un de nos compatriotes qui a vu ce spectacle charmant, en parcourant les superbes campagnes de la Jamaïque, une des îles les plus pittoresques du groupe des Grandes Antilles.

En compagnie d'un ami, notre touriste chemine le long de *Rio-Cobre*, petite rivière qui arrose une partie des plaines de la paroisse de Sainte-Catherine.

« En côtoyant toujours l'eau, dont les diverses aspérités ne cessaient d'attirer notre attention, nous arrivâmes, après une marche de 2 milles, à la base d'une étroite colline qui se détache du morne dont le percement a donné naissance à un tunnel. Placés au haut de cette colline, nous nous trouvions, en quelque sorte, enfouis dans la verdure.

« Partout, au-dessus de nous, à une hauteur qui semble toucher les nues, nous ne voyons qu'une couleur verte, resplendissant sous les feux assez pâles du soleil tout à fait à son déclin : c'est l'immense feuillage des arbres gigantesques s'étageant du sommet de la colline jusqu'à celui du morne qui la domine. Bien près du point où nous étions se montre un ouvrage de la nature que rien ne surpasse en pittoresque et en étrangeté. Par groupes de deux, trois, quelquefois quatre, quantités innombrables de ces géants lancent dans l'espace quelques-unes des branches maîtresses partant de leur tronc énorme, tandis que, s'attachant à l'une en forme de spirale, l'abandonnant après pour aller s'accrocher à l'autre, en les reliant et en se croisant dans tous les sens, une multitude de lianes, à côté d'autant d'arbustes, laissent flotter leurs guirlandes et leurs branchettes de telle façon qu'on se croit en présence de bouts de vergue et de cordage pendant aux mâts d'une forêt de vaisseaux en détresse. Jamais illusion d'optique n'a été plus complète et plus surprenante. »

Donc, même aux végétaux s'applique l'adage : l'union fait la force.

C'est cependant parmi les animaux qu'il faut aller pour trouver la caractéristique de l'association permanente et organisée en vue de la défense. Là, combinant leur vigilance continuelle, leurs ruses inépuisables et leurs forces physiques, les individus se prêtent réciproquement leur concours pour la garde et la protection du groupement, partant, pour celles de chacun en particulier.

Comment expliquer la permanence de l'association ? — Il faut, à cette fin, remonter à la constitution de la famille et voir d'abord le mâle assister sa ou ses femelles, puis les parents jouer le rôle de protecteurs à l'égard des jeunes.

Nous n'avons plus rien à dire quant aux mâles et aux femelles, après ce que nous avons écrit dans le chapitre IV, § 5, consacré à la lutte au point de vue génésique. Nous ferons seulement remarquer ici que le plus souvent ces associations comptent un nombre assez restreint d'associés, car, sous l'influence de la jalousie, les vieux mâles tuent ou chassent de la famille, comme des rivaux dangereux, les jeunes parvenus à l'état adulte. Mais le père conserve auprès de lui sa ou ses compagnes et les couvre de toute sa protection, ce qui déjà est une cause de permanence pour le groupe. Si à cette cause on ajoute une autre : la nécessité de la survivance des jeunes, en vue de la conservation de l'espèce, on aura l'explication complète de la constitution de la famille.

C'est afin d'atteindre ce dernier but que les individus reproducteurs doivent, selon le Dr Girod, assurer à leurs descendants les conditions les plus favorables pour leur développement dans le milieu extérieur. De là la construction des nids, le creusage des trous, des interstices ou la prise de possession de ceux pratiqués

par la nature, tous utilisés comme abris pour la progéniture née
ou à naître.

Le temps de la gestation ou de l'incubation est passé, et le
petit grandit de jour en jour. Alors « s'établit entre la mère et
lui un échange constant d'impressions, et de cette réciproque
intervention proviennent des liens étroits qui désormais établissent entre les deux êtres des rapports familiaux plus intimes...
La reconnaissance des jeunes pour l'être ou les êtres qui leur
prodiguent les soins les plus tendres et leur procurent l'aliment,
doit aboutir à un amour ayant pour origine une sympathie accrue
par l'habitude... Les jeunes mâles et les jeunes femelles nés du
troupeau restent attachés à leur mère, et la famille se présente
alors fort complexe et représentant une véritable association.
Dans ce cas, le troupeau est formé en réalité par une seule
famille. »

Cependant, des associations supérieures peuvent se constituer.
C'est quand il y a entente entre plusieurs mâles suivis chacun de
ses femelles et des petits de celles-ci. Les chevaux sauvages de
l'Asie, les *tarpans*, offrent un exemple de ce degré d'association.

« Chaque troupe, dit Brehm, se subdivise en petites familles,
à la tête de chacune desquelles se trouve un étalon. »

Les bœufs et les moutons arrivent à constituer des associations
à peu près semblables. « Le taureau, le bélier, d'après le D' Girod,
dirigent le troupeau, tandis que les mâles déchus, bœufs, moutons, etc., se mêlent aux femelles sans exciter la jalousie du chef,
dont ils ne pourront prétendre à devenir les rivaux. »

Les animaux donc parviennent ainsi à former des groupements
permanents.

Montrons maintenant que quelques-uns de ces groupements
sont de véritables associations dont le but est la défense commune.

Nous prendrons notre premier exemple parmi les *éléphants* de
l'Inde, qui ont été bien observés, dans la vie sauvage, par M. Jacolliot. Au soleil couchant, ces animaux se réunissent, à la voix
des chefs, et s'installent — les mâles formant une sorte de carré
avec un chef à chaque angle — de manière à laisser occuper le
centre par les petits et les femelles. « A la moindre alerte, toute
la troupe est debout, et des éclaireurs sont envoyés en avant. »

S'agit-il de se défendre contre un de ces immenses troupeaux
de buffles qui peuplent les forêts de l'Asie? — Les pachidermes
« se partagent immédiatement en deux troupes, avec un ordre
et une promptitude admirables; les vieux animaux et les jeunes

femelles poussent les petits en arrière et les entourent pour les défendre, tandis que les adultes se portent en avant pour repousser les assaillants qui, dans leur stupidité, ne craignent pas de s'attaquer à de pareils adversaires. »

Les *tarpans*, dont il est plus haut question, montrent également une entente raisonnée, quand ils sont assaillis par l'ennemi. Ayant à repousser les attaques des loups, les mâles vigoureux se rangent en un cercle au milieu duquel viennent se grouper les femelles et les jeunes. Les *bisons* adoptent tel ou tel ordre de bataille, selon qu'ils ont pour adversaires des animaux ou l'homme.

Les *chimpanzés* font aussi preuve de solidarité, en face du danger, et savent, au besoin, se défendre avec énergie.

Ils vivent en petites associations composées de cinq à six membres, commandées par le chef de la famille. En cas de péril, celui-ci, d'une vigilance active, donne le signal, et toute la troupe décampe ; mais, « si le poursuivant approche et serre de trop près les fuyards, les mâles se retournent et acceptent le combat, frappant des dents et se servant de leurs mains puissantes [1] ».

Quant aux *rennes*, ils accumulent, en forme de rempart, quantité de neige battue pour se mettre à l'abri de leurs ennemis, ayant soin, la nuit, de poster des sentinelles vigilantes qui éloignent, à coups de cornes, les loups qui rôdent à l'entour [2].

Les *marmottes* et surtout les *pécaris*, sangliers d'Amérique, sont d'autres bêtes qui, elles non plus, ne mangent ni ne dorment sans confier le soin de leur sécurité à d'alertes sentinelles ayant mission ou d'appeler aux armes ou de donner le signal de la fuite, selon l'ennemi auquel elles ont affaire.

Les *dhôles*, chiens sauvages de l'Inde, sont de remarquables et intrépides associés pour la lutte.

« La meute affamée passe, elle a passé. Sur sa route, elle rencontre tour à tour le tigre, le rhinocéros et l'éléphant. Des combats épouvantables s'engagent, et toujours les dhôles sont vainqueurs [3]. »

Sous le rapport de l'entente pour la défense, certains oiseaux ne le cèdent en rien aux mammifères terrestres, principalement les *hirondelles* et les *fauvettes*. En ce qui concerne les premières, nous rappellerons le combat qu'une bande dut livrer à un moi-

---

[1] Dr P. Girod, *Sociétés chez les animaux.*
[2] Le même, p. 70.
[3] A. Dumonteil, *Le monde des fauves.*

neau, pour l'expulser du nid de l'une d'elles, et nous ajouterons le passage suivant extrait de l'ouvrage du Dr Girod : « J'ai maintes fois observé, dit-il, l'épervier harcelé par une bande d'hirondelles. Profitant de leur agilité si grande, les hirondelles, lorsqu'elles découvrent le cruel ennemi, s'unissent et le poursuivent de leurs cris, le pourchassent à coups de bec et l'obligent à rentrer sous bois et à abandonner sa chasse...

« Le serpent est un des plus cruels ennemis de l'oiseau ; aussi est-il traité comme l'oiseau de proie. J'ai vu un jour six fauvettes poursuivant de leurs cris deux grandes couleuvres : les serpents glissaient dans les feuilles, et les oiseaux, sautant de branche en branche, les accompagnaient en multipliant leurs appels, éloignant, par ce vacarme, les redoutables ravisseurs. »

Si nous portons nos regards sur le monde des eaux, nous trouverons là aussi des associations défensives. — Celle des requins contre les baleines est très connue.

Dans la même circonstance, la solidarité qui existe entre les morses est remarquable. « Loin de craindre le danger, dit M. Meunier, il court au secours des siens, suit le canot qui remorque l'animal capturé, met tout en œuvre pour le délivrer et le venger ; il se jette sur les chaloupes, les accroche de ses longues dents, les perce d'outre en outre et les fait chavirer. »

Des actes dénotant l'existence d'une association n'ont jamais été relevés parmi les *marsouins* ni les *dauphins communs* et *conducteurs* ; mais ces cétacés vivant en troupes nombreuses, il y a lieu de croire qu'ils se montrent, eux aussi, solidaires dans le danger. Ce qui est toutefois certain, c'est qu'ils s'associent pour se livrer à la pêche.

D'autres bêtes, qui se tiennent par groupes plus ou moins nombreux, n'attendent pas l'approche de leurs adversaires pour lutter corps à corps, mais il n'est pas moins vrai qu'elles s'organisent de manière à pourvoir à leur sécurité. Ainsi font les singes appelés *gibbons*. « Ils vivent, dit le Dr Girod, en troupes nombreuses, bien observées par M. Duvancel. Un chef commande à la troupe et veille à sa sécurité. Ces singes vivent sur les arbres, et, à la moindre alerte, se réfugient dans les cimes les plus touffues. Dans la marche, les petits sont portés par les mâles et par les femelles, suivant leur sexe.

Les *chamois*, *lamas*, *guanacos*, postent, comme les pécaris, des sentinelles, mais, à l'instar des gibbons, se sauvent au signal du danger.

Les phoques n'agissent pas différemment, contrairement aux morses.

« Ces animaux connaissent, au dire de M. Rawton et d'autres naturalistes, les joies de la famille, pratiquent le respect de la propriété et des devoirs sociaux. Sur les plages de leur choix, où ils se retirent en grand nombre — c'est la cité — chaque famille, composée du mâle, de deux ou trois femelles et des jeunes, possède un refuge choisi, un coin bien à elle, que personne ne lui conteste, où elle vient savourer les heures du repos. »

Durant ces heures, « non seulement ces animaux sont toujours aux écoutes, mais un des leurs est détaché en sentinelle pour donner le signal du danger [1] ».

Tels sont les aspects que présentent les associations formées uniquement en vue de la défense commune.

Mais, dans quelques-uns de ces groupements, l'individu ne trouve pas seulement une sécurité contre l'ennemi commun, mais aussi une protection efficace contre l'injustice du fort à l'égard du faible. Il en est ainsi parmi les phoques et d'autres, dont nous parlons plus loin.

Que se passe-t-il chez les phoques?

« Si quelque mauvais sujet de la tribu essayait, dit M. Rawton, d'enfreindre les lois sociales, commettait une injustice, un empiètement sur les droits du voisin, les chefs de famille, chargés de la police de la colonie, se prêteraient mutuellement main-forte, pour mettre le récalcitrant à la raison. »

Ces faits d'association entre animaux, en vue de la défense, sont, parmi beaucoup d'autres, ceux qui ont le plus frappé notre attention.

2° Associations à deux fonctions

Comme le lecteur a dû le remarquer, les cas que nous avons jusqu'ici signalés ne présentent que des individus remplissant tous une seule fonction, celle relative à la nutrition et celle se rapportant à la défense. Parfois l'association se complique, et on voit les associés à l'unisson pour donner satisfaction à deux besoins différents et communs, ainsi à ceux de la nutrition et de la sécurité.

----

[1] Baron D'HAMONVILLE. *Vie des oiseaux*.

Prenons notre premier exemple parmi les singes appelés *cercopithèques*.

« Une troupe de cercopithèques, a écrit Brehm, est un État constitué dans lequel le plus fort de la troupe est unique et souverain maître..... C'est toujours sous la conduite d'un vieux mâle, très rusé et très expérimenté, que ces audacieux pillards envahissent les champs couverts de céréales.....

De temps en temps, le guide prudent monte tout au sommet d'un grand arbre, et, du haut de son observatoire, examine chaque objet d'alentour : lorsque le résultat de l'examen est satisfaisant, il l'apprend à ses sujets en faisant entendre des sons gutturaux particuliers ; en cas de danger, il les avertit par un cri spécial... Quant à leur action commune contre l'ennemi, elle est constante. Un aigle s'était jeté sur un singe encore jeune. Celui-ci enlaçait étroitement une branche avec ses quatre membres en poussant des cris de détresse. Aussitôt toute la troupe se mit sur pied, et en moins d'une minute l'aigle fut entouré d'une dizaine de grands singes qui se jetèrent sur lui avec des grimaces horribles et en poussant de grands cris. Saisi de tous côtés, le ravisseur avait oublié sa capture et ne chercha qu'à sortir du mauvais pas dans lequel il se trouvait. »

Des associations identiques ont été observées parmi des oiseaux.

« Dans les types les plus élevés, chez les *corneilles* et les *freux*, par exemple, tout se borne aux dispositions suivantes : l'association est persistante, et le rôle joué par les individus varie suivant les nécessités du moment, les uns devenant des sentinelles, les autres cherchant leur nourriture, s'en remettant, pour leur sécurité, à l'œil vigilant des premiers[1]. »

Chez la plupart des oiseaux vivant en groupes nombreux, dès qu'arrive l'époque de la reproduction, les individus se séparent par couples et se rassemblent de nouveau à partir du moment où les oisillons commencent à voler.

Pour les corneilles et les freux, « l'association persiste pendant la saison des amours ; les deux conjoints se rapprochent, construisent leur nid, mais restent attachés à leurs associés. Bientôt tous les arbres voisins sont couverts de nids, souvent tellement serrés que l'arbre est transformé en une véritable ruche... Le chasseur, armé d'un fusil, est le signal de cris prolongés qui donnent l'alarme ; les sentinelles s'envolent, et toute la colonie les

---

[1] Dr GIROD, *Les sociétés chez les animaux.*

suit... L'oiseau de proie ne détermine pas une semblable panique ; les sentinelles s'élèvent dans les airs, suivies d'une partie de la bande et attaquent le rapace, le poursuivent de leurs cris et de leurs coups de bec.

« Les perroquets, dans les zones tropicales de l'Asie, de l'Afrique et de l'Amérique, se comportent comme les corneilles [1]. »

M. H. Moreau, qui a bien étudié les perroquets dans la vie sauvage, en parle ainsi : « Les membres d'une même troupe restent fidèlement unis dans la bonne comme dans la mauvaise fortune. Tous les matins, ils quittent ensemble l'endroit où ils ont passé la nuit, s'abattent dans un champ ou sur un arbre pour en manger les fruits. — Des sentinelles sont chargées de veiller sur la bande, et, à la moindre alerte, toute la troupe s'envole et se prête un mutuel appui [2]. »

D'autres fois, des bêtes s'associent pour construire une habitation commune d'abord, ensuite pourvoir en commun ou à leur subsistance ou à leur sécurité.

Ainsi, les bourdons, qui forment parfois des associations assez nombreuses, se réunissent pour construire une demeure. En outre, comprenant la nécessité de se prémunir contre la disette, ils ont soin d'établir, à côté des cellules destinées aux larves, des réservoirs suffisants à contenir des provisions. Au dire du Dr Girod, « les bourdons qui viennent de butiner déversent dans les magasins ainsi préparés le miel qui sert aux divers besoins de la colonie ».

L'exemple le plus frappant de l'association fondée en vue de la construction et de la défense nous est fournie par ces oiseaux de l'Afrique nommés *républicains*.

Voici ce qu'en disent MM. A. Schmith et W. Paterson, deux naturalistes qui les ont étudiés de près.

« Lorsqu'ils ont trouvé un endroit convenable et ont commencé à établir leurs nids, ils se mettent à construire un toit commun [3]. »

« Au-dessous du toit se trouve une masse d'ouvertures, conduisant chacune à un couloir sur les côtés duquel sont disposés les nids, à 6 centimètres environ l'un de l'autre. Chaque paire construit son nid particulier, mais si près de celui de ses voisins que, lorsque tout est achevé, on croirait voir un seul nid, recouvert

---

[1] *Id.*
[2] *L'Amateur d'oiseaux de volière.*
[3] Schmith.

d'un immense toit, et offrant à sa face inférieure une infinité de trous ronds[1]. »

C'est à huit cents ou mille, ajoute M. Paterson, que s'élève le nombre des individus qui logent sous ce toit qui, comme un toit de chaume, recouvre une grande branche et ses rameaux[2].

Le premier mobile de l'association a donc été, ici, la construction d'une habitation, travail auquel ont pris part tous les associés.

La seconde fonction que remplissent les membres du groupe consiste dans la défense commune. En effet, la crainte des reptiles, dit encore M. Paterson, explique cette réunion de forces multiples vers un but commun, comme elle explique la formation des groupes d'oiseaux s'acharnant à la poursuite du hibou et du serpent.

« Ces oiseaux vivent en communauté, pour se défendre contre les serpents qui détruisent leurs œufs... Chaque couple conserve son indépendance absolue et ne se rapproche de ses voisins que dans le cas d'un danger pressant. »

D'autre part, parmi toutes les espèces d'oiseaux connues, les freux et les corneilles seuls offrent cette particularité que, à l'instar des phoques, ils exercent une véritable police au sein de leur association, s'entendent pour châtier les délinquants, qu'en outre les corneilles vont même — à ce que rapportent certains hommes dignes de foi, entre autres le Dr Edmonson, en Écosse, sir Georges le Grand Jacob, aux Indes — vont même jusqu'à accomplir des *exécutions capitales*, en *lynchant*, pour ainsi dire, le coupable.

Ainsi, « lors de la construction des nids des freux, dit Goldsmith, l'activité fébrile qui anime les architectes au début se calme vite, bientôt ils se fatiguent d'aller au loin chercher les matériaux, et trouvent qu'avec un peu d'adresse ils peuvent s'en procurer dans les environs. Dès lors, ils ne songent plus qu'à piller là où ils peuvent : voient-ils un nid sans défense, ils en tirent les meilleurs bouts de bois... J'ai vu, en pareille occasion, jusqu'à huit ou dix freux tomber ensemble sur le nid du coupable et le détruire en un clin d'œil. » — C'est le vol châtié.

Un autre naturaliste, M. Conch, cité par le Dr Girod, affirme qu'il a été témoin du fait.

Ce genre de pillage a été observé par le professeur Lombroso,

<hr>

[1] PATERSON.
[2] Voir la figure 13, p. 159.

parmi des pigeons voyageurs dont il a étudié la manière de vivre en société.

Après avoir raconté de quelle manière M. Edmonson fut amené, un jour, à intervenir pour empêcher une bande de corneilles de tuer un individu de leur espèce sur le point de succomber sous les coups de bec pleuvant de toutes parts, le Dr P. Girod ajoute ceci : « Il faut éviter avec grand soin, dans tout ce qui touche aux animaux, de se laisser entraîner à des exagérations... Ce qui semble prouvé, c'est l'intervention des individus associés contre celui des leurs qui se rend coupable d'une atteinte à la propriété d'autrui. Les liens sympathiques sont de telle nature que la colère de tous se manifeste contre celui qui a porté préjudice à un seul membre de l'association. »

Tels sont, parmi les bêtes, les groupements permanents à une et deux fonctions qui ont le plus frappé l'attention des naturalistes qui se sont fait une spécialité d'étudier les mœurs des animaux.

Ainsi qu'on l'a remarqué, dans ces divers groupes, tous les individus s'entendent pour exécuter le même travail ou accomplir les mêmes tâches.

Il est d'autres associations, au contraire, au sein desquelles se voient des individus ou de petits groupes distincts affectés chacun à une fonction spéciale dont tous bénéficient. C'est la division du travail, qui se manifeste jusque dans les réunions composées d'êtres les plus rudimentaires. Analysons donc ce genre de groupement.

3° Division du travail

Dans toute agglomération reposant sur le principe de la division du travail, « chaque individu a un rôle assigné, auquel il doit avant tout se dévouer, une fonction, un métier qu'il exerce plus ou moins exclusivement, et dans lequel il acquiert, au grand avantage de la société, une habileté extrême. En revanche, il devient, par le fait même de son application spéciale, de plus en plus inhabile à faire toute autre chose ; il se trouve, par suite, forcé d'emprunter à chaque instant le concours de ceux de ses concitoyens qui ont pris une direction différente, et qui sont à leur tour dans l'obligation de lui demander ses services. Ainsi s'établit entre tous les membres de la société une solidarité qui grandit d'autant plus que la division du travail est plus grande. »

Ces paroles sont de M. Ed. Perrier. Les économistes les plus autorisés de notre temps ne sauraient, sur cette question, s'exprimer en termes plus exacts. Dès lors se conçoivent l'équilibre établi entre ces activités multiples occupant les degrés divers de cette longue échelle qu'on nomme organisation sociale, et les généreux efforts des individualités les plus conscientes, pour resserrer, avec la dernière énergie, le lien qui attache les uns aux autres ces éléments constitutifs et pourtant indépendants, sitôt que surgit une circonstance malheureuse capable d'en provoquer la dissociation.

Mais il reste une interrogation importante à nous faire.

Comment des bêtes peuvent-elles être amenées à posséder chacune un organisme leur permettant de réaliser une association basée sur la division du travail ?

Des études récemment publiées par M. Ed. Perrier et celles d'autres observateurs consciencieux sont venues rendre un compte des plus clairs et des plus intéressants de ce phénomène resté longtemps inaperçu ; et, puisque nous devons nous occuper d'abord des organismes inférieurs, relatons les observations du savant professeur, relatives aux agglomérations formées par les polypes.

D'une manière générale, « pour que la société, dit M. Perrier, puisse vivre, il faut, non seulement que tous ses membres soient intéressés à son maintien, que la majorité d'entre eux prospère, mais encore qu'elle soit elle-même constamment en voie de progrès, sans quoi elle serait bientôt dominée par des sociétés mieux organisées et condamnée à disparaître. Des modifications incessantes doivent donc s'accomplir dans son sein... Quelques-uns n'éprouvent que des modifications sans grande importance ; d'autres s'élèvent dans l'échelle de l'organisation ; d'autres, au contraire, dégénèrent. »

Sous l'influence de quoi ces modifications s'accomplissent-elles ? Sous l'influence des conditions d'existence que présente le milieu ambiant et en vertu de la loi de la lutte entre individus pour la possession des substances alimentaires. Les mieux doués, les plus actifs, parviennent à mieux se nourrir et atteignent, conséquemment, un degré de développement plus parfait. — Par suite de ces modifications inégales, tel individu ou groupe d'individus devient d'abord plus apte que les autres à certaine fonction plus élevée, ensuite, et peu à peu, s'y spécialise, en y adaptant graduellement l'organe qui y correspond, tandis que s'atrophient, disparaissent ses autres organes affectés auparavant à des fonctions moins élevées, remplies désormais par un autre individu ou un autre groupe, selon les modifications qu'il a subies à son tour, laissant, enfin, les fonctions inférieures à ceux des associés ayant dégénéré ou étant restés stationnaires.

Ailleurs, nous verrons cependant des cas où cette spécialisation est déterminée par une constitution organique originelle et préparée par des membres de l'association.

Il y a plus. « Cette identification avec des fonctions diverses ne peut, dit M. Perrier, avoir lieu sans amener, par une inévitable conséquence, l'apparition et le développement de différences extérieures ou intérieures de plus en plus marquées. »

Finalement, « chacun prend, suivant une expression vulgaire, mais aussi juste qu'énergique, la *figure de son emploi* ».

D'où, alors, une situation « qu'on n'a pas le droit d'appeler un mal, parce qu'elle est dans l'essence des choses, l'inégalité des conditions ».

Cette liberté de transformation ajoute l'auteur, ne saurait affaiblir pourtant la discipline, l'individu n'est plus qu'un organe social, il doit fonctionner comme tel et remplir rigoureusement son rôle pour le bien de tous.

Les avantages résultant d'une telle organisation ne sont plus discutables, depuis les progrès accomplis dans la science économique ; et le principe de la division du travail, avec toutes ses conséquences, s'applique au sein du monde organique, d'une manière évidente, qu'il s'agisse d'associations humaines ou de celles formées par des animaux.

D'autre part, la division du travail se manifeste d'abord au sein des associations à union et parmi des associés vivant, physiquement, à l'état d'isolement, ensuite sous une forme simple, c'est-à-dire celle où les individus ne s'associent que pour remplir deux fonctions, et sous une forme complexe qui est celle où le nombre des emplois est des plus variés.

Quelques-unes des agglomérations animales étudiées par M. Perrier présentent des cas d'association à union et à deux fonctions, par exemple celles des animalcules observés dans les éponges.

« En raison de la diversité des formes de plastides associés dans leur économie, les éponges constituent un type spécial d'organisme. Nous trouvons chez elles un premier exemple de la division du travail. Chaque individu a pris, comme il arrive souvent dans les sociétés humaines, la *figure de son emploi...* Les uns, par les battements de leur long filament vibratile, produisent le courant d'eau qui traverse l'éponge ; les autres digèrent, forment le squelette, produisent les œufs ; non seulement ces deux catégories d'individus ne se ressemblent pas, mais encore ils ont des fonctions différentes[1]. »

On trouve également des associations à deux fonctions entre individus vivant séparément et appartenant à des espèces différentes. Donnons-en trois exemples.

Le lecteur connaît déjà le petit oiseau si avide de miel et de larves d'abeilles, l'*indicateur* ou *guide au miel*, et le petit quadrupède appelé *ratel*, qu'on a surnommé *mangeur de miel*. C'est le *viverra mellivora* que le visiteur voit au Jardin des Plantes de Paris.

Tous ceux qui ont observé le ratel, entre autres M. Mayne-Reid, disent qu'il passe la majeure partie des heures de la journée à la découverte des ruches d'abeilles.

« Ce qu'il y a de plus singulier dans l'histoire du ratel, c'est l'habitude qu'a celui-ci d'accourir à la voix du *guide au miel* ; de son côté, l'oiseau agit à l'égard du quadrupède de la même manière, et, d'après M. Verreau, l'*indicateur*, en pareille circonstance, vole plus bas et s'arrête plus fréquemment, dans la crainte que le ratel ne vienne à le perdre de vue. »

Pourquoi, doit-on se demander, l'oiseau, ayant rencontré un nid d'abeilles, appelle, à sa façon, le *viverra*, pour l'y conduire, au lieu d'exploiter en égoïste son trésor et dans le plus grand secret ? C'est que le volatile, dépourvu de cuirasse, meurt très souvent victime de son larcin et de sa gourmandise, tandis que la peau du ratel est assez épaisse pour le protéger contre les aiguillons des abeilles. Dans ces conditions, l'*indicateur*, comme sachant cette particularité, mène à la ruche le *mangeur de miel*, qui, délogeant momentanément les propriétaires, en favorise le pillage en commun. Il y a donc bien association pour un temps limité entre ces deux bêtes. L'oiseau cherche, découvre la ruche, et le ratel facilite l'acquisition des aliments qu'elle contient.

Le même genre d'association a été observé chez plusieurs poissons, par exemple, le *diable* et le *pilote du diable*, le *requin* et le *fanfre*.

---

[1] Ed. Perrier, *Le Transformisme*, p. 165, 63.

« Le *diable* est un gros poisson semblable à une *raie*, sauf qu'il porte deux cornes comme un bœuf [1]. »

Un voyageur, qui en a vu un, en parle de cette manière : « Il portait entre ses cornes un petit poisson gris, que l'on appelait le *pilote du diable*, parce qu'il le conduit et le pince, quand il remarque un poisson ; le diable se précipite alors sur lui avec la rapidité d'une flèche. »

« Tel est, dit Brehm, le récit d'un écrivain qui voyageait à Siam, à la fin du xvııᵉ, siècle, et qui publia ses relations de voyage en 1685. — D'autres voyageurs et naturalistes parlent après lui du même *diable ;* le plus explicite d'entre eux est Levaillant, qui observa trois de ces animaux sous le dixième degré de latitude nord. Ils étaient également entourés de poissons pilotes, et il vit entre les cornes, en avant de la tête, un poisson blanc, allongé, de l'épaisseur du bras, qui paraissait conduire chacun d'eux. » On n'en sait pas long sur l'existence de ces animaux, mais ce qui est certain, c'est que le guide, ayant une vue plus parfaite que celle du *diable*, cherche, découvre la proie, l'indique à ce dernier qui, plus fort, en entreprend la capture. La pêche est-elle fructueuse ? les deux associés se la partagent.

Bouillet, dans son *Dictionnaire des Sciences, des Lettres*, etc., parle aussi, au mot pilote, d'un *pilote conducteur*, poisson d'une longueur de 0ᵐ,35, appelé vulgairement *fanfre*, qui sert de guide au *requin*. En récompense, le squale lui donne une part du butin dont il peut s'emparer.

Geoffroy Saint-Hilaire a eu l'occasion de constater le fait, entre le cap Bon et l'île de Malte, à bord de la frégate *l'Alceste*, le 6 prairial an VI (25 mai 1797) [2].

Il est probable que le rôle du fanfre est identique à celui du pilote du diable.

Dans ces trois cas, l'association ne présente que deux fonctions. Mais les choses vont se compliquer.

S'il était nécessaire de nous arrêter sur les associations à fonctions nombreuses, formées par des cellules, nous aurions rappelé cette belle fable de La Fontaine, *Les Membres et l'Estomac*. Chaque région du corps humain ou du corps de certaines bêtes n'est, en effet, qu'un groupement de cellules homogènes. Or, « les cellules présentent dans leur forme et leurs dimensions une

---

[1] BREHM, *Les Poissons et les Crustacés.*
[2] Voir *Bulletin des Sciences*, n° 63, p. 113.

variété infinie. Elles constituent, presqu'à elles seules, tous les organismes, s'associent de mille façons, tout en conservant leur individualité, concourant toutes au même but, sans aliéner cependant leur indépendance, semblables à des musiciens jouant sur des instruments divers les parties différentes d'une même symphonie et contribuant, sans se connaître, à sa parfaite exécution [1]. »

Mais laissons les cellules et passons aux associations composées d'individus nettement caractérisés et unis physiquement. « Chez les *hydractinies* [2], dit encore M. Perrier, une sorte de civilisation apparaît : comme dans les associations de plastides qui ont conduit à la formation des éponges, il se fait entre les individus associés un partage des fonctions et, si l'on peut s'exprimer ainsi, chaque *fonctionnaire* revêt un uniforme qui lui est propre. On y trouve des individus à grande bouche et à longs bras, ce sont les *individus nourriciers* de la colonie ; des individus dépourvus de bouche et sans bras, qui sont mélangés avec eux, sont les *individus reproducteurs*, chargés de produire les *individus sexués* qui sont, comme d'habitude, de deux sortes : sur le bord de la colonie, des individus grêles, allongés, explorent les environs, saisissent les animaux qui s'approchent de trop près, et se comportent comme des agents de police chargés de veiller à la sécurité de la colonie, ce sont les *individus préhenseurs ;* il y en a de deux sortes ; enfin, parmi les polypes se dressent des épines défensives que leur mode de développement doit aussi faire considérer comme des individus spéciaux ; chaque colonie d'hydractinies contient donc sept sortes d'individus, chargés chacun d'une fonction particulière. Chaque individu contient une cavité centrale qui communique avec le fond de l'estomac d'un individu nourricier ; ceux-ci préparent donc la nourriture pour tous, et chacun lui en demande ce qui est nécessaire à ses tissus. Nous sommes en présence d'un *phalanstère* [3] où chacun « produit suivant ses forces et consomme suivant ses besoins ». — C'est, d'ailleurs, un phalanstère sans chef : tous les individus y sont indépendants [4]. »

Une organisation pareille existe au sein des groupes constitués par les *physales*, les *physophores* et les *agalmes*, dits polypes siphonophores [5].

---

[1] PERRIER, *Les colonies animales.*
[2] Agglomération de polypes.
[3] Doctrine socialiste dont la création est due à Charles Fourier.
[4] PERRIER, *Le Transformisme.* p. 168, 169, 170.
[5] Même auteur, *Les colonies animales.* p. 249, 250, 251, 252.

Quelques animaux appartenant à des degrés supérieurs dans la hiérarchie organique forment entre eux ce genre d'association. La classe des insectes surtout en fournit un bon nombre d'espèces.

Parmi les quadrupèdes, nous pouvons citer les castors, qui, quoique s'associant seulement pour construire leurs habitations et pourvoir à leur alimentation, ne sont pas moins à signaler sous le rapport de la division du travail.

Voici ce qu'en dit le Dr Girod, à propos de leurs constructions :

« Les castors commencent par s'assembler au mois de juin ou juillet ; ils arrivent en nombre de plusieurs côtés et forment bientôt une troupe de deux cents ou trois cents. Le lieu du rendez-vous est ordinairement le lieu de l'établissement, et c'est toujours au bord des eaux... L'endroit choisi est ordinairement peu profond, et le travail surprend d'autant par ses dimensions que par sa solidité.

« Un arbre souvent plus gros que le corps d'un homme forme la pièce principale. Unissant l'action de leurs dents aiguës, plusieurs castors attaquent le pied et le scient en biseau jusqu'au moment où il se rompt et tombe du côté de la rivière. Pendant ce temps, d'autres castors coupent de moindres arbres sur le rivage et les conduisent par eau vers le lieu de construction... Les troncs les plus petits sont soulevés, dressés, et, tandis que des animaux plongent pour creuser la vase et y introduire l'extrémité du pieu, d'autres les dressent et les pressent sur le fond. Ainsi s'alignent des pilotis serrés qui soutiennent la grande pièce et forment la carcasse de la digue. Les maçons commencent alors leur œuvre. »

L'édifice achevé, les individus chargés de pourvoir à l'alimentation de la troupe vont à la recherche de ces racines et de ces écorces dont nous avons déjà parlé et dont ils remplissent les magasins des habitations. De la sorte, ils passent l'hiver en toute sécurité et n'ont jamais à souffrir de la disette.

Les associations observées chez quelques variétés de singes offrent plus de complications. La plus remarquable de toutes est celle des *cynocéphales* appelés hamadryas. Le Jardin d'Acclimatation de Paris possède en ce moment trois de ces animaux qui attirent une foule nombreuse de gens allant chaque jour observer quelques-unes des mœurs de ces singes vraiment curieux à voir.

Brehm, qui les a vus à l'état de liberté, dans leurs forêts, donne, dans son volume consacré aux mammifères, quelques renseignements sur leur genre de vie.

« On rencontre rarement, dit-il, de petites sociétés de ces singes :

ils sont presque toujours réunis en grand nombre... La plus grande
solidarité existe entre les membres de l'association. »

Fig. 23. — Hamadryas pillant un jardin de fruits.

Entreprennent-ils une razzia dans un jardin de fruits ou de
légumes? — Comprenant, à n'en pas douter, l'avantage qu'il y a à se

partager les rôles divers devant mener à l'exécution de l'affaire, ils établissent une chaîne s'étendant du verger jusqu'à la montagne voisine; et, tandis que ceux qui sont dans l'enclos cueillent les fruits ou arrachent les racines alimentaires, ceux formant la chaîne se les passent les uns aux autres, pour les faire aboutir jusqu'au lieu du rendez-vous, où tous s'attablent et mangent copieusement. Mais, pendant la perpétration du larcin, des individus, placés en vedette au sommet des arbres les plus élevés de l'endroit, montrent une vigilance extrême dans l'accomplissement de leur mission. — Perçoivent-ils le moindre bruit insolite faisant pressentir l'arrivée de l'ennemi? Vite, « ils jettent des cris d'avertissement; alors tout fuit, tout disparaît » (*fig.* 23).

« Lorsqu'un homme ou un carnassier s'approche dans un but hostile, toute la compagnie hurle, grogne, aboie, crie à tue-tête.

« Tous les mâles valides se rangent sur le bord du rocher et regardent attentivement dans la vallée pour se faire une idée du danger; les jeunes se réfugient auprès des vieux, les petits s'attachent à la poitrine de leur mère ou grimpent sur son dos[1]. »

Le même naturaliste, ayant pris part à une chasse organisée contre ces animaux, rapporte qu'effrayés et rendus furieux par les coups, ils ramassent toutes les pierres qu'ils trouvent sur leur chemin et les roulent sur leurs agresseurs, en gravissant la montagne où sont leurs gîtes.

Parlant d'espèces de singes qui savent s'organiser de la sorte pour entreprendre des razzias, le Dr Topinard cite le fait suivant, se rapportant très probablement aux hamadryas. « On a remarqué, dit-il, que, s'il arrive que la troupe soit surprise par la faute de la sentinelle, il se produit, pendant la nuit, un grand brouhaha dans la forêt voisine, et que, le lendemain, on trouve le cadavre d'un des pillards exécuté, selon toute apparence, par ses complices. »

Quelques autres faits, observés parmi plusieurs variétés de singes, méritent aussi une mention.

Ainsi, « ils se débarrassent réciproquement de la vermine; ils s'enlèvent, après une course à travers les buissons, les épines qui se sont attachées à leur peau; ils forment une chaîne pour franchir le vide entre deux arbres[2]. »

« Lorsqu'ils ne parviennent pas, à deux ou trois, à remuer une

[1] Voir aussi le Dr Girod, *Les sociétés chez les animaux*, p. 71; — le Dr Topinard, *L'Anthropologie*, p. 155.
[2] De Courmelles.

grosse pierre, ils se mettent en plus grand nombre pour la déplacer et chercher leur nourriture sous elle [1] ».

Enfin, on doit rappeler qu'entre eux, les plus forts défendent spontanément les plus faibles.

Avec des groupements de polypes, de castors et d'hamadryas, nous avons donc des associations où la division du travail est nettement marquée. Quoique là les fonctions soient déjà nombreuses, il existe cependant d'autres associations où les emplois offrent une variété plus grande encore et où les individus, possédant un organisme cérébral mieux développé, arrivent à une organisation qui ne laisse pas d'étonner par sa perfection. Ces dernières associations ont été minutieusement étudiées parmi les variétés de *termites* ou *termès* ou encore *fourmis blanches*, de *fourmis ordinaires* et *d'abeilles*.

Le Dr Girod, avec le concours de naturalistes consciencieux, a réuni, sur la vie de ces insectes, quelques faits des plus étonnants, qu'il rapporte dans son ouvrage : *Les Sociétés chez les Animaux.*

« Les observations concernant les termites sont loin, dit-il, d'être aussi précises que celles recueillies sur les fourmis et les abeilles ; cependant, grâce aux travaux de Smeathman et de Sparmann, sur les termites d'Afrique, de Bates, sur les termites de l'Amazone, d'Escayrac et de Lauture, sur les termites du Soudan, de Latreille, de de Quatrefages et de Lespès, sur nos termites indigènes, il est possible de préciser certains points de leur histoire. »

On distingue dans un nid de termites des mâles, des femelles et des neutres. Parmi les mâles et les femelles, un seul couple a pour mission de pourvoir l'association de nouveaux membres. Il reste enfermé dans une petite chambre d'argile n'ayant qu'une étroite ouverture. C'est là, d'après Sparmann, que la fécondation a lieu, se renouvelant sans doute par intervalles, puisque le mâle ne quitte pas un seul instant la femelle. Après l'époque de l'accouplement, le ventre de celle-ci grossit et devient enfin si développé qu'il atteint un volume deux mille fois supérieur à son volume primitif. Bientôt arrive le temps de la ponte. Smeathman fixe à 80.000 le nombre des œufs pondus dans l'espace de vingt-quatre heures, après avoir constaté que la femelle émettait environ 60 œufs à la minute. Dans la suite, et « immédiatement

<hr>

[1] BREHM.

avant la saison des pluies, on voit apparaître, dans le nid, des mâles et des femelles ailés qui vont aussitôt quitter la place pour s'accoupler au dehors ».

Après le rapprochement des sexes, qui se fait dans l'air, ils retombent sur le sol pour perdre leurs ailes.

« Si, recueilli par des membres de la colonie, un couple échappe aux causes de destruction qui l'entourent, il devient le centre d'une colonie nouvelle. »

Auprès du couple royal se remarquent les neutres, individus chez lesquels les organes sexuels ne sont point développés et dont, pour ce motif, il est difficile d'établir le sexe. Ils sont inaptes à la reproduction. Cette catégorie, que nous retrouverons parmi les fourmis et les abeilles, forment quatre groupes : celui comprenant les individus appelés les *nourrices*, celui des *ouvriers*, celui des *travailleurs*, enfin, celui des *défenseurs* de la cité.

Les œufs pondus sont laissés aux soins des nourrices, qui les recueillent et les placent dans des logements spacieux et bien aérés, chauds, confortables et construits tout autour de la chambre royale.

Les ouvriers ont pour mission de creuser, de construire et de réparer, quand des détériorations se produisent dans l'habitation. En la circonstance, « chacun apporte une boulette de ciment, la dépose, disparaît, fait place, et le défilé continue. Grâce à cet apport continu de particules, le mur se refait avec rapidité... Si une ouverture est faite par un agresseur qui étend la brèche et pénètre dans la place, les ouvriers se mettent à boucher les issues, comblant les couloirs, les chambres, à mesure qu'ils se replient vers la cellule royale, de sorte qu'ils transforment le centre du nid en une masse argileuse solide, de plus en plus résistante, qui met le couple sexué à l'abri de nouvelles attaques. » (*Fig.* 24.)

C'est aux travailleurs qu'incombe la tâche de l'approvisionnement de l'association. « Ils vont recueillir des gommes, des résines, des sucs végétaux divers, qu'ils accumulent dans les greniers. »

Quant au quatrième groupe, il se compose d'individus à tête armée de larges mandibules : ce sont des guerriers.

« Ils sont bien distincts des ouvriers, non seulement par leur forme, mais par leurs attributions. Ils sont préposés à la défense du nid et à la surveillance générale des travaux. Si l'on pratique une brèche dans la paroi du nid, les soldats sortent de toutes les galeries ouvertes et s'élancent sur l'agresseur... Une semblable

attaque, faite par plusieurs milliers de soldats, oblige les maraudeurs à la retraite. Dès que le calme est rétabli, les soldats
retournent à leur casernement, et les escouades d'ouvriers se
pressent pour réparer la brèche... Il ne reste bientôt sur le chantier que quelques soldats qui font sentinelle et surveillent les
travailleurs. »

Telle est l'organisation de l'association chez les termites. Celle
des fourmis a été l'objet d'études qui ont donné des résultats plus
étendus et plus précis encore.

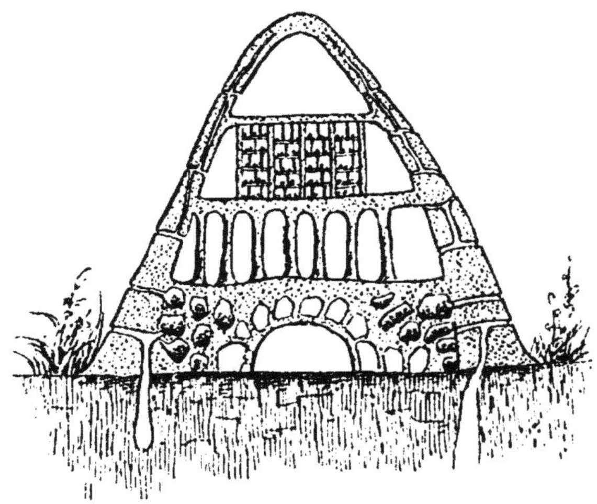

Fig. 24. — Nid de Termites.

« La fourmi, dit le Dr Girod, considérée en elle-même, se présente
comme un être doué d'une intelligence fort vive. Son cerveau, si
développé, la place au-dessus de tous les autres insectes, et les
manifestations intellectuelles permettent de la considérer comme
supérieure à la plupart des mammifères que nous avons étudiés.
La solidarité, l'entente, pour un travail commun, s'esquissent à
peine dans les singes les plus élevés ; ici nous voyons apparaître,
parmi ces minuscules travailleurs, un esprit d'ordre qui assure
la réussite des entreprises nombreuses auxquelles ils se livrent...
En dehors des matériaux de construction, qui diffèrent (selon la
variété de ces insectes), l'ordonnance générale restant la même,
les détails donnés par Huber sur le nid du *lasius niger* (fourmi
noire) nous permettent de comprendre l'ordonnance de ces cités
des fourmis. »

De même que dans un nid de termites, il existe dans une fourmilière des groupes distincts d'individus affectés chacun à un travail spécial. On y trouve des femelles, des mâles et des neutres.

Avant d'exposer la fonction que remplit chaque groupe, disons comment l'association arrive à posséder des membres propres à telle occupation, par la conformation même de leur organisme.

Chez les polypes, nous avons vu que la spécialisation des individus résulte de modifications diverses et d'un développement inégal accompli chez eux sous l'influence des conditions d'existence du milieu ambiant et en vertu de la loi de la lutte entre individus, pour la possession des substances alimentaires. Ici donc, rien ne dépend de la volonté des associés.

Chez les fourmis, au contraire, cette spécialisation, voulue, est préparée *ab ovo*, par les membres mêmes de l'association qui peuvent déterminer dans l'organisme tel état qu'ils désirent, ce qui alors rend quelques-uns aptes à telle fonction et inaptes à telles autres. Pour donner ce résultat, de l'état de larve à celui d'insecte parfait, la bête se trouve soumise à un régime alimentaire et à des soins spéciaux, bien entendus et qui, selon la nature du spécialiste à former, favorisent ou empêchent l'épanouissement des organes destinés à tel rôle.

L'association a-t-elle besoin de femelles et de mâles parfaits? — Des larves sont nourries et soignées de manière que les organes sexuels atteignent le plus complet développement possible. — Faut-il, au contraire, préparer des neutres? Un régime alimentaire et des soins particuliers atrophient chez les larves tout ce qui s'appelle organe de copulation, en même temps qu'ils facilitent, hâtent l'éclosion et l'extension des autres parties nécessaires à l'accomplissement de toute fonction autre que celle de la reproduction.

Est-ce par ce procédé que les termites parviennent, eux aussi, à réaliser, comme nous l'avons vu, la division du travail?

Aucun des naturalistes qui ont étudié ces névroptères ne signale chez eux cette particularité observée également chez les abeilles classées, avec les fourmis, parmi les hyménoptères.

Quoi qu'il en soit, l'association des fourmis, à l'opposé de celle des termites, présente plusieurs mères. — Celles-ci « plus grosses, plus lentes, plus paresseuses, pondent sans cesse de petits œufs blanchâtres, d'où sortiront des fourmis... Ces reines ou mères ne sont que des femelles dépourvues d'ailes et fécondées et qui, enfermées dans la fourmilière, pondent pendant toute leur existence, c'est-à-dire pendant quatre ou cinq ans... A un certain moment de l'année, on voit sortir de certaines nymphes des fourmis ailées. Les unes sont plus grosses et plus lourdes, de couleur plus sombre : ce sont les femelles; les autres sont plus légères, plus sveltes, plus brillantes : ce sont les mâles. C'est ordinairement au printemps que ces êtres ailés s'échappent de la fourmilière... Bientôt toutes les herbes voisines en sont couvertes... Soudain, quelques individus prennent leur vol, et bientôt l'essaim

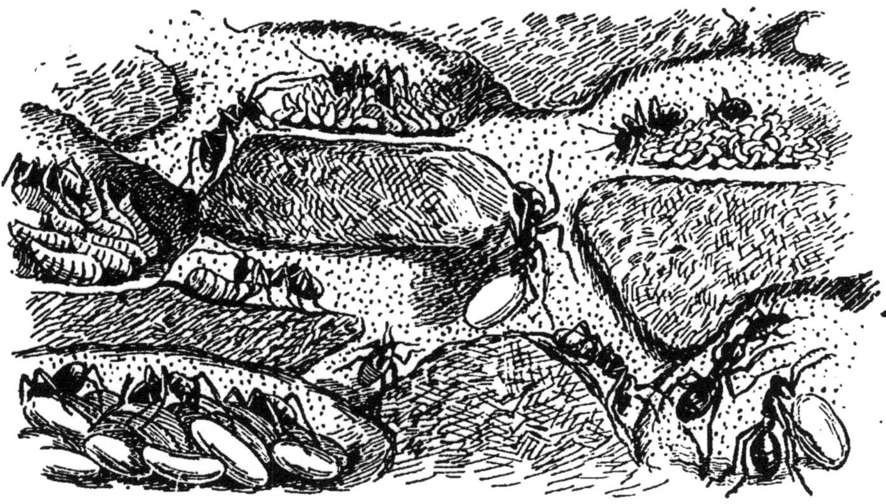

Fig. 25. — L'intérieur d'une fourmilière avec des fourmis occupées à soigner les larves et les nymphes.

s'élève dans les airs. C'est en ce moment que s'opère la fécondation. Alors les groupes se laissent tomber lentement vers le sol... Les mâles sont repoussés de la colonie et meurent misérablement... Cette existence éphémère des mâles leur assigne dans la vie de la société une place à part. Ils sont nécessaires pour assurer la propagation de l'espèce; mais, leur rôle une fois joué, ils disparaissent comme des êtres désormais inutiles que l'on sacrifie. »

Viennent ensuite les neutres, qui forment quatre groupes distincts comprenant l'un, des éleveuses; le second, des nourrices; le troisième, des travailleurs; et le quatrième, des guerriers.

Les mères ayant pour unique mission de pondre, les éleveuses sont chargées de prendre soin des œufs, pourvoyant ainsi à la survivance des jeunes et à la perpétuation de l'espèce. Ces éleveuses sont des femelles comme les mères, mais des femelles rendues infécondes au berceau.

« Tous les œufs sont, dès qu'ils sont pondus, la propriété de tous, et les éleveuses les aiment, les entourent de leurs soins et font tout ce qui est nécessaire pour assurer le développement de la larve et de la nymphe... Chaque coup de soleil, chaque averse de pluie, chaque invasion de froid a nécessité leur transport dans des chambres propices. »

Les nourrices, elles, s'occupent de la préparation des aliments.

« Elles apportent à chaque instant la nourriture aux jeunes larves. Grâce à ce précieux aliment, le ver grandit et se développe.

Bientôt il file une coque blanche — que l'on nomme vulgairement œuf de fourmi — et il se transforme dans ce doux berceau en une chrysalide brunâtre et immobile. Enfin, le moment de l'éclosion arrivé, les éleveuses déchirent les fils du berceau, entr'ouvrent le maillot, et, avec une douceur infinie, étendent les pattes, dégagent les antennes et mettent en liberté la nouvelle citoyenne. »

Voilà l'insecte parfait.

« La petite fourmi est alors initiée à la vie de la colonie. Guidée par ses nourrices, elle apprend à connaître les rues de sa ville et les chemins qui convergent aux portes; elle devient l'ouvrière ardente au travail, la citoyenne parfaite et modèle. » (*fig.* 25).

En ce qui concerne l'approvisionnement de l'association, nous savons déjà la manière dont il a lieu, selon la variété à laquelle appartiennent ces minuscules animaux. Nous avons vu, entre autres, les fourmis agricoles et celles qui se nourrissent du miel qu'elles tirent de certains pucerons. Mais il est une variété de ces bestioles qui mérite une mention spéciale, quant à la manière de s'approvisionner. Il s'agit des fourmis du Texas. Chez elles, « le miel se retire des galles d'un chêne. La récolte se fait pendant la nuit, et le miel, rapporté à la fourmilière, est mis en réserve par un procédé étrange. Certaines fourmis se suspendent au plafond de chambres spacieuses et deviennent des amphores à miel. Les pourvoyeuses dégorgent le miel recueilli, dans la bouche de ces fourmis suspendues; bientôt l'abdomen grossit, les anneaux se distendent, et l'on a une fourmi dont la tête et le thorax restés normaux supportent une masse arrondie de la grosseur d'une noisette.

« Lorsque le froid a supprimé la possibilité de récolte, les fourmis réservoirs dégorgent le miel qu'on leur a confié, et que les ouvrières viennent leur, réclamer pour les nourrissons et les citoyens. »

Quant aux soldats, nous n'avons pas grand'chose à dire, après ce que nous avons rapporté à leur égard, dans le chapitre IX, § III, consacré à la subordination parmi les bêtes.

Nous savons, en effet, que les individus de cette catégorie sont ceux chargés d'entreprendre des expéditions contre des fourmilières voisines, pour en soustraire des nymphes destinées à fournir des esclaves à l'association.

En outre, ce sont des guerriers qui protègent la cité contre les animaux nuisibles, avides des larves qu'on y élève.

En conséquence, « chaque soir, les portes de la fourmilière sont fermées avec soin, et des sentinelles vigilantes gardent des surprises ».

Toutes ces particularités ne sont pas spéciales à la vie des fourmis. Sans surpasser ces insectes en fait de discipline et de division du travail, certaines abeilles connaissent l'organisation sociale et pratiquent le principe du travail en commun sur une vaste échelle.

La perpétuation de l'espèce, la préparation des cellules pour les œufs, l'élevage des jeunes, l'approvisionnement de l'association et la défense de la cité constituent les premières occupations de leur vie laborieuse. Afin de pourvoir à d'aussi importantes fonctions, les abeilles peuplent aussi leur ruche de mâles, de femelles et de neutres. Mais la différence capitale qui les sépare des fourmis et qui, en même temps, les rapproche des termites est que, comme chez ces derniers, la division du travail ne laisse le soin de la ponte qu'à une femelle appelée, ainsi que nous le savons, mère-abeille, dont le privilège est d'avoir autour d'elle, à titre d'époux, tous les mâles valides de la cité, connus sous le nom de faux-bourdons.

Ne s'occupant de rien, en ce qui a trait aux travaux de la ruche, ceux-ci logent en des cellules pour eux construites, y attendent, plongés dans la mollesse, le moment où leur intervention est nécessaire, c'est-à-dire l'époque de la fécondation de la mère-abeille. Outre celle-ci, la ruche renferme des femelles fécondes, mais vierges. Ce sont « les jeunes reines, qui grandissent dans leurs berceaux privilégiés et impriment à la société une préoccupation générale qui se traduit par une surexcitation croissante du côté des ouvrières et par une inquiétude manifeste dans les allures de la reine-mère ».

Nous avons dépeint cette situation, en parlant de la lutte génésique. Les abeilles neutres, à l'instar des fourmis de cette catégorie, sont des animaux chez lesquels l'épanouissement des organes sexuels a été empêché de bonne heure, tandis que d'autres organes affectés à des rôles particuliers ont reçu un ample développement.

Parmi ces neutres, on a pu distinguer les butineuses, les cirières, les éleveuses, les nourrices, les ménagères, les gardiennes de la reine-mère, puis les soldats.

Les butineuses vont récolter, parfois très loin, les éléments indispensables aux besoins de l'association. « Le pollen, le miel, la propolis et l'eau sont les substances nécessaires qu'elles recueillent au dehors... La butineuse revient ainsi à la ruche ; aidée par ses sœurs, elle vide ses corbeilles et dégorge dans la cellule le miel préparé[1]. »

Les cirières, chargées spécialement de l'édification de l'habitation et de l'entretien des gâteaux et des cellules, reçoivent des butineuses la propolis et l'eau que, sans retard, elles mettent en œuvre. S'agit-il de construire des cellules ? Une première équipe de cirières s'occupe des gros travaux. Celles qui la composent saisissent la matière brute avec leurs pattes, « la portent à leur bouche pour la pétrir, et l'appliquent patiemment par petites bouchées, en se servant de leur bouche à peu près comme un maçon de sa truelle... Après qu'elles ont grossièrement maçonné cette construction, d'autres ouvrières, plus habiles, viennent égaliser, nettoyer, perfectionner, polir, enfin elles donnent à tout l'ouvrage une dernière main.

« Alors les pourvoyeuses se mettent à la besogne pour emplir de miel les cellules qui doivent renfermer la provision d'hiver et que l'on ferme d'un couvercle de cire[2]. »

Quant aux nourrices et aux éleveuses, « elles ne sortent pas de la ruche ; elles restent en masses pressées sur les cellules garnies de couvains et entretiennent ainsi une température constante autour des larves... Quand la larve est arrivée au terme de sa croissance, c'est l'éleveuse qui ferme la cellule par un couvercle de cire[3]. »

---

[1] Dr GIROD, *Les sociétés chez les animaux.*
[2] Dr DE COURMELLES, *Les facultés mentales des animaux.*
[3] Dr GIROD, même ouvrage.

L'alimentation est à la charge des nourrices. « Elles vont aux rayons où sont accumulées les provisions de miel et de pollen... Lors de l'éclosion, les nourrices aident la jeune abeille à briser la paroi de cire qui l'enferme, elles la lèchent, la réchauffent, lui présentent le miel qui donne des forces [1]. »

Les ménagères, ainsi désignées faute de termes plus précis, ont soin de l'aération de la ruche. « Elles se cramponnent sur divers points, la tête tournée en avant, agitent leurs ailes avec rapidité, impriment un courant d'air qui va de l'extérieur vers les gâteaux [2]. »

Les gardiennes « entourent la reine et la protègent, s'opposant aux chocs des éleveuses ou des ouvrières qui parcourent la ruche en tous sens [3] ».

Enfin, les soldats « sont des sentinelles vigilantes qui se tiennent à l'entrée de la ruche et y font bonne garde. Tout intrus est repoussé, et, s'il résiste, il est attaqué, poursuivi, percé à coups d'aiguillon [4] ».

Un apiculteur américain, M. Crèvecœur, qui a écrit sur son art, raconte la manière dont des abeilles, attaquées par l'oiseau appelé *guêpier*, se défendirent énergiquement.

L'oiseau s'amusait à donner la chasse aux individus d'une ruche occupés à butiner dans les environs. Tous ceux qui tombaient sous son bec étaient impitoyablement avalés.

« Déjà, dit l'apiculteur, le guêpier avait consommé un grand nombre des précieux insectes, quand quelques abeilles échappées au danger allèrent sonner l'alarme dans la ruche... Elles ne tardèrent pas à se rassembler en une masse serrée, grosse comme un boulet, et cette boule s'élança avec une rapidité incroyable contre l'ennemi perché sur les hautes branches d'un arbre voisin. Le guêpier, justement effrayé, s'enfuit de toute la vigueur que la peur prêtait à ses ailes. Sans cette prompte retraite, il était perdu. »

Telles sont les manifestations d'association les plus remarquables constatées parmi les bêtes.

Dans tout ce que nous venons de dire, il va de soi que les observateurs cités ont dû recourir à ce qui se passe au sein des sociétés humaines, pour donner l'explication des faits relevés

[1] *Id.*
[2] *Id.*
[3] *Id.*
[4] *Id.*

parmi les animaux. Ils ont donc interprété les faits et gestes des bêtes, en les comparant à ceux de l'être humain. Ont-ils vu parfois au milieu de ces créatures, pour nous d'un mutisme absolu et des plus regrettables, plus qu'ils ne devraient ? — C'est fort possible, car nul esprit, si pénétrant soit-il, n'est exempt de l'éternel *errare humanum*. Cependant, personne ne peut leur contester d'avoir aussi constaté et parfaitement compris des mouvements répétés et dont les résultats, toujours les mêmes, ne sauraient alors laisser aucun doute sur le but visé par ces animaux. En outre, une attention des plus soutenues, des observations les plus minutieuses autorisent à établir, d'une manière positive, que tous les individus, d'une ruche par exemple, non seulement n'ont pas en tous points une organisation physique pareille, mais encore ne se livrent pas tous à la même occupation, et que la tâche exclusive de chacun profite à tous. Donc des bêtes savent, à n'en pas douter, organiser parmi elles une véritable association basée sur ce principe économique que nous appelons la division du travail.

4° Échange de services divers

Il est d'autres cas de relations que l'on considère comme des associations et où l'on trouve, non une division de travail, mais un simple échange de services. Souvent même les êtres deviennent ici utiles les uns aux autres à leur insu, quand ils sont absolument inconscients, du moins on a tout lieu de croire que la chose se passe ainsi, car, chez quelques-uns de ces êtres, nous sommes tout à fait incapables de trouver ce qu'on est convenu de nommer phénomène-conscience. Il en est ainsi des êtres du règne végétal. Quoi qu'il c. soit, un échange réel de services se fait, entre eux et en vue de la satisfaction d'un besoin vital quelconque.

Ce genre de relations a été observé jusque dans le règne végétal, et M. Vuillemin en parle avec détail dans son ouvrage sur la *Biologie végétale*.

Voici ce qu'il écrit à propos des lichens. « Les végétaux désignés sous ce nom par les botanistes ne sont autres, en effet, que la combinaison d'une algue et d'un champignon... Il est assez de mode aujourd'hui d'employer les noms de *symbiose*, de *ménage*, de *consortium*, pour exprimer la réciprocité des services que se rendent l'algue et le champignon. Et de fait, si le *mycelium incolore* [1] est incapable de fixer le carbone sans l'intervention de la *chlorophylle* [2] de son conjoint, l'algue ne saurait subsister sur les rochers arides, sur les troncs d'arbres, sur les corps différents où le lichen s'implante, si le champignon qui l'enlace ne lui procurait l'abri de ses tissus. »

Nonobstant cet échange de services, rappelons que c'est aux dépens des organes propres de reproduction de l'algue que l'association existe [3].

Une relation semblable s'établit quelquefois entre des champignons et de grands arbres, tels que le charme, le coudrier, le hêtre, le châtaignier et le chêne.

« La réciprocité des services y est même plus complète que chez les lichens, car, bien loin de compromettre la vitalité de son hôte ou même sa reproduction, le champignon lui devient nécessaire en se substituant seulement à un organe essentiel de la végétation et en en remplissant le rôle, recevant en paiement la nourriture destinée à cette partie que la plante supérieure trouve avantageusement remplacée. »

Ici, le phénomène prend le nom de mycorhize.

D'autres fois, c'est avec une herbe que le champignon s'associe, en s'attachant à ses racines.

« Dans cette association, dit M. Vuillemin, le cryptogame retire tout le profit attaché au parasitisme ; l'herbe, de son côté, s'est adaptée à la présence de ce conjoint et en reçoit assez de services pour que ni la vigueur de l'individu ni la reproduction ne soient compromises. »

Le règne animal fournit également des exemples d'associations basées sur le simple échange de services, quoiqu'il ne soit pas toujours facile d'établir la réciprocité qui existe ici.

Ainsi, nous avons déjà dit que les fourmis, d'ordinaire impitoyables à l'égard des petites bêtes qui s'aventurent dans le voisinage de leur demeure, tolèrent cependant certains coléoptères jusque dans l'intérieur de la fourmilière, et nous avons cité, parmi eux, les clavigers, en montrant leur utilité pour les fourmis.

A propos de ces coléoptères, le Dr Girod fait remarquer que beaucoup d'entre eux ne se rencontrent que dans des fourmilières.

« Il est évident, ajoute-t-il, que cette association, pour persister,

---

[1] Substance filamenteuse du champignon.
[2] Matière qui colore en vert les organes de l'algue et, généralement, des végétaux.
[3] Voir ci-dessus, chap. IX, § 2.

doit donner des avantages réciproques, car on comprendrait difficilement, dans le cas contraire, la tolérance des fourmis pour des êtres incommodes. »

Et quel rôle assigne le D' Girod à ces hôtes? — Ils habitent la fourmilière, parce que, dit-il, ces petits êtres ont l'avantage de se nourrir des détritus qui s'accumulent dans les galeries ; et les fourmis ne les en chassent pas, parce qu'ils servent au balayage et à l'assainissement de la fourmilière.

S'il est une autre association qui mérite d'être signalée, c'est bien celles des *moules* et d'une espèce de petits crabes appelés *pinnotères* ou *pinnothères* qui logent à l'intérieur de la coquille du mollusque. « Le crabe trouve la protection entre les valves de la coquille ; mais, en projetant ses pinces au dehors, il saisit des proies dont la moule utilise les déchets pour sa propre alimentation [1]. »

Le crustacé pourvoit donc à l'alimentation du mollusque, en retour de la protection qu'il en reçoit.

On a de même compris que certains quadrupèdes et oiseaux forment comme une association pour se rendre des services réciproques.

« Les quatre espèces de *rhinocéros* qui habitent l'Afrique australe sont, dit M. Mayne-Reid, toujours accompagnées d'une espèce d'oiseaux nommés *buphagas*, et c'est pour cela que les chasseurs ont appelé ces derniers : oiseaux du rhinocéros. Que l'affreux quadrupède aille où bon lui semblera, ces oiseaux resteront sur son dos, sur sa tête, sur n'importe quelle partie de son corps, et y paraîtront tout aussi à leur aise que si cet animal était leur perchoir naturel. Le rhinocéros ne songe nullement à se débarrasser d'eux ; bien au contraire, il sait que leur présence lui est excessivement utile ; effectivement, le buphaga ne se borne pas à le délivrer des parasites qui l'assiègent, il l'avertit de l'approche du chasseur ou de tout autre danger. Dès qu'un ennemi se présente, le rhinocéros est réveillé tout à coup, s'il dort, ou averti, s'il mange, par la voix rauque de son oiseau, qui le met ainsi sur ses gardes ; si, par hasard, le buphaga ne parvient pas à l'éveiller par ses cris, il voltige autour de la tête du pachyderme et lui donne des coups de bec dans les oreilles, jusqu'à ce qu'il ait réussi à lui faire prendre la fuite. Il agit de la même façon à l'égard de l'hippopotame et de l'éléphant ; si bien que l'une des

---

[1] D' Girod.

difficultés que rencontre le chasseur dans la poursuite de ces animaux vient de la vigilance de leur petite sentinelle. »

Il n'est pas besoin de dire que ces quadrupèdes, en compensation des services que leur rend le volatile, lui sont utiles en ce qu'ils lui fournissent les parasites dont il se nourrit [1].

Le *pique-bœuf*, autre oiseau de l'Afrique, doit son appellation à l'habitude qu'il a de débarrasser, lui aussi, de leurs parasites les *buffles* et les *antilopes*.

« En Amérique, dit encore M. Mayne-Reid, le *traquet de la vache* tire son nom de l'habitude qu'il partage avec le pique-bœuf, et suit constamment les troupes immenses de *bisons* qui pâturent dans les vastes prairies américaines. »

Ces deux oiseaux, sans nul doute, remplissent auprès de leurs hôtes le même rôle que le buphaga auprès des siens.

On a remarqué que les *corneilles à col blanc* et plusieurs espèces de *corvidées* agissent d'une manière identique à l'égard des moutons.

D'après M. Rawton, un oiseau, le *commandeur*, se perche en vedette sur le mufle des bœufs mexicains et appréhende au passage le moustique assez osé pour s'introduire dans les fosses nasales du ruminant.

Ces animaux sont donc utiles les uns aux autres, en ce sens que le quadrupède procure à l'oiseau une nourriture plus ou moins abondante, tandis que l'oiseau le débarrasse de ces petits êtres qui vivent de son sang.

D'autres bêtes, trouvant un avantage réel auprès d'un hôte, lui donnent, en retour, de véritables soins hygiéniques.

Tel est le cas de plusieurs poissons de mer et d'eau douce, par rapport à ces bestioles qu'on nomme *caliges*, *argules* et *ancées*.

Attachés sur le corps de leur hôte, *baleine* ou *morue*, ces animalcules absorbent, comme substances alimentaires, les sécrétions épaisses et filantes qui s'agglomèrent à la surface de son corps, ce qui tient son tégument dans un bon état de propreté et facilite ces évacuations épidermiques nécessaires au fonctionnement régulier de l'organisme.

On a également découvert une sorte de ver, très allongé, qui rampe au milieu des œufs du *homard*, et dont la spécialité est de

---

[1] Le mot buphaga signifie *mangeur-de-bœuf* et sert à désigner cet oiseau, parce qu'il va aussi sur les bœufs chercher des parasites. Les indigènes de cette région africaine ont dû donner ce nom au volatile, croyant, sans doute, dans leur ignorance superstitieuse, qu'il mange la chair de ces quadrupèdes.

manger ceux qui sont avariés et les embryons morts, sauvant ainsi la vie aux embryons en parfait état.

Souvent, c'est jusqu'à l'intérieur du corps, au sein des organes qu'a lieu cette intervention salutaire.

Ainsi, le *bacillus amylobacter*, qui loge dans l'intestin des mammifères herbivores, trouve sa nourriture dans la cellulose[1] des plantes absorbées par ces animaux, cellulose que leurs sécrétions intestinales sont impuissantes à entamer et dont le bacillus les débarrasse, grâce à la puissance de son organe digestif[2].

Tous ces exemples, le lecteur l'a sans doute observé, ne présentent que des êtres appartenant à un même règne. Des associations de ce genre se forment cependant entre individus des règnes végétal et animal.

Nombre d'oiseaux, qui creusent dans les troncs des arbres des trous leur servant d'abris, débarrassent, en compensation, ces végétaux des vers parasites, en général des insectes xylophages qui les rongent.

Pareillement, certains insectes, ennemis de leurs semblables, sont des défenseurs pour quelques plantes sur lesquelles ils trouvent un habitat commode.

Déjà nous avons eu l'occasion de parler de plusieurs insectes de cette catégorie qui constituent pour leurs hôtes de véritables petites armées défensives.

Afin de loger ces animalcules, dont la plupart font partie du groupe des *acarides*, la nature a pourvu la plante appelée *eugenia australis* de bourses appendues aux flancs de sa tige. Les feuilles du *caféier* offrent des saillies en corbeille. De ces cachettes — que M. Lundstræm nomme domaties — où les bestioles restent tout le long du jour, elles sortent pour effectuer des excursions nocturnes. — En la circonstance, les *mites* sont des protecteurs intrépides pour les caféiers.

« Trouvant en ces régions un abri plus sûr que dans le reste du corps de la plante, ils localiseront leur action, dit M. Vuillemin, en ce point, qui, d'ailleurs, offre une structure propre à en prévenir les conséquences fâcheuses. De plus, comme tout propriétaire foncier, l'acarien défendra ses pénates contre toute incursion. Voilà, de ce chef, la plante à domaties préservée des attaques beaucoup plus redoutables des *phytophus* par exemple, autres

[1] Substance qui compose la trame du tissu solide des végétaux et qui contribue à la constitution de la partie ligneuse.
[2] Voir *la Revue scientifique*, 13 août 1887.

acariens fort nuisibles à l'agriculture... D'autre part, en se
nourrissant des déchets excrétés par la feuille, les mites en font
pour ainsi dire la toilette en même temps qu'elles avalent les
semences de divers parasites naturellement arrêtées dans les
angles des nervures. Il paraît, enfin, résulter de l'étude de
M. Lundstræm que les plantes s'engraissent du fumier de leurs
hôtes. Les excréments de divers acariens, analysés par M. Fehling,
contiennent de l'acide urique, de l'urate d'ammoniaque, de l'urée,
de l'acide hippurique, et ces produits azotés, sous l'action des bac-
teries qui pullulent dans certaines domaties, peuvent prendre une
forme assimilable, peut-être celle de salpêtre... M. Lundstræm a
même vu directement, dans les domaties du *tilleul* et surtout du
caféier, les cellules placées sous les déjections des mites remplies
de ces amas de granulations signalés par Darwin et de Vries
dans les tissus absorbants des feuilles carnivores. Les cadavres
des acariens reçoivent sans doute le même emploi[1]. »

Il est un autre cas de réciprocité de services entre végétaux et
animaux qui mérite d'être mentionné. C'est celui de quelques
insectes et des plantes dites antomophiles. — Ici, on constate
« une sorte d'alliance qui s'est établie entre les deux règnes vivants
pour régler, pour équilibrer leurs relations nécessaires, et on
voit comment les végétaux, en retour du nectar qu'ils abandonnent
aux insectes, reçoivent de ces animaux des services d'une importance majeure. Cela est si vrai, et cette visite des insectes, en
apparence si préjudiciable, tourne si bien au profit des plantes,
que les dispositions les plus variées sont destinées à les attirer.
C'est qu'en effet ces messagers ailés, chargés du pollen des fleurs,
sont seuls capables, assurant la fécondation et plus particulièrement la fécondation croisée, de préparer la formation des
graines et la perpétuation de certaines espèces.... La plupart des
papilionacées ne s'épanouissent pas sans qu'un insecte vienne,
pour ainsi dire, ouvrir la porte aux organes sexuels en prenant
un point d'appui sur les ailes de la corolle et en comprimant de
son abdomen la carène[2] où sont couchées les étamines[3] et le
style[4], tandis qu'il cherche à introduire son appareil de succion
jusqu'au nectar. »

[1] VUILLEMIN, *Biologie végétale.*
[2] Réceptacle que forment les deux pétales inférieurs de ces fleurs, en se rapprochant, en se soudant même souvent par leur bord, de manière à présenter l'aspect
de la carène d'un vaisseau.
[3] Organes mâles de la fleur.
[4] Une des parties composant le pistil, qui est l'organe femelle.

La *capucine*, le *genêt*, les *ohprys*, sont autant de plantes qui assurent de cette manière leur fécondation. Le *centranthus ruber* attire particulièrement les papillons crépusculaires. Le *mélampyrum pratense* assure la semence de ses graines par l'intermédiaire des fourmis.

« Toujours il attire ces insectes, dit M. Vuillemin, par le nectar qu'il excrète en des points déterminés de la surface des feuilles. A la maturité le fruit déhiscent met à nu une graine unique, blanche, lisse, ressemblant à s'y méprendre, par la taille et par l'aspect, aux cocons renfermant les nymphes appelées vulgairement des œufs de fourmis. Les petits insectes, malgré la haute intelligence que leur prêtent certains observateurs, se laissent tromper à cette apparence et vont enfouir ces graines avec le soin qu'ils mettent à placer en lieu sûr leurs propres cocons [1]. — Ce singulier mode de dispersion des graines de mélampyre ressort clairement des recherches attentives d'un botaniste et d'un myrmécologue [2] suédois, MM. Lundstræm et Adlerz. »

Pour terminer avec les associations, il nous reste à dire quelques mots de celles qui se forment très souvent entre l'homme et certaines bêtes.

L'espèce humaine, en effet, a formé avec plusieurs animaux de véritables associations basées sur un échange de services.

L'être humain, à l'origine, pressé par le besoin de nourriture, ne vit dans les bêtes, en général, qu'une proie, faisant une chasse continuelle à toutes celles qu'il lui était facile de tuer. Dans la suite, comme dit M. Novicow, « quelques animaux présentaient moins de résistance que d'autres. L'homme a donc pu les capturer vivants. Alors, au lieu de les tuer immédiatement pour les manger, il les a enfermés dans un enclos, se réservant de les massacrer au fur et à mesure de ses besoins. A partir de ce moment, certaines relations permanentes se sont établies entre ces animaux et l'homme. L'homme les a d'abord défendus contre leurs autres ennemis, pour ne pas être frustré du bénéfice de leur capture ; puis, il a été amené à leur donner certains soins pour en tirer plus de profit. »

Mais, dès qu'il se fut trouvé en possession d'une quantité assez

---

[1] Ne serait-on pas plutôt en présence ici d'une de ces espèces de fourmis agricoles dont nous avons si longuement parlé? — D'ailleurs, on ne voit pas pourquoi ces animaux auraient enfoui ces graines, les prenant pour leurs nymphes, car les fourmis soignent celles-ci, mais ne les enterrent pas. — Voyez le chap. vi, § 1.

[1] Naturaliste qui étudie la vie des fourmis (du grec *murmex*, fourmi).

considérable de matières alimentaires, pour ne plus avoir besoin de manger tous les animaux indistinctement qui pouvaient être facilement capturés, il commença à élever, à entretenir, en vue d'en tirer certains services, ceux chez lesquels il avait reconnu, à la longue, la plus grande dose de compréhension ou le plus de force musculaire et en même temps le plus de dispositions à vivre en bonnes relations avec lui. — A la suite d'une véritable évolution, d'une adaptation à son milieu moral et sous l'influence de la loi de l'hérédité, « comme un grand nombre de ces animaux ne témoigne plus aucun goût pour la vie sauvage, comme ils reviennent souvent à l'homme, alors même qu'ils pourraient s'échapper, on peut dire que, entre ces espèces et la nôtre, il s'est formé une association, non seulement permanente, mais encore voulue par les parties. »

Il est bon, toutefois, d'observer que nous n'envisageons pas ces animaux tenus continuellement enfermés ou à l'attache, pour les empêcher de retourner à la vie sauvage, auquel cas il y a subordination, mais ceux qui, quoique laissés en complète liberté, restent constamment à côté de l'homme et entrent même, moralement, en relation avec lui. On peut, d'ailleurs, aller plus loin et dire que des liens réels de sympathie, d'affection, attachent plusieurs de ces animaux à l'homme, leur maître.

« Quels animaux plus différents — au point de vue mental — de leurs ancêtres sauvages que notre chat et surtout notre chien, notre cheval, nos vaches [1] ? »

Il n'est rien de plus facile que de présenter des exemples justifiant cette sympathie, cette affection que nous disons exister chez l'être humain pour des bêtes et chez celles-ci pour l'homme. Quand on a vécu quelque temps à côté d'une bête à l'égard de laquelle on a contracté des habitudes, comme de lui prodiguer des soins de toute sorte, de jouer avec elle, de lui apprendre certains tours qu'elle exécute de bonne grâce pour nous divertir, d'être l'objet de sa part de petites flatteries, de petites caresses, que sais-je, d'un tas de manifestations qui sont autant de témoignages de son attachement, peut-on, sans avoir un cœur de pierre, se défendre d'un légitime regret, lorsque la mort la frappe ou lorsqu'une circonstance quelconque nous oblige à nous en séparer, quoique nous sachions qu'elle vit encore et à l'abri des privations et de la souffrance ? — Il y a là un de ces phénomènes

____

[1] Dʳ DE COURMELLES. *Les facultés mentales des animaux.*

psychiques qui, pour être encore des énigmes quant à leurs causes déterminantes, ne se montrent pas moins à nous journellement et sous des aspects multiples et variés. — Je connais, moi, des personnes qui ont pleuré la mort ou la perte d'un animal. — Quelquefois même ne voit-on pas des gens aller jusqu'au suicide, ne se sentant pas assez d'énergie morale pour survivre à la mort d'une bête ? — Tout récemment, une femme, afin de trouver la consolation par elle cherchée en vain de toutes les façons possibles, a recouru à cette extrémité et a même eu le courage de l'avouer dans une pièce authentique publiée après sa mort, dans des journaux. Mais, dira-t-on, ce ne peut être qu'un acte de folie ou au moins que le fait d'un individu appartenant à l'une de ces peuplades africaines ou asiatiques ou bien au royaume de Siam pratiquant encore la zoolâtrie, à l'instar de certains peuples d'antan, civilisés, entre autres les Egyptiens. Pas le moins du monde. C'est une Parisienne *de Paris*, morte avec toute sa lucidité d'esprit, qui a donné cette preuve éclatante d'extrême sensibilité.

A leur tour, les animaux qui savent s'attacher à nous ne manquent pas de manifester leur chagrin, quand ils se voient privés de leurs maîtres qu'ils aiment. Quelques-uns se laissent même mourir de faim, dans la circonstance. A cet égard, plusieurs variétés de perroquets, de canidés, comme de félidés sont des modèles d'attachement.

« Combien de chiens, dit le Dʳ de Courmelles, sont morts de faim sur la tombe de leur maître ! et d'autres allant aboyer lugubrement et sinistrement sur l'endroit où avait été enterré leur compagnon habituel !... M. Arbousset, missionnaire protestant dans le pays des Bassoutos (Afrique centrale), perdit un fils âgé de sept ans et qui aimait beaucoup un chat. Celui-ci devint inquiet, refusa toute nourriture, furetant partout, puis il disparut. On le retrouva mort sur la tombe de l'enfant. »

Nous nous dispensons de multiplier ici les cas, qui sont en abondance à notre disposition, nous contentant de demander au lecteur si ceux que nous avons mentionnés ne constituent pas des faits prouvant amplement l'attachement, l'affection chez l'être humain pour les animaux, et réciproquement.

Mais ces liens d'ordre moral ne sont pas les seuls qui retiennent les bêtes sous le toit de l'homme ; et, s'il vous faut chercher d'autres circonstances pour expliquer la persistance de cette cohabitation, les avantages matériels que ces êtres tirent de se trouver avec nous suffiront à eux seuls à nous satisfaire.

De quelle sollicitude constante ne sont-ils pas, en effet, l'objet de notre part, les animaux que nous avons à notre service? — Le manger, le boire, le coucher, les soins contre les intempéries et les maladies, la protection, enfin, contre des congénères leurs ennemis sont tous des manifestations de cette sollicitude, grâce à laquelle ces animaux arrivent à jouir du maximum de bien-être compatible à l'état des créatures de leur espèce. S'ils avaient le principal attribut qui nous distingue d'eux, la parole, que de fois les aurions-nous entendu traduire d'une façon certaine leurs pensées à ce sujet! D'ailleurs, si même ceux qui occupent les degrés supérieurs de leur échelle ne partagent pas avec nous ce privilège, la plupart d'entre eux ne savent pas moins nous donner, chacun à sa manière et selon le degré de développement de son intelligence, des marques continuelles et évidentes de leur reconnaissance et de leur volonté inébranlable de passer à nos côtés le dernier jour de leur existence, nous disant par là qu'ils comprennent assez qu'ils gagnent énormément à être ce qu'ils sont auprès de nous. Et, en retour, ils nous sont d'une inappréciable utilité, lorsque, dès l'époque favorable, nous avons su commencer à les préparer à une vie laborieuse. Il convient, en outre, de faire observer que c'est à des animaux que l'espèce humaine doit d'être sortie de son étape d'enfance, après leur avoir demandé l'assistance de leur puissance musculaire, qui a largement contribué, avec les forces brutes de la nature, à faire pour elle la conquête de la civilisation.

Depuis une époque qu'il n'est pas possible de préciser, il se fait donc, entre l'homme et des bêtes, un échange de services. D'où association. — Elle est bien longue, la liste des animaux domestiques que l'on peut considérer comme ayant contracté une véritable association tacite avec l'humanité.

Sans nous arrêter aux travaux que les bêtes de somme ou de trait, chevaux, mulets, ânes, bœufs, chameaux, dromadaires, etc., accomplissent pour nous, en compensation des soins qu'ils reçoivent de nous, signalons certains faits qui ne sont pas de notoriété publique.

A commencer par les oiseaux, rappelons qu'autrefois la famille des *falconidés*, dont le *faucon* est le type, fournissait d'habiles chasseurs à l'homme.

A ce propos, M. d'Hamonville dit, en parlant du faucon : « Ses qualités de combat, jointes à une grande facilité d'éducation et même d'attachement à leurs maîtres, avaient donné à nos pères l'idée de les utiliser pour un genre de chasse très à la mode autrefois, et qui avait été perfectionné au point d'être devenu une science complète, presque oubliée aujourd'hui [1]. »

A cette heure, le *cormoran* joue en Chine un rôle analogue. Les Chinois s'en servent pour la pêche aux poissons.

« Il ne prend pas le poisson en le traquant comme le *pélican*, ni comme le *fou*, en se laissant tomber sur lui du haut des airs, mais de vive force, en le poursuivant sous l'eau avec une incroyable rapidité. Aussi, depuis longtemps, ses aptitudes ont été utilisées par les Chinois, qui en ont fait un oiseau de pêche dont ils tirent grand profit. — En France, un inspecteur des forêts, M. Larue, a essayé ce genre de sport avec un plein succès [2]. »

Dans plusieurs îles de l'Amérique, les sauvages employaient autrefois les pélicans blancs à ce genre de pêche.

« Le P. Raymond, dit M. V. Meunier, rapporte, dans son *Dictionnaire caraïbe*, qu'il en a vu un si bien privé qu'on l'envoyait seul à la pêche, d'où il revenait chaque soir sa besace pleine, impatient de se faire desserrer le cou et de recevoir le prix de ses peines. »

Il est à remarquer, en effet, que, dans la circonstance, on avait soin, pour empêcher la bête de revenir sans le produit de sa journée, d'enrouler autour de sa gorge une ligature, de façon à ne pas compromettre sa vie.

D'après le même auteur, « sur le lac Pallajervi, en Laponie, une association volontaire et libre, en vue des travaux et des profits de la pêche, existe entre l'homme et un oiseau, le *sterne*, nommé *hirondelle de mer* et hirondelle aquatique ».

Seulement, les sternes agissent ici à l'égard des pêcheurs comme le *guide au miel* à l'égard du *ratel*, l'*indicateur*, d'ailleurs, ne faisant pas faute, à ce que rapporte M. Mayne-Reid, d'user du même procédé, quand il rencontre un être humain au courant de cette particularité, qui le distingue des autres oiseaux.

L'*autruche* procure à l'homme des avantages bien plus importants. — Dans la colonie anglaise du Cap, en Egypte, en Algérie et en Amérique, on voit des fermes qui comptent des centaines de cet oiseau-colosse, d'un rapport considérable.

De leur vivant, les autruches domestiquées fournissent à la

---

[1] C'est la fauconnerie, de nos jours en honneur en Allemagne, en Pologne, en Perse et parmi les indigènes de l'Afrique boréale.
[2] Le baron D'HAMONVILLE, *Vie des oiseaux*.

parure des plumes en quantité énorme, durant l'année. Une seule des plumes de la queue coûte parfois 1 fr. 25 dans le pays même où elles sont recueillies.

De plus, attachés à de petites voitures, ces oiseaux servent de bêtes de trait et transportent des objets, souvent à une distance de plusieurs kilomètres, pourvu que le chemin soit carrossable.

Nous avons eu l'occasion de mentionner l'utilité de cet oiseau, après sa mort, pour la cordonnerie et d'autres industries [1].

La famille des colombidés fournit également, par les pigeons, des sujets très utiles à l'homme. — Grâce à l'éducation dont ces bêtes sont susceptibles, elles servent depuis longues années à la transmission des nouvelles. C'est à cette circonstance que celles qui rendent cet important service doivent leur nom de pigeons voyageurs. Paris assiégé en tira un excellent parti, durant la dernière guerre franco-allemande, et c'est à la suite de ce résultat que, dans maints pays, on vit bientôt le Gouvernement s'empresser, pour avoir des sujets suffisamment éduqués, en cas de guerre, ou offrir des primes aux particuliers désireux d'élever ces pigeons ou se faire lui-même éleveur, en établissant sur différents points de son territoire d'immenses pigeonniers militaires.

La statistique de la ville de Paris, pour l'année 1886, rapporte que le département de la Seine comptait huit sociétés colombophiles possédant 3.806 pigeons environ. En y ajoutant ceux de Saint-Denis et de Sceaux, le nombre connu alors s'élevait à 3.856. De cette époque à nos jours, ce chiffre a dû augmenter considérablement.

Mais, dans cette question de la guerre, c'est l'éducation de l'éléphant et du chien qui, je crois, a su donner à l'homme le maximum de qualité que peut offrir tout l'ensemble des bêtes, car, en ces animaux, on trouve à la fois intelligence, docilité, sang-froid et courage ; et il n'y a pas exagération à reconnaître même, dans la conduite de plus d'un, des traits de bravoure. Sur le champ de bataille, on en a vu accomplir parfois des actes véritablement d'héroïsme.

Considérons-les, d'abord dans la vie domestique de l'homme.

« On pourrait écrire, dit M. Dumonteil, un volume sur la prodigieuse intelligence, les éclatants services et les curieux dévouements de l'éléphant privé [2]. »

« Il offre cette particularité — dit à son tour M. Jacolliot, qui a

---

[1] Chap. vi, § 3.
[2] Privé est ici synonyme d'apprivoisé.

eu l'avantage de l'étudier à l'aise dans les Indes — que c'est le seul animal que l'homme n'ait pas eu besoin de domestiquer par une longue servitude héréditaire. Tout éléphant adulte, enlevé à ses jungles, se plie en fort peu de temps à tous les usages de la vie civilisée, et il paraît en ressentir une réelle satisfaction personnelle ; car, une fois qu'il s'est habitué à sa nouvelle existence, non seulement il n'a jamais de retour à la vie libre, mais il aide même l'homme à s'emparer de ses congénères, qui, sans lui, ne pourraient jamais être capturés. Il est impossible de rencontrer une sociabilité mieux caractérisée. »

Certes, aucun animal, pas même le cheval, que Buffon considère comme « la plus belle conquête que l'homme ait jamais faite », n'a donné un résultat aussi merveilleux que celui obtenu dans le dressage de l'éléphant. D'abord, en tant qu'animal servant au transport, au transport de l'homme surtout, l'éléphant est sans rival. Un seul trait suffit à le confirmer. Empruntons ce trait au récit de voyage de M. David, qui a fait un long séjour aux Indes.

« J'avais, écrit-il, un éléphant que j'aimais beaucoup ; j'ai fait avec lui de très longs voyages, et je m'étais attaché à lui par suite de sa douceur et de sa docilité... Tout ce qui, dans notre chemin, pouvait interrompre notre marche ou blesser les personnes qui se trouvaient sur son dos, il l'écartait ou le brisait avec sa trompe, et je l'ai vu fréquemment faire ainsi éclater des branches de plusieurs pieds de circonférence. »

Dans son ouvrage sur les fauves, M. Dumonteil rapporte, et bien d'autres avant et après lui, les faits suivants : « Dans les monts Kotmalis, sur des hauteurs inaccessibles, des éléphants manœuvrent avec leur trompe de larges cognées, dont on leur a enseigné l'usage, coupent des arbres gigantesques, les chargent sur leurs épaules, les ébranchent et les portent à Colombo, sur le port, où d'autres éléphants les reçoivent et les empilent, selon toutes les règles de l'art. »

M. Jacolliot, qui les a vu exécuter ces travaux, dit aussi : « Dans l'île de Ceylan, il figure au service des ponts et chaussées... Quand la pile atteint une certaine hauteur, et que ces animaux ne peuvent plus à deux élever jusqu'au sommet la lourde pièce d'ébène, ou d'autres bois précieux et lourds, ils disposent deux autres pièces contre la pile, et sur ce plan incliné roulent en haut la pièce qui les embarrassait [1]. »

---

[1] L. JACOLLIOT, *Les animaux sauvages*. p. 315.

En Birmanie, d'après le même auteur, les éléphants sont aussi employés dans les scieries de bois de teck, où on les voit même ajuster les pièces sur les supports de l'appareil qui scie les billes en planches.

Dans l'Hindoustan, au dire de M. Dumonteil, on confie quelquefois la garde des petits enfants à de vieux éléphants qui sont pour eux pleins de prévoyance et de sollicitude.

Quant à l'utilisation de ce pachyderme dans les opérations de guerre, les premiers renseignements historiques datent de la conquête de l'Inde par les Aryens. C'est à 21.870 individus que, dans un des poèmes sanscrits en notre possession, on fixe le contingent normal d'une grande armée.

Le monde occidental n'a connu ces animaux que fort longtemps après cette époque.

A ce propos, des recherches faites par M. E. Babelon, il résulte que ce fut seulement après la conquête de l'Orient par Alexandre que les Grecs se familiarisèrent avec l'usage des éléphants.

C'est avec un enthousiasme comme mêlé de stupeur que nous entendons plusieurs historiens du grand conquérant parler de ces monstres « qui, surmontés de tours, étaient de véritables citadelles mouvantes sur lesquelles les traits des arcs les plus forts n'avaient aucune prise ». Les rois de Syrie, particulièrement, s'enorgueillirent de posséder des armées d'éléphants. Séleucus Ier Nicator reçut comme cadeau de son beau-père cinq cents éléphants de guerre, lorsqu'il épousa la fille du roi indien Sandracottus ; et, en 301 avant Jésus-Christ, il dut sa victoire au rôle que jouèrent ces bêtes à la bataille d'Ipsus. A l'imitation des premiers rois de Syrie, les successeurs d'Alexandre eurent leurs éléphants de guerre. Dès ce moment, elle était considérée comme incomplètement organisée, mais pas moins forte pour cela, toute armée dans laquelle n'était pas incorporée une troupe de ces colosses.

On en trouve parmi les guerriers des rois et généraux Perdiccas, Eumène, Antigone, Ptolémée Ceraunus, Antiochus Ier Soter, qui, en Phrygie, vainquit les Galates, grâce à ses éléphants. En 217, lors de la rencontre d'Antiochus III et de Ptolémée Philopator, à Raphia, ce furent les éléphants de l'Inde, appartenant au premier, et ceux de l'Afrique, amenés par le second, qui, surpassant les soldats, se battirent avec le plus de vaillance et d'intrépidité.

Saint Jérôme nous apprend que Ptolémée Philadelphe possédait quatre cents éléphants de guerre et que son fils Evergète, luttant contre Séleucus Callinicus, lui en opposa quatre cents.

La première troupe d'éléphants à laquelle les Romains eurent à résister fut celle qu'amena Antiochus III à la bataille de Magnésie, 181 avant Jésus-Christ. Nonobstant, la victoire resta fidèle aux aigles romaines. Ils en rencontrèrent de nouveau dans leurs luttes contre les Macédoniens et les Carthaginois. Ce furent ses éléphants de guerre qui permirent à Annibal, franchissant les Alpes, d'écraser les légions de Sempronius à la Trébie, en 218, puis de semer l'épouvante jusqu'aux pieds des dieux, dans ce sanctuaire si souvent témoin des horreurs qui souillèrent la roche Tarpéienne. Mais un peuple comme celui qui avait élevé le Capitole ne pouvait manquer de profiter de cette terrible leçon. Rome donc eut bientôt, elle aussi, ses éléphants de guerre; et ils surent vaillamment lutter contre ceux de la Macédoine et de Carthage.

Après les Romains, ce sont les Byzantins que nous voyons entretenir ces formidables auxiliaires qui, en 661, donnèrent aux Perses sur Abouh Obéidah la victoire de Koufan.

Pline le naturaliste nous dit que le roi des Prasiens avait 9.000 éléphants de guerre, et quelques autres princes 3.000. — On en comptait jusqu'à 12.000 individus dans les armées des sultans mongols, au xvii⁰ et xviii⁰ siècles. Au Siam et au Pégu, leur nombre s'élevait encore, vers 1880, de 5.000 à 6.000.

Comme on voit, l'usage du pachyderme, dans les guerres de l'antiquité, a été très répandu, et son rôle parfois prépondérant.

Son utilité, dans ces sortes d'opérations, a énormément diminué avec le système des armes actuelles. Cependant, les armées en tirent, même de nos jours, des avantages appréciables, dans les pays de l'Extrême-Orient, où les instruments de transport perfectionnés n'ont pas encore pris toute l'extension désirable. A ce sujet, M. Troussart s'exprime ainsi, dans *La Grande Encyclopédie* : « Dans les temps modernes, ces animaux ont été utilisés à la guerre, mais seulement pour porter des bagages et de l'artillerie. En 1868, l'armée anglaise marchant contre le roi d'Abyssinie, Théodoros, débarqua sur les côtes occidentales de la mer Rouge 45 éléphants asiatiques, qui permirent à cette armée de transporter ses munitions et sa grosse artillerie à travers les montagnes et jusque sur le haut plateau où Théodoros s'était retranché dans la forteresse de Magdala. Actuellement, l'armée anglaise de l'Inde possède 100.000 éléphants d'artillerie. »

La Perse et d'autres contrées de l'Asie en possèdent également.

Ce qu'il faut noter ici, c'est ce fait que les armes modernes n'ont rien diminué de la docilité et du courage de ces animaux, qu'on n'a nullement besoin de violenter dans l'accomplissement de leurs devoirs, maintenant si pénibles.

« Les éléphants de guerre, a écrit M. David, restent courageusement à leur poste, malgré une grêle de balles, et ne cèdent généralement que lorsqu'ils sont grièvement blessés. — J'ai même vu un éléphant, avec plus de trente balles dans le corps, se rétablir parfaitement de ses blessures. »

Quoique n'étant pas doué de toutes les belles qualités du mammifère colosse, le *chien* est un autre animal dont l'association avec l'homme procure à celui-ci des avantages qui ne sont pas moins précieux.

Le premier service que le chien a appris à rendre à l'être humain est la garde de sa personne et de ses foyers; et ils sont innombrables, les cas où des gens ont dû leur salut à leur chien, soit qu'il ait eu à les préserver de l'attaque des brigands ou qu'il se soit dévoué à les arracher aux suites mortelles d'un accident. — On sait quel service ces animaux rendent aux religieux du Saint-Bernard, à la recherche des voyageurs perdus dans les sentiers cachés par la neige ou engloutis dans les rivières de glace. — Certains chiens savent défendre non seulement leurs maîtres, mais aussi tout ce qu'ils savent leur appartenir.

« Sans y être dressés, dit le Dr de Courmelles, et même malgré un dressage contraire, beaucoup de chiens aboient et courent après les étrangers passant devant les portes ou grilles qui ferment la propriété de leurs maîtres. On pourrait citer des exemples sans nombre montrant combien les chiens veillent avec soin sur la propriété confiée à leur garde ; mais le fait est bien connu. »

S'il est un autre fait aussi connu, c'est l'emploi de ces animaux à faire des commissions. Outre qu'on en voit journellement allant acheter dans diverses boutiques des objets qu'on place dans un petit panier ou enveloppe dans du papier qu'ils prennent avec leurs dents et apportent au destinataire, le Dr de Courmelles cite un chien employé comme courrier. Il appartient au conducteur d'un train faisant le service du Denver et Rio-Grande-Railroad.

« Lorsqu'on veut, dit l'auteur, communiquer avec les habitations situées parfois à une distance considérable de la voie ferrée, on lui attache au cou un billet qu'il va porter; il revient immédiatement avec la réponse. Il obéit au premier signal de la machine à laquelle il est attaché, tandis que le sifflet et les cloches des autres locomotives le laissent indifférent. »

« Les Russes, en Sibérie, les emploient, rapporte M. Bourdeau, comme courriers pour le service de la poste. En Hollande et en Belgique, on leur fait faire ce « métier de chien », qui consiste à traîner de petits chariots proportionnés à leur taille. Dans ces pays à routes plates, les légumes, le lait et la marée sont en partie transportés par des attelages de chiens, avec des relais établis de distance en distance. Nos pères faisaient tourner à ces animaux des broches et des meules à repasser. Les fraudeurs les transforment en contrebandiers. »

Tout cela concerne des chiens chez lesquels existe une bonne dose d'intelligence développée par une longue éducation et transmise par l'hérédité. Mais plusieurs voyageurs, entre autres M. Dumonteil, rapportent qu'au milieu des glaces et des neiges des régions polaires, depuis le Groenland jusqu'à la baie d'Hudson et le détroit de Behring, errent des bandes de chiens à demi sauvages, maigres, affamés, défiants, que les Esquimaux parviennent à dompter, à s'associer, et qu'ils attellent, en nombre considérable parfois, à leurs traîneaux rapides et légers.

Comme auxiliaires à la guerre, les chiens tout à fait domestiqués ont joué et jouent encore un rôle remarquable.

Dans l'antiquité, Pline le naturaliste parle de Colophoniens et de Gastabales, peuples longtemps disparus, qui entretenaient pour les combats de véritables cohortes de chiens [1].

Au dire du célèbre géographe Strabon, les Gaulois et les Bretons n'eurent pas de meilleurs défenseurs de la patrie que leurs intrépides chiens de guerre. Et qui de nous ignore la part si grande que les Espagnols et les Yankees firent prendre à ces animaux, dans l'œuvre criminellement barbare qu'ils accomplirent au sein des populations indigènes si pacifiques de Saint-Domingue et du continent américain, puis sur les malheureux et inoffensifs noirs qu'ils y transportèrent, après avoir, avec leurs chiens, anéanti ces régnicoles ?

« L'histoire — dit à ce propos, et douloureusement, M. Bourdeau — l'histoire, qui a laissé perdre le souvenir de tant de héros, a retenu le nom du dogue *Berecillo*, si renommé par sa férocité contre les Caraïbes de Saint-Domingue, qu'on avait alloué à sa subsistance la paie de trois soldats. »

---

[1] Voir *Histoire naturelle*, chap. VIII, 10.

Mais l'humanité n'a aucune plainte à élever contre ces formidables molosses, qui n'ont été que les fidèles exécuteurs de la féroce volonté de leurs maîtres.

Si, dès l'enfance, ils avaient subi l'influence d'âmes vraiment humaines, ils auraient été, certes, des serviteurs admirables de l'humanité. On doit opposer les chiens de Saint-Bernard aux chiens de Saint-Domingue, comme les religieux du célèbre couvent de la Suisse aux Castillans et aux Yankees de la conquête du Nouveau-Monde.

Pour continuer à parler de la grande utilité du *noble* animal à la guerre, rappelons qu'en quelques pays, à cette heure, le dressage des chiens pour les armées est une des préoccupations du Gouvernement.

D'après le Dr de Courmelles, « on les rend belliqueux ; on en a vu, d'excessivement braves, rendre de grands services en campagne, en venant chercher du secours. On leur inspire, en général, la haine des ennemis en affublant un mannequin de leur uniforme et en excitant leur colère contre cet être imaginaire, colère qui se conserve dans la réalité... Les exemples sont innombrables. Citons « Moustache » dont au dernier salon des Champs-Elysées (1890) le peintre A. Bloch retraçait l'histoire sur la toile... A la bataille d'Austerlitz, le porte-étendard venait de tomber frappé à mort ; le chien Moustache saisit avec ses dents le glorieux haillon couvert de sang, l'arrache des mains d'un Autrichien qui s'en était déjà emparé et le rapporte à sa compagnie. En récompense de cette belle action, Moustache fut décoré par le maréchal Lannes [1]. »

Relativement à ces sortes de chiens, on peut lire, dans le numéro du 11 juillet 1895 du journal *la Presse*, les lignes suivantes, sous ce titre : *Chiens de guerre :*

« Un de nos amis qui revient d'Allemagne nous apporte quelques détails sur l'exposition de chiens de guerre qui vient de se clore à Dresde. Les résultats ont été très remarquables, nous dit notre ami. Si l'on en croyait les journaux allemands, il conviendrait de doter incontinent chaque régiment d'une compagnie de ces chiens... Les diverses phases du concours ont prouvé que ces chiens rendraient des services, surtout aux ambulanciers et ensuite aux sentinelles. »

Après avoir cité quelques-uns de ces services, l'auteur de l'article

---

[1] Extrait de l'ouvrage du lieutenant Jupin, *Les chiens militaires dans l'armée française.*

conclut en disant : « On nous permettra de faire une remarque :
c'est surtout à la suite des résultats qu'obtint notre camarade, le
lieutenant Jupin, qu'en Allemagne et en Autriche on s'est mis
avec ardeur au dressage des chiens militaires et qu'on est arrivé,
dans ces deux pays, à des résultats appréciables. Allons-nous
perdre le bénéfice de cette idée si utilement réalisée par un officier
français ?... Le chien de guerre officiel est une trouvaille des
premiers temps de la paix armée. Pourquoi ne poursuit-on pas les
expériences en France? »

Avant de fermer ce paragraphe, signalons, brièvement, quatre
autres bêtes qu'on est vraiment étonné de trouver dans la société
de l'homme, je veux parler du serpent *cobra* ou *naja*, serpent à
sonnettes, du *hérisson*, de la *loutre* et de la *fouine*.

« Le major Skiner, dit le Dʳ de Courmelles, connaît à Negomba,
dans l'Inde, une famille qui se sert de cobras comme chiens de
garde, lesquels circulent dans les appartements sans jamais faire
de mal aux gens de la maison. »

D'après M. Pouchet, pour détruire les rats, les habitants d'As-
trakan ont substitué le *hérisson* au chat dans les maisons de la
ville.

Parlant de la loutre, Bouillet a écrit, dans son *Dictionnaire des
Sciences, des Lettres*, etc. : « Cet animal ne manque pas d'intelligence ; il se laisse apprivoiser, et peut même être dréssé à aller à
la pêche pour le compte de son maître. »

Enfin, « la fouine s'apprivoise et devient assez susceptible
d'éducation pour écouter la voix de son maître et chasser pour
lui ¹ ».

Tels sont les principaux animaux qui rendent à l'homme des
services dont on ne peut contester l'importance.

Mais, de toutes les bêtes dont il a pu soumettre la volonté et l'as-
souplir à la vie domestique, il n'en est aucune que l'on puisse,
sous ce rapport, comparer à l'éléphant et au chien, tant en ce qui
concerne les facultés mentales qu'au point de vue de la diversité
des services que ces animaux rendent à l'espèce humaine. En
considération des soins divers et de la protection qu'ils reçoivent
de l'homme, on doit dire qu'il se fait entre ces êtres et lui un
échange de services également à l'avantage des deux parties tacitement contractantes; et, comme leur liberté n'est point entravée
et qu'ils acceptent volontiers leur sort, le pacte résultant de

---

¹ Même auteur.

l'accord de ces deux parties se traduit par des faits d'association.

Tout cela nous conduit donc à dire, en peu de mots, avec M. Vuillemin, que, entre les diverses espèces que la concurrence vitale laisse en présence dans une station, il s'établit un équilibre auquel chacune trouve un profit, ce qui est la preuve évidente de ceci que, parmi les êtres vivants, il y a autre chose que des ennemis, des rivaux : il y a non seulement des amis, mais encore des associés.

CHAPITRE XII

LES VAINQUEURS DE LA LUTTE

De tout ce qui précède, il ressort que l'univers connu se présente à la vue ou à l'esprit de l'observateur comme un champ incommensurable où les individualités multiples et diverses qui le peuplent tantôt s'entre-choquent, impitoyables, tantôt vivent dans la plus parfaite quiétude, la nature — prévoyante surtout quant à l'espèce — leur imposant une sorte d'équilibre se manifestant ou dans l'état de paix, ou au sein de l'agrégat à union, ou dans la vie en société ou, enfin, dans l'association sous des formes variées.

Après toutes ces circonstances que nous croyons avoir exposées clairement et que le lecteur a vues se produire avec la dernière évidence, il nous reste, pour épuiser la liste des principales lois qui président à l'éternel combat pour la vie, lois d'agrégation, de développement et de désagrégation, il nous reste à considérer le résultat final de la lutte, en ce qui concerne l'individu et l'espèce les mieux doués ou les plus aptes, résultat que nous devons envisager soit à la suite de la victoire remportée sur leurs rivaux, soit en raison des avantages découlant des diverses formes de l'équilibre.

I

PERFECTIONNEMENT DE L'INDIVIDU ET DE L'ESPÈCE

Si nous récapitulons les sujets qui font l'objet des chapitres précédents, nous pourrons, certes, dire que les faits de combat, d'appropriation, d'élimination, d'extinction d'espèces, de subordination et d'équilibre sont, en général, autant de faces de l'existence, favorables à l'individu comme à l'espèce.

En effet, s'agit-il de la lutte entre les êtres organisés ? — Le but de chacun est d'entretenir sa vie, d'augmenter son intensité et de conserver l'espèce ; et le dernier terme de tous ces chocs est la survivance des mieux doués.

Les individualités luttent-elles, au contraire, contre les influences funestes du milieu ambiant ? — Il y a victoire pour elles tant que l'énergie intérieure continue de l'emporter sur les forces fatales de l'extérieur environnant ; et le dernier terme de la lutte est le même : la survivance, mais la survivance des plus aptes, c'est-à-dire des mieux adaptés aux conditions générales d'existence que présente le milieu.

Dans l'un et l'autre cas, l'aire de l'espèce victorieuse s'étend, et elle parvient de cette façon à parcourir toutes les phases d'évolution dont elle est susceptible.

Un exemple, choisi entre mille et dans le règne végétal, suffira à le faire comprendre.

Voici des plantes en lutte. Les plus fortes ou les mieux adaptées l'emportant, « elles assurent, dit M. Novicow, leur descendance d'une façon plus complète, leurs espèces se développent, et, passant par les différentes phases de l'évolution, elles s'élèvent jusqu'aux degrés supérieurs de l'échelle botanique ; elles arrivent à former des arbres d'une ramure gigantesque, ce qui assure à chaque individu une existence de plusieurs siècles ».

Les diverses formes de l'équilibre conduisent les êtres à des résultats identiques ou analogues, principalement celle de l'association et dans son degré le plus élevé, qui est celui où les associés sont parvenus à réaliser la division du travail.

A ce sujet, M. Perrier nous dit : « Chaque travail se trouvant mieux fait par les individus qui s'y consacrent plus particulièrement, l'échange réciproque met à la disposition de tous des produits d'une qualité supérieure, et, si les divers individus accomplissent régulièrement leur tâche, si les échanges s'opèrent d'une façon strictement équitable, une telle société ne peut manquer de *grandir et de prospérer*. Riche et puissante, elle est en état de soutenir avantageusement contre ses voisines la lutte pour l'existence et, tôt ou tard, l'emporte fatalement sur elles, » et cela, au profit tant de l'individu que de l'espèce.

Même observation pour l'association où se voit un simple échange de services.

Nous pourrions le démontrer en analysant la vie de tous les individus ayant tacitement consenti à des liens de cette nature et que nous avons présentés dans le précédent chapitre, mais, pour éviter une longueur excessive, nous nous bornerons au seul cas des animaux qui font échange de services avec l'espèce humaine.

Ici, il est indubitable que l'homme, dans une proportion considérable, a réalisé des progrès, matériels surtout, grâce à l'heureuse idée qu'il a eu de s'associer ces animaux.

En retour, il est tout aussi évident que les bêtes auxquelles le genre humain demande uniquement des services ont beaucoup gagné à être pour lui des collaborateurs.

Ainsi, « la vie moyenne des animaux domestiques — dit M. Novicow, et nul ne peut le contester — est plus longue que celle des animaux sauvages », par cette raison bien simple que les premiers sont mieux et plus régulièrement nourris, entourés qu'ils sont, en outre, d'une protection plus efficace à la fois contre des ennemis irréconciliables et contre les influences funestes du milieu ambiant.

« D'autre part, le besoin de la reproduction est mieux assuré chez l'animal domestique. »

Ces deux circonstances primordiales ne suffisent-elles pas à la stabilité, non seulement de la permanence, mais encore de l'amélioration de l'espèce jusqu'à la dernière limite compatible avec sa nature physique ?

Les avantages de la vie domestique ne sont pas moins sensibles, quant à l'immatériel.

« En passant de l'état sauvage à l'état domestique, le chien, a constaté Bouillet, s'est modifié ; au lieu de hurler, il s'est mis à aboyer » et, ajouterons-nous, s'est montré apte à exécuter nos conceptions parfois d'ordre assez élevé, témoignant ainsi de l'existence chez lui d'un degré notable de développement intellectuel qu'il ne saurait atteindre, s'il avait continué de vivre au milieu des inconvénients de toute sorte qui l'environnaient dans la forêt.

A ce sujet, les observations suivantes du Dʳ de Courmelles trouvent également leur place ici : « Le chien domestique, a-t-il écrit, a perdu sa sauvagerie et sa férocité originelles ; il a gagné au contact de l'homme l'affection, la fidélité, la docilité et une série de qualités émotionnelles, sympathie, désir d'approbation, crainte de blâme », alors que son congénère sauvage ne pense, à la vue de l'être humain, qu'à prendre ses jambes à son cou ou qu'à le déchirer à belles dents, si possible, donnant de la sorte la preuve irrécusable de sa stupidité, de son manque de tout sentiment louable à l'égard du roi de la création, enfin, de son état d'infériorité absolue, comparativement à nos aimables toutous civilisés.

Voilà donc la lutte pour la vie en ses causes et conséquences, lutte sans trêve ni merci, inondant continuellement notre globe de sang et promenant la désolation, la ruine, à deux pas du grand principe de la solidarité, constituant concurremment comme autant d'articles de la loi éternelle régissant l'évolution des combinaisons diverses de l'univers envisagées soit dans leur individualité, soit dans les espèces que toutes concourent à former pour une fin ultime que nul ne peut encore dire.

Espèces ! — Mais que faut-il entendre par espèce, mot dont il nous est si souvent arrivé de nous servir dans le cours de cet ouvrage, et comment parvient-elle à se constituer ?

II

TRANSFORMISME ET SÉLECTION

Du jour où fut posée la grande question de la classification des êtres organisés, question qui fait l'objet de notre premier chapitre, dès ce jour naquit la controverse qui dure toujours sur la définition qu'il convient de donner de l'espèce.

Dans son ouvrage, *L'Anthropologie*, plusieurs fois cité par nous, l'éminent Dr Paul Topinard — qu'on entend, en maintes occasions, parler de l'espèce, sans qu'on puisse dire ce qu'il en pense d'une façon nette et catégorique — nous présente une liste des principaux savants ayant pris position dans ce mémorable tournois où chacun apporte sa théorie puissamment retranchée derrière des arguments dont la portée, pour la plupart, n'a jamais pu être en tous points détruite.

Le cadre de notre travail ne nous laisse pas le loisir de relater ici toutes les opinions recueillies par le savant professeur. Nous renvoyons donc aux pages 196 et 197 de son livre où l'on lira des noms illustres : Robinet, Agassiz, *Lamarck*, Etienne Geoffroy Saint-Hilaire, Cuvier, Prichard, de Quatrefages, Rey et Candolle[1].

---

[1] M. A. Firmin a rapporté ces opinions dans son ouvrage *De l'Égalité des Races humaines*, p. 13, 14.

Cependant, devant nous occuper particulièrement de Lamarck, force nous est de dire ce qu'il entend par espèce.

D'après le philosophe — zoologue, « l'espèce est la collection des individus semblables que la génération perpétue dans le même état, *tant que les circonstances de la situation ne changent pas assez pour varier leurs habitudes, leurs caractères et leurs formes.* »

Et comment prend-elle naissance ?

Pour résoudre cette question, deux théories principales ont été conçues : l'une, dite *française*, est le TRANSFORMISME que la science, dit-on, doit à Lamarck ; l'autre, dite anglaise, est la *Sélection par la concurrence vitale*, qu'on attribue à Charles Darwin.

Mais disons, en passant, que certains esprits, pour des raisons peut-être de pure coterie habilement cachées sous l'enveloppe d'un patriotisme mal venu, soutiennent qu'il n'existe, pour la solution de la question, qu'une théorie, celle du Transformisme, imaginée disent alors les uns, par Lamarck, tandis que, selon les autres, elle est sortie du cerveau de Darwin.

Avant d'entreprendre de montrer la part qui revient ici à chacun de ces deux grands esprits, voyons les conceptions qui ont précédé leur œuvre et ont pu leur avoir préparé le terrain.

A mon avis, c'est ce qu'on ne devrait jamais négliger de faire, quand on veut appliquer le principe de la recherche de la paternité en matière de découvertes et d'inventions. Agissant de cette manière, on aurait évité, dès le début, cette discussion non encore close et où des disciples fervents s'efforcent vainement de prouver, les uns, que le Transformisme est fils de Lamarck ; les autres, qu'il a pour père Charles Darwin.

La question de l'origine des êtres organisés ne date pas de ce siècle, même pas de notre ère. En effet, des philosophes célèbres de l'antiquité grecque et latine l'ont positivement posée.

Diogène d'Apollonie, Xénophane de Colophon, Perménide, Zénon, Démocrite, Anaxagore, Métrodore et Aristote se sont respectivement efforcés de la résoudre [1]. Après eux, Lucrèce, dont nous avons déjà montré l'esprit parfaitement moderne, pour ainsi dire, a apporté son contingent de lumières à l'éclaircissement des données du problème. Et tous ces immortels d'un monde qui n'est plus ont, à la suite de leurs observations, de leurs calculs, plutôt que de leurs recherches, nettement conclu à une origine *purement naturelle*, sauf leur divergence sur l'élément même

---

[1] Voir E. ZELLER, *Philosophie des Grecs,* première période.

auquel ils rapportent l'existence des créatures. Pour certains,
c'est dans l'action de la chaleur solaire ; pour d'autres, dans celle
de l'éther ; pour d'autres encore, dans celle de l'eau sur le limon
qu'il faut chercher l'agent générateur des végétaux comme des
animaux.

Seulement, mal outillés scientifiquement, ces infatigables chercheurs de l'inconnu des choses, sacrifiant, en dépit de leurs connaissances, aux idées étrangement mystiques de leur époque, ne
pouvaient manquer de voir des êtres fantastiques chez les premiers
habitants du globe, dont, d'ailleurs, ils étaient loin d'avoir une
notion nette. — Quoi qu'il en soit, de l'hypothèse d'une origine
naturelle à cette croyance que la matière organique a pu subir
des modifications, des transformations, il y a une faible distance.
Le premier, Empédocle d'Agrigente donne à entendre que telle est
sa pensée : « A l'origine, dit-il, les différents membres des hommes
et des animaux sortirent isolément de la terre ; ils furent ensuite
réunis par l'action de l'amour. Mais cette union ayant eu lieu
au hasard, il s'ensuivit d'abord des créatures monstrueuses qui
ne vécurent pas longtemps et furent remplacées par des êtres
harmoniques et capables de vivre [1]. »

Cette conception, si bizarre soit-elle, ne laisse pas de faire soupçonner que, dans l'imagination d'Empédocle, les formes plus ou
moins harmoniques existant maintenant sur le globe sont le résultat de la transformation de formes incomplètes et inharmo-
niques les ayant précédées.

Mais un autre philosophe va le déclarer catégoriquement :

« Tous les animaux, selon Anaximandre (610-547 avant Jésus-
Christ), viennent du limon primitif, sous l'influence de la chaleur
du soleil. Tous ont commencé par être poissons, jusqu'à leur moment
de maturité, où, quittant la mer, ils sont allés vivre sur la terre,
s'étant dépouillés de leurs écailles. L'homme lui-même est le
résultat d'une de ces transformations [2]. »

Ainsi, l'idée de la descendance des êtres actuels d'autres êtres
antérieurs et différents, par voie de transformations, avait été
longtemps déjà conçue, il est vrai vaguement, lorsque François
Bacon écrivit sa *Nova Atlantis*, dont nous aurons à parler, à propos
de la théorie de Ch. Darwin [3].

---

[1] ZELLER, même ouvrage, chap. II. — *Aristote, De Cœlo,* III.
[2] ZELLER, même ouvrage, chap. I.
[3] On trouve une traduction française de cet opuscule rare, à la bibliothèque Sainte-
Geneviève, place du Panthéon.

Après Bacon, bien d'autres savants et philosophes se sont de même prononcés pour la transformation des êtres organisés. Parmi ces penseurs, nous citerons Rey, qui envisage plutôt la variété des plantes, et Linné, qui admet que les espèces des grands genres sont descendues d'un couple unique.

Buffon, parlant de deux hommes de science ayant écrit avant lui, Leeuwenhoek et Andry, rapporte ceci, à propos de la génération : « D'ailleurs, disaient-ils, n'a-t-on pas des exemples très fréquents de transformations dans les insectes ? Ne voit-on pas de petits vers aquatiques devenir des animaux ailés, par un simple dépouillement de leur enveloppe, laquelle cependant était leur forme extérieure et apparente [1] ? »

L'auteur de l'*Histoire naturelle des Quadrupèdes*, chaud partisan de la fixité des espèces et de la génération spontanée, a cependant lui-même écrit ces paroles : « Le continent de l'Amérique méridionale, qui ne tient au reste de la terre que par la chaîne étroite et montueuse de l'isthme de Panama [2], et auquel manquent tous les grands animaux nés dans les premiers temps de la forte chaleur de la terre, ne nous présente qu'une nature moderne, dont tous les moules sont plus petits que ceux de la nature plus ancienne dans l'autre continent : *au lieu de l'éléphant, du rhinocéros, de l'hippopotame, de la girafe et du chameau, qui sont les espèces insignes de la nature dans le vieux continent, on ne trouve dans le nouveau, sous la même latitude, que le tapir, le cabiai, le lama, la vigogne, qu'on peut regarder comme leurs représentants dégénérés, défigurés, rapetissés,* parce qu'ils sont nés plus tard, dans un temps où la chaleur du globe était déjà diminuée [3]. »

D'autre part, énumérant les difficultés que rencontre le naturaliste, quand il tente d'étudier les espèces parmi les oiseaux, Buffon parle des « diversités qui résultent de l'influence du climat et de la nourriture, de celles que produit la domesticité, la captivité, le transport, les migrations naturelles et forcées ; de toutes les causes, en un mot, de changement, d'altération, de dégénération [4]... Un moineau, ajoute-t-il, une fauvette ont peut-être chacun vingt fois plus de parents que n'en ont l'autruche et le dindon : j'entends par le nombre des parents le nombre des espèces voisines et

---

[1] BUFFON, *Histoire naturelle des animaux*.

[2] Il y a là une inexactitude géologique qu'excuse l'état rudimentaire de la géologie, au moment où écrivait Buffon.

[3] *Histoire naturelle des animaux*. — Addition à l'article « Des Variétés dans les générations », etc., *in fine*.

[4] Même ouvrage, *Oiseaux*, article I.

assez ressemblantes pour pouvoir être regardées comme des branches collatérales d'une même tige, ou d'une tige si voisine d'une autre qu'on peut leur supposer une souche commune et présumer que toutes sont originairement issues de cette même souche à laquelle elles tiennent encore par ce grand nombre de ressemblances communes entre elles ; et ces espèces voisines ne se sont probablement séparées les unes des autres que par les influences du climat, de la nourriture, et par la succession du temps, qui amène toutes les combinaisons possibles, et met au jour tous les moyens de variété, de perfection, d'altération et de dégénération [3]. »

Quelques années après la mort de Buffon, survenue en 1788, le Dr Erasme Darwin, grand-père de Ch. Darwin, publiait, en 1794, un ouvrage, la *Zoonomia*, dans lequel M. Perrier relève des idées comme celles-ci : « De même que les individus ne sont, au début de leur existence, qu'un simple filament doué de sensibilité, d'instabilité et de volonté et qui grandit et se complique peu à peu, de même les diverses espèces animales n'ont été, dans le principe, que des formes simples tout à fait analogues à ces filaments embryonnaires..... Suivant la plus ou moins grande facilité qu'éprouvait l'animal à satisfaire à ses besoins primordiaux dans les conditions où il était placé, il éprouvait un sentiment de plaisir ou de peine ; il s'efforçait de prolonger le plaisir ou de faire cesser la peine, *en se modifiant de manière à profiter le mieux possible du milieu dans lequel il devait vivre.* »

Enfin, si nous allons en Allemagne, nous trouvons Gœthe, qui pense que les diverses espèces d'animaux et de végétaux sont respectivement issues d'une forme unique et primitive, et que cette forme a été se modifiant, d'où la différenciation actuelle des groupes d'êtres différents, dans chaque règne.

Donc, en France aussi bien qu'à l'Étranger, des esprits pénétrants avaient déjà cherché l'explication de la diversité des groupes parmi les êtres organisés dans une succession de transformations accomplies chez les plantes comme chez les animaux, lorsque Lamarck vint dire, en 1809 : « L'espèce varie à l'infini, et, considérée dans le temps, n'existe pas. Les espèces passent de l'une à l'autre par une infinité de transitions dans le règne animal comme dans le règne végétal. Elles naissent par voie de transformation ou de divergence. En remontant la suite des

---

[3] *Id., in fine.*

êtres, on arrive à un petit nombre de germes primordiaux, ou monades, venus par génération spontanée. »

Nous n'avons pas besoin de faire observer ici que l'idée même de la théorie du Transformisme ne vient pas de Lamarck. Le lecteur l'a constaté.

Quant à la génération spontanée — dont Buffon parle longuement dans son *Histoire naturelle* [1] — nous savons déjà ce qu'il en faut penser [2].

Nous n'avons, par conséquent, à nous occuper que de la question de la transformation, selon le système de Lamarck.

Les espèces donc se constituent par voie de transformations. Et sous l'influence de quels éléments les êtres subissent-ils des modifications pouvant faire naître des espèces ?

M. Jacolliot, qui a exposé clairement la théorie de Lamarck, nous répond : « Après avoir établi ainsi le principe scientifique du Transformisme, à savoir que tous les êtres organisés, végétaux et animaux, procèdent les uns des autres par voie de transformations successives, Lamarck pose en principe qu'il n'existe pas deux êtres identiques dans la nature et que tout végétal ou animal possède des caractères différents et spéciaux qui constituent son individualité.

« Cette variation constante d'individu à individu amène, avec le temps, de tels changements qu'elle finit par produire des êtres entièrement différents. Lamarck *voit la cause de cette variation dans l'action des milieux, c'est-à-dire dans l'influence des conditions générales du sol, de la température, de la nourriture, etc., sur les individus.* »

« Les voies et moyens de Lamarck se résument, dit aussi le Dr Topinard, en une phrase : l'adaptation des organes aux conditions d'existence. »

Enfin, M. Perrier, dans *Les Colonies animales*, etc., parle en ces termes de Lamarck : « Il admet que les animaux et les végétaux sont descendus les uns des autres par une série ininterrompue de transformations graduelles dont il recherche les causes ; il signale merveilleusement l'influence modificatrice des milieux, de l'habitude, des croisements [3]. »

Voilà le Transformisme, selon Lamarck. En quoi diffère-t-il,

---

[1] Voir cet ouvrage. *Des animaux,* — Addition à l'article (Des variétés dans la génération). etc.
[2] Voir ci-dessus, chap. I.
[3] P. 19.

quant au fond, de celui dont parlent Erasme Darwin et Buffon ?
— On n'a qu'à confronter les citations, pour se prononcer à bon
escient.

Et que dit à son tour la théorie de Charles Darwin, dont l'œuvre
a paru en 1859, sous ce titre : *Origine des espèces?*

D'abord bien antérieurement au célèbre naturaliste anglais, un
philosophe, son compatriote, François Bacon, avait écrit un
opuscule qui n'existe maintenant qu'en partie, *Nouvelle Atlantide*,
où, se supposant de passage dans cette, île créée par l'imagination
des anciens géographes, l'auteur visite un établissement fondé
pour l'étude et le perfectionnement de toutes les sciences. Le chef
de cet Institut — où nous trouvons Bacon en 1620 — instrui-
sant l'auteur du *Novum Organum* et ses compagnons de
voyage, des diverses occupations auxquelles on s'y livre, leur
apprend, entre autres choses intéressantes, celles-ci : « Nous
avons, dit le maître, des combinaisons de terres pour produire
des plantes nouvelles et tout à fait différentes des espèces connues... Nous parvenons à transformer les arbres ou les plantes
d'une espèce en végétaux d'une autre espèce... Nous faisons aussi
sur les animaux l'essai de différentes espèces... Nous parvenons
quelquefois, par le moyen de l'art, à leur donner une taille plus
grande et surtout plus haute que celle qu'ils ont ordinairement,
et quelquefois aussi, arrêtant l'accroissement des animaux, nous
les réduisons à une taille extrêmement petite et nous en faisons
des espèces de nains. Nous rendons les uns plus féconds qu'ils ne
le sont naturellement et les autres moins féconds ou même tout
à fait stériles. Nous savons produire les variétés les plus singulières dans leur couleur, leur figure, leur tempérament, leur folie,
leur activité, etc. En faisant accoupler des individus d'espèces
différentes et en croisant ces espèces en mille manières, nous en
produisons de nouvelles dont les individus ne sont pas inféconds,
comme on croit parmi vous qu'ils doivent l'être. Nous faisons
naître de la seule putréfaction des serpents [1], des vers, des
mouches et des poissons d'une infinité d'espèces différentes [2], et
parmi les individus ainsi engendrés, quelques-uns sont des animaux parfaits, ayant un sexe très distinct et la faculté de se
multiplier par voie d'accouplement. »

---

[1] Il ne faut pas lire: *putréfaction des serpents*, mais putréfaction d'où sortent des
serpents, etc.

[2] C'est ce que Buffon appelle la génération spontanée. Voir *Hist. natur. des
animaux.* — Addition à l'article « Des variétés dans la génération », etc.

Donc, selon Bacon, certaines espèces, parmi les végétaux aussi bien que les animaux, ne sont que le résultat des transformations subies, du fait de l'homme, par d'autres espèces.

Ecrivant cet ouvrage, purement d'imagination, le philosophe n'aurait-il pas eu pour but de donner, d'une façon indirecte, le conseil de suivre cette voie pour arriver à expliquer comment les êtres organisés se sont diversifiés en se multipliant au sein de la nature?

Quant à Ch. Darwin, sa théorie nous est ainsi exposée par le D' Topinard :

« On sait, écrit le savant professeur, que les éleveurs d'animaux et les horticulteurs obtiennent, presqu'à volonté, les formes nouvelles qu'ils désirent, en choisissant d'abord dans une même espèce, puis parmi les rejetons d'un premier croisement, ceux des croisements suivants et ainsi de suite, les individus possédant au plus haut degré la déviation voulue ; une espèce nouvelle se développe ainsi et se fixe à force de persévérance. Les divergences du type primitif qu'on obtient sont inouïes ; elles portent sur la couleur, la forme de la tête, les proportions du squelette, la configuration des muscles, et jusqu'aux mœurs de l'animal. Sir Sebright s'engageait à produire en trois ans telle plume donnée sur un oiseau, et en six ans telle forme de bec ou de tête. C'est là toute la *Sélection artificielle*, comme elle s'opère par la main intelligente de l'homme sur des animaux à l'état de domesticité. »

Nous voilà donc à la réalisation des idées de Bacon.

« Mais, continue le D' Topinard, le même résultat se produit-il quelquefois et naturellement sur les animaux sauvages? M. Darwin l'affirme en substituant à la main de l'homme les hasards dérivant de la concurrence vitale. »

Mais Darwin a-t-il été le premier à faire entendre cette affirmation? — Certes, non. — Avant lui, Buffon avait écrit: « Les oiseaux sont, en général, plus chauds et plus prolifiques que les animaux quadrupèdes ; ils s'unissent plus fréquemment, et, lorsqu'ils manquent de femelles de leur espèce, ils se mêlent plus volontiers que les quadrupèdes avec les espèces voisines, et produisent ordinairement des métis féconds et non pas des mulets stériles ; on le voit par les exemples du chardonneret, du tarin et du serin ; les métis qu'ils produisent peuvent, en s'unissant, produire d'autres individus semblables à eux, et former par conséquent de nouvelles espèces intermédiaires et plus ou moins ressemblantes à celles dont elles tirent leur origine. Or, *tout ce que*

*nous faisons par art peut se faire et s'est fait mille et mille fois
par la nature.....* Qui sait tout ce qui se passe en amour au fond
des bois? qui peut nombrer les jouissances illégitimes entre gens
d'espèces différentes? qui pourra jamais séparer toutes les branches
bâtardes des tiges légitimes, *assigner le temps de leur première
origine*, déterminer, en un mot, tous les effets des puissances de
la nature pour la multiplication, toutes ses ressources dans le
besoin, tous les suppléments qui en résultent, et qu'elle sait employer pour augmenter le nombre des espèces en remplissant les
intervalles qui semblent les séparer [1]? »

Comme on voit, l'idée de l'influence de la nature, abstraction
faite de l'intervention humaine, dans la formation des espèces
n'est pas, elle non plus, une découverte de Darwin.

Continuons l'exposition de sa théorie.

L'action de la nature, dans la formation des espèces, se manifeste donc dans la concurrence vitale.

A ce sujet, M. Perrier a écrit les lignes que voici : « Darwin
met nettement en lumière les effets de la concurrence vitale, de
la lutte pour la vie ; il montre tous les êtres vivants obligés de
conquérir ou de défendre leur place au soleil, mettant à profit
pour cela les moindres avantages, ne réussissant à vivre et à se
créer une postérité que s'ils l'emportent sur des concurrents
moins aptes à soutenir la bataille. Ceux-ci disparaissent fatalement, de sorte que la vie appartient à un certain nombre d'élus,
objets d'une *sélection naturelle*, et qui ne se perpétuent qu'à la
condition de se modifier sans cesse..... La lutte pour l'existence
fait disparaître les variations inutiles ou désavantageuses ; un
petit nombre de variations sont donc choisies pour se perpétuer,
fixées par l'accumulation des générations, et caractérisent d'abord
des variations et des races, puis des espèces [2]. »

Ici, nous ne devons pas oublier que, des siècles avant Darwin,
Lucrèce avait montré qu'il était parfaitement conscient de la lutte
pour l'existence dont la sélection naturelle est la conséquence
finale. N'a-t-il pas écrit, en effet, pour revenir sur ses propres
termes : « Pourquoi aurions-nous protégé les animaux qui n'ont
reçu de la nature aucune qualité leur permettant une vie indépendante et qui ne nous sont point utiles? — Enchaînés par les
lois de la fatalité, ces animaux ont servi de proie à leurs enne-

[1] Buffon, *Histoire naturelle*, — *Oiseaux*, chapitre intitulé « Plan de l'ouvrage »,
in fine.
[2] *Les colonies animales*, etc., p. 26

mis, jusqu'à ce que la nature eût entièrement détruit leurs espèces [1]. »

« L'une des différences, dit à son tour le Dr Topinard, entre la sélection artificielle et la sélection naturelle, est dans le temps qu'elles demandent pour confirmer une transformation. Dans la première, rien n'est laissé au hasard, les choses vont vite, mais aussi les types sont mal fixés et reviennent aisément au type primitif. Dans la seconde, c'est par siècles qu'il faut compter, le hasard intervenant aussi bien pour détruire ce qui est commencé que pour le compléter ; en revanche, les résultats une fois obtenus sont plus stables. »

Pas n'est besoin d'ajouter que les modifications qui ont lieu chez les individus envisagés par Darwin sont le fait tantôt du croisement, ainsi que nous le dit Buffon, et, après lui, Lamarck ; tantôt des chocs mêmes se produisant entre les concurrents et amenant soit la disparition de quelque organe devenu inutile, soit l'apparition et le développement d'autres organes non existants à l'origine chez ces concurrents.

Telles sont les deux principales théories conçues pour l'explication de la formation des espèces. Mais, exposées ainsi, elles sont incomplètes, car on ne voit pas comment, après sa production, un type nouveau parvient à se conserver au point d'arriver à se constituer en espèce.

Quelle est l'influence qui intervient dans la circonstance ? — C'est celle de l'hérédité, « qui se définit la propriété des êtres vivants de se répéter, ou de se reproduire sous les mêmes formes et avec les mêmes attributs [2]. »

Ces deux phénomènes organiques que nous appelons hérédité et atavisme ont été, non pas vus, car ils se sont de tout temps manifestés à l'homme, mais observés et étudiés du jour où nous voyons la philosophie de la nature jaillir du cerveau humain. Lucrèce, entre autres, en parle d'une façon claire, scientifique, vers la fin du livre IV du *De Natura Rerum*.

Après lui, un savant est venu dire précisément, en 1748, que l'hérédité intervient dans la formation des espèces animales. C'est l'ancien consul général de France en Egypte, M. Benoit de Maillet, qui, dans son ouvrage intitulé *Telliamed*, attribuant la

---

[1] Voir ci-dessus, chap. VIII, *in fine*.

[2] Dr Topinard, *L'Anthropologie*, p. 391. — L'œuvre de l'hérédité est quelquefois contrariée par celle de l'atavisme, dont il est question dans notre chap. V, § 9, à propos de l'adaptation au milieu moral.

forme actuelle des continents au retrait de l'océan, exprime cette opinion que tous les animaux, y compris l'homme, viennent des eaux ; et il explique leur état présent par l'influence des milieux, déterminant des transformations successives, et la transmission à leurs descendants des modifications accomplies chez les auteurs.

Puisque donc l'hérédité est indispensable à la formation de l'espèce, il va sans dire qu'on la trouve dans la théorie française. Effectivement, selon Lamarck : « Tout ce que la nature a fait acquérir, perdre aux individus, par l'influence des circonstances où leur race se trouve depuis longtemps exposée, et, par conséquent, par l'influence de l'emploi prédominant de tel organe ou par celle d'un défaut constant d'usage de telle partie, elle le conserve par *la génération aux nouveaux individus* qui en proviennent, pourvu que les changements acquis soient communs aux deux sexes qui ont produit ces nouveaux individus. »

Dans la théorie de Darwin, faut-il aussi que l'hérédité vienne fixer et perpétuer dans les descendants les qualités et les organes des ancêtres, pour qu'une espèce nouvelle se constitue ?

L'affirmative ressort du passage suivant du D⟨r⟩ Topinard qui, après avoir fait connaître les éléments constitutifs de cette dernière théorie, ajoute : « Il s'ensuit que certains individus seront triés, choisis par un procédé naturel qui remplace l'action de l'homme dans la sélection artificielle ; et que ces individus seront précisément ceux qui s'écartent le plus des autres par quelque caractère nouveau. Le fait se perpétuant pendant plusieurs générations, les divergences s'accentuent, la tendance à l'hérédité augmente et des types nouveaux se forment, de plus en plus éloignés du point de départ.

Il en résulte aussi que, partout où se montrera un ensemble de conditions permettant à une divergence de se développer sans être étouffée par des divergences rivales, il y aura une place à prendre dans la série des êtres et la possibilité de formation d'une espèce zoologique pour l'occuper [1]. »

Corroborons tout ce qui précède par ces paroles du D⟨r⟩ Girod : « La lutte pour l'existence met en relief les individus les mieux adaptés, et l'hérédité fixe les caractères acquis par ces derniers, amenant le perfectionnement de l'espèce et sa transformation graduelle [2]. »

---

[1] *L'Anthropologie*, p. 537.
[2] *Les Sociétés chez les animaux.*

Désormais, nous sommes au courant de ce qu'on doit entendre par « Théorie de Lamarck » ou l'étude scientifique des transformations produites chez les êtres organisés par les circonstances que présente le milieu ambiant, transformations amenant à la longue la constitution d'espèces nouvelles; puis par « Théorie darwinienne » ou sélection naturelle, issue de la concurrence vitale et amenant également, de la même manière, la constitution d'espèces nouvelles.

De l'historique que nous avons fait de ces deux doctrines, il appert, avec une évidence absolue, que leurs bases à chacune ont été posées avant l'arrivée du philosophe-zoologue français et du philosophe-naturaliste anglais sur la grande scène du monde scientifique.

Quelle est alors la part qui leur revient dans l'œuvre accomplie? D'abord ils ont, chacun sur son terrain, donné un développement considérable aux principes même formulés avant eux. Ensuite, et c'est là qu'est le travail capital, ils ont encore, chacun sur son terrain, et afin de justifier leurs données théoriques, recueilli, amoncelé des pièces vivantes ou anatomiques qui, malgré de nombreuses lacunes, leur ont permis de suivre la succession de formes diverses dans les règnes organiques, en montrant les endroits par lesquels elles se touchent et ceux à partir desquels commence leur divergence. Mais de rudes obstacles n'avaient pas tardé à surgir, venant entraver le rapprochement facile et régulier de toutes les fractions de l'interminable chaîne qu'ils voulaient reconstituer. Des chaînons, en effet, manquaient dans les régions qu'avaient embrassées leurs investigations, tandis qu'un nombre d'autres faisait défaut sur toute la surface du globe. Alors, Darwin surtout, parcourant le monde soit en voyageant, soit par correspondance, et descendant tous les deux dans les entrailles de la terre, ils ont eu l'heureuse fortune de mettre la main sur des sujets vivants et d'exhumer des fossiles qui, en plus d'une étape, ont été insérés dans des intervalles qu'ils ont remplis, comme dirait Buffon, à l'instar des moules ayant servi à les produire et d'où ils auraient été extraits.

C'est ainsi que — par un examen scrupuleux des formes variées à l'infini et grâce à leurs connaissances expérimentales en botanique, en zoologie et en géologie — ces deux puissants cerveaux, joignant la pratique à la théorie, ont réussi à classer ces formes, à indiquer, pour plusieurs, comment de la variété sortit la race, de celle-ci naquit l'espèce, réunissant de la sorte les résultats de leurs efforts en corps de doctrine et établissant d'une manière ferme *l'hypothèse* que tous les êtres, végétaux ou animaux, issus d'une souche organique unique, ont été se multipliant, se développant, se modifiant et se perfectionnant, souche procédant à son tour du règne inorganique. C'était, du même coup, proclamer l'union, la solidarité, l'unité atomique des trois règnes qui constituent le véhicule de la vie pour notre corps planétaire.

Cette hypothèse deviendra-t-elle quelque jour la réalité tangible? — Des savants en nourrissent l'espérance. Soit ! — D'ici là, n'oublions pas que Lamarck et Darwin n'ont point échappé à la loi commune de l'erreur, d'autant que certaines sciences, par exemple la géologie, même la botanique, leurs auxiliaires indispensables, se trouvaient à ce moment dans une phase de développement insuffisant. D'ailleurs, leur noble entreprise dépassait le maximum de la puissance physique et intellectuelle départi à l'homme. — Certes, la tâche par eux tentée suppose, pour s'accomplir, une suite de générations savantes se succédant sans interruption dans l'humanité et dans le cours de millions et de millions de siècles accumulés. — Donc, quittant les lignes générales, s'efforçant de pénétrer les détails de la thèse, ils devaient se voir amenés à procéder souvent par *a priori*, à recourir aux suppositions dont la hardiesse ne pouvait manquer d'infirmer le caractère scientifique de l'œuvre et les jeter, la plupart du temps, dans l'abîme de l'incertitude, toujours fécond en écueils et où chaque pas couvre une chute.

Nonobstant, ils ont si profondément et avec une habileté si remarquable creusé la question de la variabilité et de la formation des espèces, ils lui ont imprimé une allure tellement scientifique qu'à juste titre nous leur faisons à chacun une place à part au milieu de cette brillante cohorte de savants leurs prédécesseurs et contemporains qui se sont, eux aussi, portés sur la voie.

Après avoir jugé par trop sévèrement Darwin, et nous dirons ultérieurement pourquoi, M. Jacolliot n'a pas pu se défendre cette appréciation à l'adresse du célèbre naturaliste : « Le nom de Darwin, dit-il, marquera dans les fastes de l'histoire la date de la plus grande émancipation scientifique de l'esprit humain. »

C'est vrai, car, secouant le joug de la création divine qui régnait sur la pensée humaine, il s'est, dans le cours de ses travaux, uniquement éclairé de la lumière de la science, indiquant, par conséquent, à l'esprit humain la vraie route à suivre pour se rendre conscient des phénomènes de la nature.

Lamarck, au contraire, ne cesse de reconnaître l'intervention d'un pouvoir mystérieux et divinement supérieur, même dans ses observations les plus ostensiblement scientifiques.

Il importe de noter à la fois cette déclaration de M. Jacolliot et ce premier point par lequel Darwin se distingue de Lamarck.

Toutefois, considérant l'œuvre de chacun, on doit dire que, tous les deux, ils demeureront parmi les chercheurs les plus illustres qui font la gloire, non plus de la France et de l'Angleterre, mais de l'humanité tout entière.

A part ces deux noms à jamais immortels, il est équitable d'en signaler deux autres qui figurent avec honneur dans l'histoire du Transformisme. Je veux parler de M. Kölliker, médecin allemand, et d'Etienne Geoffroy Saint-Hilaire, qu'on ne doit pas confondre avec Isidore Geoffroy Saint-Hilaire, son fils et continuateur de ses travaux, puis son successeur à la chaire de zoologie au Muséum de Paris.

Ce qui ressort surtout des vues nouvelles d'Etienne G. Saint-Hilaire sur le Transformisme, c'est cette considération que, selon lui, un accident, important quant à ses effets, suffit quelquefois pour amener une transformation brusque et faire naître des formes nouvelles qui, si elles sont adaptées aux conditions des milieux où elles se trouvent, se développeront et parviendront à se constituer en espèces nouvelles. Tel serait le cas du type des vertébrés ovipares [1] transformé en type ornithologique [2]. La transformation peut donc ne pas être lente, comme le pensent Lamarck et Darwin.

En outre, « pour Geoffroy Saint-Hilaire, dit le Dr Topinard, l'action des milieux ne se borne pas à s'exercer sur l'individu dans le cours de l'existence, elle peut se faire sentir également sur le germe en voie de développement, et produire des variétés, quelquefois des monstruosités. Telle serait l'origine de la race des bœufs gnatos de la Plata. »

Quant à M. Kölliker, « il pense, écrit le même auteur, que les êtres peuvent en engendrer d'autres, séparés de leurs parents par des caractères d'espèce, de genre et même de classe. Il se base sur ce qui a lieu parfois dans les formes inférieures et suppose, pour les supérieures, qu'un œuf normal peut dépasser le terme

---

[1] Qui se reproduit par l'émission d'un œuf d'où sort dans la suite le petit, contrairement aux animaux vivipares, qui mettent au monde leur progéniture toute vivante.

[2] Type général des oiseaux.

de son développement ordinaire et donner naissance à une organisation plus élevée. »

Inutile de dire longuement que, dans la thèse de Saint-Hilaire, l'intervention de l'hérédité est de même indispensable au maintien du type et à la production de l'espèce.

Maintenant, nous demandons-nous, existe-t-il un procédé propre à Lamarck et un autre particulier à Darwin ?

Considérant l'ensemble des travaux de ce dernier, M. Jacolliot répond ainsi à notre interrogation : « Il est impossible à tout homme de science de ne pas reconnaître que la théorie de la sélection de Darwin n'est que la théorie des milieux de Lamarck, présentée sous un nom différent. »

Tout ce que le lecteur sait déjà, relativement à la question, lui suffit, certes, pour *apprécier l'appréciation* de M. Jacolliot; mais il n'est pas sans intérêt de connaître, à ce sujet, les opinions de quelques hommes de science qui, ayant eu le loisir de disséquer et d'analyser pièce à pièce les travaux de ces deux grands esprits, ont acquis le droit incontestable d'en parler en experts qu'ils sont.

Outre le caractère *absolument* scientifique des vues de Darwin que nous avons plus haut signalées, caractère qui laisse un peu à désirer dans celles de Lamarck, au dire, d'ailleurs, de l'appréciateur du naturaliste anglais, voici ce qu'a écrit le Dʳ Topinard :

« Entre les moyens exposés par Lamarck et ceux de M. Ch. Darwin il y a de grandes différences. Pour le premier, le point de départ de la transformation est dans le milieu extérieur qui modifie la façon de vivre et crée des habitudes nouvelles, des besoins qui amènent un changement dans la nutrition et la structure des organes. Pour le second, le point de départ est dans la supériorité que procure à l'individu un avantage quelconque dans la lutte quotidienne. Pour Lamarck, la variation s'opère graduellement dans le cours de l'existence. Pour M. Darwin, elle apparaît spontanément, à la naissance ou mieux durant la vie embryonnaire [1].

« Au procédé de la sélection par la concurrence vitale, M. Darwin a ajouté la sélection par la concurrence sexuelle, qui dépend de la volonté, du choix et de la vitalité des individus et modifie surtout les mâles...

« Dans la doctrine de M. Darwin, le caractère nouveau préexiste

---

[1] L'embryon est la première ébauche d'un être, animal ou végétal, contenu dans l'œuf ou dans la graine.

dans le germe et dépend de l'influence des parents, même avant la conception. »

Hæckel, qui occupe une place distinguée parmi les plus grands naturalistes de la fin de ce siècle, exprimant son opinion dans la vive controverse qui a divisé quelques hommes de science en disciples de Lamarck et disciples de Darwin, a, en peu de mots, nettement caractérisé chacune de ces deux doctrines.

Écoutons parler le savant naturaliste de Potsdam : « A Jean Lamarck, le chef de la philosophie de la nature en France, revient l'impérissable gloire d'avoir, le premier, élevé la théorie de la descendance au rang d'une théorie scientifique indépendante, et d'avoir fait de la philosophie de la nature la base solide de la biologie tout entière... Il faut donc appeler darwinienne, non la théorie de la descendance, mais bien la théorie de la sélection. »

Voilà donc les données : les espèces, dans la théorie de Lamarck, se constituent sous l'influence des conditions d'existence qu'offrent les milieux physiques entourant les formes nouvelles, avec le concours de l'hérédité, et, dans la théorie de Darwin, en vertu de la sélection émanant du combat pour la vie, soit en ce qui concerne les conflits violents, soit en ce qui a trait au rapprochement sexuel, aussi avec le concours de l'hérédité.

Mais, avons-nous avancé, dans notre chapitre préliminaire, la théorie de Darwin, d'après le Dr Topinard, se doit définir : la sélection naturelle par la lutte pour l'existence, appliquée au transformisme de Lamarck.

En outre, nous avons promis de montrer que les vues des deux maîtres se complètent. Cela fait, nous aurons réfuté de tout point ou au moins modifié considérablement la manière de voir de M. Jacolliot à l'égard de Darwin.

En effet, dans le cours de cet ouvrage, nous avons plus d'une fois constaté que les faits se rapportant à chacune des deux doctrines conduisent aux mêmes fins. Il y a plus. Si l'on ne tient aucun compte des deux ordres de faits, ceux se produisant sous l'influence des conditions de milieu modifiant l'organisme, et ceux qui sont des résultats de la lutte entre des individus, lutte influant, elle aussi, sur l'organisme susceptible, ici encore, de subir des modifications, on se verra souvent impuissant à expliquer certains phénomènes vitaux.

Ainsi, voici, dans un lieu qui leur est également favorable, deux groupes présentant chacun un type distinct dont il faut attribuer la provenance à une adaptation au milieu.

Les éléments d'existence venant à se faire rares dans ce lieu, nos deux groupes entrent en lutte violente, et les combats répétés entraînent chez l'un des deux types certaines modifications organiques, disons extérieures, qui, à la longue, arrivent à se fixer et à constituer une espèce nouvelle. Nous sommes, dans ce cas, en présence de quatre types différents : le type ancestral d'abord, les deux types provenant de l'adaptation au milieu, enfin le type issu de la concurrence vitale.

Eh bien, comment expliquer la divergence de ces quatre types, sans s'occuper à la fois de la théorie de Lamarck, dite le Transformisme tout court, et de la Sélection par la concurrence vitale, théorie de Darwin?

Présentons un autre exemple, en conservant nos deux groupes primitifs que, pour raison de clarté, nous appelons A et B.

Ayant gardé jusqu'ici chacun son type dans la reproduction, nul changement ne s'est produit chez les individus en présence. Mais voilà que les deux groupes veulent maintenant se reproduire, en se croisant, ce qui donne lieu à la lutte génésique, où les femelles des deux groupes s'accouplent avec les mâles d'un groupe, à l'exclusion des mâles de l'autre, soit pour cause de préférence de la part de ces femelles, soit parce que les mâles accouplés, étant plus forts, défendent à leurs rivaux l'approche de celles-ci.

A un moment donné, on ne verra sûrement plus sur le théâtre des événements que, par exemple, le type du groupe B, dont les membres se sont reproduits entre eux, et un type nouveau issu du croisement des mâles de ce groupe avec les femelles du groupe A. Et plaçons-nous dans l'hypothèse où ce type mixte arrive à se conserver et à se constituer en espèce nouvelle.

Dans la circonstance, il va de soi que le groupe A est destiné à disparaître fatalement, et que, quand sa disparition sera complète, nous aurons en face de nous trois types: d'abord le type ancestral, ensuite le type du groupe B, provenant de l'adaptation au milieu et qui s'est conservé intact par la reproduction des membres similaires, enfin le type du groupe mixte, qui est parvenu à se constituer en espèce nouvelle.

Ici encore, pourrait-on expliquer la divergence des trois types, sans recourir aux données des deux théories?

La réponse ne peut être que non.

Donc les deux se complètent.

Aussi, dit justement le D{^r} Topinard, « les Allemands, qui ont épousé la cause du Transformisme avec ardeur, particulièrement

M. Hæckel, acceptent les deux ordres de moyens ; ils donnent à ceux de l'Ecole française, comprenant les changements de vie et d'habitudes, ceux d'alimentation et de milieux, le dressage, l'excès ou le défaut d'exercice des organes, le nom de phénomène d'adaptation directe, et à ceux de l'Ecole anglaise, c'est-à-dire aux caractères congénitaux, le nom de phénomènes d'adaptation indirecte. »

Darwin est donc bien le créateur d'une théorie, la théorie de la sélection, comme dit Hæckel, contrairement à l'assertion de M. Jacolliot, d'après qui la sélection n'est qu'un mode de transformation rentrant absolument dans la théorie des milieux de Lamarck.

La sélection est un mode et fait partie de la doctrine de Lamarck ?

J'accepte. Mais ce que, à tort, cette observation ne contient pas, c'est cette considération, de la plus haute importance, que la sélection de la théorie française est le résultat de l'influence simplement du milieu dont Lamarck ne fait point dépendre la concurrence vitale, tandis que toutes les formes de la lutte pour l'existence entre individus, lutte pour la nutrition, pour l'habitat, pour la satisfaction du besoin génésique, constituent la base de la sélection de Darwin.

D'ailleurs, je ne crois pas tomber dans l'erreur, en pensant qu'ils sont loin d'être légion, ceux qui, à cette heure, raisonnent à la manière de M. Jacolliot ou admettent à distance son sentiment, et que tous ses compatriotes savants, vraiment impartiaux, sont d'accord à décerner à Lamarck et à Darwin ce qui revient de droit à chacun.

En outre, ceux qu'une étude, plus approfondie que la mienne, a familiarisés avec la *Philosophie zoologique* et l'*Origine des Espèces* diront avec une autorité plus grande que les vues de l'un complètent celles de l'autre, quelle que soit la théorie prise comme point de départ.

Au surplus, qui a jamais entrepris de parler des espèces, au point de vue biologique, avec une réelle compétence, sans envisager à la fois l'action du milieu et celle de la lutte entre individus et entre ces espèces elles-mêmes ?

Je n'en veux d'autre preuve que celle-ci, fournie par M. Vuillemin ; et, bien qu'il considère ici les végétaux, sa remarque n'est pas moins d'une application commune aux individus des deux règnes organiques.

« L'association pour la lutte, dit l'éminent botaniste, a son importance, comme *le combat pour la vie* dont elle est une conséquence, pour fixer la répartition des plantes à la surface de la terre et pour amener chaque espèce à croître exclusivement dans un milieu en rapport avec son organisation, *à se modifier dans une certaine mesure pour s'adapter plus parfaitement au terrain*[1] et, par suite, à développer dans leur plénitude toutes les qualités compatibles avec sa nature[2]. »

D'autre part, nous ne laisserons point se perdre dans l'abîme du silence cette autre réflexion de M. Jacolliot, pour qui les idées de Darwin ne sont que des traductions pures et simples de celles de Lamarck.

A l'entendre, « en procédant à l'exhumation de cette théorie (le Transformisme), enterrée sous les foudres du grand Cuvier et définitivement oubliée, Darwin en a habilement négligé les parties les plus importantes, pour pouvoir s'attribuer plus facilement ensuite le mérite de les avoir découvertes. Pour cela, il les a reprises en dessous main, par les détails, en groupant ces derniers sous une terminologie nouvelle si intelligemment conçue qu'il a pu, jusqu'à un certain point, donner le change aux meilleurs esprits avec une apparence de raison[3]. »

Le critique dénie donc même quelque originalité au naturaliste anglais.

Or, sur ce terrain, nous savons -- par l'historique succinct qui a été fait du Transformisme — en quoi ces deux savants méritent le titre de novateurs.

Voici, à ce sujet, l'opinion du Dr Topinard: « Le grand naturaliste n'a pas été vivement frappé des vues de Lamarck ; ses idées lui vinrent personnellement pendant son voyage autour du monde sur *le Beagle*. »

Un autre compatriote de M. Jacolliot, le célèbre Larousse, ne juge pas différemment Darwin, dont il dit, à propos de son séjour dans l'Amérique du Sud : « C'est là qu'il recueillit les premiers matériaux de son célèbre ouvrage : *De l'Origine des Espèces par voie de Sélection naturelle*. Les vues originales qu'il exposa dans cet ouvrage et dans plusieurs autres sur la variabilité des espèces, d'après ses innombrables observations, forment un corps de doctrine transformiste qu'on appelle *Darwinisme*. »

---

[1] *Élément du milieu ambiant.*
[2] *Biologie végétale.*
[3] *Le Monde primitif*, p. 92.

Tout ce qui précède nous autorise donc à dire qu'elles tombent d'elles-mêmes, en face de l'éloquence des faits, ces paroles malheureuses de M. Jacolliot :

« Qu'est-ce que Darwin a ajouté à cette doctrine, la doctrine de Lamarck ?...

— « Rien, absolument rien ! »

A cette réponse, on peut opposer énergiquement celle-ci : Darwin a complété la théorie de la descendance envisagée quant à l'action unique du milieu, en formulant la théorie de la sélection par la lutte entre individus et entre espèces.

On doit, certes, reconnaître que noble est le premier mobile auquel a obéi M. Jacolliot, dans la circonstance. A quoi vise-t-il en somme ? A détruire l'erreur de quelques-uns de ses compatriotes qui, à défaut d'une connaissance suffisante de l'œuvre de Lamarck, ou sous l'empire d'idées pour le moins inavouables, attribuent au naturaliste philosophe de Shrewsbury la paternité du Transformisme vu sous toutes ses faces.

C'est M. Jacolliot qui a entrevu la route de la vérité historique, mais en revendiquant les droits sacrés de César, il n'a pas su se garder d'usurper sur ceux de l'Hérodien tout aussi sacrés, faussant ainsi, au seul profit de son client, le grand principe de la justice immanente de l'Homme-Dieu. Par contre, avec enthousiasme et plein d'admiration pour sa science autant vaste que profonde, nous répétons après l'éminent penseur qui a conçu l'*Histoire naturelle et sociale de l'Humanité*[1] : « Notre course à travers l'infini nous a donné les moyens de surprendre et d'étudier les grandes lois de mouvement et de vie, qui président à l'universelle et perpétuelle évolution de tous les êtres...

Grâce au merveilleux spectacle qui s'est déroulé sous nos yeux, nous avons pu prouver qu'il n'y avait pas de création dans la nature, mais d'incessantes transformations, que, de l'atome à l'être organisé le plus parfait, la même loi d'absorption et de force réglait les rapports de tous les corps entre eux, et que, partout, l'être rudimentaire, l'être le moins parfait, ne faisait que préparer les matériaux destinés au perfectionnement de l'être supérieur...

---

[1] Le plus considérable des multiples ouvrages de M. Jacolliot. Cette œuvre vraiment colossale devait paraître en 24 volumes in-8 de 500 à 600 pages chacun. Malheureusement pour les progrès de l'histoire et de la science, la mort n'a permis à l'auteur de livrer à la publicité que deux volumes : *La Genèse de la Terre et de l'Homme*, puis *Le Monde primitif*.

La voilà, la véritable genèse de l'univers : rien ne commence, rien ne finit, tout se modifie, tout se transforme perpétuellement, au souffle puissant des mêmes principes, des mêmes lois. »

CONCLUSION

Ainsi, la lutte, avec ses conséquences favorables ou funestes et toujours inévitables, le principe d'équilibre, se manifestant sous des formes variées et tendant toutes, en dernière analyse, aussi bien que les combats, au perfectionnement des mieux doués ou des mieux adaptés aux circonstances nombreuses du milieu ambiant, telles sont les limites extrêmes entre lesquelles nous voyons fonctionner les lois immuables présidant à l'agrégation, au développement et à la désagrégation des individualités multiples et diverses qui peuplent les régions de l'univers dans lesquelles, grâce aux progrès de la science, il est, jusqu'à cette heure, donné à l'esprit humain de pénétrer en explorateur conscient.

Notre longue excursion, trop rapide pourtant, eu égard à l'immensité du champ parcouru, nous a permis de suivre toutes les péripéties des agitations continuelles des êtres mis par la nature en présence les uns des autres, luttant les uns contre les autres sous l'empire tyrannique d'irrésistibles besoins dont la satisfaction plus ou moins immédiate est la condition *sine qua non* de la conservation de la vie et de la perpétuation de l'espèce. Et ce qu'il importe de souligner pour le moment, en ce qui a trait particulièrement au règne animal, c'est ce fait évident que les chocs se produisent autant entre les éléments constitutifs d'un même groupe qu'entre ceux de groupes distincts, mais appartenant à une espèce commune.

Si nous l'envisageons quant à l'histoire naturelle, nous constaterons que l'homme est partie intégrante de ce règne et, comme tous les animaux, forme une espèce, l'espèce humaine, placée par ses attributs mêmes sur l'échelon culminant de l'échelle des espèces. — Nous l'avons montré voué, comme eux aussi, à tous les caprices de la nature façonnant la matière vivante de sa main aussi habile à construire qu'à démolir son ouvrage. Également nous savons qu'à l'instar de la plupart des bêtes, l'homme, mais d'une manière plus réfléchie et en harmonie avec ses hautes facultés intellectuelles et morales, rend à la vie en famille un culte antique autant que naturel, et organise des groupements correspondant tant soit peu à ceux des ordres les plus élevés, cérébralement, parmi les animaux.

Il y a là plus d'une occasion pour nous d'observer l'être humain dans ses rapports de toute sorte avec son semblable, en le considérant soit au sein d'un groupe et à la poursuite de ses fins vitales, soit dans des groupes distincts en communication, sous l'influence des nécessités inhérentes à ces mêmes fins vitales.

En l'une et l'autre circonstances, l'homme, assistant aux longs drames sanglants qui se déroulent à deux pas de lui, imposant même parfois son arbitrage intéressé aux champions, et sa supériorité morale lui permettant une appréciation absolument raisonnée des causes et des effets des conflits, puis des avantages inappréciables découlant du principe de solidarité qui se sont nettement révélés à lui, vit-il en paix avec les êtres de son espèce ou s'est-il laissé choir en l'abîme où roulent sans cesse les bêtes, en s'entr'égorgeant et en se désaltérant dans les ruisseaux de sang que font couler leurs chocs ? — En d'autres termes, l'homme, mis à face de l'homme, tombe-t-il sous le coup des lois terribles de la lutte pour l'existence ?

Telle est la question que j'essayerai de résoudre dans la DEUXIÈME PARTIE de cet ouvrage, en m'occupant de la vie humaine au sein de la société d'abord, ensuite au point de vue des relations qu'entretiennent entre eux des groupes ethniques, des peuples, des nations, des races, dans les temps passés et dans les temps modernes ; et, je le dis d'avance, ma conclusion sera ici qu'il lui faut cultiver la paix, l'union et la concorde, s'organiser matériellement, intellectuellement et moralement, tout agrégat ayant une parfaite intelligence de sa personnalité et qui entend remplir avec honneur sa page du livre d'or de l'Humanité, avant d'être à son tour la noble victime de la grande et peut-être éternelle bataille.

Avant même que de se laisser convaincre par l'éloquence des faits que j'aurai l'honneur de lui mettre sous les yeux, puisse mon pays, dès maintenant, se bien pénétrer de cette vérité fondamentale et comprendre qu'il doit, sans délai, agir en conséquence.

Là est son salut dans le présent et sa gloire dans l'avenir.

FIN DE LA PREMIÈRE PARTIE.

TABLE ANALYTIQUE DES MATIÈRES

CHAPITRE IV

LES CAUSES DE LA LUTTE POUR LA VIE

CHAPITRE V

MOYENS D'ATTAQUE ET DE DÉFENSE

CHAPITRE VI

LES VAINCUS DE LA LUTTE

CHAPITRE VII

ÉLIMINATION

CHAPITRE VIII

EXTINCTION D'ESPÈCES

CHAPITRE IX

SUBORDINATION DU PLUS FAIBLE

CHAPITRE X

L'ÉQUILIBRE DANS LA LUTTE POUR LA VIE

CHAPITRE XI

ASSOCIATIONS

www.ingramcontent.com/pod-product-compliance
Ingram Content Group UK Ltd.
Pitfield, Milton Keynes, MK11 3LW, UK
UKHW022052120726
13694UKWH00001B/97